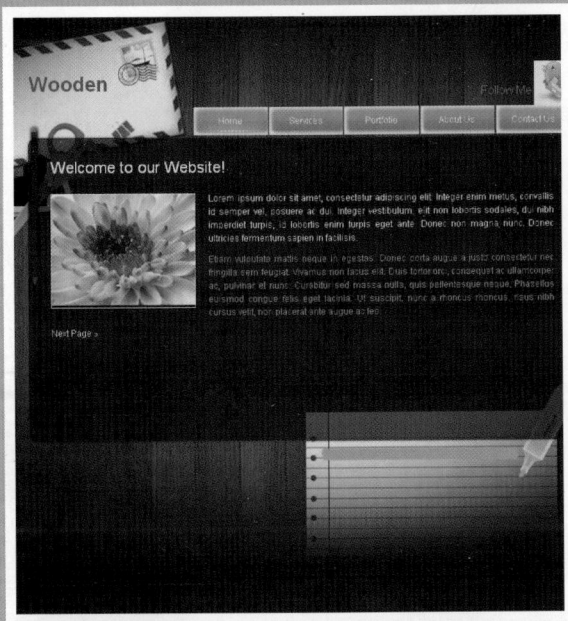

第8章 CSS布局网页

第13章 留言板系统——留言详细信息页面

第14章 会员注册管理系统——登录成功页面

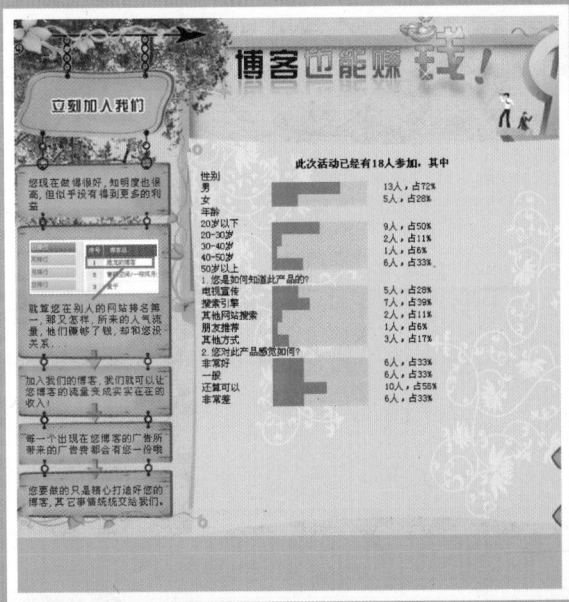

第15章 网上调查系统——查看调查结果

U0345397

第4章 创建图像热点链接

第4章 在网页中插入文本

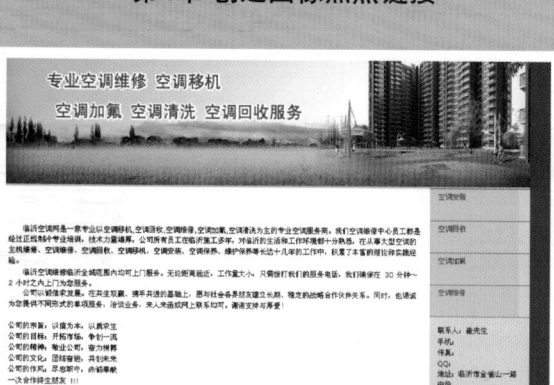

第5章 使用CSS+DIV布局网页

第5章 制作圆角表格

第6章 利用模板创建网页

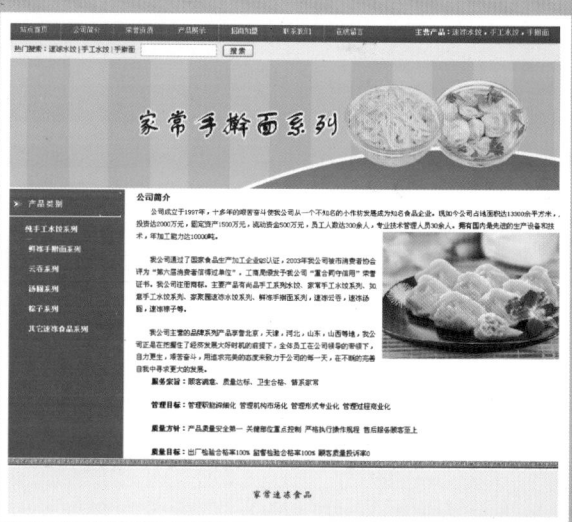

第6章 在网页中插入库

第4章 创建电子邮件链接

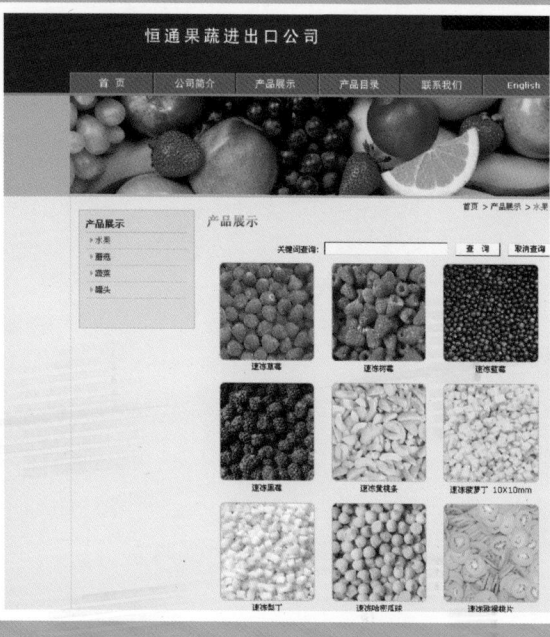

第4章 创建图像链接

第4章 创建文字链接

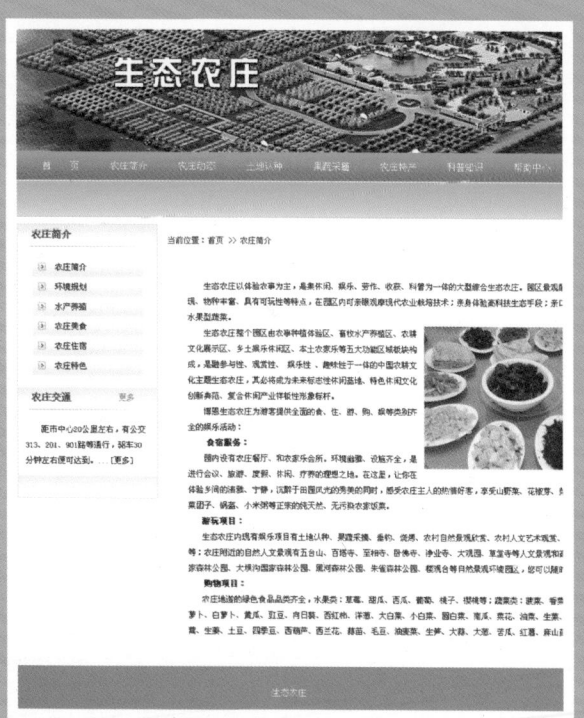

第4章 在网页中插入图像

第2章 切割网页图像

第2章 设计网页导航条

第3章 Flash 引导层动画

第3章 制作Flash逐帧动画

第3章 Flash补间动画

第4章 插入Java Applet

学用一册通

Dreamweaver CS6+ASP
动态网站开发

谭海波 编著

电子工业出版社

Publishing House of Electronics Industry

北京·BEIJING

内 容 简 介

本书全面、翔实地介绍了使用 Dreamweaver CS6+ASP 进行动态网站开发的具体方法与步骤。本书从网站基础知识的讲解开始，由浅入深、循序渐进地介绍了动态网站的相关知识，引导读者从零开始，一步步了解、掌握动态网页制作和动态网站设计的全过程。

本书共分成 5 篇，分别为设计与搭建静态网页篇、构建动态网站的语言技术篇、开发动态网站典型模块篇、商业网站综合案例篇和附录篇。通过本书中各章节内容的学习，读者能够掌握运用 Dreamweaver 和 ASP 创建网页的相关知识，同时具备编写和修改 Dreamweaver 程序代码的能力。

本书语言叙述通俗易懂，突出了实用性，内容丰富，结构清晰，语言简练，图文并茂。本书可以作为网页设计与制作人员、商业网站建设与开发人员、网页制作培训班学员、大中专院校相关专业师生的参考用书。

图书在版编目（CIP）数据

学用一册通：Dreamweaver CS6+ASP 动态网站开发 /谭海波编著. —北京：电子工业出版社，2013.6

ISBN 978-7-121-20112-7

Ⅰ. ①学… Ⅱ. ①谭… Ⅲ. ①网页制作工具 Ⅳ.①TP393.092

中国版本图书馆 CIP 数据核字（2013）第 068061 号

策划编辑：胡辛征
责任编辑：董　英
特约编辑：赵树刚
印　　刷：三河市双峰印刷装订有限公司
装　　订：三河市双峰印刷装订有限公司
出版发行：电子工业出版社
　　　　　北京市海淀区万寿路 173 信箱　邮编 100036
开　　本：787×1092　　1/16　　印张：29.5　　字数：756 千字　　彩插：2
印　　次：2013 年 6 月第 1 次印刷
印　　数：3500 册　　定价：66.00 元（含光盘 1 张）

凡所购买电子工业出版社图书有缺损问题，请向购买书店调换。若书店售缺，请与本社发行部联系，联系及邮购电话：(010) 88254888。

质量投诉请发邮件至 zlts@phei.com.cn，盗版侵权举报请发邮件至 dbqq@phei.com.cn。

服务热线：(010) 88258888。

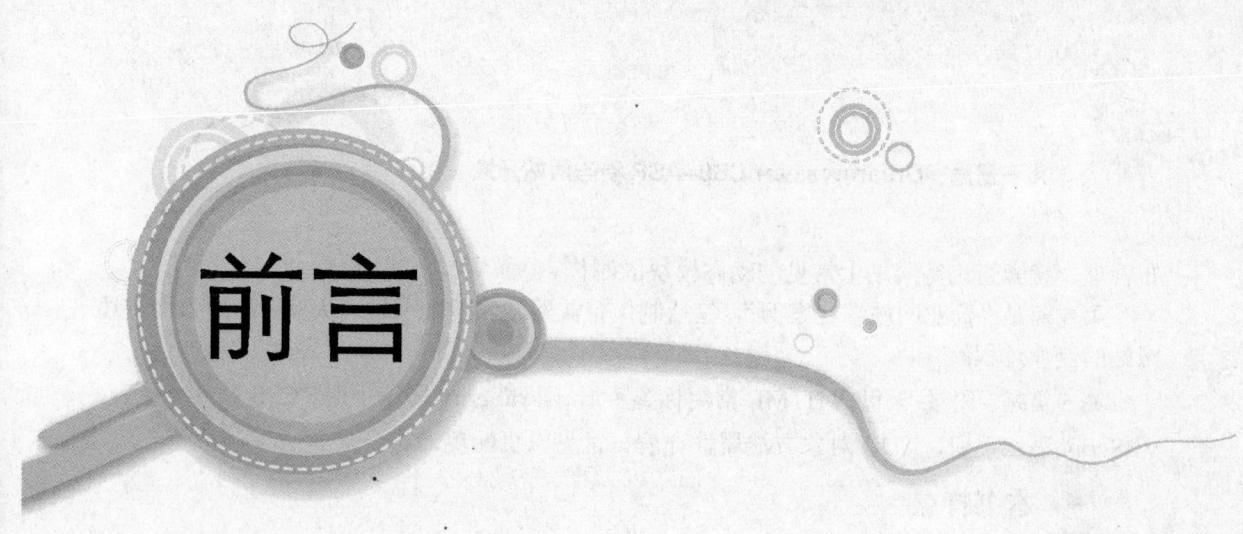

前言

随着互联网的快速普及和应用，人们对网页技术的要求也越来越高。由于静态页面在站点中只能起到宣传的作用，而不能动态获取和显示需要的结果，原有的静态网页已不能满足人们的要求，具有实时性、交互性和丰富性的动态网页技术才是人们所追求的目标。

目前最为流行、功能最强的 Web 开发环境是 Dreamweaver CS6。它将 Web 应用程序的开发环境同可视化创作环境结合起来，能够帮助用户快速进行 Web 应用程序的开发。它具有最优秀的可视化操作环境，又整合了最常见的服务器端数据库操作能力，能够快速生成专业的"动态"页面。无论您是 Web 设计师、数据库开发者，还是 Web 程序员，都可以在 Dreamweaver CS6 的强大操作环境下设计出功能完善的动态网页。

ASP 是一种优秀的网络开发程序语言，也是目前最为流行的开放式网络应用程序开发技术，它能够把 HTML、脚本程序、后台服务和强大的 Web 数据库结合在一起，形成一个能够在服务器上运行的程序。同时 ASP 还具有环境配置简单、开发速度快、与数据库的兼容性好，以及易学、易用等优点，因此受到了越来越多的网站开发人员的青睐。

本书内容

本书采用由浅入深、循序渐进的介绍方法，在内容编写上充分考虑到初学者的实际阅读需求，通过大量实用的操作步骤，逐步讲解在 Dreamweaver CS6 中进行网页设计与 ASP 编程的各种技巧和相关知识。

本书共分成 5 篇，分别为设计与搭建静态网页篇、构建动态网站的语言技术篇、开发动态网站典型模块篇、商业网站综合案例篇和附录篇。

第 1 篇是"设计与搭建静态网页"，包括什么是静态网页，什么是动态网页，常见网站类型，网页布局与色彩搭配，网页图像和动画设计工具，Dreamweaver CS6 的工作环境，站点的创建，创建基本网页，表格、层、框架等网页布局定位技术，使用 CSS 样式，表单行为创建网页。

第 2 篇是"构建动态网站的语言技术"，包括网页标记语言 HTML、JavaScript 脚本、VBScript 脚本、ASP 基础知识与应用、ASP 的内置对象。

第 3 篇是"开发动态网站典型模块"，包括留言板、会员注册管理、网上调查、新闻发

布管理、搜索查询等网站上常见的动态模块的制作。

第4篇是"商业网站综合案例"，包括制作企业网站和购物网站，从综合运用方面讲述网站的制作过程。

第5篇是"附录"，包括 HTML 常用标签手册、JavaScript 语法手册、CSS 属性一览表、VBScript 语法手册、ADO 对象方法属性详解、常见网页配色词典。

本书特点

本书通过大量常见的动态网站模块实例，全面介绍了利用 Dreamweaver CS6 构建基于数据库的 Web 站点的方法，本书具有以下特点。

（1）本书最大的特点就是让那些不懂 ASP 的读者，也能利用 Dreamweaver CS6 在不需要或者只要修改少量代码的情况下就能制作出 ASP 动态网页；而对于熟悉 ASP 的读者也可以参考本书使用 Dreamweaver CS6 来简化编写 ASP 代码时所需要做的简单性重复工作。

（2）系统全面：本书按照"设计与搭建静态网页篇"→"构建动态网站的语言技术篇"→"开发动态网站典型模块篇"→"商业网站综合案例篇"的顺序讲解，内容安排由浅入深、循序渐进，全面系统地介绍了 Dreamweaver CS6 与 ASP 的使用方法和技巧，通过大量实例，让读者一步一步掌握动态网页的创建，真正完成了从入门到精通的转变。

（3）采用双栏图解排版，一步一图，图文对应，并在图中添加了操作提示标注，以便于读者快速学习。读者只需要根据这些操作步骤一步一步地制作就可以制作出各种功能的动态网站。

（4）本书除了各种 Dreamweaver 可视化功能的实际操作外，对于关键程序代码也进行了详细的说明；指导用户如何利用现有的代码和如何修改现有的代码，以提高用户书写脚本代码的能力。

（5）专家秘笈：每章最后一部分均安排了专家秘笈，这些秘笈来源于网站建设专家多年的经验和技巧总结，不仅解答了初学者常见的困惑，又扩大了初学者的知识面。

（6）配套多媒体光盘：本书所附光盘的内容为书中介绍的范例的源文件及重点实例的操作演示视频，供读者学习时参考和对照使用。

本书读者对象

本书语言叙述通俗易懂，突出了实用性，采用由浅入深的编排方法，内容丰富，结构清晰，语言简练，图文并茂。本书适合以下读者：

- 网页设计与制作人员；
- 商业网站建设与开发人员；
- 网页制作培训班学员；
- 大、中专院校相关专业师生。

前　言

 **致谢**

本书由谭海波编著，在此感谢电子工业出版社的胡辛征老师和参与本书编写的孙东梅、邓静静、李银修、刘宇星、邓方方、张礼明、杨建伟、孙良军、李晓民、何秀明、刘中华、陈石送、孙起云、吕志彬，他们非常认真地审阅了本书的内容，并提出了非常具体的修改意见和建议。没有他们作为后盾，这本书是不可能面世的。由于时间仓促，书中的错误和纰漏在所难免，希望广大读者予以批评指正。

目录

第1篇

设计与搭建静态网页

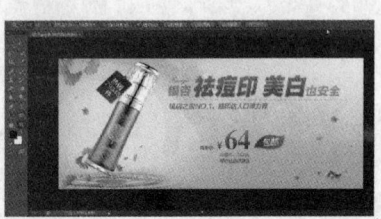

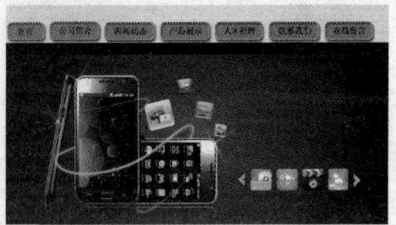

目录

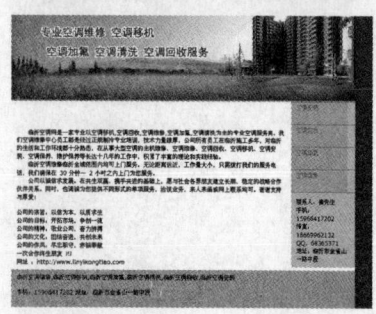

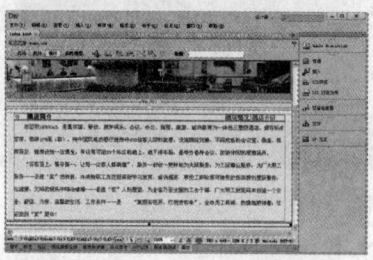

目录

第 2 篇

构建动态网站的语言技术

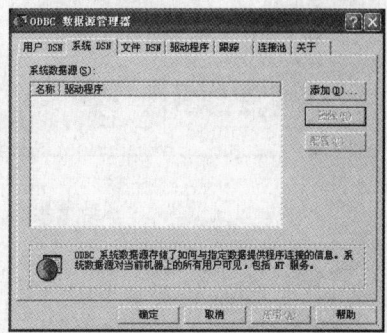

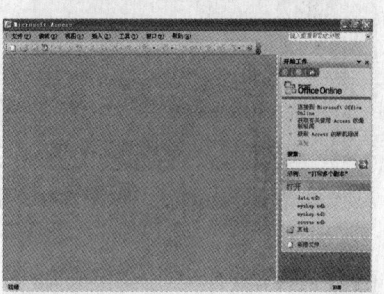

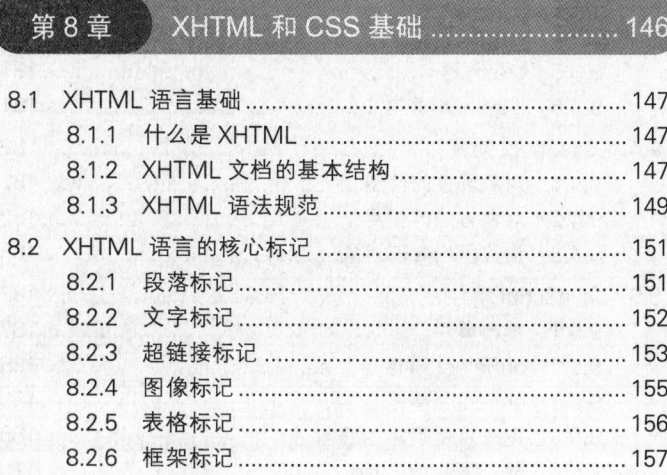

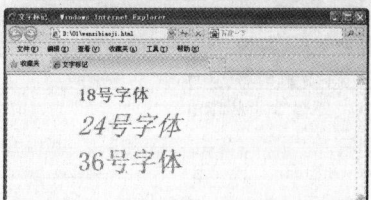

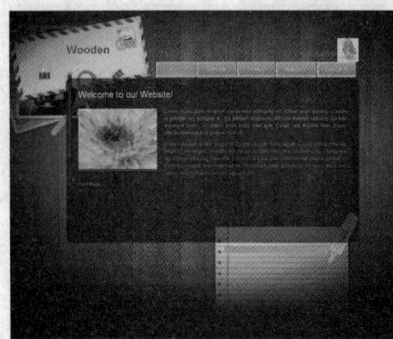

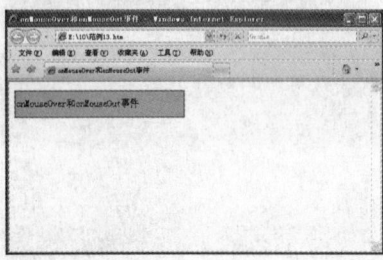

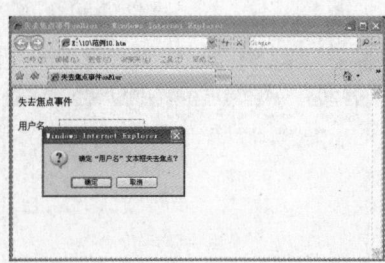

目录

目录

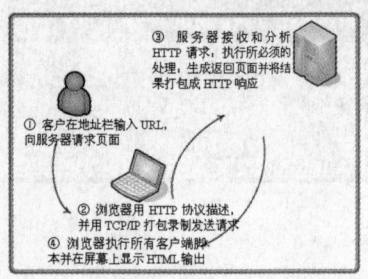

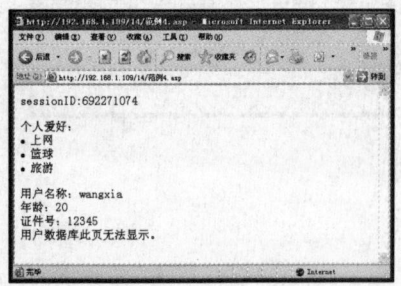

第 3 篇

开发动态网站典型模块

目录

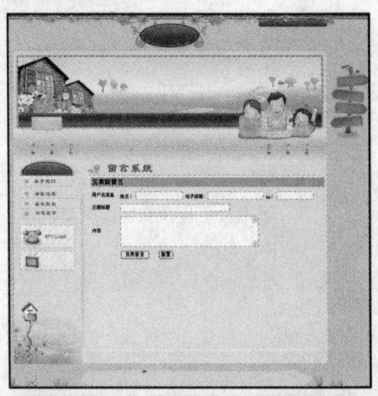

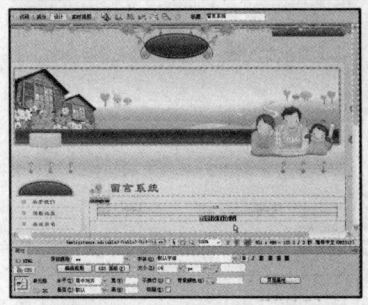

第 14 章　设计开发会员注册管理系统 257

目录

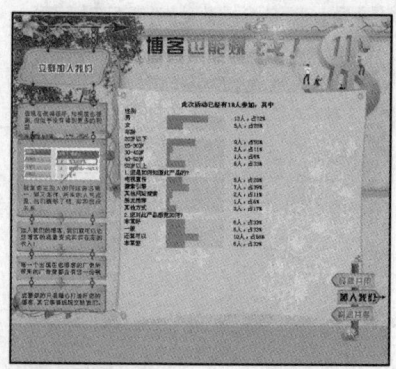

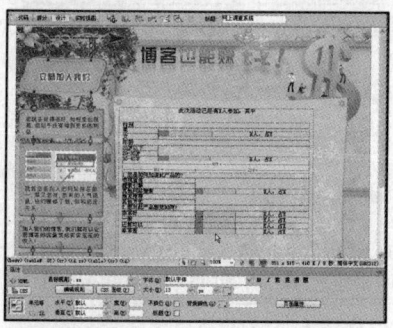

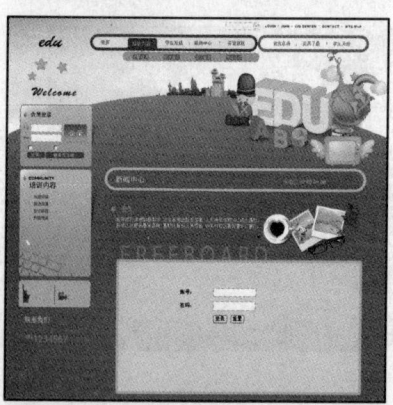

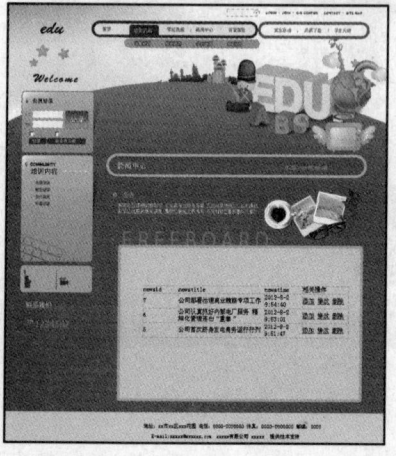

目录

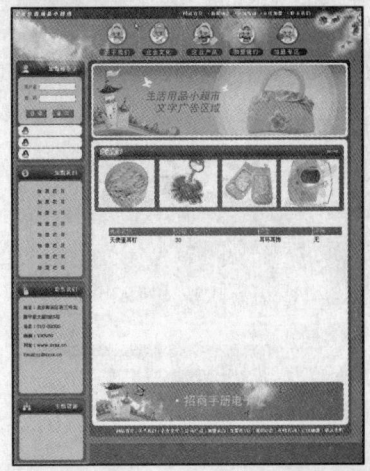

第 4 篇

商业网站综合案例

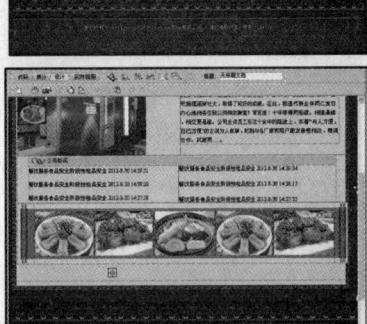

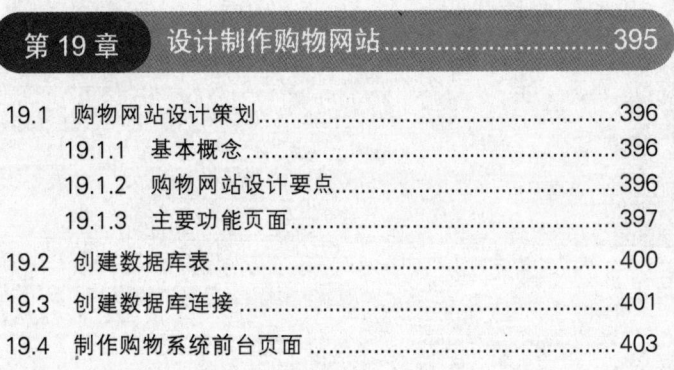

目录

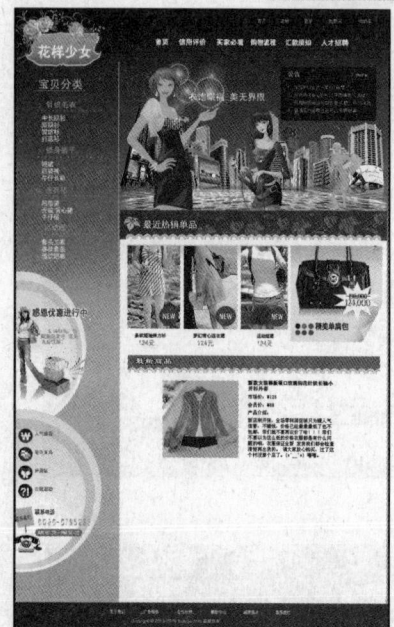

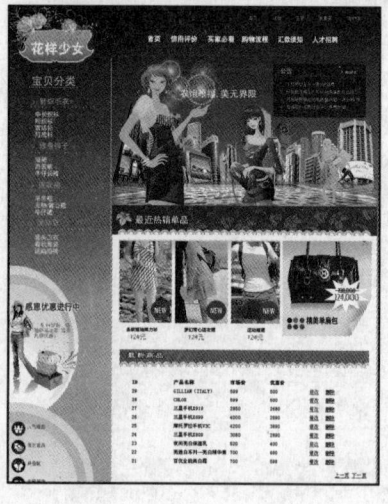

第 5 篇

附录

第1篇

设计与搭建静态网页

第  章　动态网站建设基础

学前必读：

　　上网已成为当今人们一种新的生活方式，通过互联网人们足不出户就可以浏览全世界的信息，网站也成为了每个公司必不可少的宣传媒介。为了能够使初学者对网站建设有个总体的认识，本章首先介绍网站建设的基础知识，包括什么是静态网页、什么是动态网页、常见的网站类型、选择网页制作软件、动态网站建设技术。

学习流程

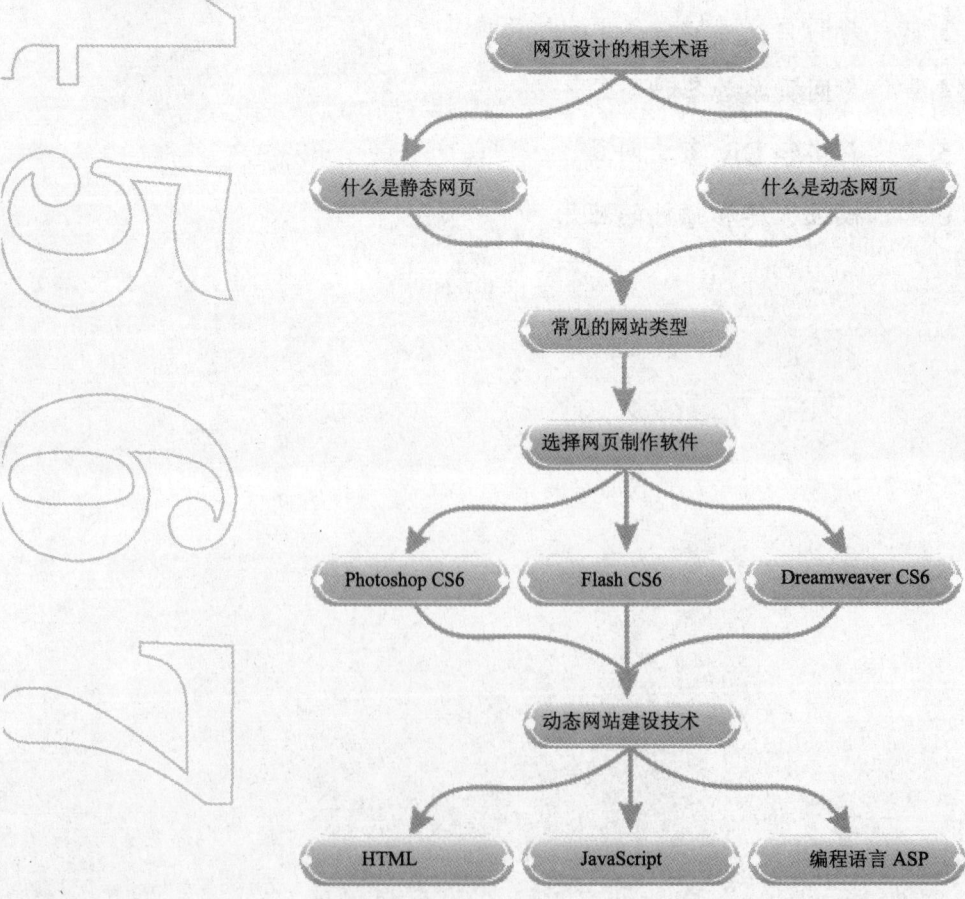

1.1 网页设计的相关术语

随着网络技术的发展和互联网的普及，人们通过浏览网页可以方便地获取信息。然而，越来越多的人已经不满足于网上浏览，他们更想设计、制作出自己的网页，并在网上发布，进行广泛的信息交流。

1.1.1 什么是静态网页

在网站设计中，纯 HTML 格式的网页通常被称为"静态网页"，早期的网站一般都是由静态网页制作的，也就是以.htm、.html、.shtml 和.xml 等为后缀的。在 HTML 格式的网页上，也可以出现各种动态效果，如 GIF 格式的动画、Flash 滚动字幕等，这些"动态效果"只是视觉上的，与下面将要介绍的动态网页是不同的概念。

静态网页的特点简要归纳如下。

● 每个静态网页都有一个固定的 URL，且网页 URL 以.htm、.html、.shtml 等常见形式为后缀，而不应含有"？"。

● 网页内容一经发布到网站服务器上，无论是否有用户访问，每个静态网页的内容都是保存在网站服务器上的，也就是说，静态网页是实实在在保存在服务器上的文件，每个网页都是一个独立的文件。

● 静态网页的内容相对稳定，因此容易被搜索引擎检索。

● 静态网页没有数据库的支持，在网站制作和维护方面工作量较大，因此当网站信息量很大时完全依靠静态网页制作方式就比较困难。

● 静态网页的交互性较差，在功能方面有较大的限制，如图 1-1 所示就是一个宣传介绍性的静态网页。

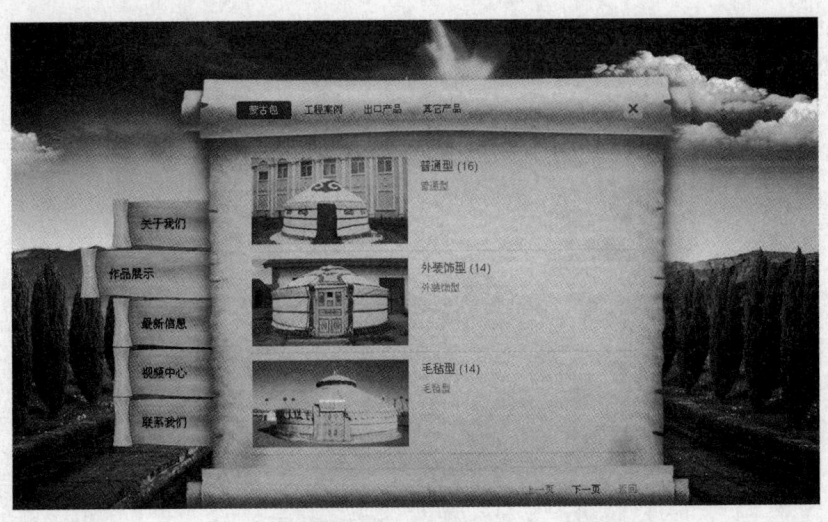

图 1-1 静态网页

3

 1.1.2 什么是动态网页

所谓动态网页是指网页文件里包含了程序代码，通过后台数据库与 Web 服务器的信息交互，由后台数据库提供实时数据更新和数据查询服务。这种网页的后缀名称一般根据不同的程序设计语言而有所不同，如常见的以.asp、.jsp、.php、.perl、.cgi 等形式为后缀。动态网页的主要特点归纳如下。

- 动态网页没有固定的 URL。
- 动态网页以数据库技术为基础，可以大大降低网站维护的工作量。
- 采用动态网页技术的网站可以实现更多的功能，如用户注册、用户登录、在线调查、用户管理、订单管理等。
- 动态网页实际上并不是独立存在于服务器上的网页文件，只有当用户请求时服务器才返回一个完整的网页。

1.2 常见的网站类型

> 网站就是把一个个网页系统地链接起来的集合，如新浪、搜狐、网易等。网站按其内容的不同可以分为个人网站、企业类网站、机构类网站、娱乐休闲类网站、行业信息类网站、门户类网站和购物类网站等，下面分别进行介绍。

 1.2.1 个人网站

个人网站是以个人名义开发创建的具有较强个性化的网站。一般是个人为了兴趣爱好或展示个人等目的而创建的，具有较强的个性化特色，带有很明显的个人色彩，无论从内容、风格、样式上，都形色各异、包罗万象。

这类网站一般不具有商业性质，通常规模不大，在互联网中随处可见，也有不少优秀的站点，如图 1-2 所示即为个人网站。

图 1-2 个人网站

 1.2.2　企业类网站

随着信息时代的到来，企业类网站作为企业的名片越来越受到人们的重视，成为企业宣传品牌、展示服务与产品乃至进行所有经营活动的平台和窗口。企业网站是企业的"商标"，在高度信息化的社会里，创建富有特色的企业网站是最直接的宣传手段。通过网站可以展示企业形象，扩大社会影响，提高企业的知名度，如图 1-3 所示是企业类网站。

图 1-3　企业网站

 1.2.3　机构类网站

所谓机构类网站通常指政府机关、非营利性机构或相关社团组织建立的网站，网站的内容多以机构或社团的形象宣传和政府服务为主，网站的设计通常风格一致、功能明确，受众面也较为明确，内容上相对较为专一，如图 1-4 所示是机构类网站。

图 1-4　机构类网站

1.2.4 娱乐休闲类网站

娱乐休闲类网站大多是以提供娱乐信息和流行音乐为主的网站。如在线游戏网站、电影网站和音乐网站等，它们可以提供丰富多彩的娱乐内容。这类网站的特点也非常明显，通常色彩鲜艳明快，内容综合，多配以大量图片，设计风格或轻松活泼，或时尚另类，如图 1-5 所示是娱乐休闲类网站。

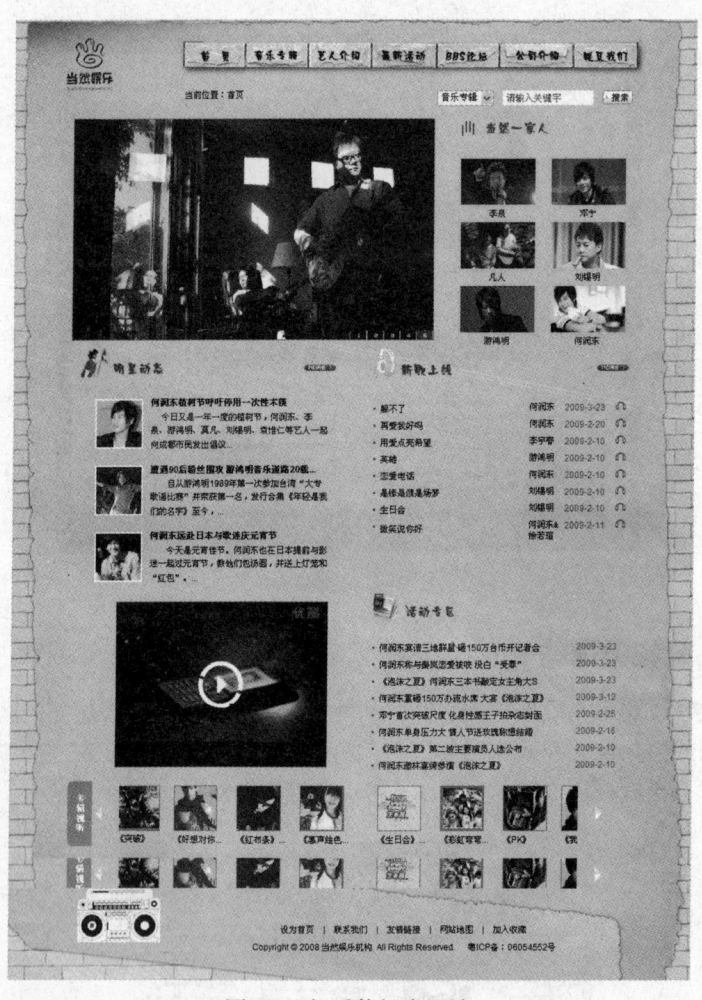

图 1-5 娱乐休闲类网站

1.2.5 行业信息类网站

随着互联网的发展、网民人数的增多以及网上不同兴趣群体的形成，门户类网站已经明显不能满足不同上网群体的需要。一批能够满足某一特定领域上网人群及其特定需要的网站应运而生。由于这些网站的内容服务更为专一和深入，因此人们将其称为行业信息类网站，也称为垂直网站。行业信息类网站只专注于某一特定领域，并通过提供特定的服务内容，有效地把对

某一特定领域感兴趣的用户与其他网民区分开来，并长期持久地吸引住这些用户，从而为其发展提供理想的平台，如图 1-6 所示是行业信息类网站。

图 1-6 行业信息类网站

1.2.6 门户类网站

门户类网站将无数信息整合、分类，为上网者打开方便之门，绝大多数网民通过门户类网站来寻找自己感兴趣的信息资源，巨大的访问量给这类网站带来了无限的商机。门户类网站涉及的领域非常广泛，是一种综合性网站，如搜狐、网易、新浪等。此外这类网站还具有非常强大的服务功能，如搜索、论坛、聊天室、电子邮箱、虚拟社区、短信等。门户类网站的外观通常整洁大方，用户所需要的信息在上面基本都能找到。

目前国内较有影响力的门户类网站有很多，如新浪（www.sina.com.cn）、搜狐（www.sohu.com）和网易（www.163.com）等，如图 1-7 所示是搜狐网首页。

图 1-7 门户类网站

 1.2.7　购物类网站

随着网络的普及和人们生活水平的提高，网上购物已经成为一种时尚。丰富多彩的网上资源、价格实惠的打折商品、服务优良送货上门的购物方式，已成为人们休闲、购物两不误的首选方式。网上购物也为商家有效地利用资金提供了帮助，而且通过互联网来宣传自己的产品可以使其覆盖面更广，因此现实生活中涌现出了越来越多的购物网站。

在线购物网站在技术上要求非常严格，其工作流程主要包括商品展示、商品浏览、添加购物车、结账等，如图1-8所示是购物类网站。

图1-8　购物类网站

1.3　选择网页制作软件

通常制作网页的软件有三种，分别是 Photoshop、Flash 和 Dreamweaver，这三种软件各有各的优缺点，下面将对这三种软件分别进行讲述。

 1.3.1　网页图像设计软件 Photoshop CS6

Photoshop 是 Adobe 公司推出的图像处理软件。它具有界面友好、易学、易用等优点，目前已被广泛应用于印刷、广告设计、封面制作、网页图像制作和照片编辑等领域。在网页制作过程中，需要使用 Photoshop 设计网页的整体效果图、处理网页中的图像、处理背景图、设计网页图标和按钮等，如图1-9所示是使用 Photoshop CS6 设计的网页图像效果。

图 1-9　使用 Photoshop CS6 设计的网页图像效果

 ### 1.3.2　动画制作软件 Flash CS6

随着网络技术的发展，网页上出现了越来越多的 Flash 动画。一个优秀的网站是离不开动画的，无论是 banner、按钮、网站宣传动画，还是整个网站的首页，都需要使用动画制作软件。Flash 动画已经成为当今网站不可缺少的部分，美观的动画能够为网页增色不少，从而吸引更多的浏览者，如图 1-10 所示的是使用 Flash CS6 制作的动画。

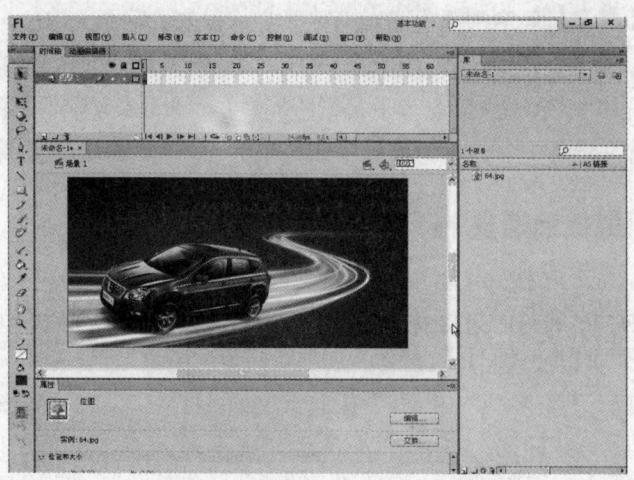

图 1-10　使用 Flash CS6 制作的动画

 ### 1.3.3　网页编辑排版软件 Dreamweaver CS6

使用 Photoshop 制作的网页图像并不是真正的网页，要想真正成为能够正常浏览的网页，需要使用 Dreamweaver 进行网页排版布局、添加各种网页特效，还可以轻松开发新闻发布系统、网上购物系统、论坛系统等动态网页。

Dreamweaver CS6 是最新开发的优秀网页制作工具，用于对站点、页面、应用程序进行设计、编码和开发。新版本不仅继承了前几个版本的出色功能，在界面整合和易用性方面也更加贴近用户，如图 1-11 所示就是使用 Dreamweaver CS6 排版的网页效果。

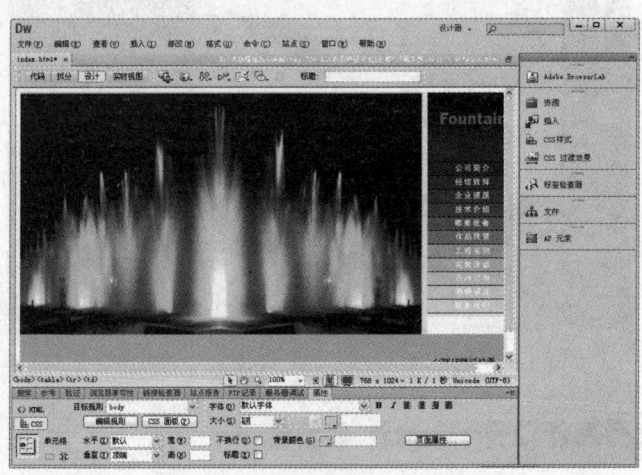

图 1-11　使用 Dreamweaver CS6 排版的网页效果

1.4　动态网站建设技术

> 动态网页与静态网页是相对应的，也就是说，网页 URL 的扩展名不是 .htm、.html、.shtml、.xml 等静态网页的常见形式，而是以 .asp、.jsp、.php、.perl、.cgi 等形式为扩展名，并且在动态网页网址中有一个标志性的符号"?"。在创建网页前首先要安装和设置 IIS，创建数据库。

 ## 1.4.1　网页标记语言 HTML 介绍

HTML（HyperText Markup Language，超文本标记语言）是一种用来制作超文本文档的简单标记语言。用 HTML 编写的超文本文档称为 HTML 文档，它能独立于各种操作系统平台。所谓超文本，因为它可以加入图片、声音、动画、影视等内容。

HTML 的任何标记都由"<"和">"围起来，如<HTML>、<I>。在起始标记的标记名前加上符号"/"便是其终止标记，如</I>，夹在起始标记和终止标记之间的内容受标记的控制，如<I>一路顺风</I>，夹在标记"I"之间的"一路顺风"将受标记"I"的控制。

下面讲述 HTML 的基本结构。

超文本文档分为头和主体两个部分，在文档头里，对这个文档进行了一些必要的定义，文档主体中才是要显示的各种文档信息。

```
<HTML>
  <HEAD>
    网页头部信息
```

```
     </HEAD>
      <BODY>
           网页主体正文部分
      </BODY>
</HTML>
```

- HTML 标记：<HTML>标记用于 HTML 文档的最前边，用来标识 HTML 文档的开始。而</HTML>标记恰恰相反，它放在 HTML 文档的最后边，用来标识 HTML 文档的结束，两个标记必须一起使用。
- Head 标记：<Head>和</Head>构成 HTML 文档的开头部分，在此标记对之间可以使用<Title></Title>、<Script></Script>等标记对，这些标记对都是描述 HTML 文档相关信息的标记对。<Head></Head>标记对之间的内容不会在浏览器的框内显示出来，两个标记必须一起使用。
- Body 标记：<Body></Body>是 HTML 文档的主体部分,在此标记对之间可包含<p></p>、<h1> </h1>、
</br>等众多的标记，它们所定义的文本、图像等将会在浏览器内显示出来，两个标记必须一起使用。
- Title 标记：使用过浏览器的人可能都会注意到浏览器窗口最上边蓝色部分显示的文本信息，那些信息一般是网页的"标题"，要将网页的标题显示到浏览器的顶部其实很简单，只要在<Title></Title>标记对之间加入要显示的文本即可。

 1.4.2　网页脚本语言 JavaScript 和 VBScript

使用 VBScript、JavaScript 等简单易懂的脚本语言，结合 HTML 代码，即可快速地完成网站的应用程序。

脚本语言（JavaScript、VBScript 等）介于 HTML 和 C、C++、Java、C#等编程语言之间。脚本是使用一种特定的描述性语言，依据一定的格式编写的可执行文件，又称做宏或批处理文件。脚本通常可以由应用程序临时调用并执行。各类脚本目前被广泛应用于网页设计中，因为脚本不仅可以减小网页的规模和提高网页浏览速度，而且可以丰富网页的表现，如动画、声音等。

脚本同 VB、C 语言的主要区别如下：

- 脚本语法比较简单，比较容易掌握。
- 脚本与应用程序密切相关，所以包括相对应用程序自身的功能。
- 脚本一般不具备通用性，所能处理的问题范围有限。
- 脚本多为解释执行。

如图 1-12 所示的是使用脚本语言制作的特效漂浮广告网页。

图 1-12　使用脚本语言制作的漂浮广告网页

 1.4.3　动态网页编程语言 ASP

ASP（Active Server Pages）是微软公司开发的服务器端脚本环境，内含于 IIS3.0 及以上版本，通过 ASP 可以结合 HTML 网页、ASP 指令和 ActiveX 控件，建立动态、交互且高效的 Web 服务器应用程序。有了 ASP 就不必担心客户的浏览器是否能够运行所有编写的代码，因为所有的程序都将在服务器端执行，包括所有嵌在普通 HTML 中的脚本程序。当程序执行完毕后，服务器仅将执行的结果返回给客户端浏览器，这样就减轻了客户端浏览器的负担，大大提高了交互的速度。如图 1-13 所示使用动态网页编程语言 ASP 编写的网页。

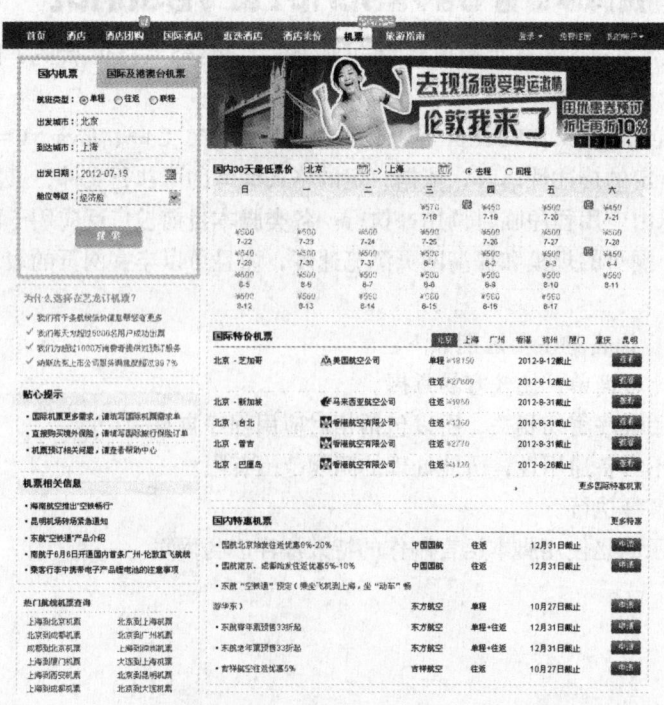

图 1-13　使用动态网页编程语言 ASP 编写的网页

ASP 是目前最为流行的开放式的 Web 服务器的应用程序开发技术，使用它可以将 HTML、脚本语言和 ActiveX 控件组合在一起，产生动态、交互且高效率的基于 Web 的应用程序。

作为动态网页的重要设计工具，ASP 是一种服务器端的脚本环境，由于 ASP 使用基于开放程序环境的 ActiveX 技术，所以用户可以自己定义和制作组件加入其中，使自己的动态网页具有无限的扩充能力。

1.5　本章小结

本章主要讲述了什么静态网页、什么是动态网页、常见的网站类型、选择网页制作软件、动态网站建设需要掌握的技术等。通过本章的学习，读者可以根据自己的需要来选择合适的网页制作软件，了解动态网站技术等，为后面的学习打下基础。

第 2 章　为网页设计精美的图像

学前必读：

　　Adobe Photoshop CS6 是 Adobe 公司旗下最为出名的图像处理软件之一，集图像扫描、编辑修改、图像制作、广告创意，图像输入与输出于一体的图形图像处理软件，深受广大平面设计人员和电脑美术爱好者的喜爱。

学习流程

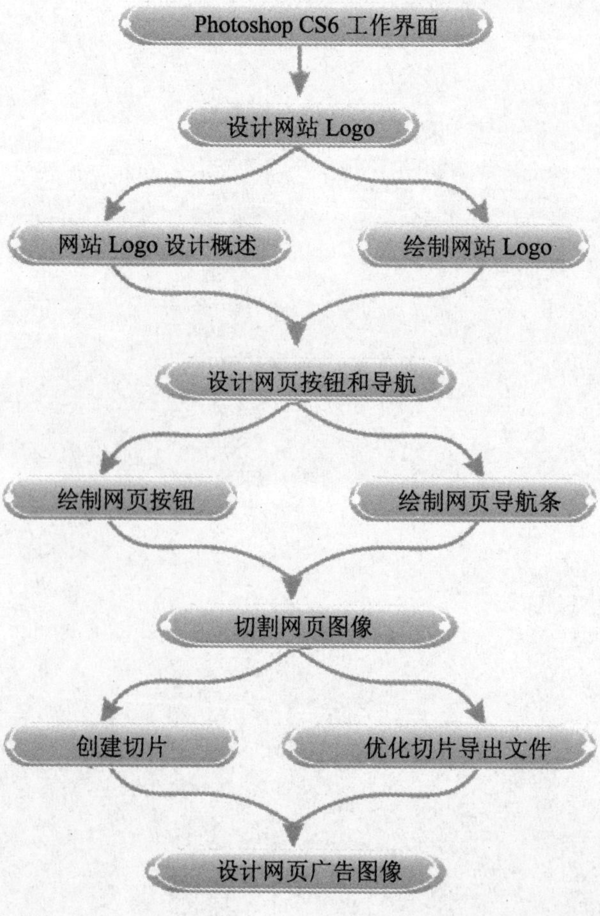

```
            Photoshop CS6 工作界面
                    ↓
               设计网站 Logo
              ↙            ↘
    网站 Logo 设计概述        绘制网站 Logo
              ↘            ↙
             设计网页按钮和导航
              ↙            ↘
        绘制网页按钮          绘制网页导航条
              ↘            ↙
               切割网页图像
              ↙            ↘
          创建切片          优化切片导出文件
              ↘            ↙
              设计网页广告图像
```

2.1　Photoshop CS6 工作界面介绍

Adobe Photoshop CS6 工作界面是编辑、处理图像的操作平台，它主要由标题栏、菜单栏、工具箱、调板、文档窗口等组成，如图 2-1 所示。

图 2-1　Photoshop CS6 工作界面

1．菜单命令

Photoshop CS6 包括"文件"、"编辑"、"图像"、"图层"、"文字"、"选择"、"滤镜"、"视图"、"窗口"和"帮助"10 个菜单，如图 2-2 所示。

文件(F)　编辑(E)　图像(I)　图层(L)　文字(Y)　选择(S)　滤镜(T)　视图(V)　窗口(W)　帮助(H)

图 2-2　菜单栏

● "文件"：用来对需要修改的图片进行打开、关闭、存储、输出、打印等操作。
● "编辑"：用来编辑图像过程中所用到的各种操作，如复制、粘贴等一些基本操作。
● "图像"：用来修改图像的各种属性。
● "图层"：用来对图层进行的基本操作。
● "文字"：用来设置文本的相关属性。
● "选择"：用来选择对象的基本操作命令。
● "滤镜"：用来对对象或者文本添加各种特殊效果。
● "视图"：用来调整图像在显示方面的属性。
● "窗口"：用来管理调板。
● "帮助"：用来查找帮助信息。

图 2-3　工具箱

15

2．工具箱

启动 Photoshop 时，"工具箱"将显示在屏幕左侧，如图 2-3 所示。

"工具箱"中的某些工具会在上下文相关选项栏中提供一些选项。通过这些工具，可以输入文字，选择、绘制、编辑、移动、注释和查看图像，或对图像进行取样。可以展开某些工具以查看它们后面的隐藏工具。工具图标右下角的小三角形表示存在隐藏工具。将指针放在工具上，便可以查看有关该工具的信息。工具的名称将出现在指针下面的工具提示中。

3．选项栏

选项栏在工作区顶部的菜单栏下面出现，如图 2-4 所示是"裁剪工具"的选项栏。选项栏是上下文相关的，它会随所选工具的不同而改变。选项栏中的某些设置（如绘画模式和不透明度）是几种工具共有的，而有些设置则是某一种工具特有的。可以使用手柄栏在工作区中移动选项栏，也可以将它停放在屏幕的顶部或底部。当将指针悬停在工具上时，会出现工具提示。

图 2-4　选项栏

4．调板

调板也叫面板，在默认情况下，调板位于文档窗口的右侧，其主要功能是查看和修改图像。一些调板中的菜单提供其他命令和选项。可使用多种不同方式组织工作区中的调板。可以将调板存储在"调板箱"中，以使它们不干扰工作且易于访问，或者可以让常用调板在工作区中保持打开。可以将调板编组或将一个调板停放在另一个调板的底部。

调板分为 3 组，分别是"颜色/色板"、"调整/样式"、"图层/通道/路径"，如图 2-5 所示。只有那些顶部有"更多"按钮的调板包含菜单。单击"更多"可从调板菜单中选择命令。

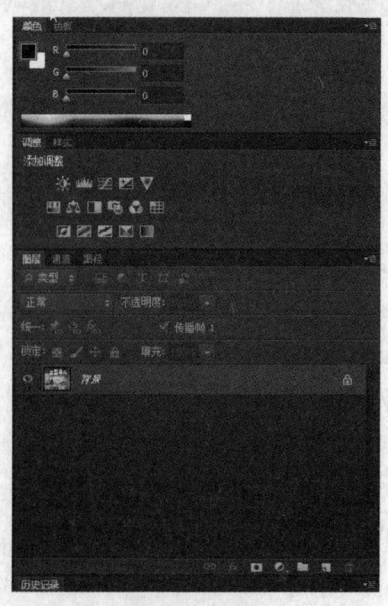

图 2-5　调板

2.2　设计网站 Logo

Logo 是徽标或者商标的英文说法，起到对徽标拥有公司的识别和推广的作用，通过形象的 Logo 可以让消费者记住公司主体和品牌文化。网络中的 Logo 徽标主要是各个网站用来与其他网站链接的图形标志，代表一个网站或网站的一个板块。另外，Logo 还是一种早期的计算机编程语言，也是一种与自然语言非常接近的编程语言，它通过"绘图"的方式来学习编程，对初学者特别是儿童进行寓教于乐的教学方式。

2.2.1　网站 Logo 设计规范

设计 Logo 时，面向应用的各种条件作出相应规范，对指导网站的整体建设有着极现实的意义。具体须规范 Logo 的标准色、设计可能被应用的恰当的背景配色体系、反白、在清晰表现 Logo 的前提下制订 Logo 最小的显示尺寸，为 Logo 制订一些特定条件下的配色、辅助色带等方便在制作 banner 等场合的应用。另外应注意文字与图案边缘应清晰，字与图案不宜相交叠。另外还可考虑 Logo 竖排效果，考虑作为背景时的排列方式等。

一个网络 Logo 不应只考虑在设计师高分辨屏幕上的显示效果，应该考虑到网站整体发展到一个高度时相应推广活动所要求的效果，使其在应用于各种媒体时，也能发挥充分的视觉效果；同时应使用能够给予多数观众好感而受欢迎的造型。

所以应考虑到 Logo 在传真、报纸、杂志等纸介质上的单色效果、反白效果、在织物上的纺织效果、在车体上的油漆效果，制作徽章时的金属效果、墙面立体的造型效果等。

为了便于 Internet 上信息的传播，一个统一的国际标准是需要的。实际上已经有了这样的一整套标准。其中关于网站的 Logo，目前有三种规格：

（1）88×31 这是互联网上最普遍的 Logo 规格。

（2）120×60 这种规格属于一般大小的 Logo。

（3）120×90 这种规格属于大型 Logo。

2.2.2　绘制网站 Logo

网站 Logo 是网页重要的部分，是网站主题的体现，所以 Logo 的设计是非常重要的。Photoshop CS6 提供了丰富的工具和强大的设计功能，使用它用户能够随心所欲地制作各种各样的 Logo。利用 Photoshop 设计的网页 Logo，如图 2-6 所示，具体操作步骤如下。

图 2-6　利用 Photoshop 设计网页 Logo

◎完成文件　实例素材/完成文件/CH02/logo.psd

（1）启动 Photoshop CS6，执行"文件"|"新建"命令，打开"新建"对话框，如图 2-7 所示。

（2）在对话框中，将"宽度"和"高度"分别设置为 300 像素和 250 像素。单击"确定"按钮，新建一个空白文档，如图 2-8 所示。

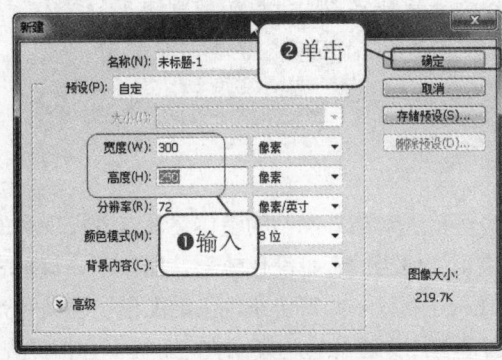

图 2-7　"新建"对话框　　　　　　　　图 2-8　新建文档

（3）选择工具箱中的"椭圆"工具，在选项栏中将填充颜色设置为"#ec6941"，按住鼠标左键在舞台中绘制椭圆，如图 2-9 所示。

（4）选择工具箱中的"椭圆"工具，在选项栏中将填充颜色设置为"#FFFFFF"，按住鼠标左键在舞台中绘制椭圆，如图 2-10 所示。

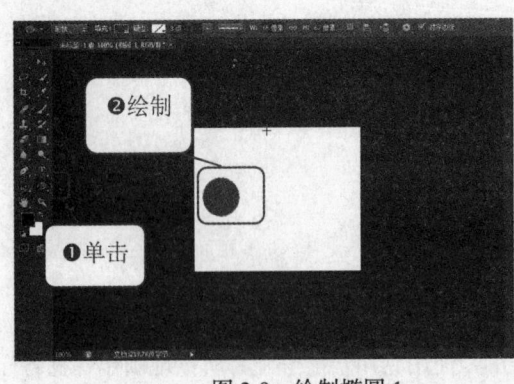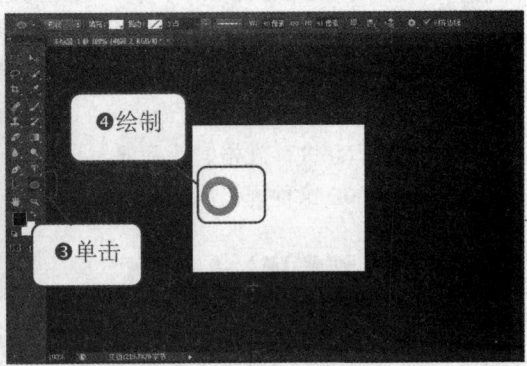

图 2-9　绘制椭圆 1　　　　　　　　图 2-10　绘制椭圆 2

（5）选择工具箱中的"椭圆"工具，在选项栏中将填充颜色设置为"#FF0000"，按住鼠标左键在舞台中绘制椭圆，如图 2-11 所示。

（6）同步骤（5）绘制其他椭圆，并设置为不同的颜色，如图 2-12 所示。

（7）选择工具箱中的"文本"工具，在舞台中输入文字"天涯传媒"，并设置文本属性，如图 2-13 所示。

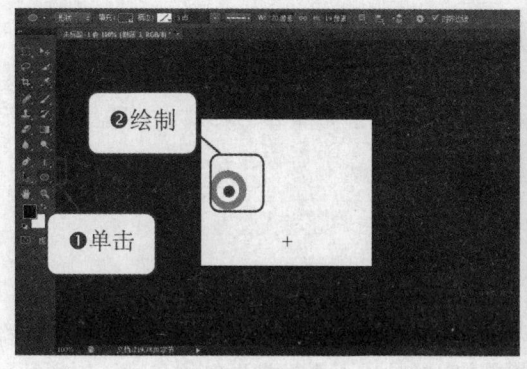

图 2-11　绘制椭圆 3

图 2-12　绘制其他椭圆

（8）执行"图层"｜"图层样式"｜"投影"命令，打开"图层样式"对话框，设置投影相关参数，如图 2-14 所示。

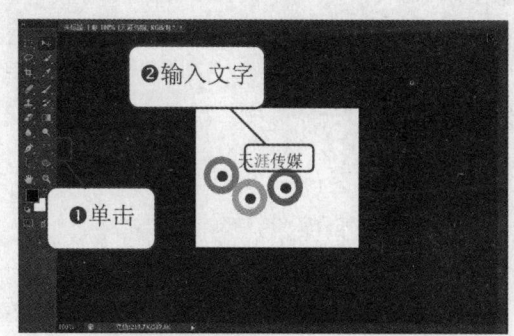

图 2-13　输入文本

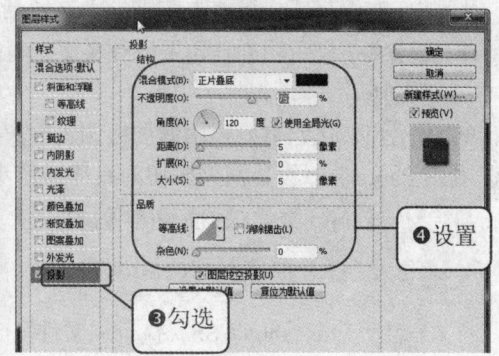

图 2-14　"图层样式"对话框

（9）勾选"描边"选项，将描边颜色设置为白色，如图 2-15 所示。

（10）单击"确定"按钮，设置图层样式完成后的效果，如图 2-16 所示。

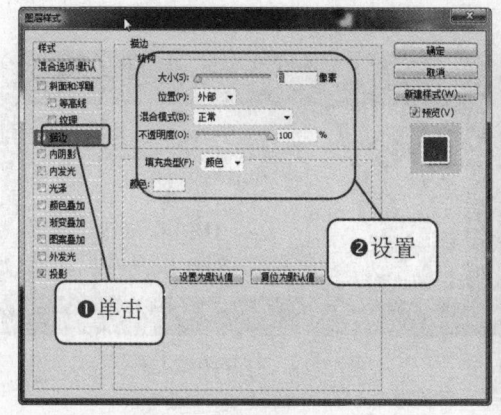

图 2-15　设置描边

图 2-16　设置图层样式

2.3 设计网页按钮和导航

按钮是最常见的网页元素，在网页设计中占有非常重要的地位。按钮的外观通常随着用户的鼠标移动或其他动作（如单击）而变化，作为指示交互性的可视化提示。

2.3.1 绘制网页按钮

按钮是网站界面中伴随着用户点击行为的特殊图片，按钮在设计上有较高的要求。按钮设计的基本要求是要达到"点击暗示"效果，凹凸感、阴影效果、水晶效果等均是这一原则的网络体现。同时，按钮中的可点击范围最好是整个按钮，而不仅限于按钮图片上的文本区。

可以通过以下几点来设计按钮，让它更易被点击。

- 按钮颜色与背景颜色有一定的对比度。
- 按钮有浮起感，可点击范围够大，包括整个按钮。
- 按钮文字提示明确，如果没有文字，确信所使用的图形按钮是约定俗成、容易被用户理解的图片。
- 对用户转化起重要作用的按钮用色应突出一点，尺寸大一点。

利用 Photoshop 设计网页按钮的具体操作步骤如下。

练习文件 实例素材/练习文件/CH02/按钮.jpg

完成文件 实例素材/完成文件/CH02/按钮.psd

（1）启动 Photoshop CS6，执行"文件"|"打开"命令，打开"打开"对话框，如图 2-17 所示。

（2）在对话框中选择相应的图像，单击"确定"按钮，打开图像文件，如图 2-18 所示。

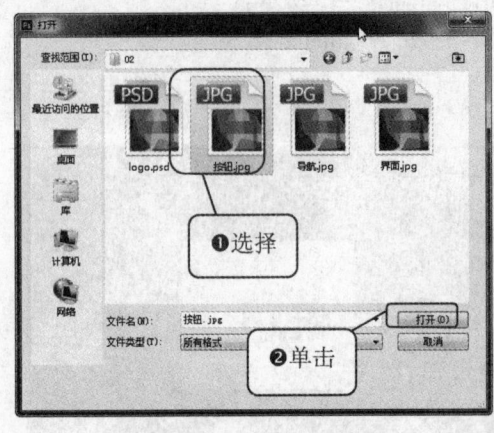
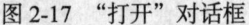
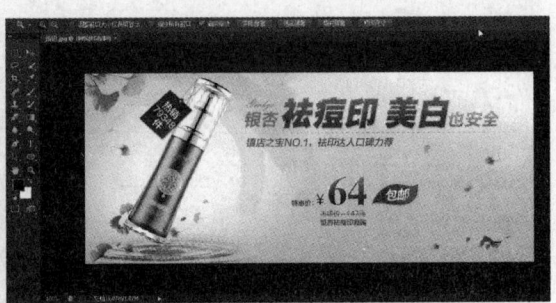

图 2-17 "打开"对话框　　　　图 2-18 打开图像文件

（3）选中工具箱中的"圆角矩形"工具，按住鼠标左键在文档中进行拖动，绘制一个圆角矩形，如图 2-19 所示。

（4）选中圆角矩形，执行"图层"|"图层样式"|"投影"命令，打开"图层样式"对话框，在对话框中进行相应的设置，如图 2-20 所示。

图 2-19　绘制圆角矩形

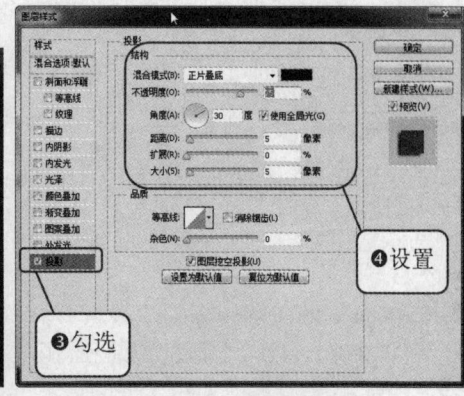

图 2-20　设置"投影"选项

（5）在"样式"列表框中选择"外发光"选项，在"外发光"选项组中进行相应的设置，如图 2-21 所示。

（6）在"样式"列表框中选择"内发光"选项，在"内发光"选项组中进行相应的设置，如图 2-22 所示。

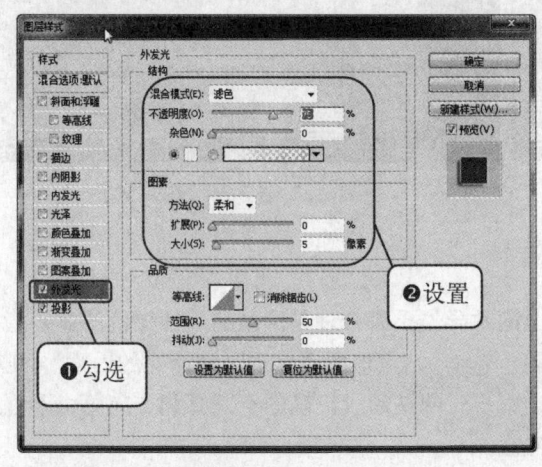

图 2-21　设置"外发光"选项

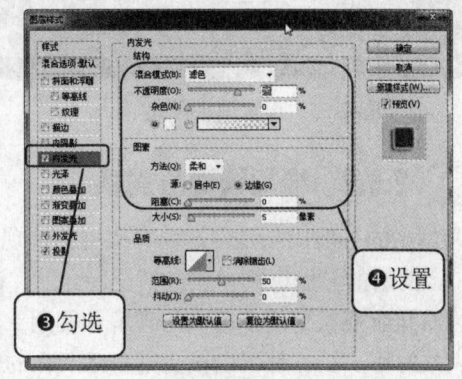

图 2-22　设置"内发光"选项

（7）在"样式"列表框中选择"斜面和浮雕"选项，在"斜面和浮雕"选项组中进行相应的设置，如图 2-23 所示。

（8）在"样式"列表框中选择"描边"选项，在"描边"选项组中进行相应的设置，如图 2-24 所示。

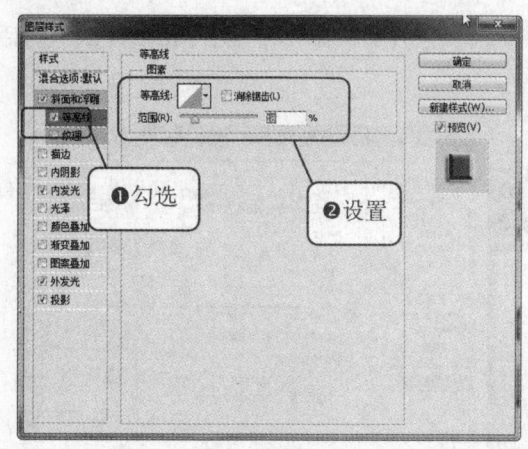 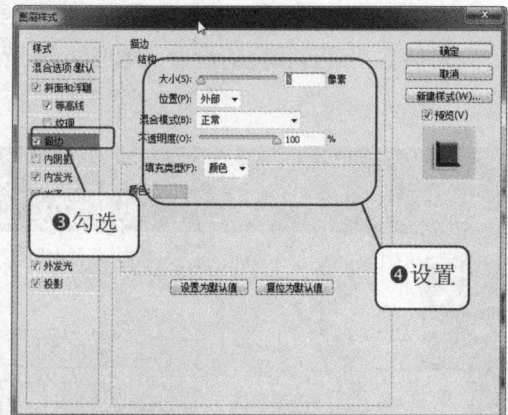

图 2-23　设置"斜面和浮雕"选项　　　　　　　图 2-24　设置"描边"选项

（9）单击"确定"按钮，设置图层样式后圆角矩形效果如图 2-25 所示。

（10）使用工具箱中的"文本"工具 **T.**，在圆角矩形上单击并输入文字，如图 2-26 所示。

图 2-25　设置图层样式　　　　　　　　　　图 2-26　输入文字

2.3.2　绘制网页导航条

　　网站的导航机制是网站内容架构的体现，网站导航是否合理是网站易用性评价的重要指标之一。网站的导航机制一般包括全局导航、辅助导航、站点地图等体现网站结构的因素。正确的网站导航要做到便于用户的理解和使用，让用户对网站形成正确的空间感和方向感，不管进入网站的哪一页，都可以很清楚自己所在的位置。

　　在设计中要注意以下基本要求。

● 明确性：无论采用哪种导航策略，用户导航的设计应该明确，让用户能一目了然。具体表现为能让用户明确网站的主要服务范围及清楚了解自己所处的位置等。只有明确的导航才能真正发挥"引导"的作用，引导浏览者找到所需的信息。

● 可理解性：导航对于用户应是易于理解的。在表达形式上，要使用清楚简捷的按钮、图像或文本，要避免使用无效字句。

● 完整性：完整性是要求网站所提供的导航具体、完整，可以让用户获得整个网站范围内的领域性导航，能涉及网站中全部的信息及其关系。

第 2 章　为网页设计精美的图像

- 易用性：导航系统应该容易进入，同时也要容易退出当前页面，或让用户以简单的方式跳转到想要去的页面。
- 动态性：导航信息可以说是一种引导，动态的引导能更好地解决用户的具体问题。及时、动态地解决用户的问题，是一个好导航必须具备的特点。

利用 Photoshop 设计网页导航的具体操作步骤如下。

◎练习文件　实例素材/练习文件/CH02/导航条.jpg

◎完成文件　实例素材/完成文件/CH02/导航条.psd

（1）启动 Photoshop CS6，打开图像文件，如图 2-27 所示。

（2）选择工具箱中的"圆角矩形"工具，在选项栏中设置填充颜色和描边颜色，将设置形状描边宽度设置为 3，将设置形状描边类型设置为虚线，然后绘制圆角矩形，如图 2-28 所示。

图 2-27　打开图像文件　　　　　　　图 2-28　绘制圆角矩形

（3）执行"图层"|"图层样式"|"投影"命令，打开"图层样式"对话框，在对话框中进行相应的设置，如图 2-29 所示。

（4）在"样式"列表框中选择"内阴影"选项，在"内阴影"选项组中进行相应的设置，如图 2-30 所示。

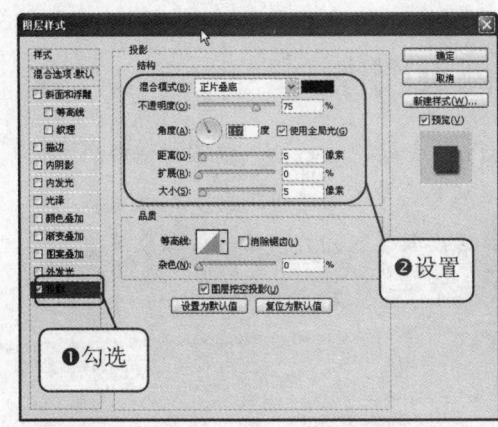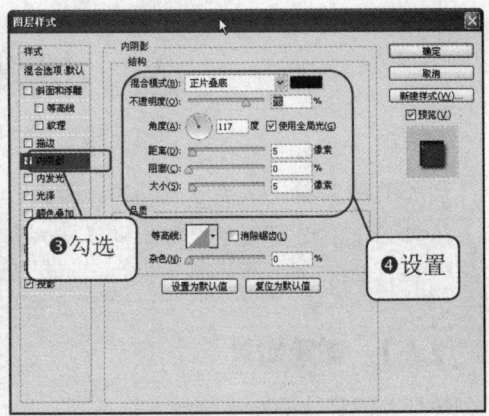

图 2-29　设置"投影"选项　　　　　　图 2-30　设置"内阴影"选项

23

（5）单击"确定"按钮，设置图层样式，如图 2-31 所示。

（6）选择工具箱中的"横排文字"工具，在选项栏中将"字体"设置为"宋体"，字体大小设置为 18，在舞台中输入文字"首页"，如图 2-32 所示。

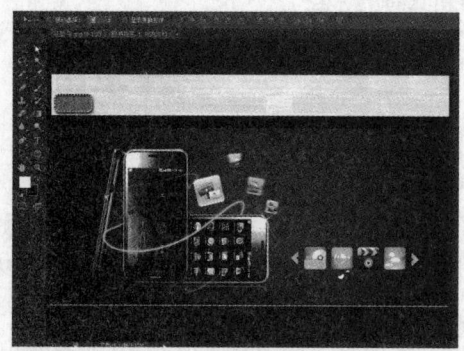

图 2-31　设置图层样式

图 2-32　输入文字

（7）与步骤（2）~步骤（6）相同，制作其余的按钮并输入相应的文本，如图 2-23 所示。

（8）保存文件后的效果如图 2-34 所示。

图 2-33　制作其余导航

图 2-34　保存文档

2.4　切割网页图像

人们评价一个网页的漂亮与否，很大一部分因素取决于网页上使用的图片的质量。于是越来越多，越来越大的图片在页面中被使用。但这就意味着下载时间越长，因此需要把大图片切割成小的图片，以加快图片下载速度。

2.4.1　创建切片

创建切片的具体操作步骤如下。

练习文件　实例素材/练习文件/CH02/切片首页.jpg

（1）启动 Photoshop CS6，执行"文件"|"打开"命令，打开图像文件，如图 2-35 所示。

（2）选择工具箱中的"切片"工具，将光标移到文档窗口中，按住鼠标左键在图像上进行拖曳，松开鼠标即可以生成一个切片，如图 2-36 所示。

图 2-35　打开图像文件　　　　　　　　图 2-36　绘制切片

（3）在创建切片的时候，可以使用不同风格的创建方式，在选项栏的"样式"下拉列表中可以选择所需的风格，如图 2-37 所示。

（4）按照步骤（2）的方法切割图像，如图 2-38 所示。

图 2-37　"样式"下拉列表　　　　　　　图 2-38　切割网页

2.4.2　优化切片并导出 HTML 文件

优化切片并导出 HTML 文件的具体操作步骤如下。

练习文件　实例素材/练习文件/CH02/切片首页.jpg

完成文件　实例素材/完成文件/CH02/index.html

（1）执行"文件"|"存储为 Web 所用格式"命令，弹出"存储为 Web 所用格式"对话框，单击"优化"选项，在右边设置优化参数，如图 2-39 所示。

（2）单击"存储"按钮，弹出"将优化结果存储为"对话框，如图 2-40 所示。

图 2-39　"存储为 Web 所用格式"对话框　　　　图 2-40　"将优化结果存储为"对话框

（3）在对话框中的"保存类型"下拉列表中选择"HTML 和图像"选项，单击"确定"按钮，打开网页文件中存放的 HTML 文件，如图 2-41 所示。

图 2-41　预览网页

2.5　设计网页广告图像

　　当网页较大时，可以使用工具箱中的"切片"工具将图像裁切成很多块，每一块图像都可以按照不同的设置进行优化压缩，并且每一块都可以链接到不同的 URL 地址，存储后就是 HTML 文件，但在网页中还是一副完整的图像，这样网页的显示速度就快多了。

◎练习文件　实例素材/练习文件/CH02/huazhua.jpg

◎完成文件　实例素材/完成文件/CH02/网页广告图像.psd

（1）启动 Photoshop CS6，执行"文件"|"新建"命令，打开"新建"对话框，在该对话中将"宽度"设置为 700，"高度"设置为 300，如图 2-42 所示。

（2）单击"确定"按钮，新建文档，如图 2-43 所示。

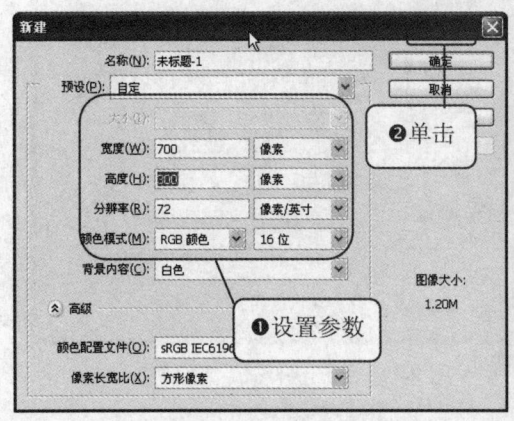

图 2-42　"新建"对话框　　　　　　　　　　　　　　图 2-43　新建文档

（3）选择工具箱中的"渐变"工具，在选项栏中单击"点按可编辑渐变"按钮，打开"渐变编辑器"对话框，编辑渐变颜色，如图 2-44 所示。

（4）在舞台中绘制渐变，如图 2-45 所示。

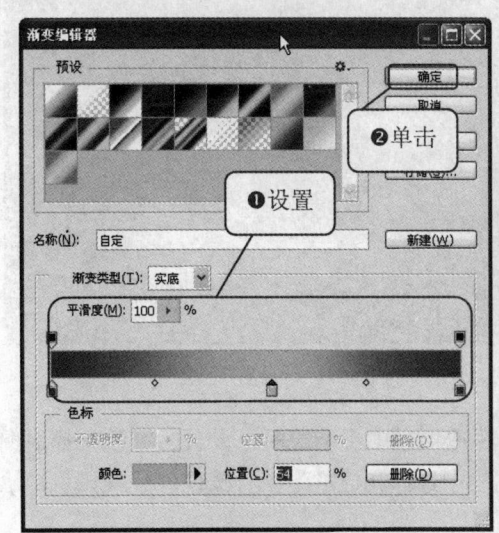
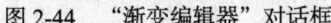

图 2-44　"渐变编辑器"对话框　　　　　　　　　　　图 2-45　绘制渐变

（5）选择工具箱中的"横排文字"工具，在选项栏中将字体设置为"宋体"，字体大小设置为 60，然后在舞台中输入文本"水嫩法宝"，如图 2-46 所示。

（6）执行"图层"|"图层样式"|"投影"命令，打开"图层样式"对话框，在该对话框中设置相应的参数，如图 2-47 所示。

学用一册通：Dreamweaver CS6+ASP 动态网站开发

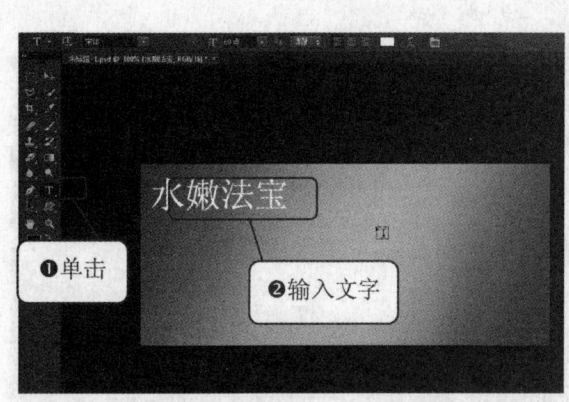

图 2-46　输入文本

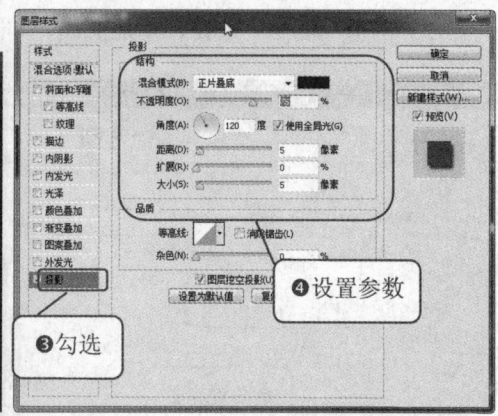

图 2-47　"图层样式"对话框

（7）勾选"图案叠加"选项，单击"图案"按钮，在弹出的列表中选择相应的图案，如图 2-48 所示。

（8）单击"确定"按钮，设置图层样式，如图 2-49 所示。

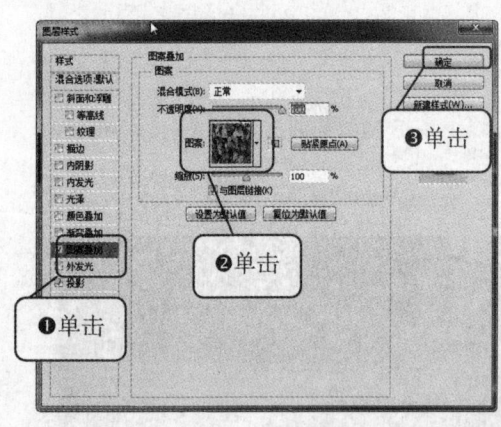

图 2-48　设置图案

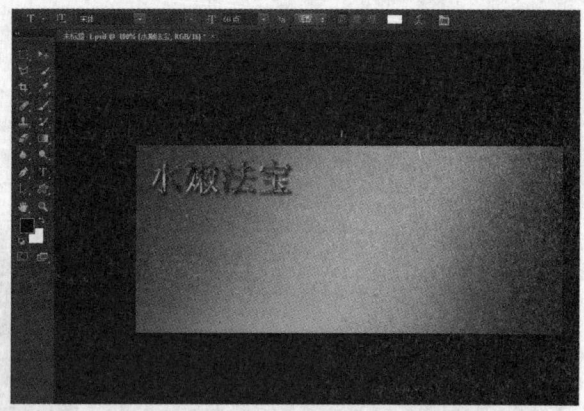

图 2-49　设置图层样式

（9）选择工具箱中的"自定义形状"工具，在选项栏中将填充颜色设置为红色，描边颜色设置为白色，单击形状右边的按钮，在弹出的列表中选择相应的形状，按住鼠标在舞台中绘制相应的形状，如图 2-50 所示。

（10）选择工具箱中的"横排文字"工具，在舞台中输入文本"火爆畅销"，并设置相应的字体大小，如图 2-51 所示。

（11）执行"文件"|"置入"命令，在弹出的"置入"对话框中选择相应的图像，将其置入到舞台中，并调整其大小和位置，如图 2-52 所示。

（12）执行"图层"|"图层样式"|"投影"命令，打开"图层样式"对话框，在该对话框中设置相应的参数，如图 2-53 所示。

28

图 2-50　绘制形状

图 2-51　输入文本

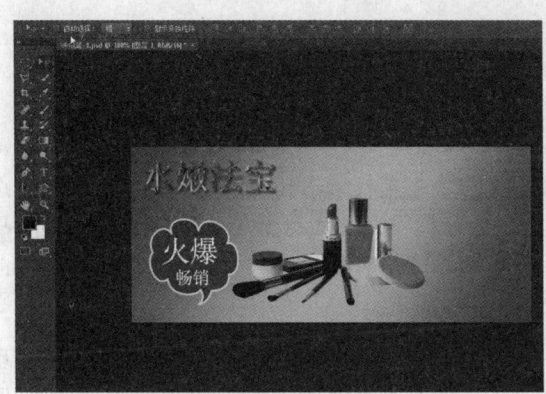

图 2-52　置入图像

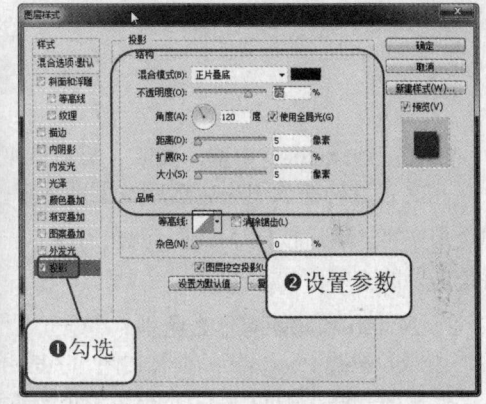

图 2-53　"图层样式"对话框

（13）勾选"外发光"选项，在弹出的列表框中设置相应的参数，如图 2-54 所示。

（14）单击"确定"按钮，设置图层样式，如图 2-55 所示。

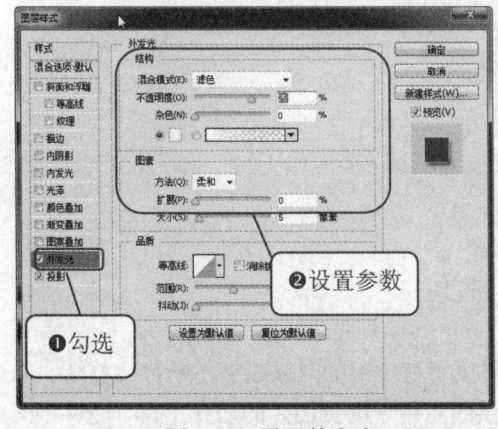

图 2-54　设置外发光

图 2-55　设置图层样式

（15）选择工具箱中的"横排文字"工具，在舞台中输入相应的文本，并设置字体参数，如图 2-56 所示。保存文档即可。

图 2-56　输入文本

2.6　专家秘笈

1．在 Photoshop 中输入文字，怎样选取文字的一部分？

把文字层转换成图层，然后在层面板上按住 Ctrl，用鼠标单击转换成图层的文字层就能选中全部文字，然后按住 Alt 键，就会出现"——"的符号，然后选中不需要的文字，那么留下的就是需要的文字。

2．Action 和滤镜有什么区别？

Action 只是 Photoshop 的宏文件，它是由一步步的 Photoshop 操作组成的，虽然它也能实现一些滤镜的功能，但它并不是滤镜。而滤镜本质上是一个复杂的数学运算法则，也就是说，原图中每个像素和滤镜处理后的对应像素之间有一个运算法则。

3．如何在 Photoshop 中将图片淡化？

（1）改变图层的透明度，100%为不透明。

（2）减少对比度,增加亮度。

（3）用层蒙板。

（4）如果要将图片的一部分淡化，可用羽化效果。

4．在 Photoshop 中怎样使图片的背景透明？

（1）用魔棒选中背景，然后将其删掉，然后存成 GIF 即可。

（2）将需要的图片抠下，然后删除不用的部分。

2.7　本章小结

这一章中的每个实例都使用了不同的功能，希望读者在学习的时候能够不断自己总结，以便快捷提高自己的制作水平。此外，Photoshop 所提供的应用于网页图片的切片工具，能够将图像分割为具有链接功能的图像区。本章主要讲述了网页中的 Logo 制作、网络广告制作和网页图像的切割，以及首页图像的设计。

第章 为网页设计酷炫的 Flash 动画

学前必读:

Flash 动画设计的三大基本功能是整个 Flash 动画设计知识体系中最重要、也是最基础的,包括:绘图和编辑图形、补间动画和遮罩。这是三个紧密相连的逻辑功能,并且这三个功能自 Flash 诞生以来就存在。Flash 动画说到底就是"遮罩+补间动画+逐帧动画"与元件(主要是影片剪辑)的混合物,通过这些元素的不同组合,从而可以创建千变万化的效果。

学习流程

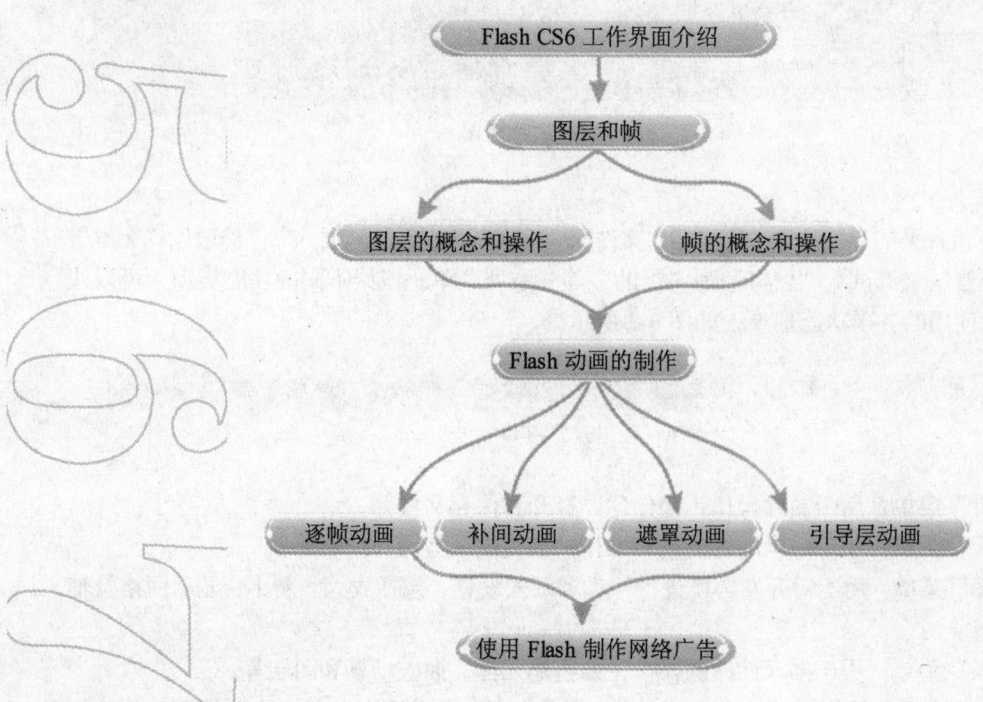

3.1　Flash CS6 工作界面介绍

Adobe Flash CS6 官方简体中文版是用于创建动画和多媒体内容的强大的创作平台。Adobe Flash CS6 设计身临其境、而且在台式计算机和平板电脑、智能手机和电视等多种设备中都能呈现一致效果的互动体验。新版 Flash Professional CS6 附带了可生成 Sprite 表单和访问专用设备的本地扩展。可以锁定最新的 Adobe Flash Player 和 Air 运行时以及 Android 和 iOS 设备平台。Flash CS6 的工作界面继承了以前版本的风格，只是更加美观，使用更加方便快捷了。Flash CS6 的工作界面由菜单栏、工具箱、属性面板、时间轴、舞台和面板组等组成，如图 3-1 所示。

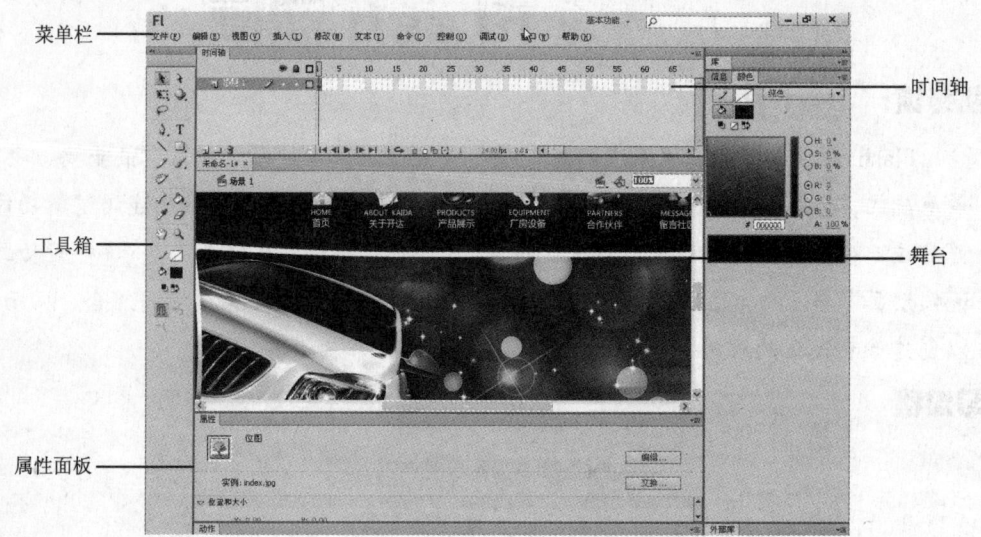

图 3-1　Flash CS6 工作界面

1．菜单栏

菜单栏是最常见的界面要素，它包括"文件"、"编辑"、"视图"、"插入"、"修改"、"文本"、"命令"、"控制"、"调试"、"窗口"和"帮助"等一系列菜单。根据不同的功能类型，可以快速地找到所要使用的各项功能选项，如图 3-2 所示。

文件(F)　编辑(E)　视图(V)　插入(I)　修改(M)　文本(T)　命令(C)　控制(O)　调试(D)　窗口(W)　帮助(H)

图 3-2　菜单栏

- "文件"菜单：用于文件操作，如创建、打开和保存文件等。
- "编辑"菜单：用于动画内容的编辑操作，如复制、剪切和粘贴等。
- "视图"菜单：用于对开发环境进行外观和版式设置，包括放大、缩小、显示网格及辅助线等。
- "插入"菜单：用于插入性质的操作，如新建元件、插入场景和图层等。
- "修改"菜单：用于修改动画中的对象、场景甚至动画本身的特性，主要用于修改动画中各种对象的属性，如帧、图层、场景以及动画本身等。

- "文本"菜单：用于对文本的属性进行设置。
- "命令"菜单：用于对命令进行管理。
- "控制"菜单：用于对动画进行播放、控制和测试。
- "调试"菜单：用于对动画进行调试。
- "窗口"菜单：用于打开、关闭、组织和切换各种窗口面板。
- "帮助"菜单：用于快速获得帮助信息。

2．工具箱

工具箱中包含一套完整的绘图工具，位于工作界面的左侧，如图 3-3 所示。如果想将工具箱变成浮动工具箱，可以拖动工具箱最上方的位置，这时屏幕上会出现一个工具箱的虚框，释放鼠标即可将工具箱变成浮动工具箱。

- "选择"工具 ：用于选定对象、拖动对象等操作。
- "部分选取"工具 ：可以选取对象的部分区域。
- "任意变形"工具 ：对选取的对象进行变形。
- "3D 旋转"工具 ：3D 旋转功能只能对影片剪辑发生作用。
- "套索"工具 ：选择一个不规则的图形区域，并且还可以处理位图图形。
- "钢笔"工具 ：可以使用此工具绘制曲线。
- "文本"工具 T：在舞台上添加文本，编辑现有的文本。
- "线条"工具 ：使用此工具可以绘制各种形式的线条。
- "矩形"工具 ：用于绘制矩形，也可以绘制正方形。
- "铅笔"工具 ：用于绘制折线、直线等。
- "刷子"工具 ：用于绘制填充图形。
- "墨水瓶"工具 ：用于编辑线条的属性。
- "颜料桶"工具 ：用于编辑填充区域的颜色。
- "滴管"工具 ：用于将图形的填充颜色或线条属性复制到别的图形线

图 3-3　工具箱

  条上，还可以采集位图作为填充内容。
- "橡皮擦"工具 ：用于擦除舞台上的内容。
- "手形"工具 ：当舞台上的内容较多时，可以用该工具平移舞台以及各个部分的内容。
- "缩放"工具 ：用于缩放舞台中的图形。
- "笔触颜色"工具 ：用于设置线条的颜色。
- "填充颜色"工具 ：用于设置图形的填充区域。
- "骨骼"工具 ，可以像 3D 软件一样，为动画角色添加上骨骼，就可以很轻松地制作各种动作的动画了。

3．时间轴面板

"时间轴"面板是 Flash 界面中重要的部分，用于组织和控制文档内容在一定时间内播放的图层数和帧数，如图 3-4 所示。

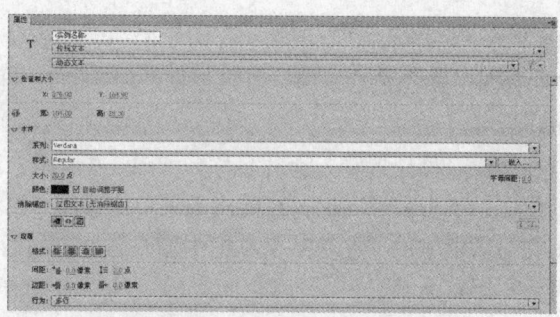

图 3-6　文本"属性"面板

3.2　图层和帧

在 Flash CS6 中，图层类似于堆叠在一起的透明纤维，在不包含任何内容的图层区域中，可以看到下面图层中的内容。图层有助于组织文档中的内容。例如可以将背景图像放置在一个图层上，而将导航按钮放置在另一个图层上。此外可以在图层上创建和编辑对象，而不会影响另一个图层中的对象。

 ## 3.2.1　图层的基本概念和操作

Flash 对每一个动画中图层数没有限制，输出时 Flash 会将这些图层合并。因此图层的数目不会影响输出动画文件的大小。

图层可以帮助组织文档中的各类元素，在某一图层上绘制和编辑对象时，而不会影响其他图层的对象，特别是制作复杂的动画时，图层的作用尤其明显。

默认情况下，新图层是按照创建顺序进行命名的。用户可以根据需要，对图层进行诸如移动、重命名、删除和隐藏等操作。

1．新建层

新创建的 Flash 文档只包含一个层。可为其添加更多的层，以便在文档中编辑其他元素。新建图层有以下几种方法。

- 单击"时间轴"面板底部的"新建图层"按钮，即可新建图层，如图 3-7 所示。
- 执行"插入"|"时间轴"|"图层"命令，插入图层。
- 在"时间轴"面板中已有的图层上，单击鼠标右键，在弹出的菜单中选择"插入图层"选项，如图 3-8 所示，即可插入一个图层。

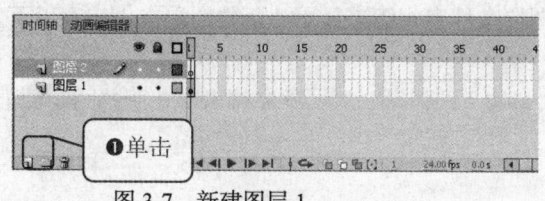

图 3-7　新建图层 1

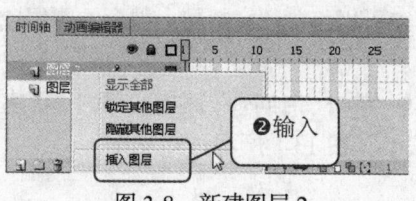

图 3-8　新建图层 2

2．重命名层

系统默认的图层名称为图层 1、图层 2 等，可以根据图层上的对象给图层重新命名。可以选择以下操作来重命名图层。

- 双击图层名称，在字段名称位置输入新的名称，如图 3-9 所示。
- 选中要重命名的图层，单击鼠标右键，在弹出的菜单中选择"属性"选项，弹出"图层属性"对话框。在对话框中的"名称"文本框中输入名称，如图 3-10 所示。单击"确定"按钮，即可为图层重命名。

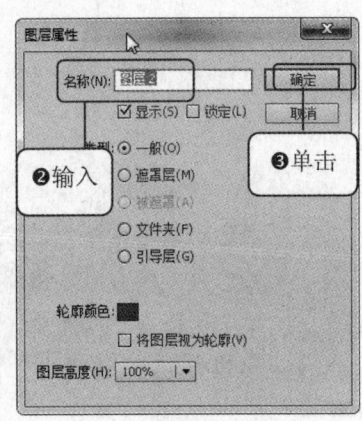

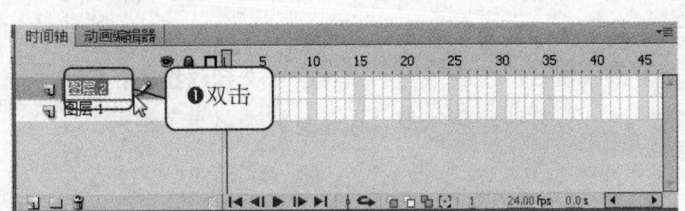

图 3-9　重命名图层　　　　　　　　　　　　图 3-10　"图层属性"对话框

3．改变层的顺序

在 Flash 中，可以通过移动图层来改变图层的顺序。移动图层具体操作步骤如下。

（1）选中要移动的图层，按住鼠标左键拖动，图层以一条粗横线表示，如图 3-11 所示。

（2）拖动到相应的位置，释放鼠标，则图层被放到新的位置，如图 3-12 所示。

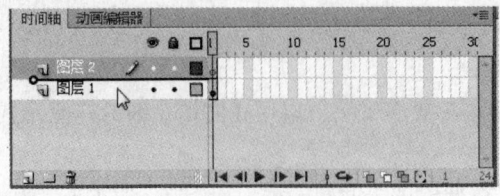 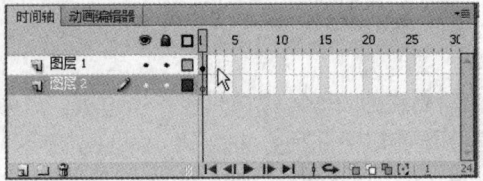

图 3-11　拖动图层　　　　　　　　　　　　图 3-12　移动图层

4．新建层文件夹

图层文件夹可以使图层的组织更加有序，在图层文件夹中可以嵌套其他图层文件夹。图层文件夹可以包含任意图层。包含的图层或图层文件夹将缩进显示。新建图层文件夹有以下几种方法。

- 单击"时间轴"面板底部的"新建文件夹"按钮 ，新文件夹将出现在所选图层的上面，如图 13-8 所示。

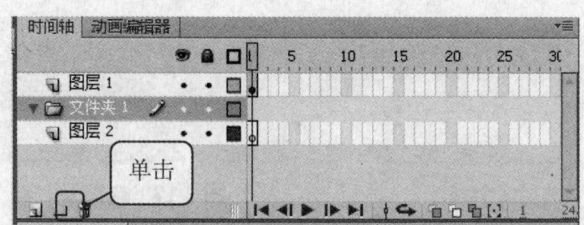

图 3-13　新建图层文件夹

- 执行"插入"|"时间轴"|"图层文件夹"命令，插入一个新的图层文件夹。
- 在"时间轴"面板中已有的图层上，单击鼠标右键，在弹出的菜单中选择"插入图层文件夹"选项。

5.锁定和解锁层

一个场景中往往包含多个图层，在对某个图层中的对象进行编辑时又需要其他图层中的对象作为参照，这样会不小心对其他的图层中的对象进行了修改，这时就可以使用锁定和解除锁定图层。锁定和解锁图层有以下几种方法。

- 单击需要被锁定的图层名称右侧的圆点按钮，使其变成 🔒，而且左侧的铅笔也被划掉了，如图 3-14 所示。再次单击它可解除锁定的图层。
- 单击"显示/隐藏所有层"按钮旁边的"锁定/解除锁定所有图层"按钮 🔒，可以锁定所有的图层和文件夹，如图 3-15 所示。再次单击它可以解除所有锁定的图层和文件夹。

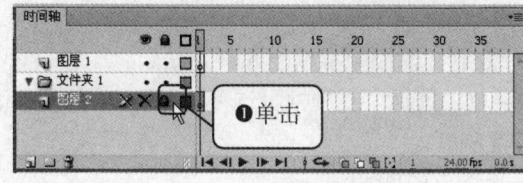

图 3-14　锁定图层

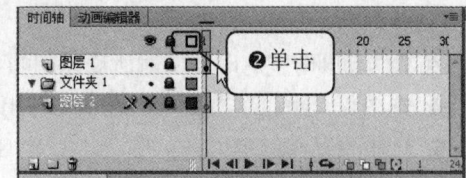

图 3-15　锁定全部图层

- 按住 Alt 键，单击图层或文件夹名称右侧的"锁定"列，可以锁定所有其他图层。再次按住 Alt 键单击"锁定"列可以解锁所有的图层。

3.2.2　帧的基本概念和操作

帧是组成动画的基本元素，任何复杂的动画都是由帧构成的。通过更改连续帧内容，可以在 Flash 文档中创建动画，可以让一个对象移动经过舞台、增加或减小大小、旋转、改变颜色、淡入淡出或改变形状等，这些效果可以单独实现，也可以同时实现。

1.选择帧
- 要选择一个帧，只需单击该帧即可。
- 要选择一个帧或多个图层的一组连续帧，选中该帧的第 1 个帧，按住 Shift 键单击该组帧的最后一帧，如图 3-16 所示。
- 要选择一组非连续帧，按住 Ctrl 键，然后单击选择的帧即可，如图 3-17 所示。

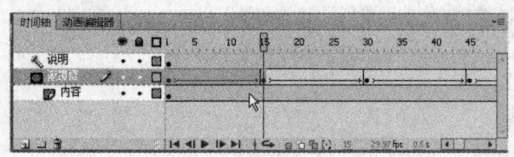

图 3-16　选择多个帧

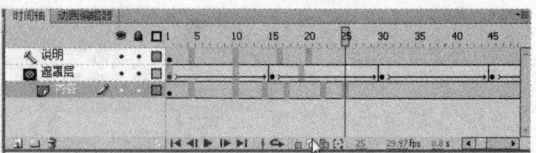

图 3-17　选择多个非连续的帧

- 要选择当前场景中的全部帧，可执行"编辑"|"时间轴"|"选择所有帧"命令，即可选择当前场景中的全部帧。

2. 插入帧

在"时间轴"面板中插入帧，有以下几种方法。

- 要插入帧，首先单击选中要插入帧的位置，执行"插入"|"时间轴"|"帧"命令，或者按 F5 键插入帧。也可以在要插入帧的位置单击右键，在弹出的菜单中选择"插入帧"选项。
- 要插入关键帧，首先单击选中要插入关键帧的位置，执行"插入"|"时间轴"|"关键帧"命令，或者按 F6 键插入关键帧。也可以在要插入关键帧的位置单击鼠标右键，在弹出的菜单中选择"插入关键帧"选项。
- 要插入空白关键帧，首先单击选中要插入空白关键帧的位置，执行"插入"|"时间轴"|"空白关键帧"命令，或者按 F7 键插入空白关键帧。也可以在要插入空白关键帧的位置单击鼠标右键，在弹出的菜单中选择"插入空白关键帧"选项。

3. 复制帧

在制作动画时，有时需要对所创建的帧进行复制，复制帧有以下几种方法。

- 选中单个帧，单击鼠标右键，在弹出的菜单中选择"复制帧"选项，即可复制帧。
- 选中要复制的单个帧，按 Ctrl+C 组合键复制帧。
- 选中单个帧，执行"编辑"|"复制帧"命令，复制帧。

4. 删除帧

在制作动画时，有时所创建的帧不符合要求或不需要，就可以将该帧删除，删除帧有以下几种方法。

- 选中要删除的帧，单击鼠标右键，在弹出的菜单中选择"删除帧"选项，即可删除帧。
- 选中要删除的帧，按 Delete 键即可删除帧。

5. 清除帧

清除帧可以将有内容的帧转换为空白关键帧，将关键帧转换为普通帧，清除帧有以下几种方法。

- 选中要清除的帧，单击鼠标右键，在弹出的菜单中选择"清除帧"选项，即可清除帧。
- 选中要清除的帧，执行"编辑"|"清除帧"命令，清除帧。
- 选中要清除的帧，按 BackSpace 键即可清除帧。

6. 将帧转换为关键帧

将帧转换为关键帧有以下几种方法。

- 选中要转换为关键帧的帧，单击鼠标右键，在弹出的菜单中选择"转换为关键帧"选项，即可转换为关键帧。
- 选中要转换为关键帧的帧，执行"修改"|"时间轴"|"转换为关键帧"命令。
- 选中要转换为关键帧的帧，按 F6 键转换为关键帧。

7．将帧转换为空白关键帧

将帧转换为空白关键帧有以下几种方法。

- 选中要转换为空白关键帧的帧，单击鼠标右键，在弹出的菜单中选择"转换为空白关键帧"选项，即可转换为空白关键帧。
- 选中要转换为空白关键帧的帧，执行"修改"|"时间轴"|"转换为空白关键帧"命令。
- 选中要转换为空白关键帧的帧，按 F7 键转换为空白关键帧。

3.3 Flash 动画的制作方法

在 Flash CS6 中，可以轻松地创建丰富多彩的动画效果，并且只需要通过更改时间轴每一帧中的内容，就可以在舞台上创作出移动对象、增加或减小对象大小、更改颜色、旋转、淡入淡出或更改形状的效果。

3.3.1 逐帧动画

逐帧动画是最基本的动画方式，与传统动画制作方式相同，通过向每帧中添加不同的图像来创建简单的动画，每一帧都有内容。

◎练习文件 实例素材/练习文件/CH03/逐帧.jpg

◎完成文件 实例素材/完成文件/CH03/逐帧.fla

（1）启动 Flash CS6，执行"文件"|"新建"命令，打开"新建文档"对话框，如图 3-18 所示。

（2）在"常规"选项卡中选择"ActionScript 3.0"选项，单击"确定"按钮，新建一个空白文档，如图 3-19 所示。

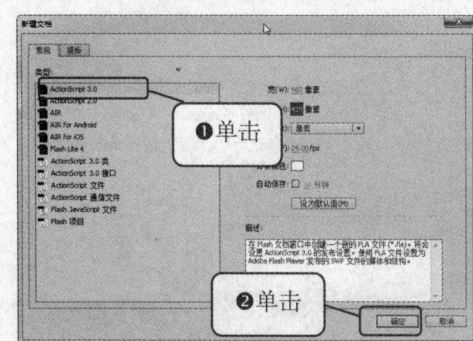

图 3-18 "新建文档"对话框

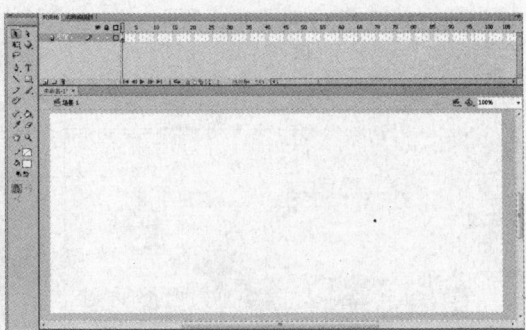

图 3-19 新建一个空白文档

学用一册通：Dreamweaver CS6+ASP 动态网站开发

（3）执行"文件"|"导入"|"导入到舞台"命令，打开"导入"对话框，在对话框中选择图像"逐帧.jpg"，如图3-20所示。单击"打开"按钮，导入图像，如图3-21所示。

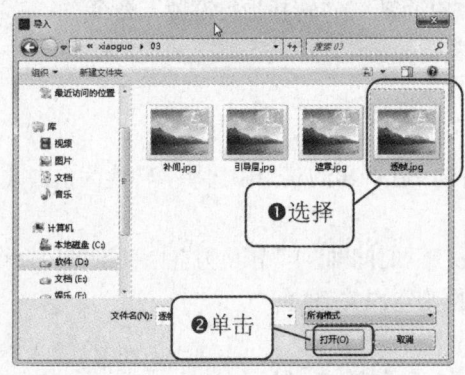

图 3-20 "导入"对话框　　　　　　　　　　　　图 3-21 导入图像

（4）单击"时间轴"面板中的"新建图层"图标 🗋，新建一个图层 2，如图 3-22 所示。

（5）选择工具箱中的"文本"工具，在舞台中输入相应的文本，如图 3-23 所示。

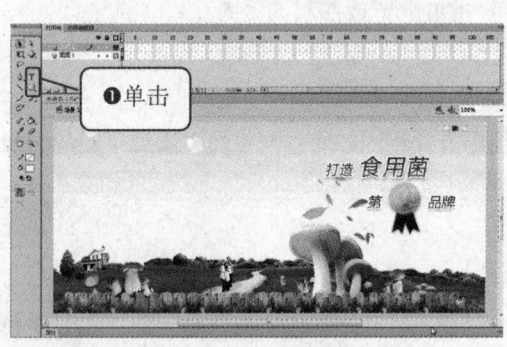
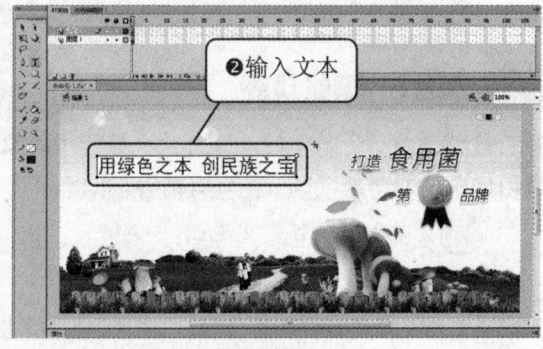

图 3-22 新建图层　　　　　　　　　　　　　图 3-23 输入文本

（6）选中输入的文本，按 Ctrl+B 组合键，将文本打散，如图 3-24 所示。

（7）在时间轴面板中选中图层 1 中的第 10 帧，按 F5 键插入帧，选中图层 2 中的第 10 帧，按 F6 键插入关键帧，如图 3-25 所示。

图 3-24 打散文本　　　　　　　　　　　　　图 3-25 插入关键外帧

（8）在图层 2 中的第 2-8 帧处，按 F6 键插入关键帧，选中第 1 帧，将"用"以后所有的文字删除，如图 3-26 所示。

（9）选中第 2 帧，将"绿"字以后的文字删除，如图 3-27 所示。

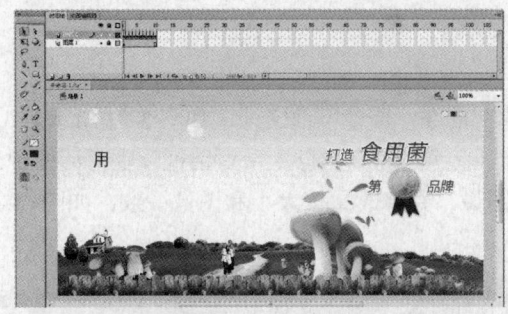　　　　

图 3-26　插入关键帧　　　　　　　　　　图 3-27　删除文字 1

（10）选中第 3 帧，将"色"以后的文字删除，如图 3-28 所示。

（11）按照步骤 10 的方法，选中相应的关键帧，并删除相应文字，如图 3-29 所示。

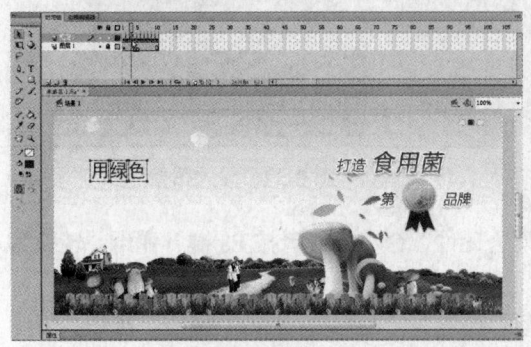　　　　

图 3-28　删除文字 2　　　　　　　　　　图 3-29　删除文字 3

（12）保存文档，按 Ctrl+Enter 组合键测试影片，效果如图 3-30 所示。

图 3-30　测试动画

41

3.3.2 补间动画

补间动画所处理的动画必须是舞台上的组件实例，多个图形组合、文字和导入的素材对象。利用这种动画，可以实现对象的大小、位置、旋转、颜色以及透明度等变化设置。

 练习文件 实例素材/练习文件/CH03/补间.jpg

完成文件 实例素材/完成文件/CH03/补间.fla

（1）启动 Flash CS6，执行"文件"|"新建"命令，新建空白文档，如图 3-31 所示。

（2）执行"文件"|"导入"|"导入到舞台"命令，打开"导入"对话框，在对话框中选择图像"补间.jpg"，单击"打开"按钮，导入图像，并修改文档大小和图像一致，如图 3-32 所示。

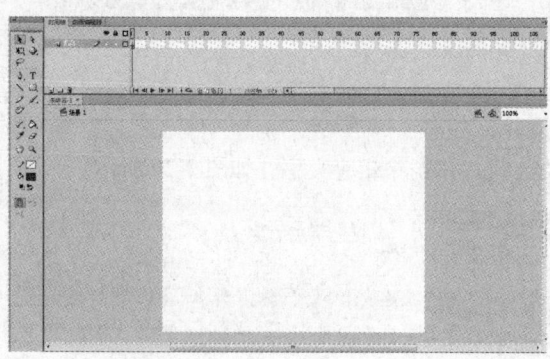

图 3-31　新建文档　　　　　　　　　图 3-32　导入图像

（3）选中导入的图像，执行"修改"|"转换为元件"命令，或者按 F8 键，弹出"转换为元件"对话框，如图 3-33 所示。

（4）在"转换为元件"对话框中，将"类型"设置为"图形"，单击"确定"按钮，将图像转换为图形元件，如图 3-34 所示。

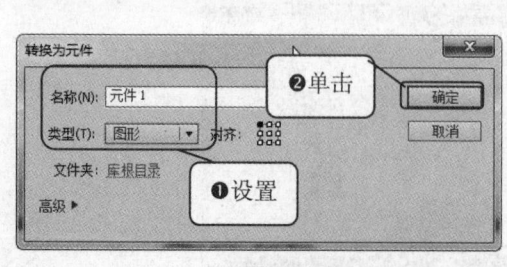

图 3-33　"转换为元件"对话框　　　　图 3-34　转换为元件

（5）分别选中第 20 帧、40 帧和 60 帧，按 F6 键插入关键帧，如图 3-35 所示。

（6）选中第 1 帧，选中图形元件，在属性面板中的"颜色"下拉列表中选择"Alpha"选项，将 Alpha 的透明度设置为 20%，如图 3-36 所示。

图 3-35　插入关键帧

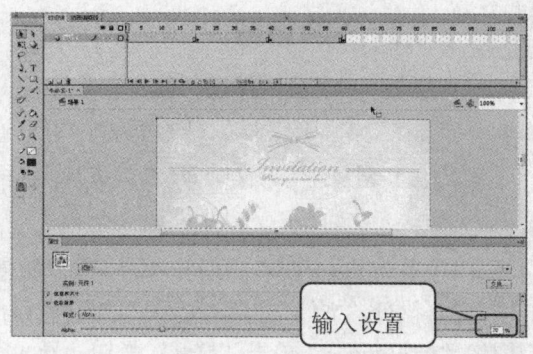

图 3-36　设置透明度

（7）选择第 40 帧，选择工具箱中的"任意变形"工具，将图像缩小，如图 3-37 所示。

（8）将光标放置在第 1～20 帧的任意一帧，单击鼠标右键，在弹出的菜单中选择"创建传统补间"选项，创建补间动画，如图 3-38 所示。

图 3-37　缩小图像

图 3-38　创建补间动画

（9）在其他的帧之间创建补间动画效果，如图 3-39 所示。

（10）保存文档，按 Ctrl+Enter 组合键测试影片，效果如图 12-40 所示。

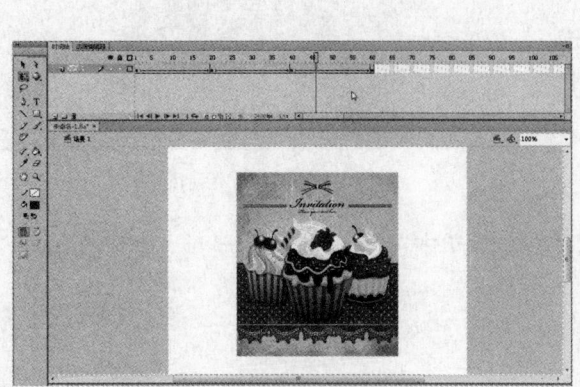

图 3-39　创建其他补间动画

图 3-40　预览动画

3.3.3 遮罩动画

遮罩层是一种特殊的图层，创建遮罩层后，遮罩层下面图层的内容就像透过一个窗口显示出来一样，这个窗口的形状就是遮罩层中内容的形状。

◎练习文件　实例素材/练习文件/CH03/遮罩.jpg

◎完成文件　实例素材/完成文件/CH03/遮罩.fla

（1）启动 Flash CS6，执行"文件"|"新建"命令，新建空白文档，如图 3-41 所示。

（2）执行"文件"|"导入"|"导入到舞台"命令，打开"导入"对话框，在对话框中选择图像"补间.jpg"，单击"打开"按钮，导入图像，如图 3-42 所示。

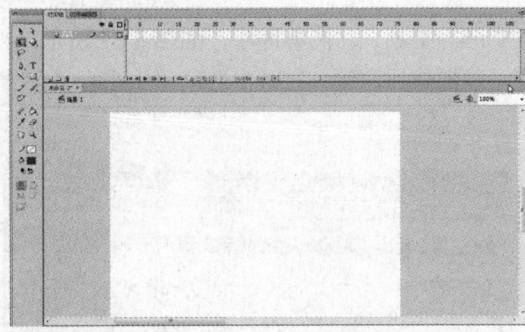

图 3-41　新建文档　　　　　　　　　　图 3-42　导入图像

（3）单击"新建图层"按钮，在图层 1 的上面新建图层 2，选择工具箱中的"椭圆工具"，如图 3-43 所示。

（4）按住鼠标左键在舞台中绘制椭圆，如图 3-44 所示。

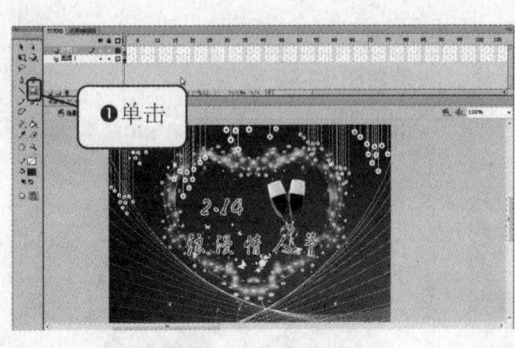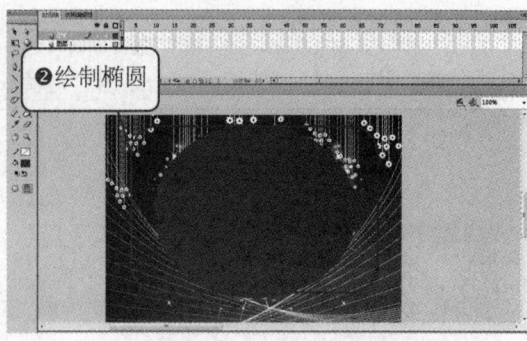

图 3-43　新建图层　　　　　　　　　　图 3-44　绘制椭圆

（5）选中图层 2，单击鼠标右键，在弹出的菜单中选择"遮罩层"选项，创建遮罩层，如图 3-45 所示。

（6）按 Ctrl+Enter 组合键测试动画效果，如图 3-46 所示。

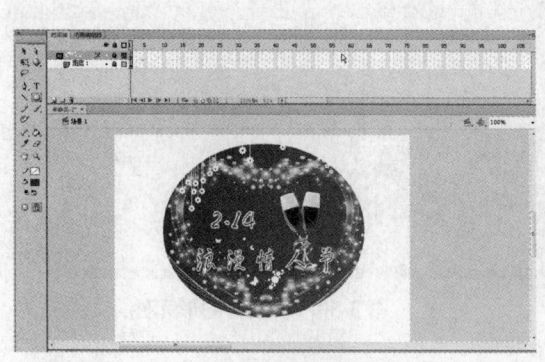

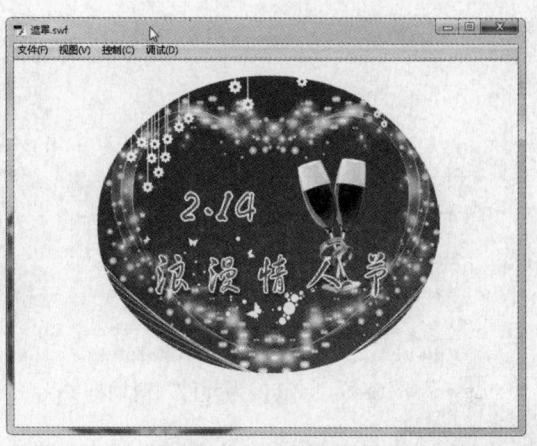

图 3-45　创建遮罩层　　　　　　　　　　图 3-46　测试动画

 ### 3.3.4　引导层动画

在引导层中，可以像其他层一样制作各种图形和引入元件，但最终发布时引导层中的对象不会显示出来。按照引导层的功能分为两种，分别是普通引导层和运动引导层。

练习文件 实例素材/练习文件/CH03/引导层.jpg

完成文件 实例素材/完成文件/CH03/引导层动画.fla

（1）新建一空白文档，导入图像"引导层.jpg"，调整舞台的大小与图像相吻合，如图 3-47 所示。

（2）单击"时间轴"面板左下角的"新建图层"按钮 ，新建一图层。执行"文件" | "导入" | "导入到舞台"命令，导入图像"hudie.png"，如图 3-48 所示。

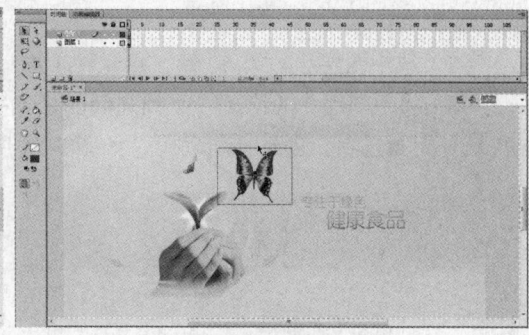

图 3-47　导入图像 1　　　　　　　　　　图 3-48　导入图像 2

（3）选中图像，执行"修改" | "转换为元件"命令，弹出"转换为元件"对话框。将"类型"设置为"图形"，名称设置为"元件 1"，如图 3-49 所示。

（4）单击"确定"按钮，转换为图形元件。选中图层 1 的第 60 帧，按 F5 键插入帧。选中图层 2 的第 60 帧，按 F6 键插入关键帧，如图 3-50 所示。

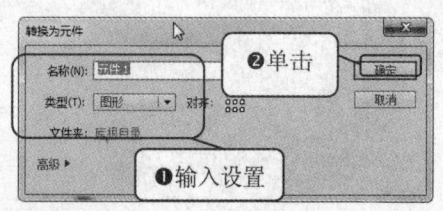

图 3-49　"转换为元件"对话框

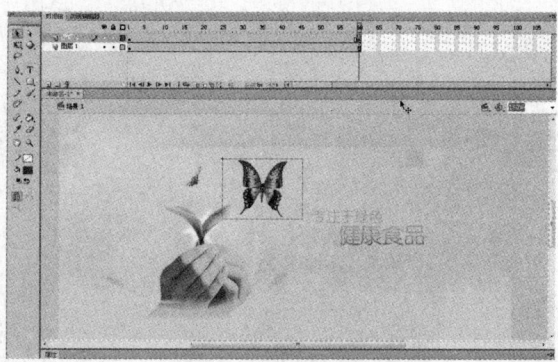

图 3-50　转换为图形元件

（5）选择图层 2，单击鼠标右键，在弹出的菜单中选择"创建传统运动引导层"选项，创建运动引导层。选择"铅笔"工具，绘制路径，如图 3-51 所示。

（6）选中图层 2 的第 1 帧，将元件 1 拖动到路径的起始点，如图 3-52 所示。

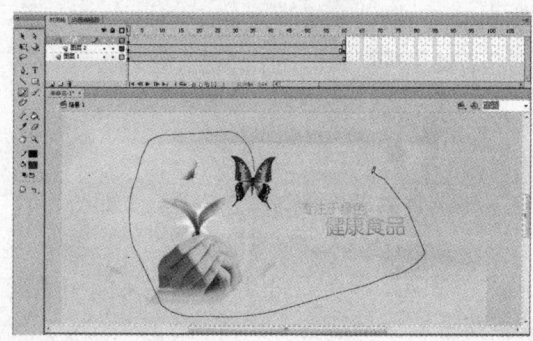

图 3-51　绘制路径

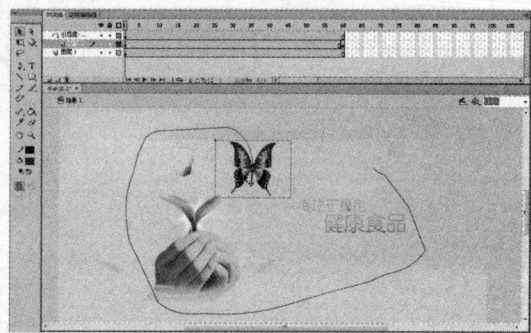

图 3-52　拖动到起点

（7）选中图层 2 的第 60 帧，将元件 1 拖动到路径的终点，如图 3-53 所示。

（8）选中图层 2 的第 1~60 帧之间的任意一帧，单击鼠标右键，在弹出的菜单中选择"创建传统补间"选项，创建补间动画，如图 3-54 所示。

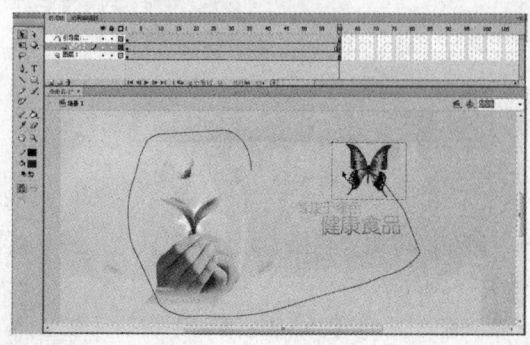

图 3-53　拖动到终点

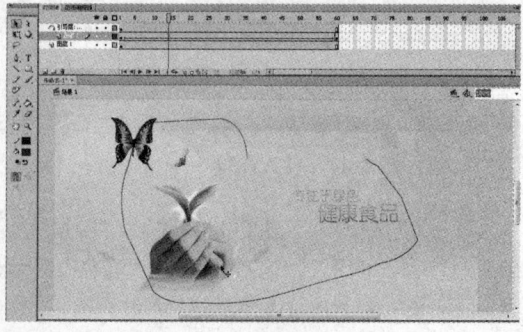

图 3-54　创建补间动画

（9）按 Ctrl+Enter 组合键测试动画效果，如图 3-55 所示。

图 3-55 测试动画

3.4 使用 Flash 制作网络广告

网页广告是广告的一种，主要是由放在网页上的图片和动画构成。它是网络普及后出现的一种新兴的广告形式。Flash 自从面世以来，以飞快的速度流行起来，并且风靡整个网络，这与 Flash 和网络的紧密结合是密不可分的，目前，Flash 广告是网络广告中最为优越，最流行的广告形式。而且，最近很多电视广告也采用 Flash 设计制作。下面制作一个网页广告，具体操作步骤如下。

◎练习文件 实例素材/练习文件/CH03/网络广告.jpg

◎完成文件 实例素材/完成文件/CH03/网络广告.fla

（1）启动 Flash CS6，执行"文件"|"新建"命令，打开"新建文档"对话框，如图 3-56 所示。

（2）在"常规"选项卡中选择"ActionScript 3.0"选项，将"宽"设置为 530，"高"设置为 280，"帧频"设置为 10，单击"确定"按钮，新建一个空白文档，如图 3-57 所示。

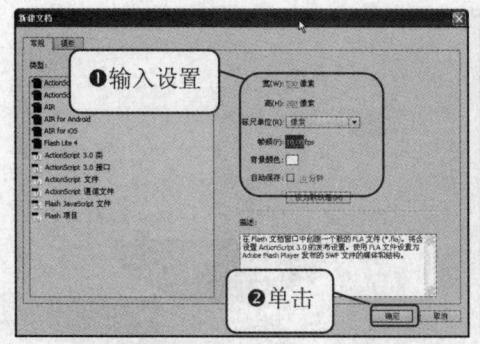

图 3-56 "新建文档"对话框

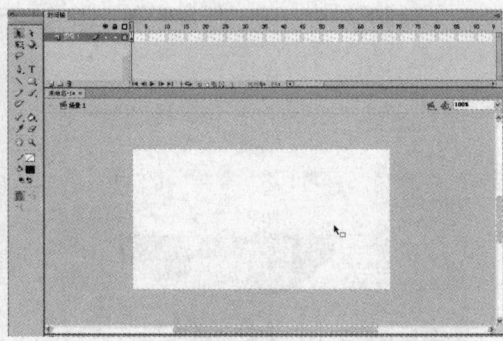

图 3-57 新建一个空白文档

47

（3）执行"文件"|"导入"|"导入到舞台"命令，打开"导入"对话框，选择图像"网络广告.jpg"，如图 3-58 所示。单击"打开"按钮，导入图像，如图 3-59 所示。

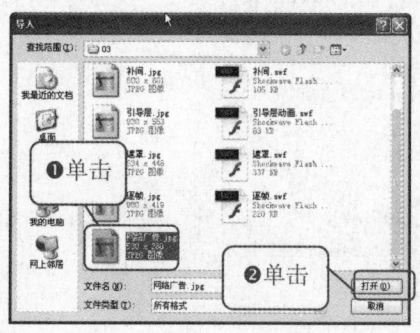

图 3-58 "导入"对话框 1　　　　　　　　　图 3-59 导入图像 1

（4）单击"时间轴"面板中的"新建图层"图标 ，新建一个图层 2，如图 3-60 所示。

（5）执行"文件"|"导入"|"导入到舞台"命令，弹出"导入"对话框，如图 3-61 所示。

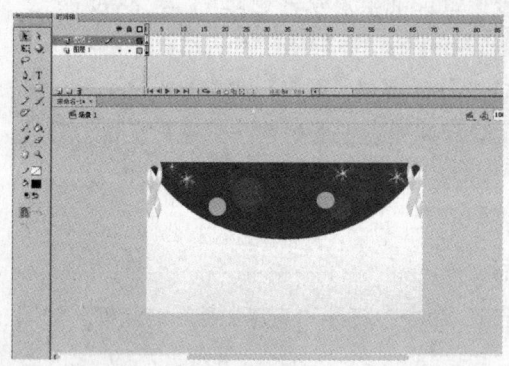

图 3-60 新建图层　　　　　　　　　　图 3-61 "导入"对话框 2

（6）选择"biao.gif"文件，单击"打开"按钮，将图像导入到舞台中，如图 3-62 所示。

（7）选择工具箱中的"任意变形"工具，选择导入的图像，调整图像的大小和位置，如图 3-63 所示。

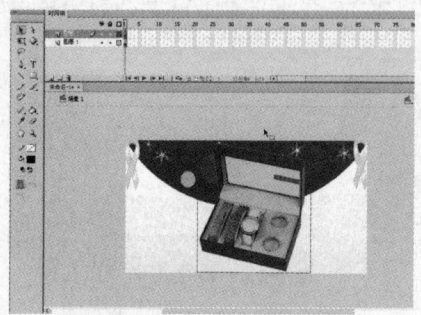
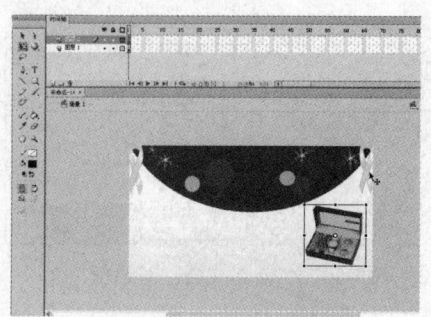

图 3-62 导入图像 2　　　　　　　　　图 3-63 调整图像

（8）选中导入的图像，按 F8 键弹出"转换为元件"对话框，在该对话框中"类型"下拉列表中选择"图形"选项，如图 3-64 所示。

（9）单击"确定"按钮，将其转换为图形元件，选择图层 1 的第 60 帧，按 F5 键插入帧，选择"图层 2"的第 60 帧，按 F6 键插入关键帧，如图 3-65 所示。

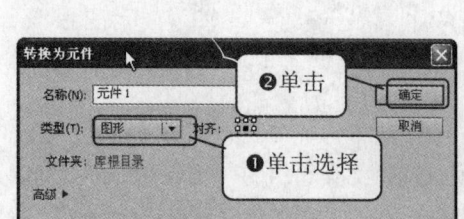

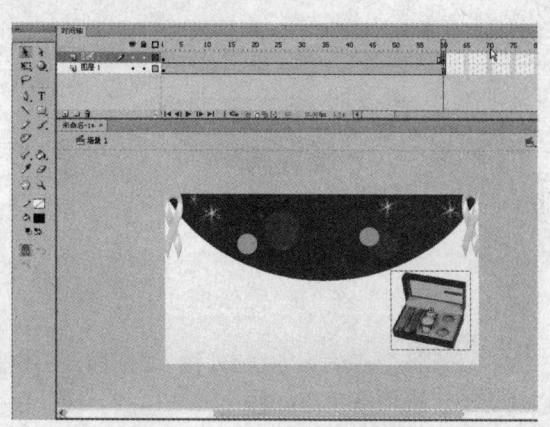

图 3-64　转换元件　　　　　　　　　　图 3-65　插入帧和关键帧

（10）选中图层 2 的第 1 帧，在"属性"面板中"样式"下拉列表里选择"Alpha"选项，将不透明度设置为 0，如图 3-66 所示。

（11）选择第 1～20 帧，单击鼠标右键，在弹出的菜单中选择"创建传统补间"选项，如图 3-67 所示。

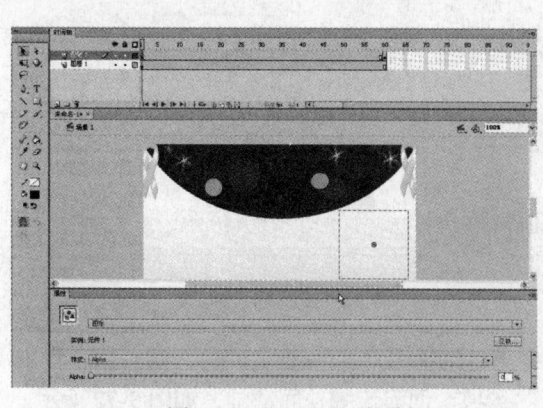

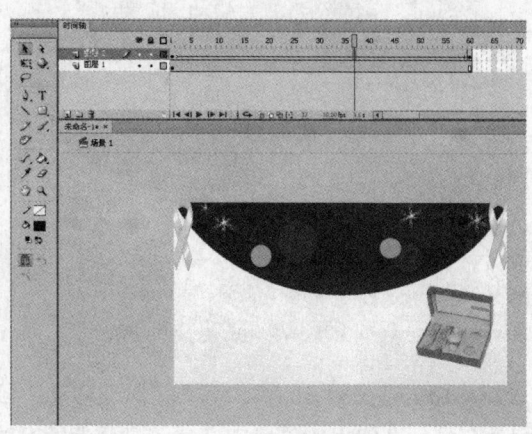

图 3-66　"Alpha"选项　　　　　　　　图 3-67　创建传统补间

（12）单击"时间轴"面板中的"新建图层"按钮 ，新建一个图层 3。执行"文件"|"导入"|"导入到舞台"命令，打开"导入"对话框，在对话框中选择图像"kou.png"，单击"打开"按钮，导入图像，如图 3-68 所示。

（13）选中图像，按 F8 键，打开"转换为元件"对话框，将"类型"设置为"图形"，单击"确定"按钮，将其转换为图形元件，如图 3-69 所示。

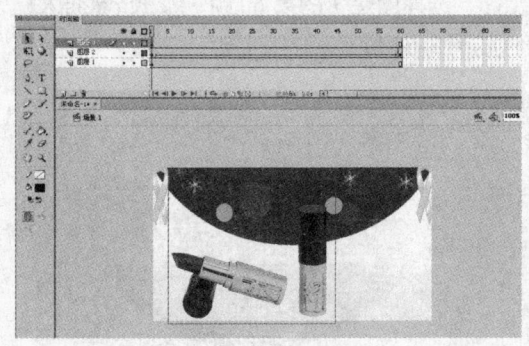

图 3-68　导入图像 3

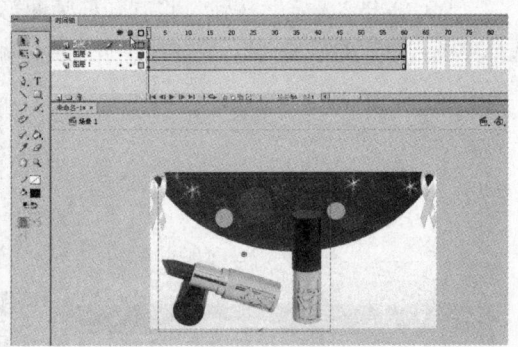

图 3-69　转换为图形元件

（14）在图层 3 的第 60 帧处按 F6 键插入关键帧，选择工具箱中的"任意变形工具"调整图像的大小。选择第 1～60 帧之间的任意一帧，单击鼠标右键，在弹出的菜单中选择"创建传统补间"选项，创建传统补间动画，如图 3-70 所示。

（15）单击"时间轴"面板中的"新建图层"图标 ，新建一个图层 4。选择工具箱中的"文本"工具，在编辑区中的文本框内输入文字，并在"属性"面板中设置文本属性，如图 3-71 所示。

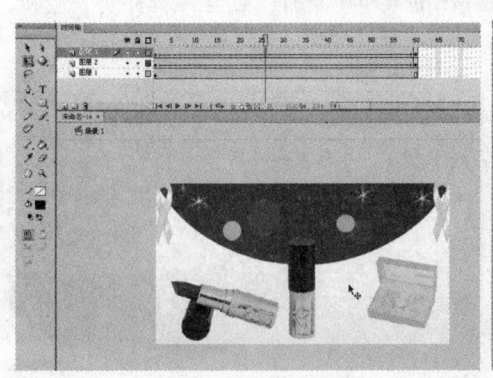

图 3-70　创建补间动画

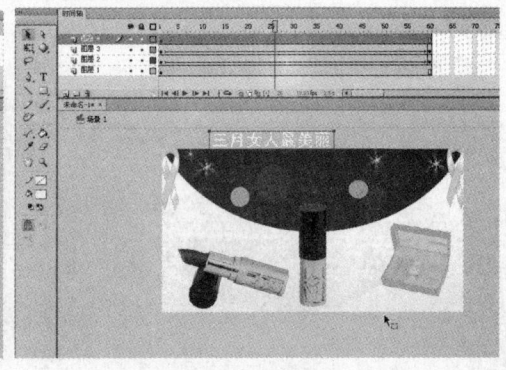

图 3-71　输入文本 1

（16）选择第 60 帧，将文字向下移动一段距离，选择第 1～60 帧之间的任意一帧，单击鼠标右键，在弹出的菜单中选择"创建传统补间"选项，创建传统补间动画，如图 3-72 所示。

（17）单击"时间轴"面板中的"新建图层"按钮 ，新建一个图层 5，在第 20 帧处按 F6 键插入关键帧，选择工具箱中"文本"工具，在舞台中输入相应的文本，如图 3-73 所示。

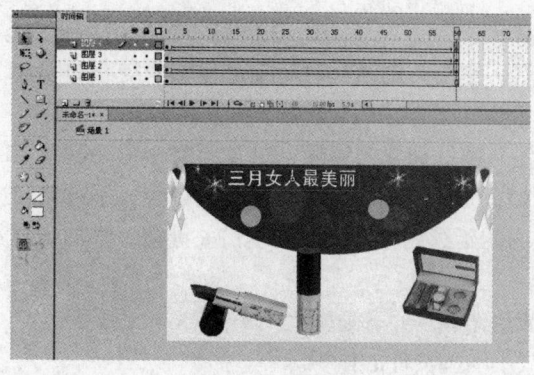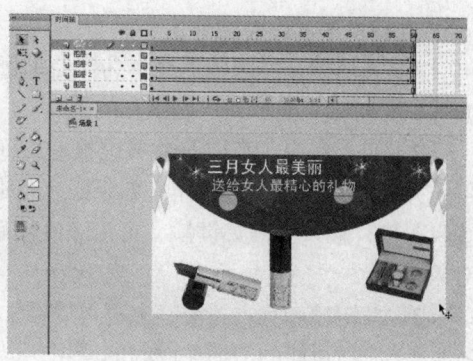

图 3-72　创建传统补间　　　　　图 3-73　输入文本 2

（18）保存文档，执行"控制"|"测试影片"|"测试"命令，测试影片的效果如图 3-74 所示。

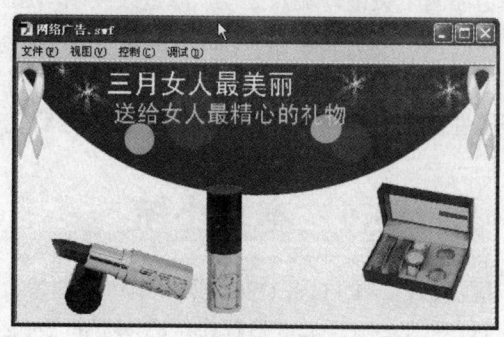

图 3-74　测试动画

3.5　专家秘笈

1．如何能为自己的 Flash 动画加上密码保护？

执行"文件"|"发布设置"命令，弹出"发布设置"对话框，在"发布"下面勾选"Flash.swf"选项，勾选高级下面"防止密码导入"选项，在"密码"文本框中输入相应的密码即可。

2．如何优化自己的 Flash 动画？

一是尽量少用大面积的渐变，特别是形变，二是保证在同一时刻的渐变对象尽量的少，最好把各个对象的变化安排在不同时刻。

减少动画的文件大小的方法：

- 少采用位图或者结点多的矢量图。
- 线条或者构件的边框尽量采用基本形状，少采用虚线或其他花哨的形状。
- 尽量采用 Windows 自带的字体，少用古怪的中文字体，尽量减少一个动画中的字体种类。
- 少采用逐帧动画，重复的运动变化，应采用影片剪辑。
- 动画输出时，采用适宜的位图及声音压缩比。

51

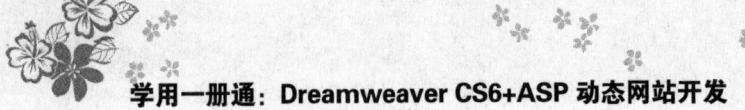

3．几种类型的帧有哪些区别？

（1）关键帧在时间轴上显示为实心的圆点，空白关键帧在时间轴上显示为空心的圆点，普通帧在时间轴上显示为灰色填充的圆点。

（2）同一层中，在前一个关键帧的后面任一帧处插入关键帧，是复制前一个关键帧上的对象，并可对其进行编辑操作；如果插入普通帧，是延续前一个关键帧上的内容，不可对其进行编辑操作；插入空白关键帧，可清除该帧后面的延续内容，可以在空白关键帧上添加新的实例对象。

（3）关键帧和空白关键帧上都可以添加帧动作脚本，普通帧上则不能。

（4）应尽可能的节约关键帧的使用，以减小动画文件的体积。

4．帧帧动画、形变动画、运动动画几种动画的特点？

● 帧帧动画——是 Flash 动画最基本的形式，是通过更改每一个连续帧在编辑舞台上的内容来建立的。

● 形状补间动画——是在两个关键帧端点之间，通过改变基本图形的形状或色彩变化，并由程序自动创建中间过程的形状变化而实现的动画。

● 运动补间动画——是在两个关键帧端点之间，通过改变舞台上实例的位置、大小、旋转角度、色彩变化等属性，并由程序自动创建中间过程的运动变化而实现的动画。

3.6　本章小结

本章主要讲述了网页动画设计工具 Flash CS6，通过本章的学习，读者可以熟悉 Flash CS6 的工作界面和制作简单的网页动画实例。本章是制作炫酷网页的基础，网页是否美观无非就是看设计网页动画是否美观，因此读者一定要好好学习本章的内容，不仅要学习书上的几个实例，还要能够通过这几个实例举一反三，真正掌握网页动画的设计方法。

第 **4** 章　为网页添加各种对象

学前必读：

　　在各类网站设计软件中，功能多、实用性强的非 Dreamweaver 莫属，它是业界公认的最佳网页制作工具软件。文本是网页中最基本的元素，文本的控制与布局在网页设计中占了很大比例。图像和多媒体不但能美化网页，而且与文字相比更能直观地说明问题。网站的创建需要很多页面来组成，这些页面与页面之间就需要超级链接来完成。

学习流程

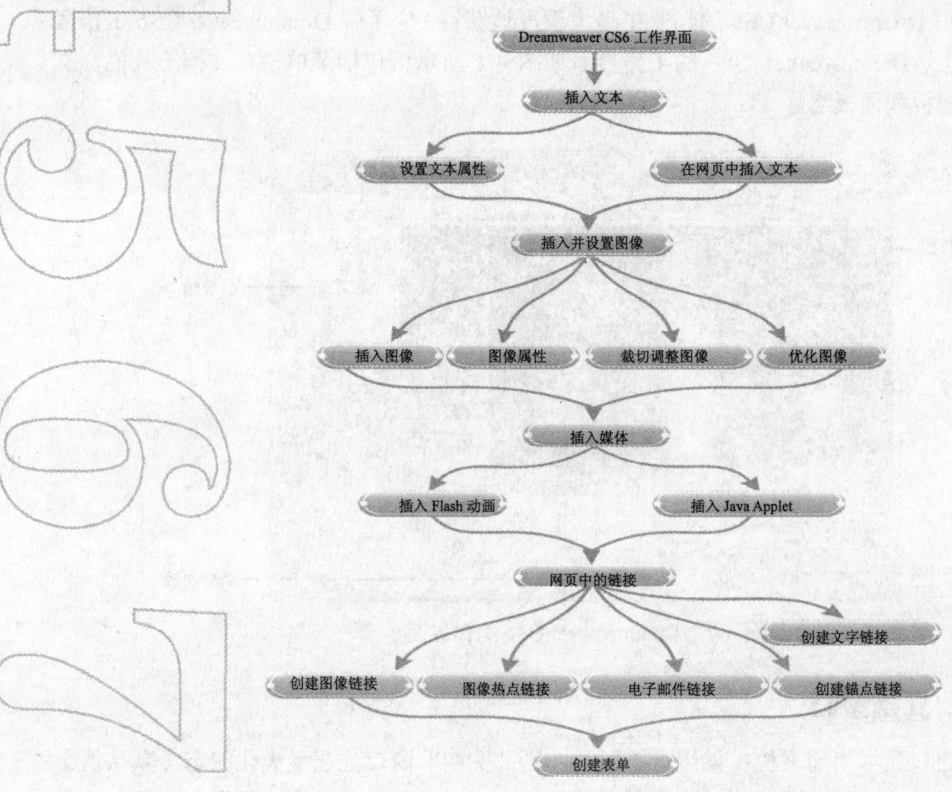

4.1 Dreamweaver CS6 的工作界面

> Dreamweaver CS6 是世界顶级软件厂商 Adobe 推出的一套拥有可视化编辑界面，用于制作并编辑网站和移动应用程序的网页设计软件。由于它支持代码、拆分、设计、实时视图等多种方式来创作、编写和修改网页，对于初级人员，你可以无须编写任何代码就能快速创建 Web 页面。其成熟的代码编辑工具更适用于 Web 开发高级人员的创作。CS6 新版本使用了自适应网格版面创建页面，在发布前使用多屏幕预览审阅设计，可大大提高工作效率。改善的 ftp 性能，更高效地传输大型文件。"实时视图"和"多屏幕预览"面板可呈现 html5 代码，更能够检查自己的工作。

利用 Dreamweaver 中的可视化编辑功能，可以快速创建 Web 页面而无须编写任何代码。可以查看所有站点元素或资源并将它们从易于使用的面板直接拖到文档中。可以在 Photoshop 或其他图形应用程序中创建和编辑图像，然后将它们直接导入 Dreamweaver，从而优化开发工作流程。Dreamweaver 还提供了其他工具，可以简化向 Web 页中添加 Flash 资源的过程。

为迎合现代网站的开发要求，Dreamweaver 在动态网站建设的功能上做了很大的改进。在界面功能的设计方面，Dreamweaver 对使用方便性也做了相当大的调整，给用户耳目一新的感觉。

若要从使用 Dreamweaver CS6 的经验中最大程度地获益，应了解 Dreamweaver CS6 工作区背后的基本概念。Dreamweaver CS6 的工作界面如图 4-1 所示，包括菜单栏、文档工具栏、文档窗口、属性面板和面板组。

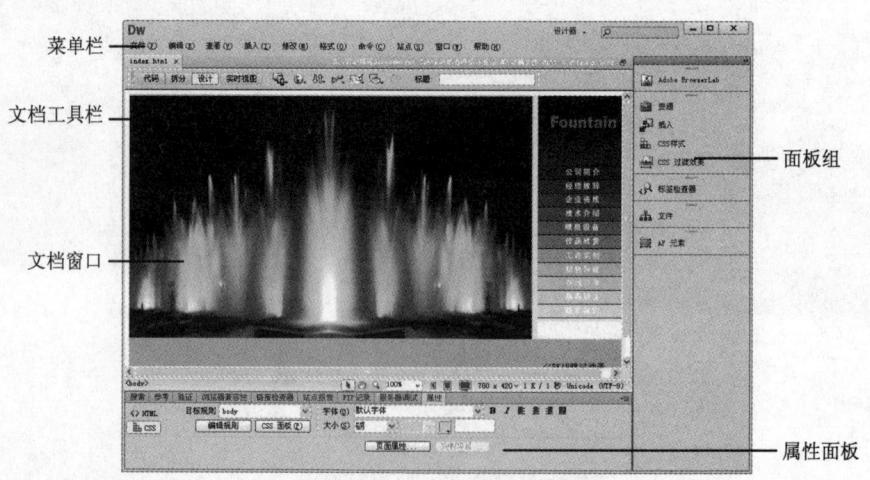

图 4-1　Dreamweaver CS6 工作界面

4.1.1 文档窗口

"文档"窗口显示当前文档，如图 4-2 所示。当"文档"窗口处于最大化状态（默认值）时，"文档"窗口顶部会显示选项卡，上面显示了所有打开的文档的文件名。如果尚未保存已做

的更改，则 Dreamweaver 会在文件名后显示一个"*"号。若要切换到某个文档，单击它的选项卡。

　　"设计"视图是一个用于可视化页面布局、可视化编辑和快速应用程序开发的设计环境。在该视图中，Dreamweaver 显示文档的完全可编辑的可视化表示形式，类似于在浏览器中查看页面时看到的内容。

　　"代码"视图是一个用于编写和编辑 HTML、JavaScript、服务器语言代码，如 PHP 或 ColdFusion 标记语言（CFML），以及任何其他类型代码的手工编码环境。

　　"拆分"视图可以在单个窗口中同时看到同一文档的"代码"视图和"设计"视图。

　　"实时"视图 与"设计"视图类似，"实时"视图更逼真地显示文档在浏览器中的表示形式，并能够像在浏览器中那样与文档交互。"实时"视图不可编辑。不过，可以在"代码"视图中进行编辑，然后刷新"实时"视图来查看所做的更改。

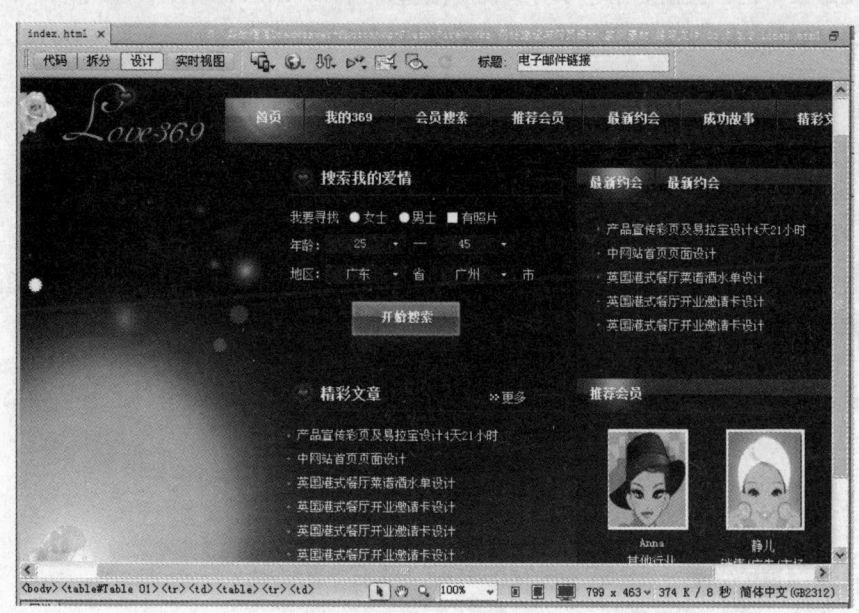

图 4-2　文档窗口

4.1.2　文档工具栏

　　"文档"工具栏中包含按钮，这些按钮使你可以在文档的不同视图间快速切换，如"代码"视图、"设计"视图，同时还显示"拆分"视图，工具栏中还包含一些与查看文档、在本地和远程站点间传输文档有关的常用命令和选项。"文档"工具栏如图 4-3 所示。

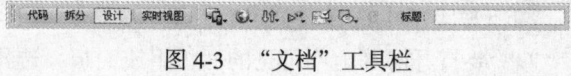

图 4-3　"文档"工具栏

 ### 4.1.3 标准工具栏

"标准"工具栏中包含"文件"和"编辑"菜单中一般操作的按钮："新建"、"打开"、"保存"、"保存全部"、"剪切"、"复制"、"粘贴"、"撤销"和"重做"。可像使用等效的菜单命令一样使用这些按钮，"标准"工具栏如图 4-4 所示。

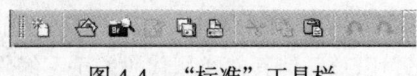

图 4-4   "标准"工具栏

 ### 4.1.4 菜单栏

使用菜单栏可以很方便地访问与正在处理的对象或窗口有关的最有用的命令和属性。标题栏的下方就是菜单栏，包括的菜单项有文件、编辑、查看、插入、修改、格式、命令、站点、窗口和帮助，当设计师制作网页时即可通过菜单执行所需的功能，如图 4-5 所示。

文件(F) 编辑(E) 查看(V) 插入(I) 修改(M) 格式(O) 命令(C) 站点(S) 窗口(W) 帮助(H)

图 4-5   菜单栏

 ### 4.1.5 属性面板

"属性"面板可以显示在文档中选定对象的属性。同样也可以修改它们的属性值，随着选择元素对象的不同，在"属性"面板中显示的属性也不同，如图 4-6 所示。

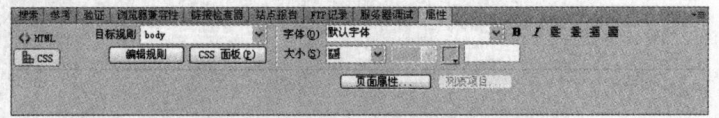

图 4-6   "属性"面板

 ### 4.1.6 面板组

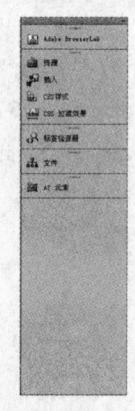

Dreamweaver CS6 的面板组都嵌入到了操作界面之中。在面板中进行操作时，对文档的相应改变也会同时显示在窗口之中，使得效果更加直观明了。用户可以直接看到对文档所做的修改，这样更有利于用户编辑网页，如图 4-7 所示。

要展开或折叠一个面板组，可以执行下列操作之一。单击面板组标题栏左侧的展开箭头。

要关闭面板组使之在屏幕上不可见，从面板组标题栏中的"选项" 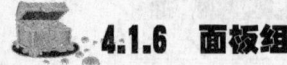 下拉菜单中选择"关闭面板组"命令，该面板即从屏幕上消失。

要打开屏幕上不可见的面板组或面板，选择"窗口"下拉菜单中所需的面板名称。在"窗口"下拉菜单中，命令旁边有复选标记的，表示该项目当前是打开的（可能隐藏在其他窗口后面）。

图 4-7   面板组

4.2 插入文本

一般来说，网页中显示最多的是文本。所以对文本的控制以及布局在设计网页中占了很大的比重，能否对各种文本控制手段运用自如，是决定网页设计是否美观、是否富有创意及提高工作效率的关键。

 ## 4.2.1 上机练习——在网页中插入文本

插入普通文本的方法非常简单，效果如图 4-8 所示，具体操作步骤如下。

图 4-8 输入文字效果

练习文件 实例素材/练习文件/CH04/4.2.1/index.html

完成文件 实例素材/完成文件/CH04/4.2.1/index1.html

（1）打开文档，如图 4-9 所示。

（2）将光标置于文档中，输入文字，如图 4-10 所示。

图 4-9 打开文档　　　　　　　　图 4-10 输入文字

4.2.2 设置文本属性

如果网页中的文本样式太单调，会大大降低网页的外观效果，通过对文本格式的设置可使文本变得美观，让网页更具魅力。选中需要设置格式的文本，然后在 "属性"面板中可以设置文本的具体属性。设置文本属性的效果如图4-11所示，具体操作步骤如下。

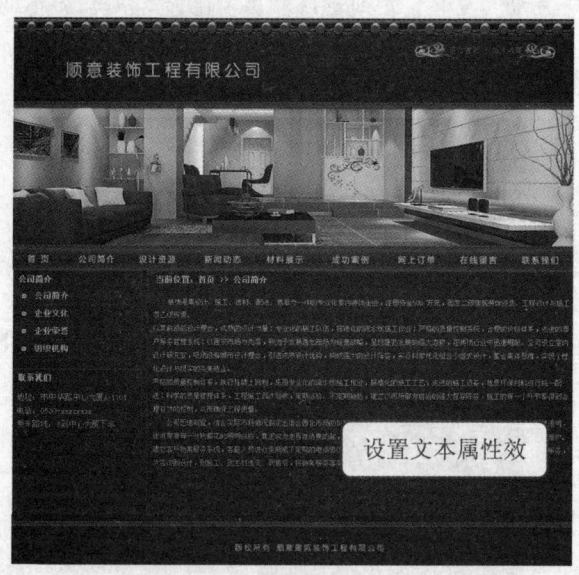

图 4-11　设置文本属性效果

练习文件　实例素材/练习文件/CH04/4.2.2/index.html
完成文件　实例素材/完成文件/CH04/4.2.2/index1.html

（1）选中文字，执行"窗口"|"属性"命令，打开"属性"面板，在"大小"文本框中，将文字的"大小"设置为"13"像素。将会弹出"新建 CSS 规则"对话框，命名为".daxiao"，如图4-12所示。将文字大小设置为13像素后的效果如图4-13所示。

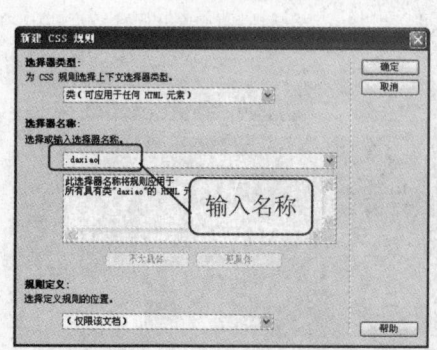

图 4-12　新建 CSS 规则

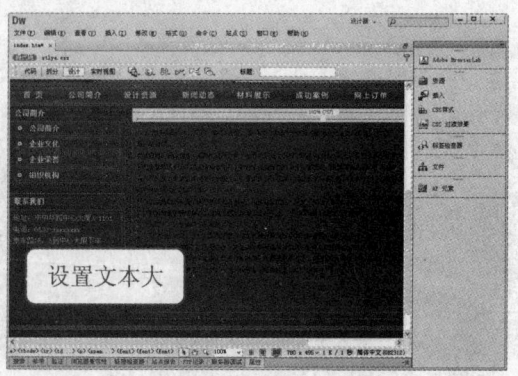

图 4-13　将文字设置为 13 像素后的效果

（2）选中文字，在"属性"面板中，单击"编辑规则"按钮，弹出新建的".daxiao 的 CSS 定义规则"对话框，如图 4-14 所示。将"Font-family"设置为"新宋体"，如图 4-15 所示。

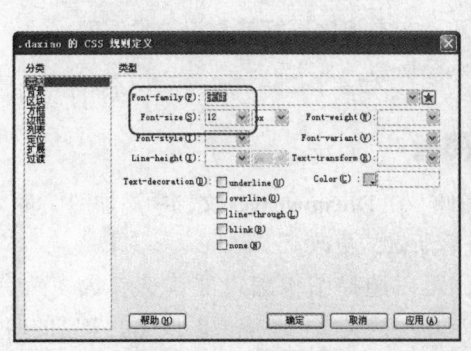
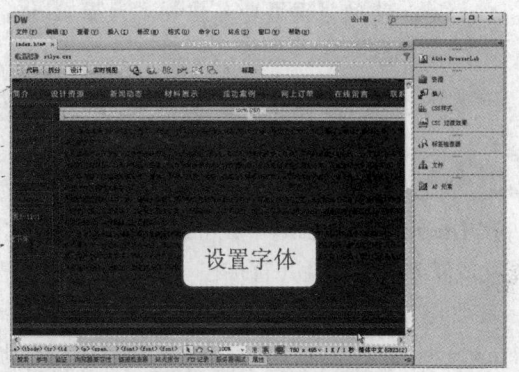

图 4-14　设置字体属性　　　　　　　　图 4-15　设置字体为新宋体

（3）单击"Color"颜色按钮，在弹出的颜色框中设置文本颜色为#DAA163，如图 4-16 所示。设置文本的颜色后回到对话框，单击"确定"按钮即可，效果如图 4-17 所示。

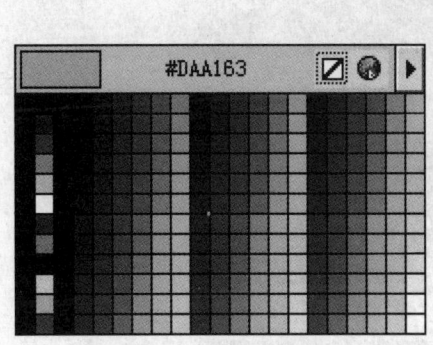

图 4-16　设置文本颜色　　　　　　　　图 4-17　填充文本颜色后的效果

（4）保存文档，按 F12 键预览，如图 4-11 所示。

代码揭秘：字体标签 font

<font>标签用来控制字体、字号和颜色等属性，它是 HTML 中最基本的标签之一。

```
<font face="字体的名称" size="文字大小" color="字体的颜色">…</font>
```

face 属性用来定义字体，任何安装在操作系统中的文字都可以显示在浏览器中，可以给 face 属性一次定义多个字体，字体直接使用","分割开，浏览器在读取字体时，如果第 1 种字体不存在，则使用第 2 种字体代替，依此类推。如果设置的几种字体在浏览器中都不存在，则会以默认字体显示。

size 属性可以设置文字大小，文字的大小有绝对和相对两种方式。绝对数：从 1 到 7 的整数，代表字体大小的绝对字号；相对数：从-4 到+4 的整数（不包含 0）。

color 用于设置文本的颜色。可以是一个已命名的颜色，也可以是一个十六进制的颜色值。如 color="#3333CC"或 color="#red"。

4.3 插入图像

图像是网页中最重要的元素之一，图像能够使网页变得丰富起来，令人耳目一新。图像不但能美化网页，而且与文本相比更能够直观地说明问题，使表达的意思一目了然，加深浏览者的印象。

4.3.1 上机练习——在网页中插入图像

在 Dreamweaver CS6 中，可以在网页中插入图像。在 Dreamweaver 文档中添加图像时，可以设置或修改图像属性并直接在"文档"窗口中查看所做的更改。

若要建立一个高效的 Web 设计工作流程，可以选择图像编辑器首选参数，然后在 Dreamweaver 中工作时自动启动它来编辑图像。比起单纯的文字，图像可以传递更丰富的信息，给人带来视觉上的享受，从而调和文字的单调。

在网页中插入图像的效果如图 4-18 所示，具体操作步骤如下。

图 4-18 插入图像效果

练习文件 实例素材/练习文件/CH04/4.3.1/index.html

完成文件 实例素材/完成文件/CH04/4.3.1/index1.html

（1）打开网页文档，如图 4-19 所示。

（2）将光标置于要插入图像的位置，执行"插入"|"图像"命令，打开"选择图像源文件"对话框，如图 4-20 所示。

★ 提示 ★

　　在此对话框中可以选择插入本地图像，只要浏览本地计算机找到需要插入的文件即可；还可以插入网上的图像，这就需要在对话框中下方的"URL"文本框中输入要插入图像的 URL 地址。

图 4-19　打开文档　　　　　　　　　图 4-20　"选择图像源文件"对话框

（3）在对话框中选择图像 tu1.jpg，单击"确定"按钮，插入图像，如图 4-21 所示。

图 4-21　插入图像

★ 指点迷津 ★

　　如果插入的图像不在当前网页所在的站点，Dreamweaver 将提示是否将该图片复制到所在站点，一般单击"是"按钮。

4.3.2 上机练习——设置图像的属性

图像属性的设置主要是通过"属性"面板来完成的，在"属性"面板中可以设置图像的大小、名称、替代文本等内容，使图像更加符合页面设计，并使其更美观。如图 4-22 所示是设置图像属性后的效果。具体操作步骤如下。

练习文件 实例素材/练习文件/CH04/4.3.2/index.html

完成文件 实例素材/完成文件/CH04/4.3.2/index1.html

（1）打开网页文档，选中插入的图像，执行"窗口"|"属性"命令，打开"属性"面板，在"替换"文本框中输入文字"美食！"设置图像的替换文本，如图 4-23 所示。

（2）选中图像，单击鼠标右键，在弹出的菜单中选择"对齐"|"右对齐"选项，如图 4-24 所示。

图 4-22　设置图像属性后的效果

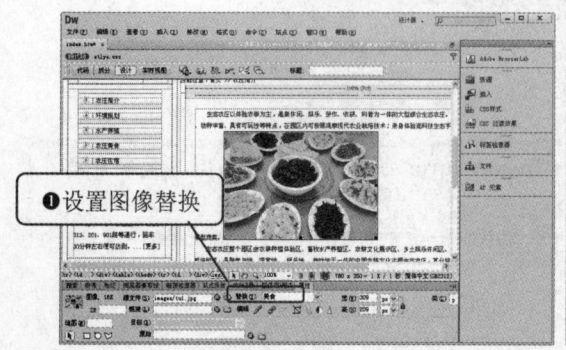

图 4-23　设置图像替换文本

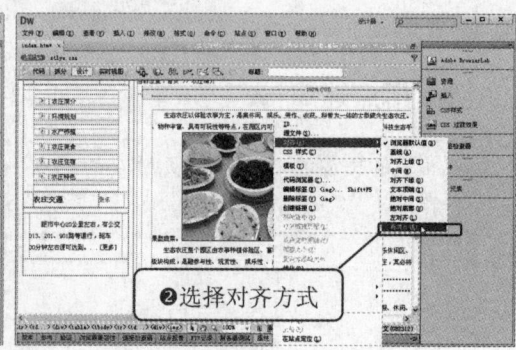

图 4-24　选择图像的对齐方式

（3）选择命令后，设置图像右对齐方式，如图 4-25 所示。

图 4-25　设置图像右对齐

图像的"属性"面板中的各参数如下。

● "宽"和"高"：图像的宽度和高度，其默认单位是像素，也可以用点、英寸或毫米作
为单位，当在文本框中输入其他单位数值时，Dreamweaver 自动将其转换为像素。

● "源文件"：图像的具体路径，通常单击 按钮，在弹出的"选择图像源文件"对话框
中选择图像文件。

● "链接"：设置图像链接的目标页面。

● "替换"：图像的替换文字。当用户的浏览器不能正常显示图像时，在图像的位置会用
这个替换文字代替图像。

● "编辑"：启动"外部编辑器"首选参数中指定的图像编辑器并使用该图像编辑器打开
选定的图像。

编辑 ：启动 Photoshop CS6 并打开该图像。

编辑图像设置 ：单击此按钮打开"图像预览"对话框，在对话框中进行相应的设置。

从源文件中更新 ：单击此按钮更新图像文件。

● "地图"：用于制作图像映射。

● "目标"：链接时的目标窗口或框架，在其下拉列表中包括"_blank"、"_parent"、"_self"
和"_top"等 4 个选项。

_blank：将链接文件载入一个未命名的新浏览器窗口中。

_parent：将链接文件载入含有该链接的框架的父框架集或父窗口中。

_self：将链接的文件载入该链接所在的同一框架或窗口中。

_top：在整个浏览器窗口中载入所链接的文件，因而会删除所有框架。

● "原始"：当前图像的低分辨率副本的路径。

裁剪 ：修剪图像的大小，从所选图像中删除不需要的区域。

重新取样 ：将"宽"和"高"的值重新设置为图像的原始大小。调整所选图像大小后，此
按钮显示在"宽"和"高"文本框的右侧。如果没有调整过图像的大小，该按钮不会显示出来。

亮度和对比度 ：调整图像的亮度和对比度。

锐化 ：调整图像的清晰度。

● "类"：对图像进行定义。

 4.3.3　上机练习——裁切、调整图像

裁切、调整图像的具体操作步骤如下。

（1）选中要裁剪的图像，如图 4-26 所示。

（2）执行"窗口"|"属性"命令，打开"属性"面板，在"属性"面板中单击"裁剪"按钮 ，如图 4-27 所示。

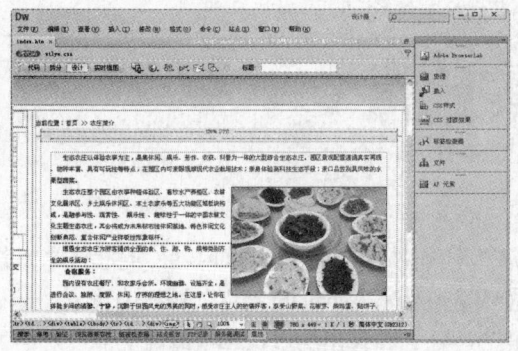

图 4-26　选中要裁剪的图像

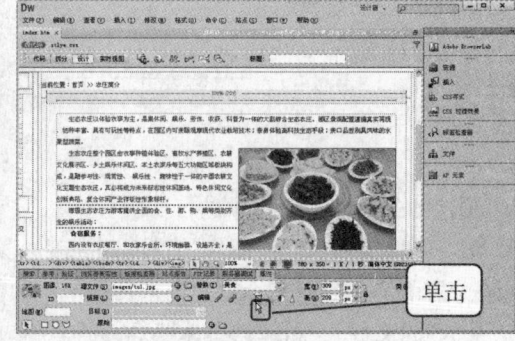

图 4-27　单击"裁剪"按钮

（3）单击 按钮后，图像周围出现 8 个控制点，通过拖动这些控制点可以改变裁剪区域的大小，如图 4-28 所示。

（4）在边框线内双击，图像只保留了边框内的图像，其他区域被裁剪掉，效果如图 4-29 所示。

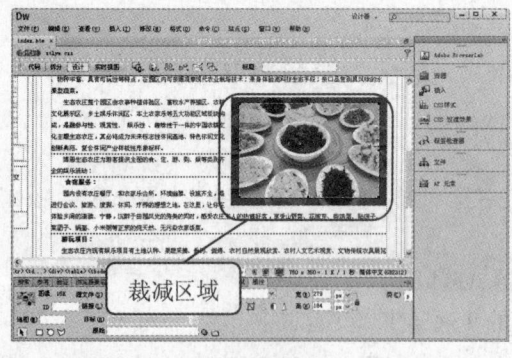

图 4-28　调整裁剪区域

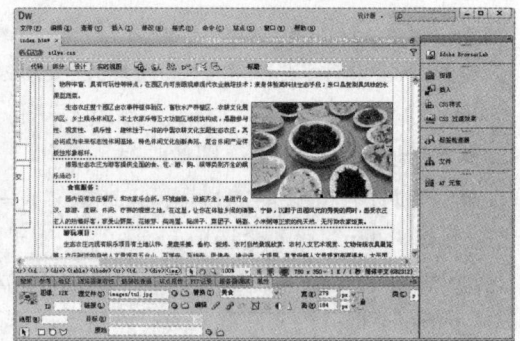

图 4-29　裁剪图像后的效果

★ 提示 ★

使用 Dreamweaver 裁剪时，会更改磁盘上的源图像文件，因此，可能需要备份图像文件，以在需要回复到原始图像时使用。

 4.3.4　上机练习——优化网页图像

在 Dreamweaver 中可以使用 Photoshop 或 Fireworks 优化网页图像。优化网页图像的具体操作步骤如下。

（1）打开文档，选中要优化的图像，执行"窗口"|"属性"命令，打开"属性"面板，在"属性"面板中单击"编辑图像设置"按钮，如图 4-30 所示。

（2）打开如图 4-31 所示的图像优化对话框，在对话框中进行相应的设置。

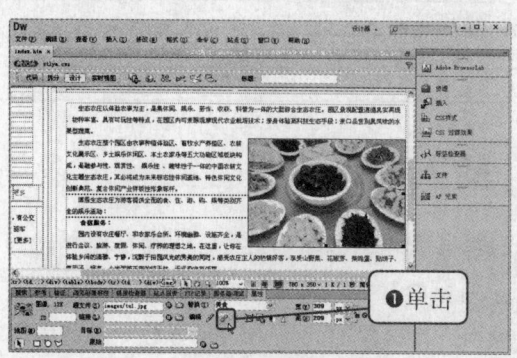
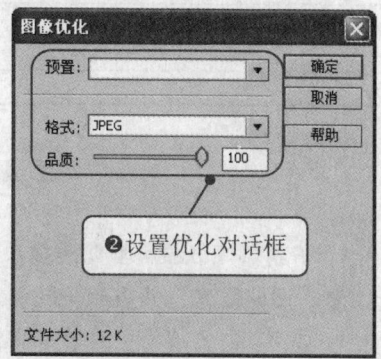

图 4-30　选中要优化的图像　　　　图 4-31　"图像优化"对话框

（3）单击"确定"按钮，即可优化图像，效果如图 4-32 所示。

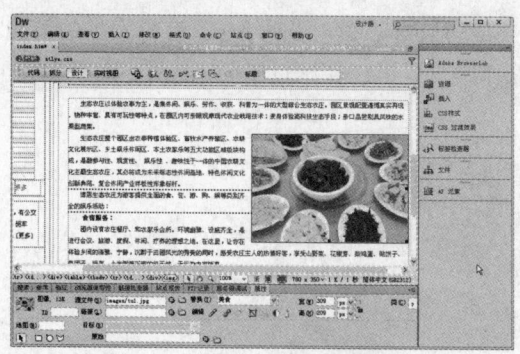

图 4-32　优化图像后的效果

代码揭秘：图片标签 img

在 HTML 文档中，显示图片所用的标签是 img，src 属性是图像必不可少的属性，用来指定图像源文件所在的路径。默认情况下，页面中图像的显示大小就是图片默认的宽度和高度，width 和 height 属性用来自定义图片的高度和宽度。

```
<img src="images/tu.gif" width="272" height="200" hspace="5" vspace="5"
border="2" align="right">
```

Img 标签的相关属性如表 4-1 所示。

表 4-1　img 标签的属性及功能

属性	功能
src	图像的源文件
alt	替换文字
width	图像的宽度
height	图像的高度
border	边框
vspace	垂直间距
hspace	水平间距
align	排列
usemap	映像地图

4.4　插入媒体

多媒体对象和图像一样，在网页中是一道亮丽的风景，它能使网页丰富、活跃起来，使用 Dreamweaver 制作网页，可以方便地插入各种多媒体对象。当需要编辑各种多媒体对象时，可以在 Dreamweaver 窗口中启动相应的媒体外部编辑器来编辑媒体。

4.4.1　上机练习——插入 Flash 动画

Flash 动画是一种高质量的矢量动画，在网络中，有着大量的精美动画素材。让网页活跃起来，使用 Dreamweaver 制作网页，可以在网页中插入.swf，效果如图 4-33 所示。插入 Flash 动画的具体操作步骤如下。

图 4-33　插入 Flash 动画效果

练习文件　实例素材/练习文件/CH04/4.4.1/index.html
完成文件　实例素材/完成文件/CH04/4.4.1/index1.html

（1）打开文档，如图 4-34 所示。

（2）将光标置于要插入 Flash 动画的位置，执行"插入"｜"媒体"｜"SWF"命令，打开"选择 SWF"对话框，如图 4-35 所示。

图 4-34　打开文档

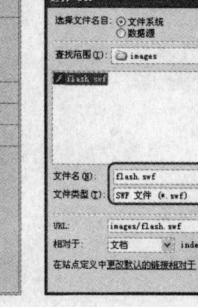
图 4-35　"选择 SWF"对话框

★ 高手支招 ★

单击"常用"插入栏中媒体里的 按钮，也可以打开"选择 SWF"对话框。

（3）在对话框中选择"flash.swf"，单击"确定"按钮，插入 Flash 动画，如图 4-36 所示。

（4）保存文档，按 F12 键预览，如图 4-33 所示。

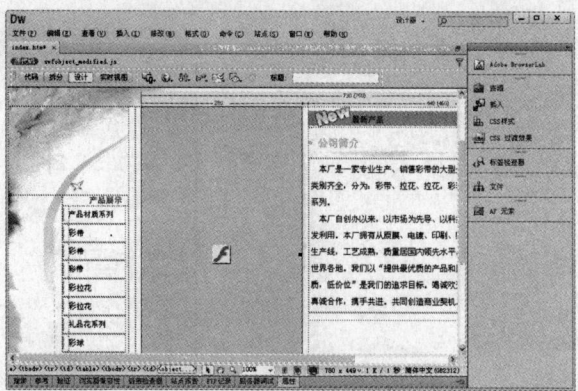
图 4-36　插入 Flash 动画

4.4.2　上机练习——插入 Java Applet

可以使用 Dreamweaver 将 Java Applet 插入网页文档中。Java 是一种编程语言，通过它可以开发可嵌入网页中的小型应用程序 Applet。

下面通过实例讲述 Applet 的插入，效果如图 4-37 所示，具体操作步骤如下。

图 4-37 插入 Applet

◎练习文件 实例素材/练习文件/CH04/4.4.2/index.html

◎完成文件 实例素材/完成文件/CH04/4.4.2/index1.html

（1）打开网页文档，如图 4-38 所示。

（2）将光标置于要插入 Applet 的位置，执行"插入"|"媒体"|"Applet"命令，弹出"选择文件"对话框，如图 4-39 所示。

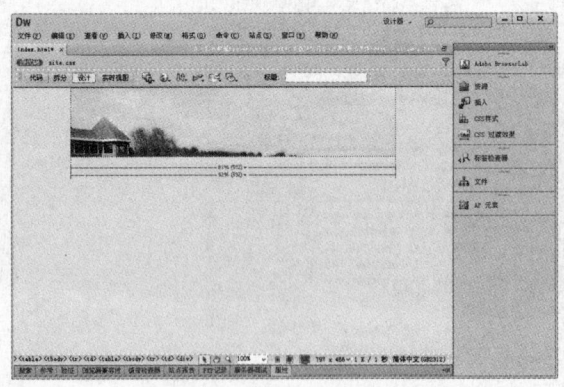

图 4-38 打开网页文档

图 4-39 "选择文件"对话框

（3）在对话框中选择 Applet 文件，单击"确定"按钮，插入 Applet，在"属性"面板中将"宽"设置为"593"，"高"设置为"300"，如图 4-40 所示。

（4）切换到"代码"视图，在相应的位置输入以下代码，如图 4-41 所示。

```
<applet code="Lake.class" width="593" height="300" >
<PARAM NAME="image" VALUE="location_05.jpg">
// location_05.jpg 换为图像的名称
</applet>
```

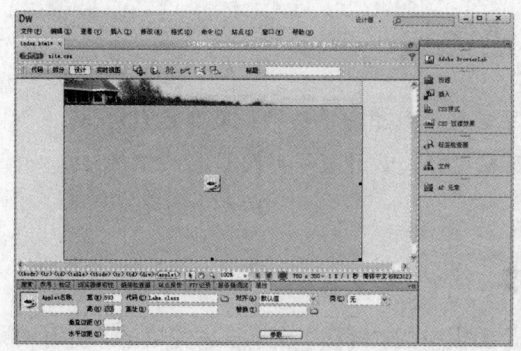

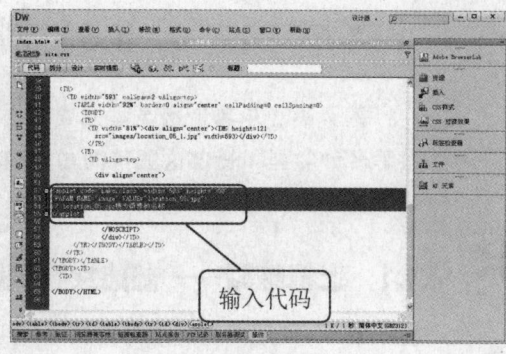

图 4-40　插入 Applet　　　　　　　图 4-41　输入代码

Applet "属性" 面板主要有以下设置。

- 名称：指定用来标识 Applet 以进行脚本撰写的名称。在属性检查器最左侧的未标记文本框中输入名称。
- 宽和高：以像素为单位指定 Applet 的宽度和高度。
- 代码：指定包含该 Applet 的 Java 代码的文件。单击 按钮浏览到某一文件，或者直接输入文件名。
- 替代：指定在用户的浏览器不支持 Java Applet 或者已禁用 Java 的情况下显示的替代内容（通常为一个图像）。如果输入文本，Dreamweaver 将插入该文本，作为 Applet 的 alt 属性的值。如果选择一个图像，Dreamweaver 将在开始和结束 applet 标签之间插入 img 标签。
- 垂直边距和水平边距：以像素为单位指定 Applet 上、下、左、右的空白量。

（5）保存文档，按 F12 键在浏览器中预览效果，如图 4-37 所示。

代码揭秘：Java Applet 代码

Java Applet 就是用 Java 语言编写的一些小应用程序，它们可以直接嵌入到网页中，并能够产生特殊的效果。当用户访问这样的网页时，Applet 被下载到用户计算机上执行，但前提是用户使用的是支持 Java 的网络浏览器。由于 Applet 是在用户计算机上执行的，因此它的执行速度是不受网络带宽或者 Modem 存取速度的限制，可以更好的欣赏网页上 Applet 产生的多媒体效果。

插入 Applet 将使用<applet>标签，实例代码如下所述。

```
<applet code="Lake.class" width="593" height="300" >
<PARAM NAME="image" VALUE="location_05.jpg">
</applet>
```

- code：同 Dreamweaver "属性面板" 中的 "代码"，表示 applet 代码的路径和名称。
- width：表示 applet 的宽度。
- height：表示 applet 的高度。
- value：表示图片的名称。

4.5 创建链接

网页设计中的链接类型主要有文字链接、电子邮件链接、图像热点链接等多种类型，通过这些不同功能的链接类型，设计者可以设计出一个呈现丰富精彩链接样式的神奇网页。

 4.5.1 上机练习——创建文字链接

在一般情况下，创建的超链接都是在"属性"面板中的"链接"文本框中完成的。使用"属性"面板可以给当前文档中的文本或者图像添加链接，当浏览者在浏览网页时，单击链接可以跳转到另一个位置或者页面，如图4-42所示。创建文字链接的具体操作步骤如下。

图 4-42 文字链接效果

◎练习文件 实例素材/练习文件/CH04/4.5.1/index.html

◎完成文件 实例素材/完成文件/CH04/4.5.1/index1.html

（1）打开文档，选中要设置链接的文字，如图4-43所示。

（2）执行"窗口"|"属性"命令，在"属性"面板中，单击"链接"文本框后面的按钮 ，打开"选择文件"对话框，如图4-44所示。

（3）在对话框中选择要设置链接的文件，单击"确定"按钮，设置链接，在"属性"面板的"目标"下拉列表中选择"_blank"选项，如图4-45所示。

第 4 章　为网页添加各种对象

图 4-43　选中要设置链接的文字

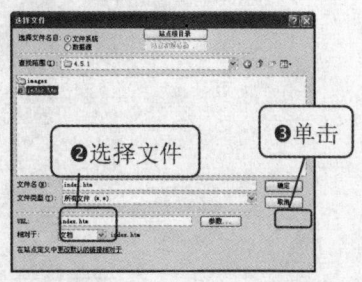

图 4-44　"选择文件"对话框

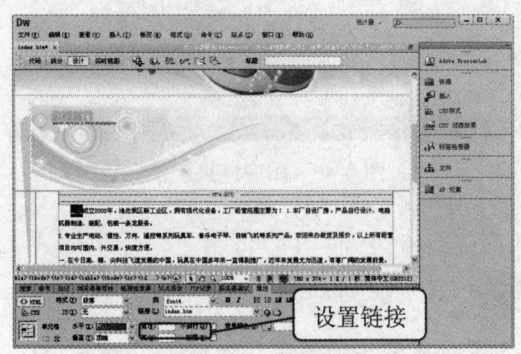

图 4-45　设置链接

（4）保存文档，按 F12 键预览，如图 4-42 所示。

代码揭秘：链接标签

超链接的范围很广泛，利用它不仅可以进行网页间的相互链接，还可以使网页链接到相关的图像文件及下 8F7D 文件等。

```
<a href="xiazai.rar">文件下载</a>
```

<a>标签的属性如表 4-2 所示。

表 4-2　<a>标签的属性

属性	说明
href	指定链接地址
name	给链接命名
title	给链接添加提示文字
target	指定链接的目标窗口

 4.5.2　上机练习——创建图像链接

图像链接和文本链接一样，是网页中基本的链接，创建图像链接和文本链接一样，都是在"属性"面板中的"链接"文本框中完成的，如图 4-46 所示。创建图像链接的具体操作步骤如下。

71

图 4-46　图像链接效果

◎练习文件　实例素材/练习文件/CH04/4.5.2/index.html

◎完成文件　实例素材/完成文件/CH04/4.5.2/index1.htm

（1）打开文档，选中要设置链接的图像，如图 4-47 所示。

（2）在"属性"面板中，单击"链接"文本框后面的按钮，打开"选择文件"对话框，如图 4-48 所示。

图 4-47　选中要设置链接的图像

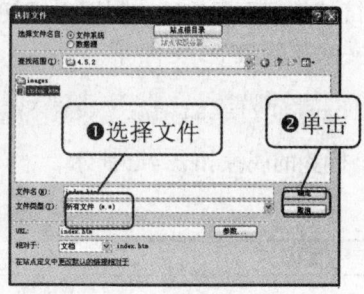

图 4-48　"选择文件"对话框

（3）在对话框中选择要设置链接的文件，单击"确定"按钮，设置链接，在"目标"下拉列表中选择"_blank"选项，如图 4-49 所示。

（4）保存文档，按 F12 键预览，效果如图 4-46 所示。

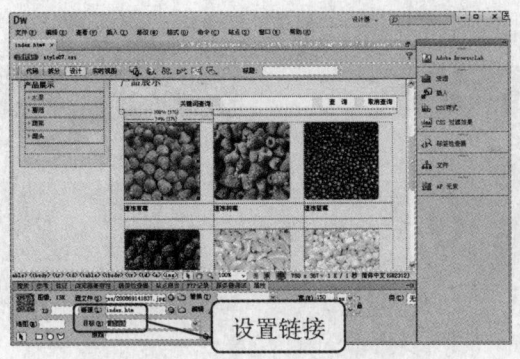

图 4-49 设置"目标"选项

★ 提示 ★

选中链接的图像,在"属性"面板中的"链接"文本框中直接输入链接对象的地址,也可以设置链接。

4.5.3 上机练习——创建图像热点链接

图像热点链接可以将一幅图像分割为若干个区域,并将这些区域设置成热点区域。可以将这些不同热点区域链接到不同页面,当浏览者单击图像上不同的热点区域时,就可以跳转到不同的页面,如图 4-50 所示。

图 4-50 图像热点链接效果

练习 文件 实例素材/练习文件/CH04/4.5.3/index.html

完成 文件 实例素材/完成文件/CH04/4.5.3/index1.html

创建图像热点链接的具体操作步骤如下。

(1)打开文档,如图 4-51 所示。

(2)选中图像,单击"属性"面板中的"矩形热点工具"按钮,在"首页"图像上进行拖动,绘制一个矩形热点,如图 4-52 所示。

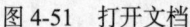
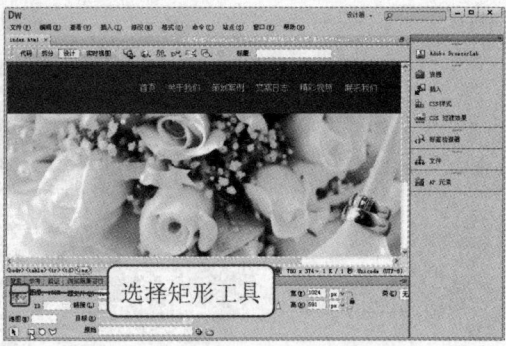

图 4-51　打开文档　　　　　　　图 4-52　　选择矩形工具

★ 高手支招 ★

在"属性"面板中有三种热点工具，分别是"矩形热点"工具、"椭圆形热点"工具和"多边形热点"工具，可以根据不同形状的图像来选择热点工具，并设置不同的热点链接。

（3）在"属性"面板的"链接"文本框中输入"#shouye"，设置链接，在"替换"文本框中输入文字"首页"，如图 4-53 所示。

（4）同理在其他的图像上绘制热点链接，如图 4-54 所示。

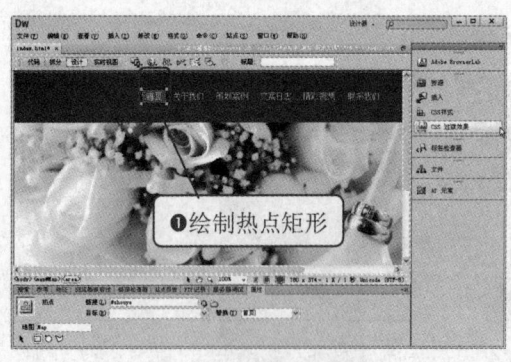

图 4-53　绘制热点矩形　　　　　　图 4-54　绘制其他热点链接

（5）保存文档，按 F12 键预览，效果如图 4-50 所示。

代码揭秘：图像热点链接代码

同一个图像的不同部分可以链接到不同的文档，这就是热区链接。<map>标签用于定义一个客户端图像映射，图像映射（image-map）指带有可点击区域的一幅图像。<area>标签用于定义图像映射中的区域。<img>标签中的 usemap 属性与 map 元素中的 name 属性相关联，创建图像与映射之间的联系。

```
<IMG src="images/2pic16a.jpg" width=236 height=282 usemap="#Map" border=0>
<map name="Map">
  <area shape="rect" coords="24,5,100,23" href="gongshijianjie.html">
  <area shape="rect" coords="32,34,99,54" href="#">
```

```
<area shape="rect" coords="31,68,107,86" href="#">
<area shape="rect" coords="28,94,100,115" href="#">
<area shape="rect" coords="31,126,105,152" href="#">
</map>
```

    <img>中的 usemap 属性可引用<map>中的 id 或 name 属性，所以我们应同时向<map>添加 id 和 name 属性。

4.5.4 上机练习——创建电子邮件链接

    通过电子邮件链接，可以方便浏览者反馈信息，并将信息传送到对应的邮箱中。如此一来，可方便用户与网站管理者或服务商之间互相沟通，例如，用户可通过电子邮件链接提供意见给网站管理者，同时一些网站可以让消费者通过电子邮件链接得到其所提供的各种信息与帮助，如图 4-55 所示。创建电子邮件链接的具体操作步骤如下。

图 4-55 电子邮件链接效果

◎练习文件 实例素材/练习文件/CH04/4.5.4/index.html

◎完成文件 实例素材/完成文件/CH04/4.5.4/index1.html

    （1）打开文档，如图 4-56 所示。

    （2）选中文字"邮件联系我们"，执行"插入"|"电子邮件链接"命令，打开"电子邮件链接"对话框。在该对话框的"文本"文本框中输入"联系我们"，在"电子邮件"文本框中输入电子邮件地址（如 sdsly@foxmail.com），如图 4-57 所示。

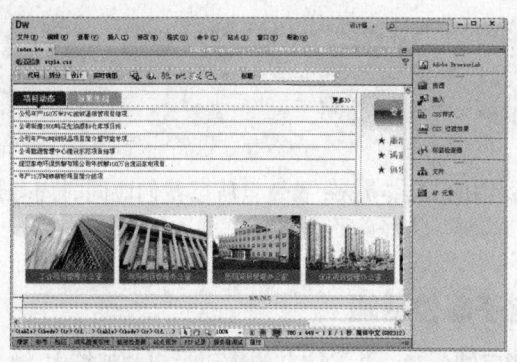 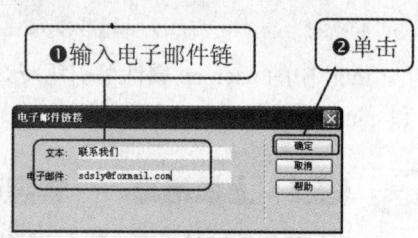

图 4-56　打开文档　　　　　　　　　图 4-57　"电子邮件链接"对话框

★ 提示★

单击"常用"插入栏中的 ▭ 按钮，也可以打开"电子邮件链接"对话框。

（3）单击"确定"按钮，插入电子邮件链接，如图 4-58 所示。

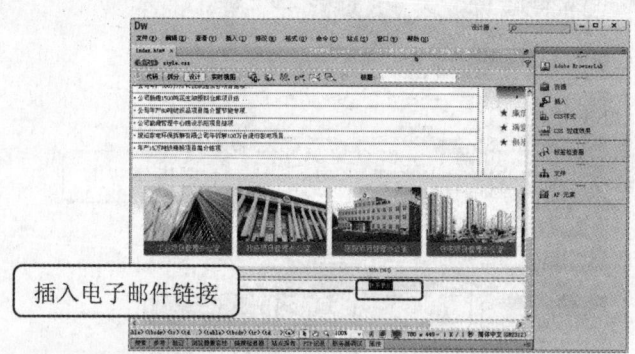

图 4-58　插入电子邮件链接

（4）保存文档，按 F12 键预览，单击"联系我们"链接时，打开"新邮件"对话框，如图 4-55 所示。

代码揭秘：邮件链接代码

在网页上创建 E-mail 链接，可以使浏览者能快速反馈自己的意见。当浏览者单击 E-mail 链接时，可以立即打开浏览器默认的 E-mail 处理程序，收件人的邮件地址由 E-mail 超链接中指定的地址自动更新，无需浏览者输入。

```
<a href="mailto: sdsly@foxmail.com ">电子邮件链接</a>
```

在该语法中的 mailto:后面输入电子邮件的地址。

 4.5.5 上机练习——创建锚点链接

在制作网页时，有些页面内容较多，页面就可能变长。为了方便浏览，可以在页面的某个分项内容的标题上设置锚点，然后在页面上设置锚点的链接，从而通过锚点链接快速直接地跳转到感兴趣的内容，如图 4-59 所示。创建锚点链接的具体操作步骤如下。

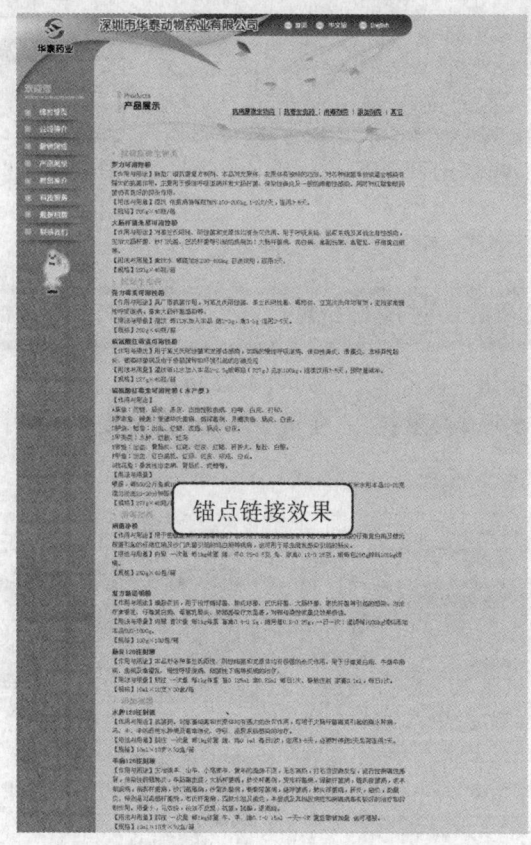

图 4-59　锚点链接效果

 练习文件　实例素材/练习文件/CH04/4.5.5/index.html

完成文件　实例素材/完成文件/CH04/4.5.5/index1.html

（1）打开文档，如图 4-60 所示。

（2）将光标置于文字"抗病原微生物类"的前面，执行"插入"|"命名锚记"命令，打开"命名锚记"对话框，在对话框中的"锚记名称"文本框中输入"a1"，如图 4-61 所示。

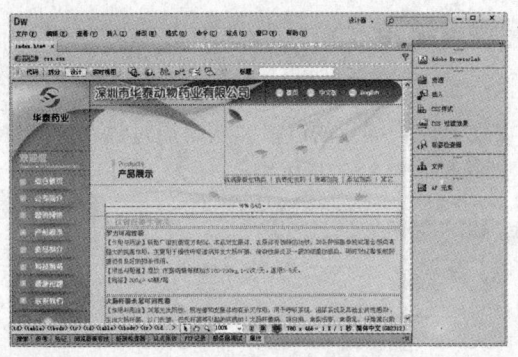

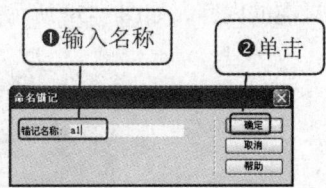

图 4-60　打开文档　　　　　　　　　　　图 4-61　　"命名锚记"对话框

★ 提示★

单击"常用"插入栏中的🖿按钮，也可以打开"命名锚记"对话框。

（3）单击"确定"按钮，插入锚点，如图 4-62 所示。

（4）选中文字"抗病原微生物类"，在属性面板中的链接文本框中输入链接"#a1"，如图 4-63 所示。

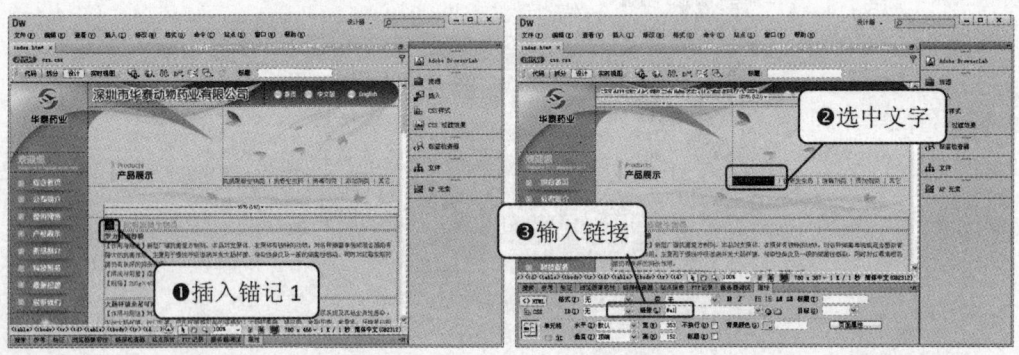

图 4-62　插入锚记 a1　　　　　　　　　图 4-63　输入链接 1

★ 指点迷津★

选中"命名锚记"标志，在"属性"面板中可以更新锚记的名称。名称只能包含小写 ASCII 字母和数字，且不能以数字开头。锚记要避免放在图层中。

（5）将光标置于文字"抗寄生虫药"的前面，执行"插入"|"命名锚记"命令，打开"命名锚记"对话框，在对话框中的"锚记名称"文本框中输入"a2"，如图 4-64 所示。

（6）单击"确定"按钮，插入锚点，如图 4-65 所示。

（7）选中文字"抗寄生虫药"，在属性面板中的链接文本框中输入链接"#a2"，如图 4-66 所示。

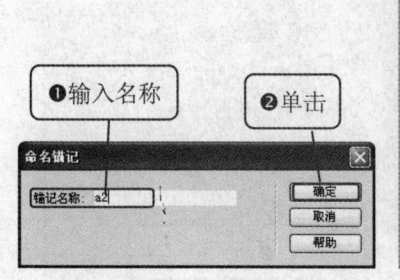

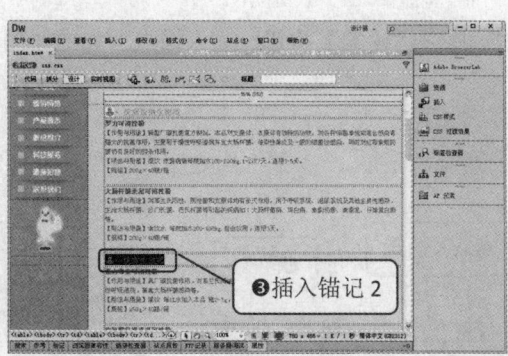

图 4-64　"命名锚记"对话框　　　　　　　　图 4-65　插入锚记 a2

（8）将光标置于文字"消毒剂类"的前面，执行"插入"|"命名锚记"命令，打开"命名锚记"对话框，在对话框中的"锚记名称"文本框中输入"a3"，如图 4-67 所示。

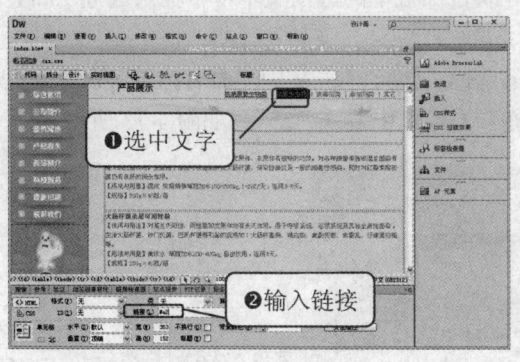

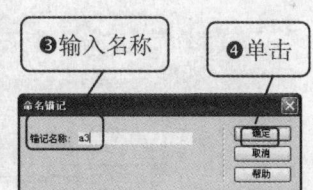

图 4-66　输入链接 2　　　　　　　　　图 4-67　"命令锚记"对话框

（9）单击"确定"按钮，插入锚点，如图 4-68 所示。

（10）选中文字"消毒剂类"，在属性面板中的链接文本框中输入链接"#a3"，如图 4-69 所示。

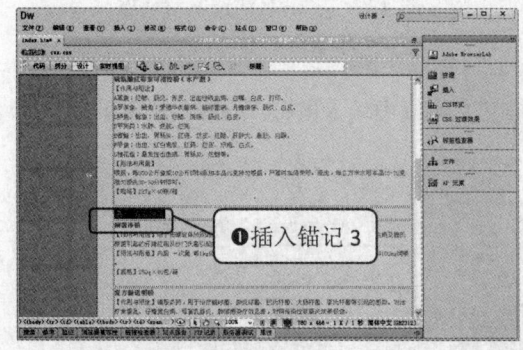

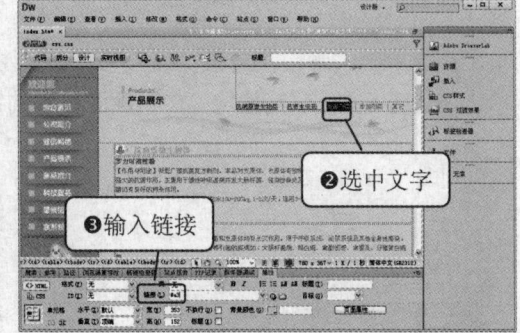

图 4-68　插入锚记 a3　　　　　　　　　图 4-69　输入链接 3

（11）将光标置于文字"添加剂类"的前面，执行"插入"|"命名锚记"命令，打开"命名锚记"对话框，在对话框中的"锚记名称"文本框中输入"a4"，如图 4-70 所示。

（12）单击"确定"按钮，插入锚点，如图 4-71 所示。

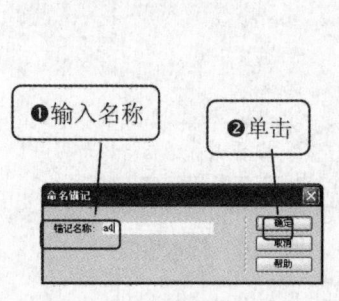
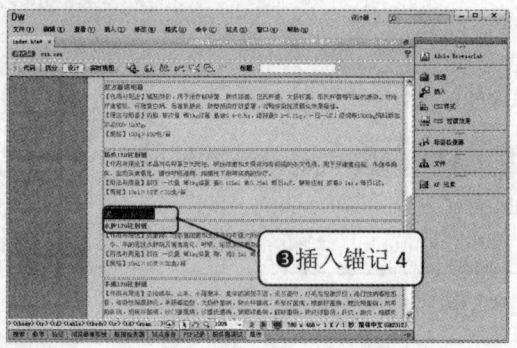

图 4-70　"命名锚记"对话框　　　　　　图 4-71　插入锚记 a4

（13）选中文字"添加剂类"，在属性面板中的链接文本框中输入链接"#a4"，如图 4-72 所示。

（14）将光标置于文字"其他"的前面，执行"插入"|"命名锚记"命令，打开"命名锚记"对话框，在对话框中的"锚记名称"文本框中输入"a5"，如图 4-73 所示。

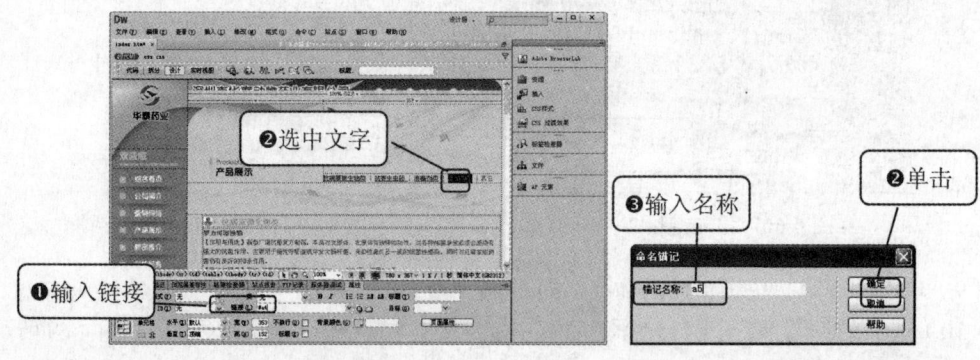

图 4-72　输入链接 4　　　　　　　　图 4-73　"命名锚记"对话框

（15）单击"确定"按钮，插入锚点，如图 4-74 所示。

（16）选中文字"其他"，在属性面板中的链接文本框中输入链接"#a5"，如图 4-75 所示。

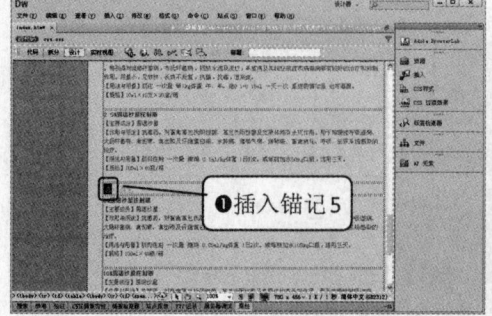
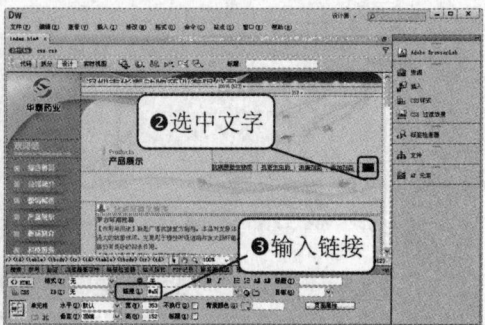

图 4-74　插入锚记 a5　　　　　　　　图 4-75　输入链接 5

（17）保存文档，按 F12 键预览，效果如图 4-59 所示。

　　代码揭秘：锚点链接代码

　　当一个网页的主题或文字较多时，可以在网页内建立多个标记点，将超链接指定到这些标记点上，能够使浏览者快速找到要阅读的内容，我们将这些标记点称为锚点（Anchor）。而不必在一个很长的网页里自行寻找。在创建锚点链接前首先要建立锚点。利用锚点名称可以链接到相应的位置。这个名称只能包含小写 ASII 和数字，且不能以数字开头，同一个网页中可以有无数个锚点，但是不能有相同名称的两个锚点。

```
<a name="A1" id="A1"></a>
```

　　这样的一个无内容的<a>标签，便是一个锚点了，我们可以把它放在网页中<body>与</body>之间的任意位置。当然，究竟放在哪个位置，就要看我们的实际需要了。

　　建立了锚点以后，就可以创建到锚点的链接，需要用#号以及锚点的名称作为 href 属性值。

```
<a href="#锚点的名称">……</a>
```

4.6　插入表单

> 表单是由窗体和控件组成的，一个表单一般应该包含用户填写信息的输入框、提交和重置按钮等，这些输入框、按钮叫做控件，表单很像容器，它能够容纳各种各样的控件。

　　表单用<form></form>标记来创建，在<form></form>标记之间的部分都属于表单的内容。<form>标记具有 action、method 和 target 属性。

- action 的值是处理程序的程序名，如<form action="URL ">，如果这个属性是空值（""）则当前文档的 URL 将被使用，当用户提交表单时，服务器将执行这个程序。
- method 用来定义处理程序从表单中获得信息的方式，可取 GET 或 POST 中的一个。
- target 属性用来指定目标窗口或目标帧。可选当前窗口 "_self"，父级窗口 "_parent"，顶层窗口 "_top"，空白窗口 "_blank"。

4.6.1　创建表单

　　创建表单的具体操作方法如下。

　　◎练习文件　实例素材/练习文件/CH04/4.6.1/index.html

　　◎完成文件　实例素材/完成文件/CH04/4.6.1/index1.html

　　（1）打开文档，如图 4-76 所示。

　　（2）将光标置于要插入表单的位置，执行"插入"|"表单"|"表单"命令，插入表单，如图 4-77 所示。

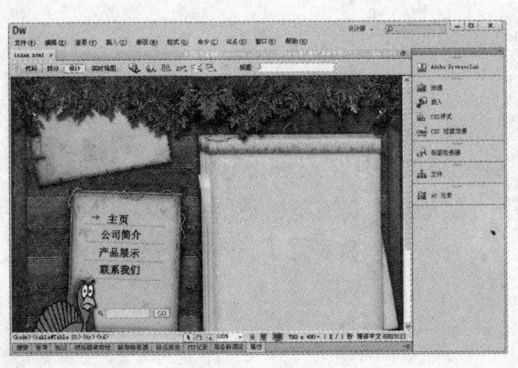

图 4-76　打开文档　　　　　　　　　　图 4-77　插入表单

★ 高手支招 ★

　　此时光标停留处显示的红色虚线框就表示表单的范围，如果需要插入表单对象则应该在该区域之内插入。如果插入表单后，没有看到插入的表单，执行"查看"｜"可视化助理"｜"不可见元素"命令，即可看到插入的红色虚线表单。

　　（3）选中创建的表单，可在"属性"面板中进行相应的设置，如图 4-78 所示。

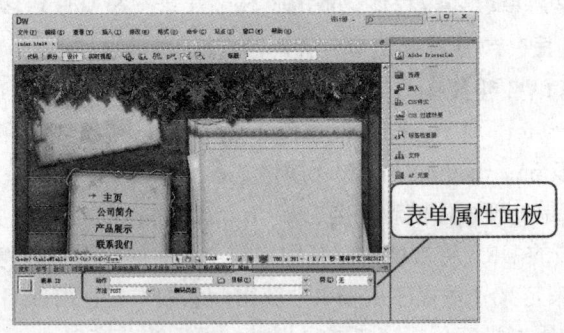

图 4-78　"属性"面板

★ 提示 ★

　　表单 ID：默认的名称是 form1，一个页面可以有多个 from 表单，不同的表单采用不同的表单名称以示区别，表单名称的采用是为了一些程序脚本的应用，比如，表单检测，所以表单名称的重要性不言而喻。

　　动作：即该表单将信息内容提交的那个页面地址，该动作指向页面时，脚本程序用来接受并处理信息。

　　方法：表单提交有两种方法。（1）GET 是将提交数据添加到"动作"指向页面的 URL 后面。（2）POST 是直接将提交数据发给服务器。表单默认的方法是 POST。

　　编码类型：属于可选项，主要是对提交数据进行 MIME 的编码类型，默认值是 application/x-www-form-urlencoded，如果需要上传文件到数据库中的 OLE 对象，则使用指定的 multipart/form-data 类型。

 4.6.2　创建表单对象

　　表单对象是允许用户输入数据的机制。在创建表单对象之前，首先必须在页面中插入表单。有三种类型的表单域：文本域、文件域、隐藏域。在向表单中添加文本域时，可以指定域的长度、含的行数、最多可输入的字符数，以及该域是否为密码域。

　　创建表单对象的效果如图 4-79 所示，具体操作步骤如下。

图 4-79　创建表单对象效果

◎练习文件　实例素材/练习文件/CH04/4.6.2/index.html

◎完成文件　实例素材/完成文件/CH04/4.6.2/index1.html

　　（1）将光标放置在表单内，执行"插入"|"表格"命令，打开"表格"对话框，如图 4-79 所示。

　　（2）将"行数"设置为 6，"列数"设置为 2，"边框粗细"设置为 0 像素，"单元格边距"设置为 2，"单元格间距"设置为 2，单击"确定"按钮，插入表格，如图 4-81 所示。

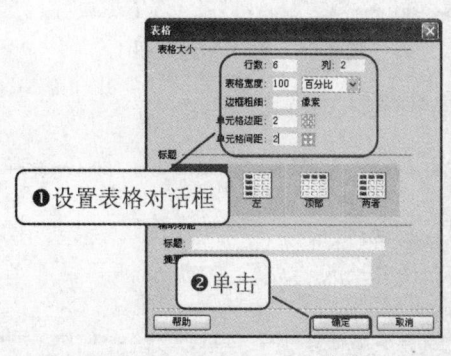

图 4-80　"表格"对话框

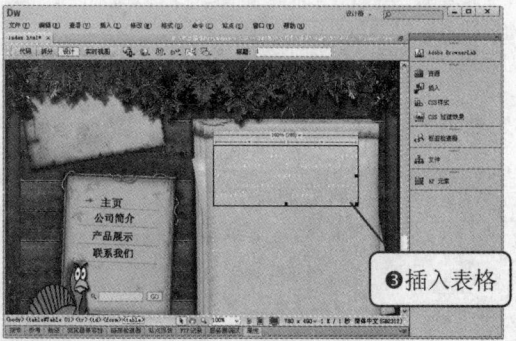

图 4-81　插入表格

　　（3）将光标置于第 1 行第 1 列，输入文字"姓名"，并将"属性"面板中的"水平"设置为"居中对齐"，如图 4-82 所示。

（4）将光标放置于第 1 行第 2 列单元格中，执行"插入"|"表单"|"文本域"命令，插入文本域，如图 4-83 所示。

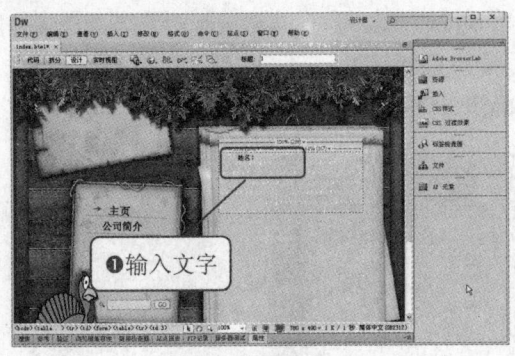

图 4-82 输入文字

图 4-83 插入文本域

（5）选中文本域，在"属性"面板中，将"字符宽度"设置为 20，"最多字符数"设置为 30，"类型"设置为"单行"，如图 4-84 所示。

（6）将光标置于文档的第 2 行第 1 列单元格中，输入文字"性别"，将光标置于第 2 行第 2 列单元格中，执行"插入"|"表单"|"单选按钮"命令，插入单选按钮，在其右边输入文字"男"，如图 4-85 所示。

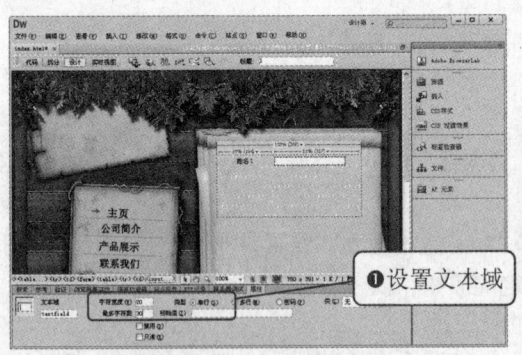

图 4-84 设置文本域的属性

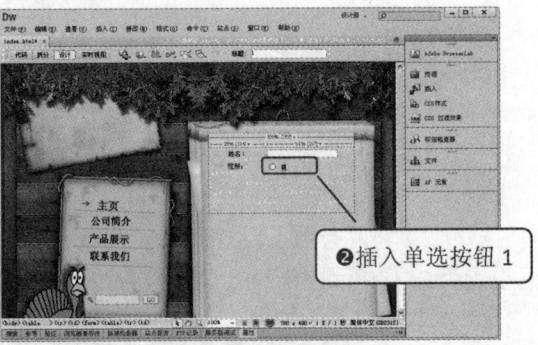

图 4-85 插入单选按钮 1

★ 提示 ★

有以下三种类型的文本域。
● 单行文本域：通常提供单字或短语响应，如姓名或者地址。
● 多行文本域：为访问者提供了一个较大的区域，使其输入响应。
● 密码域：是特殊类型的文本域。

（7）将光标置于第 2 行第 2 列单元格中，执行"插入"|"表单"|"单选按钮"命令，插入单选按钮，在其右边输入文字"女"，如图 4-86 所示。

（8）将光标置于第 3 行第 1 列单元格中，输入文字"爱好"，将光标置于第 3 行第 2 列单元格中，执行"插入"|"表单"|"复选框"命令，插入复选框，在其右边输入文字"旅游"，如图 4-87 所示。

图 4-86　插入单选按钮 2　　　　　　　　图 4-87　插入复选框 1

（9）将光标置于第 3 行第 2 列单元格中，执行"插入"|"表单"|"复选框"命令，插入复选框，在其右边输入文字"摄影"，如图 4-88 所示。

（10）将光标置于第 3 行第 2 列单元格中，执行"插入"|"表单"|"复选框"命令，插入复选框，在其右边输入文字"其他"，如图 4-89 所示。

（11）将光标置于第 4 行第 1 列单元格中，输入文字"工资情况"，将光标置于第 4 行第 2 列单元格中执行"插入"|"表单"|"列表菜单"命令，插入列表菜单，如图 4-90 所示。

（12）选中列表菜单，单击"属性"面板中的"列表值"按钮 列表值... ，打开"列表值"对话框，在对话框中进行相应的设置，在"列表值"对话框中单击添加按钮，添加所需内容，如图 4-91 所示。

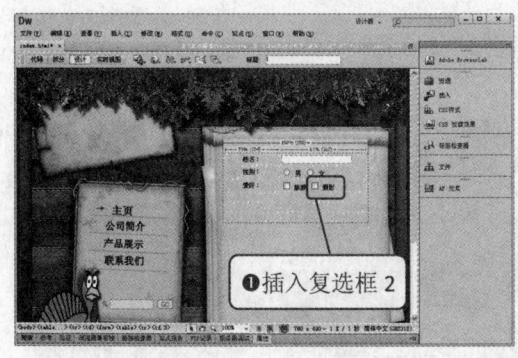

图 4-88　插入复选框 2　　　　　　　　图 4-89　插入复选框 3

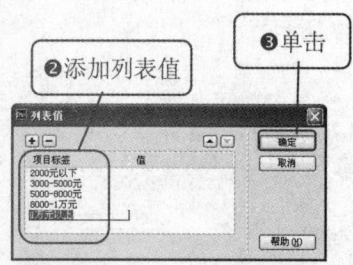

图 4-90　插入列表菜单　　　　　　　图 4-91　"列表值"对话框

（13）单击"确定"按钮，添加列表值，如图 4-92 所示。

（14）将光标置于第 5 行第 1 列单元格中，输入文字"个人说明"，将光标置于第 5 行第 2 列单元格中，插入文本区域，如图 4-93 所示。

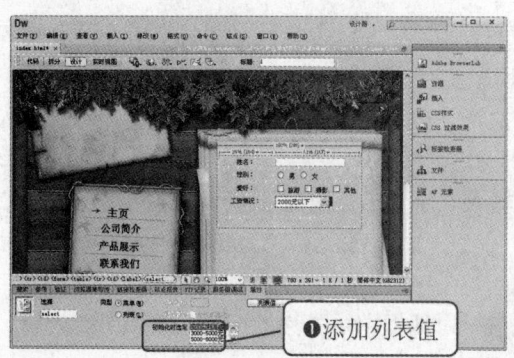

图 4-92　添加列表值　　　　　　　　图 4-93　插入文本区域

（15）选中文本区域，在"属性"面板中，将"字符宽度"设置为 20，"行数"设置为 6，"类型"设置为"多行"，如图 4-94 所示。

（16）选中第 6 行单元格，执行"修改"|"表格"|"合并单元格"命令，合并单元格，如图 4-95 所示。

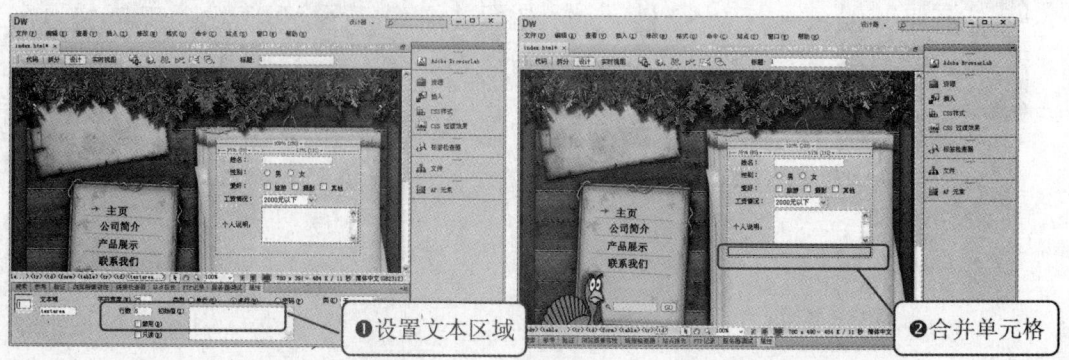

图 4-94　设置文本区域属性　　　　　　图 4-95　合并单元格

（17）将光标置于合并的单元格中，执行"插入"|"表单"|"按钮"命令，插入按钮，如图 4-96 所示。

（18）选中插入的按钮，在"属性"面板中，在"值"文本框中输入"提交"，将"动作"设置为"提交表单"，如图 4-97 所示。

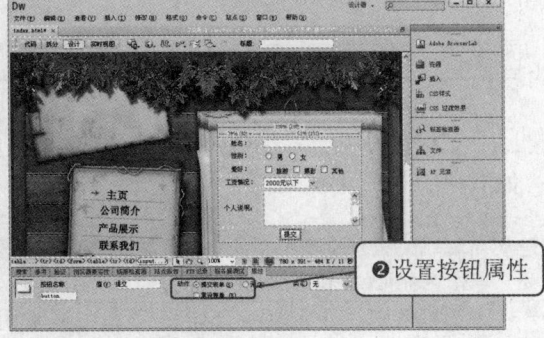

图 4-96　插入按钮　　　　　　　　图 4-97　设置按钮的属性 1

（19）将光标置于按钮的右边，执行"插入"|"表单"|"按钮"命令，插入按钮，选中插入的按钮，在"属性"面板中，在"值"文本框中输入"重置"，将"动作"设置为"重设表单"，如图 4-98 所示。保存文档，按 F12 键预览，效果如图 4-79 所示。

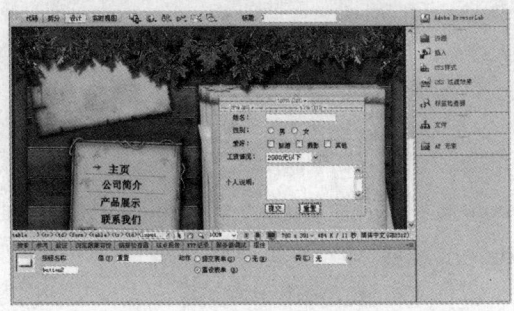

图 4-98　设置按钮的属性 2

代码揭秘：表单标签

表单在网页中起着重要作用，它是与用户交互信息的主要手段。一个表单至少应该包括说明性文字、填写的表格、提交和重填按钮等内容。填写了所需的资料之后，按下"提交"按钮，这样所填资料就会通过专门的 CGI 接口传到 Web 服务器上。表单常用标签是<form>、< input>、<option>、<select>等标签。

1．<form>和</form>标签

该标签对用于定义一个表单，任何一个表单都是以<form>开始，</form>结束。其中包含了一些表单元素，如文本框、按钮、下拉列表框等。

```
<form name="form1" method="post" action=mailto:yamei@ssw6ei.com></form>
```

其属性及属性值如表 4-3 所示。

表 4-3　<form>标签的属性

属性名称	说　明	取　值
action	指定处理该表单的程序文件所在的位置，当单击提交按钮后，就将表单信息提交给该文件	属性值为该程序文件的 URL 地址
method	指定该表单的传送方式	post 表示将所有信息当作一个表单传递给服务器，一般选择 post Get 表示将表单信息附在 URL 地址后面传给服务器
name	表单的名字	变量名，可以取字符串，以区分多个表单

2．<input>和</input>标签

该标签对用于在表单中定义单行文本域、单选按钮、复选框、按钮等表单元素，常用方法如下：

```
<input name="textfield" type="text" size="10" >
```

3．<select>和</select>标签

该标签对用于定义一个列表/菜单，通常用法如下：

```
1   <select name="select">
2   <option>所在地区</option>
3   <option value="1">北京</option>
4   <option value="2">上海</option>
5   <option value="3">天津</option>
6   <option value="4">哈尔滨</option>
7   <option value="5">广东</option>
8   <option value="6">山东</option>
9   <option value="7">其他</option>
10  </select>
```

<select>标签是和<option>标签配合使用的，一个<option>标签就是列表框中的一项。

4．<textarea>和</textarea>标签

该标签对用于定义一个多行文本域，常用于需要输入大量文字内容的网页中，如留言板、BBS 等。

```
<textarea name="textfield" cols="20" rows="6"></textarea>
```

4.7　专家秘笈

1．怎样在 Dreamweaver 中输入多个空格？

平时输入的空格是半角字符，在 Dreamweaver 中只能输入一个，要想输入多个空格只要输入全角空格就可以了。输入全角空格的方法是：打开中文输入法，按 Shift+Space 组合键切换到全角状态。这时你输入的空格就是全角空格了。

2．为何我插入的水平线无法修改颜色？

在网页中只能插入黑色的水平线，而不能直接插入彩色的水平线，在 Dreamweaver 中插入水平线时，在水平线"属性"面板中并没有提供关于水平线颜色的设置，这是由于早期的 Netscape

浏览器并不支持水平线的颜色属性，所以在 Dreamweaver 中也没有在面板中提供其设置。可以通过在水平线"属性"面板中的快速标签编辑器中来设置水平线的颜色。

3．为什么让一行字居中，其他行也居中？

在 Dreamweaver 中进行居中、居右操作时，默认的区域是 P、H1-H6、Div 等格式标识符，因此，如果语句没有用上述标识符隔开，Dreamweaver 会将整段文字均做居中处理，解决方法就是将居中文本用 P 隔开。

4．为什么在 Dreamweaver 中按 Enter 键换行时，与上一行的距离却很大？

在 Dreamweaver 中按 Enter 键换行时，与上一行的距离却很远这是因为按下 Enter 键时默认的是一个段落，而不是一般的单纯的换行。因此若要换行，则先按下 Shift 键不放，然后再按下 Enter 键，这样两行间的距离就不会差一大段了。

5．为何我设置的背景图像不显示？

在 Dreamweaver 中显示也是正常的，启动 IE 浏览某个页面，背景图却看不到。这时返回到 Dreamweaver 中，查看光标所在处的代码，会发现 background 设置在<tr>标签中。在 IE 中表格的背景不能设置在<tr>中，只能放在<td>中。将背景代码移到<td>中，保存文档后，再浏览，背景图就能正常显示了。

6．如何制作当鼠标移到图片上时会自动出现该图片的说明文字？

选中要设置的图片及链接，在"属性"面板中的"替换"文本框中输入说明文字，在浏览时，当鼠标移到图片上时会自动出现输入的说明文字。

7．为何我做的网页，传到网上后不显示图片？

出现这种情况，一般有下面两种可能，第一是图片使用的是绝对路径，第二是大小写的问题。第一种情况是使用了绝对路径，并且使用了本地盘符，则上传后就找不到此图片文件。第二种情况是图像文件名或图像文件所在的目录中有大写字母，或有中文，因为服务器一般使用的是 UNIX 或 Linux 平台，而 UNIX 系统是区分大小写的

4.8　本章小结

本章介绍了 Dreamweaver CS6 的基本使用方法和操作方法，从本章的学习中可以看到，Dreamweaver 对于界面布局、文本与图像的处理、多媒体、超级链接和表单等方面都提供了很方便的操作。此外，Dreamweaver CS6 与 Flash、Fireworks 在技术上都有比较紧密的连接，让 Dreamweaver CS6 能够很方便地应用 Flash，以及使用 Fireworks 编辑图像。本章是 Dreamweaver CS6 的基础，因此读者一定要好好掌握它。

第 5 章 表格和 Div 布局网页

学前必读：

表格的一个重要功能是用于放置数据，起到记载、统计的功能，这是表格的传统用法，也是表格在网页之外的主要用途。表格为网页带来了结构的概念，表格在网页中被作为布局定位的主要工具使用。除表格之外，本章还讲述了 AP 元素的应用。

学习流程

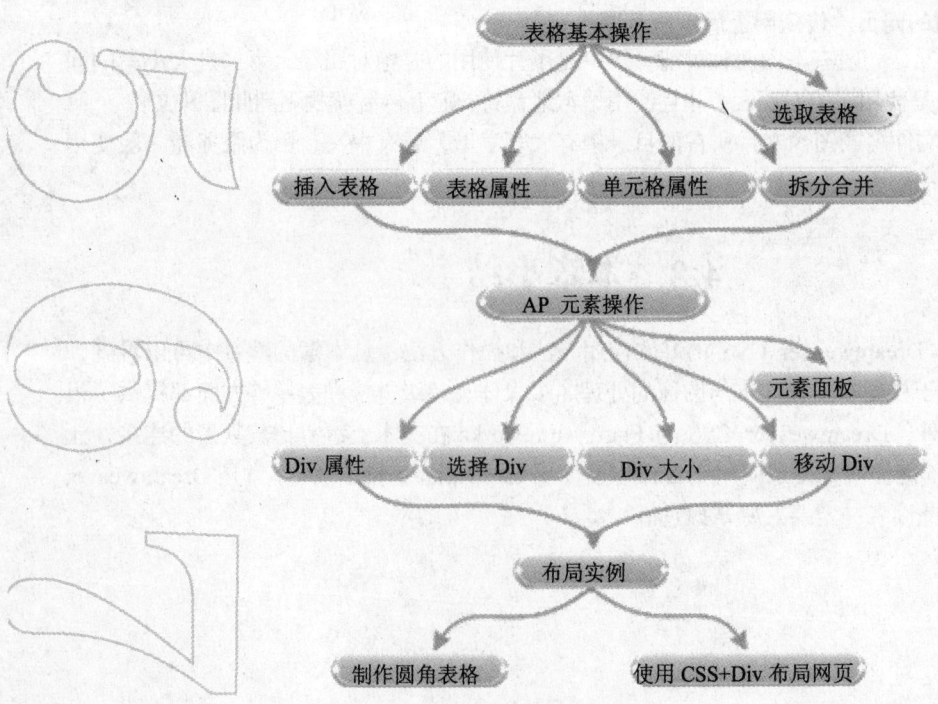

5.1　表格的基本操作

> 表格是用于在页面上显示表格式数据，以及对文本和图形进行布局的强有力的工具。在 Dreamweaver 中，用户可以插入表格并设置表格的相关属性，也可以添加和删除表格的行或列，还可以对表格的单元格进行拆分或合并等操作。

5.1.1　上机练习——插入表格

表格是用于在 HTML 页上显示表格数据，以及对文本和图形进行布局的强有力的工具。表格由一行或多行组成，每行又由一个或多个单元格组成。表格是页面布局有用的设计工具，在设计页面时，往往要利用表格来定位页面元素。使用表格，可以导入表格式数据，设计页面分栏，定位页面上的文本和图像。插入表格的具体操作步骤如下。

（1）将光标置于文档中。执行"插入"|"表格"命令。 打开"表格"对话框，在对话框中，将"行数"设置为 6，将"列数"设置为 2，"表格宽度"设置为 100%，如图 5-1 所示。

（2）单击"确定"按钮，在文档中插入表格，如图 5-2 所示。

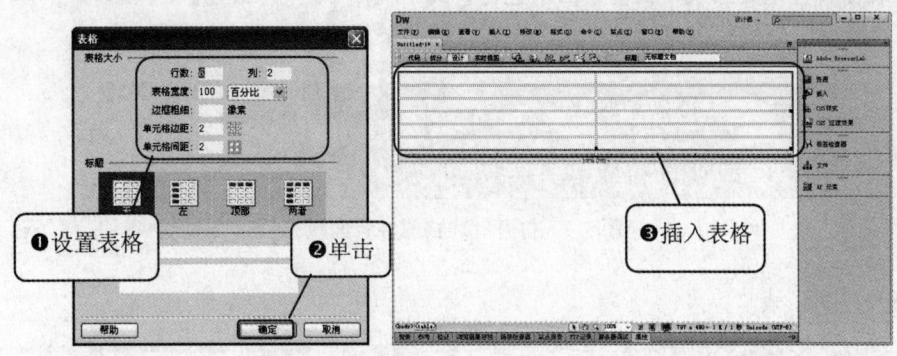

图 5-1　"表格"对话框　　　　　　　图 5-2　插入表格

在"表格"对话框中可以进行如下设置。

- "行数"：在文本框中输入新建表格的行数。
- "列数"：在文本框中输入新建表格的列数。
- "表格宽度"：用于设置表格的宽度，其中右边的下拉列表中包含百分比和像素。
- "边框粗细"：用于设置表格边框的宽度，如果设置为 0，在浏览时则看不到表格的边框。
- "单元格边距"：单元格内容和单元格边界之间的像素数。
- "单元格间距"：单元格之间的像素数。
- "标题"：可以定义表头样式，4 种样式可以任选一种。
- "辅助功能"：定义表格的标题。
- "对齐标题"：用来定义表格标题的对齐方式。
- "摘要"：用来对表格进行注释。

代码揭秘：表格的基本标签

在 HTML 语言中，表格涉及多种标记，下面我们就一一进行介绍。

- <table>元素：用来定义一个表格。每一个表格只有一对<table>和</table>。一个网页中可以有多个表格。
- <tr>元素：用来定义表格的行，一对<tr>和</tr>代表一行。一个表格中可以有多个行，所以<tr>和</tr>也可以在<table>和</table>中出现多次。
- <td>元素：用来定义表格中的单元格，一对<td>和</td>代表一个单元格。每行中可以出现多个单元格，即<tr>和</tr>之间可以存在多个<td>和</td>。在<td>和</td>之间，将出现表格每一个单元格中的具体内容。
- <th>元素：用来定义表格的表头，一对<th>和</th>代表一个表头。表头是一种特殊的单元格，在其中添加的文本，默认将是居中并且加粗的。实际中并不常用。

上面讲到的 4 个表格元素在使用时一定要配对出现，既要有开始标记，也要有结束标记。缺少其中任何一个，都将无法得到正确的结果。

5.1.2 设置表格属性

设置表格属性主要通过"属性"面板进行，选中文档中的表格，执行"窗口"|"属性"命令，打开"属性"面板，在面板中显示选中表格的相关属性，如图 5-3 所示。

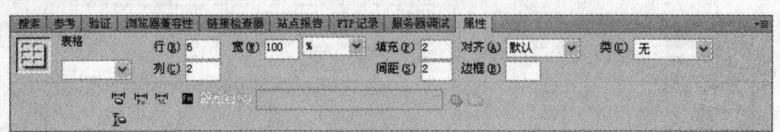

图 5-3 打开"表格属性"面板

★ 提示 ★

在表格"属性"面板中可以设置以下参数。
- 表格 ID：在其右边的下拉列表中，设置表格的 ID，一般可不输入。
- 行：在文本框中，设置表格的行数。
- 列：在文本框中，设置表格的列数。
- 宽：在文本框中，设置表格的宽度，有"百分比"和"像素"两种单位选择。
- 填充：在文本框中设置单元格内部和对象的距离，单位是"像素"。
- 间距：在文本框中设置单元格之间的距离，单位是"像素"。
- 对齐：在其右边的下拉列表中设置表格的 4 种对齐方式。
- 边框：在文本框中，输入相应的数值，设置表格边框的宽度，单位是"像素"。
- ⬚：用于清除行高。
- ⬚：将表格的宽由百分比转换为像素。
- ⬚：将表格的宽由像素转换为百分比。
- ⬚：用于清除列宽。

5.1.3　设置单元格属性

当选择了某个单元格后，就可以设置单元格属性，具体操作步骤如下。

（1）将光标置于文档的其中一个单元格中，执行"窗口"|"属性"命令，打开"属性"面板，如图 5-4 所示。

（2）在"属性"面板中，将单元格的"背景颜色"设置为#FF9933，如图 5-5 所示。此外还可以设置单元格的宽、对齐方式、背景等。

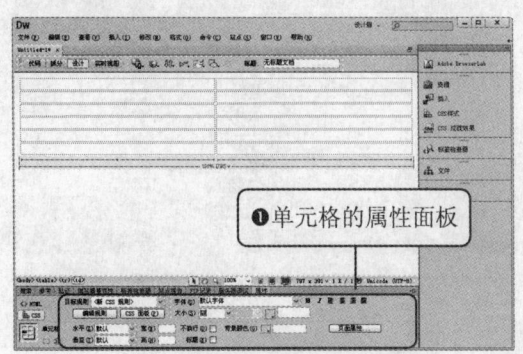

图 5-4　单元格属性面板

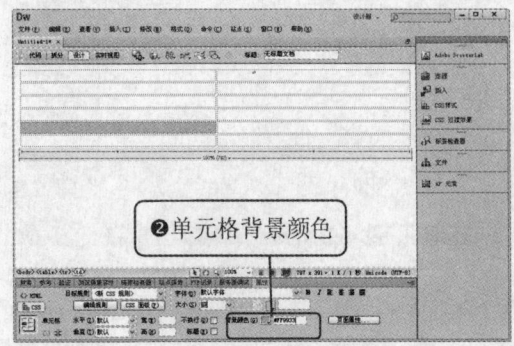

图 5-5　设置单元格的"背景颜色"

★ 提示 ★

单元格"属性"面板中的各个参数。

● 水平：在下拉列表中设置单元格元素的水平排版方式。有"左对齐"、"居中对齐"、"右对齐" 3 个选项。

● 垂直：在右边的下拉列表中设置单元格内元素的垂直排版方式。有"顶端"、"居中"、"底部"、"基线" 4 个选项。

● 宽：在文本框中，输入相应的数值，设置单元格的宽度。

● 不换行：选中该复选框，在单元格中输入文本时不会自动换行。如果不按 Enter 键，则会把表格撑大。

● 标题：选中该复选框，把此单元格中文本设置为居中和加粗的标题格式。

● 背景颜色：单击其右边的按钮，在弹出的颜色框中设置单元格的背景颜色。

● 不换行：表示单元格的宽度将随文字长度的不断增加而加长。

● 页面属性：设置单元格的页面属性。

5.1.4　拆分和合并单元格

使用"属性"面板或者执行"修改"|"表格"命令，在打开的子菜单中可以进行单元格的拆分与合并。只要整个选择部分的单元格形成一行或者一个矩形，便可以合并任意数目的相邻的单元格，以生成一个跨多个行或列的单元格，也可以将单元格拆分成任意数目的行或列。

93

1．拆分单元格

拆分单元格的具体操作步骤如下。

（1）将光标放置在或选中要拆分的单元格，如图 5-6 所示。

（2）单击鼠标右键，在弹出的菜单中选择"表格"|"拆分单元格"选项，如图 5-7 所示。

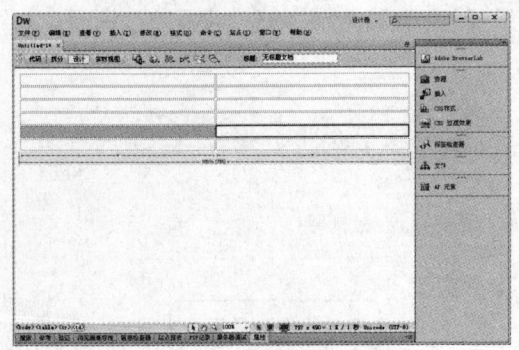

图 5-6　选中要拆分的单元格

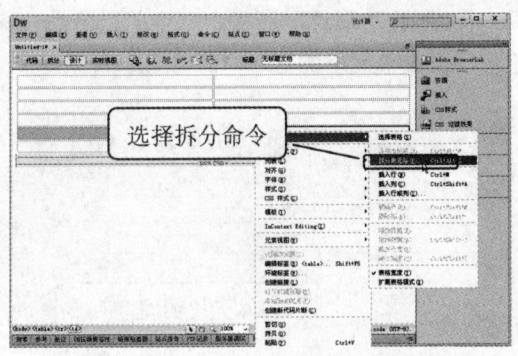

图 5-7　选择"拆分单元格"选项

★　提示　★

还可以使用以下操作方法来打开"拆分单元格"对话框。

选中表格，执行"修改"|"表格"|"拆分单元格"命令。

选中表格，单击"属性"面板中的 按钮。

（3）打开"拆分单元格"对话框，在对话框中勾选"列"单选按钮，将"列数"设置为 3，如图 5-8 所示。

（4）单击"确定"按钮，即可拆分选中的单元格，如图 5-9 所示。

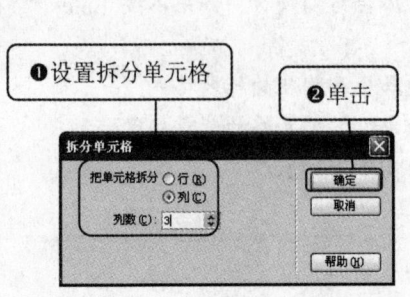

图 5-8　"拆分单元格"对话框

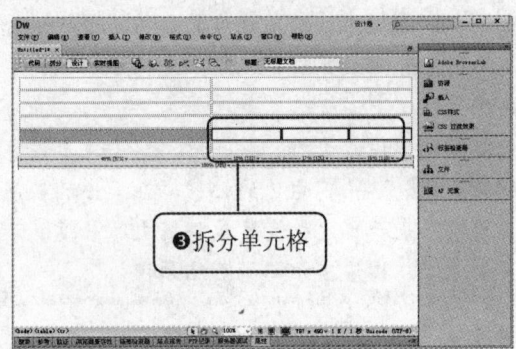

图 5-9　拆分单元格效果

2．合并单元格

只要整个选择部分的单元格形成一行或一个矩形，便可以合并任意数目相邻的单元格，以生成一个跨多个列或行的单元格。可以将单元格拆分成任意数目的行或列，而不管之前它是否是合并的。合并单元格的具体操作步骤如下。

（1）选中文档中需要合并的表格。

（2）单击鼠标右键，在弹出的菜单中选择"表格"|"合并单元格"选项，如图 5-10 所示。

（3）选择"合并单元格"选项，即可合并选中的单元格，如图 5-11 所示。

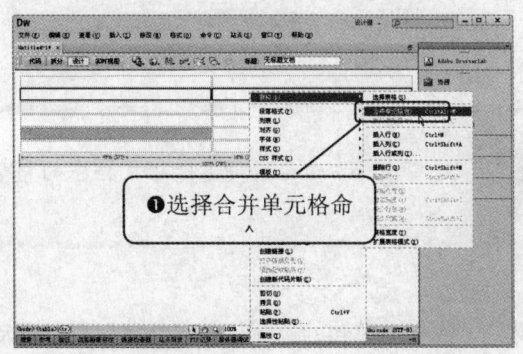

图 5-10　选择"合并单元格"选项

图 5-11　合并单元格效果

★　提　示　★

还可以使用以下操作方法来合并单元格。

● 选中表格，单击"属性"面板中的□按钮，即可合并单元格。

● 选中表格，执行"修改"|"表格"|"合并单元格"命令，即可合并单元格。

5.1.5　选取表格对象

在插入表格之后，就可以对表格进行选择，以便做进一步的操作。可以选择整个表格，也可以选择一行、一列或多行、多列，还可以选择表格中的连续或不连续的多个单元格等。选择表格或单元格之后，可以修改对象的属性，也可以复制或粘贴连续单元格，但不能复制或粘贴非连续单元格。

1．选择整个表格

选择整个表格方法是，将光标放置在表格的任意一个单元格内，单击文档窗口左下角的 <table> 标签，即可选择整个表格，如图 5-12 所示。也可将光标置于表格内部或列的边框上，鼠标指针分别变成 ↔ 和 ↕ 图标，单击即可选择整个表格，如图 5-13 所示。

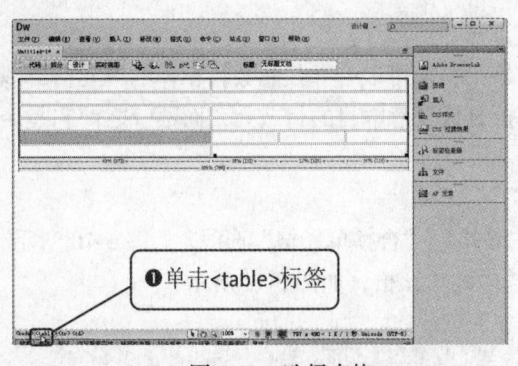
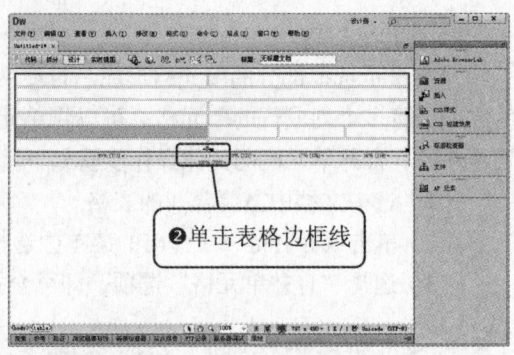

图 5-12 选择表格	图 5-13 选择整个表格

还可以使用以下操作方法来选择整个表格。

● 将光标置于表格中，执行"修改"|"表格"|"选择表格"命令，即可选中文档中的整个表格。

2．选择表格的行、列

可以一次选择整个表、行或列，也可以选择一个或多个单独的单元格。当将鼠标指针移动到表格、行、列或单元格上时，Dreamweaver 将高亮显示选择区域中的所有单元格，以便确切了解选中了哪些单元格。

选择表格的行、列的具体操作步骤如下。

将鼠标停留在行的左边缘，鼠标指针会变成 ➡ 形状，单击即可选中该行，如图 5-14 所示。按住鼠标左键向下进行拖动，即可选中多行。

将鼠标停留在列的上边缘，鼠标指针会变成 ⬇ 形状，单击即可选中该列，如图 5-15 所示。按住鼠标左键进行拖动即可选中多列。

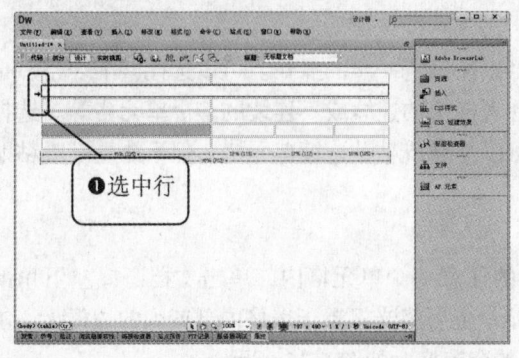
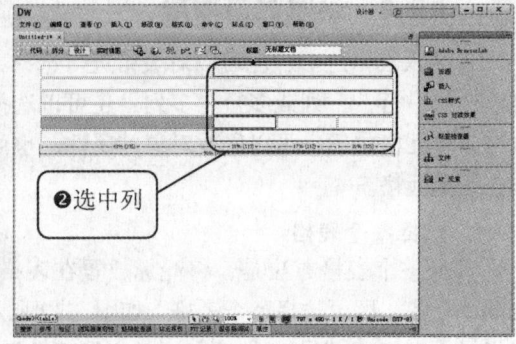

图 5-14 选中行	图 5-15 选中列

3．选择单个单元格

可以选择单个单元格、一行单元格、单元格块或不相邻的单元格。选择单个单元格的具体操作步骤如下。

将光标置于单元格中，单击文档窗口左下角的<td>标签，选择该单元格，如图 5-16 所示。

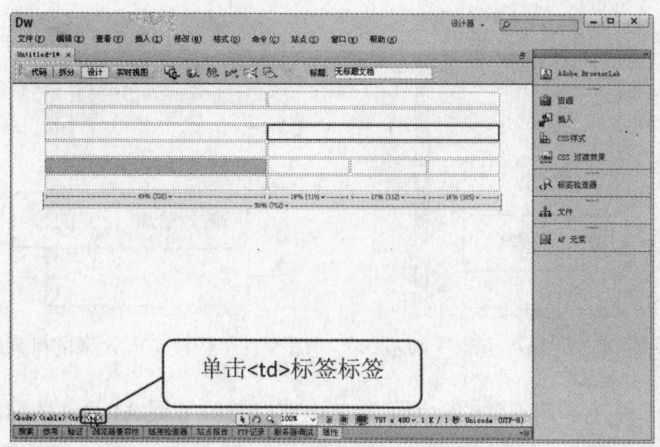

图 5-16　选择单个单元格

★　提示　★

还可以使用以下操作方法来选择单元格。

将光标置于单元格中，按 Ctrl+A 组合键将选择该单元格，按两次 Ctrl+A 组合键，则选择整个表格。按住 Ctrl 键，单击需要选择的单元格，即可选中单元格。

5.2　AP Div 基本操作

在 Dreamweaver CS6 中可以直接在网页中插入 AP Div，但是插入 AP Div 后通常还不能完全达到要求，还需要对其进行修改，在 Dreamweaver CS6 中可以对 AP Div 进行选中、移动、对齐等操作。

5.2.1　AP Div 面板

通过 "AP 元素" 面板可以管理文档中的 AP Div。使用 "AP 元素" 面板可防止重叠，更改 AP Div 的可见性，将 AP Div 嵌套或 AP Div 重叠，以及选择一个或多个 AP Div。

执行 "窗口" | "AP 元素" 命令，或按 F2 键，打开 "AP 元素" 面板，如图 5-17 所示，可以看到所有的 AP Div 都显示在其中。

要更改 AP Div 的排列次序，可通过修改 AP Div 的 Z 值来实现。单击 Z 列中的数字，为所选 AP Div 输入新的 Z 值，即可改变 AP Div 的排列顺序，如图 5-18 所示。

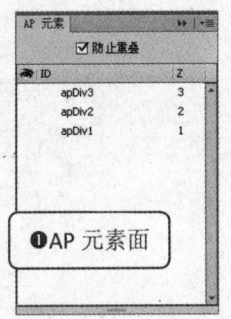
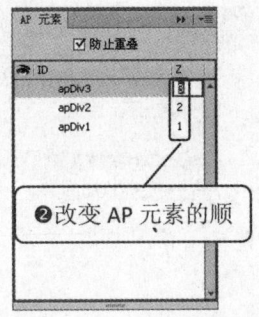

图 5-17　打开"AP 元素"面板　　　图 5-18　更改 AP 元素的排列顺序

"AP 元素"面板并不是随意的，为了避免出错，需要掌握 AP Div 的命名规则，即不能用英文字母的字符开头，如 Layer1、-Layer。不要使用特殊字符或空格，这些命名中包含-、*和空格等特殊字符，Netscape 的浏览器不能正确地处理这样的 AP Div。应当为网页的每个元素命名不同的名字、AP Div 的名称和网页中的元素名，如果图像名相同，浏览器可能会报告出错信息。

 5.2.2　创建普通 AP Div

在 Dreamweaver CS6 中有两种插入 AP Div 的方法：一种是通过菜单创建，另一种是通过插入栏创建。在网页中插入 AP Div 的具体方法如下。

打开光盘中的素材文件 index.html，执行"插入"|"布局对象"|"AP Div"命令，选择命令后，即可插入 AP Div，如图 5-19 所示。

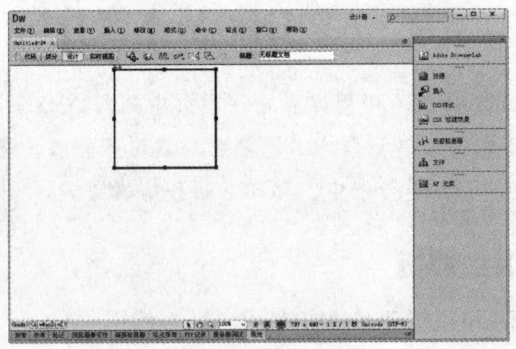

图 5-19　插入 AP Div

★ 指定迷津 ★

在"布局"插入栏中单击"绘制 AP Div"按钮，在文档窗口中按住鼠标左键进行拖动，可以绘制一个 AP Div。按住 Ctrl 键不放，可以连续绘制多个 AP Div。

5.2.3　设置 AP Div 的属性

在"属性"面板中查看和设置 AP 元素的属性时，只要选择一个 AP Div，执行"窗口"|"属性"命令，打开如图 5-20 所示的"属性"面板，然后通过设置"属性"面板来更改 AP Div 的属性。

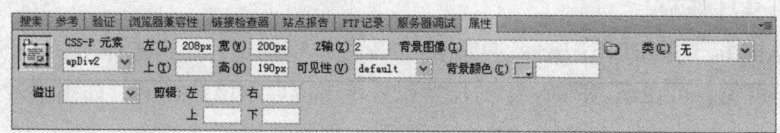

图 5-20　"属性"面板

★　提示　★

在 AP Div "属性"面板中设置以下参数。

• AP Div 编号：设置 AP Div 的编号，也称 AP Div 的名称。

• 左、上：在其文本框中输入相应的数值使得 AP Div 进行位置的定位，指定 AP Div 相对于文档左上角的位置，如果是嵌套 AP Div，则指定了相对于父级 AP Div 的位置。

• 宽和高：在其文本框中输入相应的数值，设置 AP Div 的宽度和高度。

• 可见性：在其下拉列表中有以下四个选项。

default：表示默认值，即不指定该 AP Div 的可见性属性，值为空即是该默认值。

inherit：表示继承，当对嵌套 AP Div 应用时，将使用父级 AP Div 的可见性属性。

visible：表示可见，无条件显示。当对嵌套 AP Div 应用时，无论父级 AP Div 的可见性与否，也都将嵌套 AP Div 中的内容显示。

hidden：表示隐藏，绝对隐藏 AP Div，以及 AP Div 中的内容。

• 背景图像或背景颜色：设置 AP Div 的背景图像和 AP Div 的背景颜色，当同时设置时，将以背景图像为最终显示背景。

• 类：表示对 AP Div 应用 CSS 样式。

• 溢出：设置 AP Div 中的内容若超过 AP Div 的"宽"或"高"时的处理情况。

visible：表示可见，即无论如何，始终将 AP Div 中的内容完整显示。

hidden：表示隐藏，当 AP Div 中内容超过 AP Div 的宽或高时，将不显示该内容。

scroll：表示滚动，无论 AP Div 中内容多少，都将使用滚动条显示浏览。

auto：表示自动，只有当 AP Div 中内容超过 AP Div 的"宽"或"高"时，才能使用滚动条进行浏览，否则将不显示滚动条。

• 剪辑：设置 AP Div 的边距，分别通过左、右、上、下属性来设置。

学用一册通：Dreamweaver CS6+ASP 动态网站开发

5.2.4 选择 AP Div

选择一个 AP Div 或多个 AP Div 后即可对它们进行操作或更改它们的属性。

选择 AP Div 的具体操作步骤如下。

（1）将光标移动至需要选择的 AP Div 边框，光标指针变成 ✥，单击鼠标左键即可选择该 AP Div，如图 5-21 所示。

（2）在 AP Div 的内部单击属性，显示 AP Div 的选择柄 ▣，单击选择柄，即可选择 AP Div，如果选择柄不可见，可在该 AP Div 中的任意位置单击以显示该选择柄，如图 5-22 所示。

（3）直接单击文档窗口中的 AP Div 标记 ▣，即可选中该 AP Div。

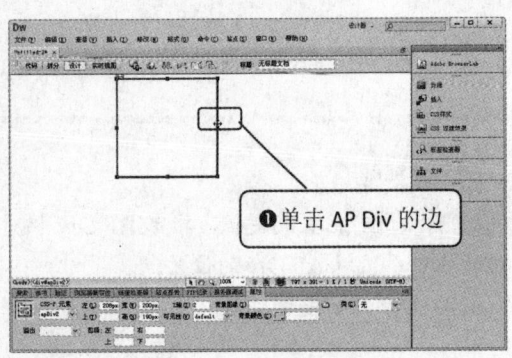
图 5-21 选择 AP Div

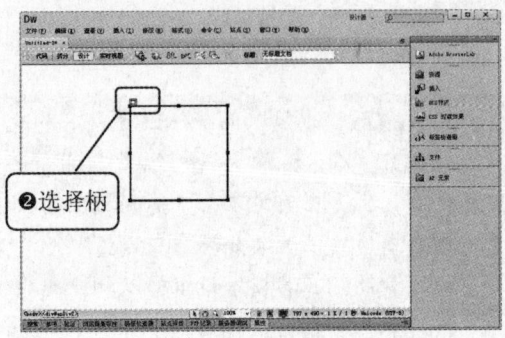
图 5-22 选择柄

★ 提示 ★

如果在文档中不显示 AP Div 标记，执行"编辑"|"首选参数"命令，打开"首选参数"对话框，在对话框中，在"分类"列表框中选择"不可见元素"选项，勾选"AP Div 锚记"前面的复选框，如图 5-23 所示。单击"确定"按钮，即可显示 AP Div 锚记。

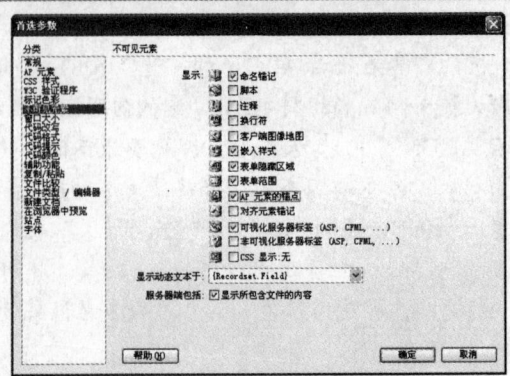
图 5-23 "首选参数"对话框

（4）打开"AP 元素"面板，在"AP 元素"面板中选择 AP Div 名称，即可选择 AP Div。选择的同时按住 Shift 键可以选择多个 AP Div。如图 5-24 所示。

100

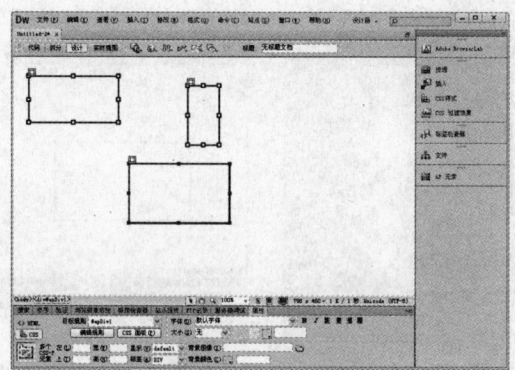

图 5-24　选中多个 AP Div

★指点迷津★

当选定多个 AP Div 时，最后选定 AP Div 的大小调整柄将以黑色突出显示，其他 AP Div 的大小调整柄则以白色显示。

 5.2.5　调整 AP Div 的大小

创建 AP Div 完毕，用户可以再次调整它的大小，可以单独调整 AP Div 的大小，也可以同时调整多个 AP Div 的大小使它们具有相同的宽度和高度。

调整 AP Div 大小的具体操作步骤如下。

1. 单击 AP Div 的边框调整的 AP Div 的大小

选中 AP Div 的边框，拖动即可调整 AP Div 的大小，如图 5-25 所示。调整到合适的大小，松开鼠标，即可将 AP Div 调整为合适的大小，如图 5-26 所示。

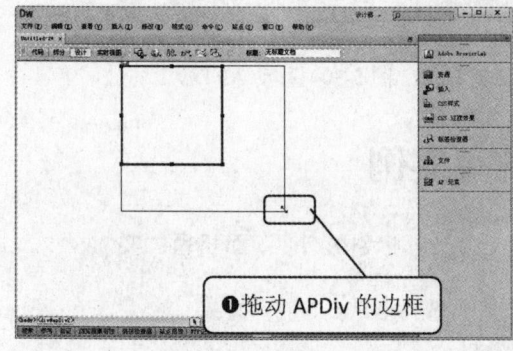
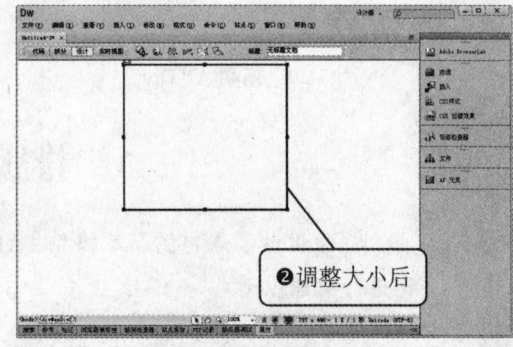

图 5-25　选中 AP Div 的边框　　　　图 5-26　调整 AP Div 的大小

2. 使用属性面板调整 AP Div 的大小

（1）选中需要调整大小的 AP Div，打开"属性"面板，如图 5-27 所示。

（2）在"宽"和"高"文本框中输入相应的数值，即可将 AP Div 调整为合适的大小，如图 5-28 所示。

101

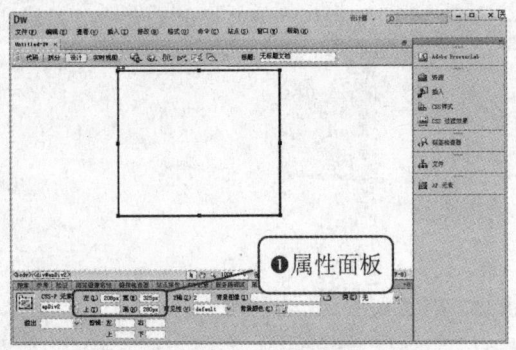

图 5-27 "属性"面板

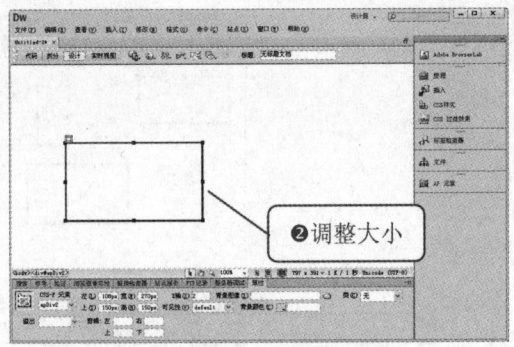

图 5-28 调整 AP Div 的大小

5.2.6 移动 AP Div

在编辑窗口中移动 AP Div，也可以同时移动多个 AP Div。移动 AP Div 的具体操作步骤如下。

（1）单击 AP Div 的边框，按住鼠标左键进行拖动，如图 5-29 所示。

（2）将其拖动到相应的位置，松开鼠标左键，即可移动 AP Div，如图 5-30 所示。

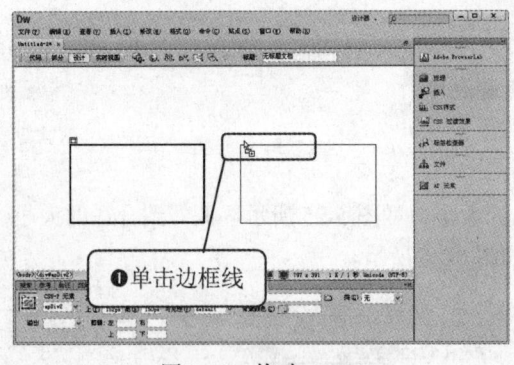

图 5-29 拖动 AP Div

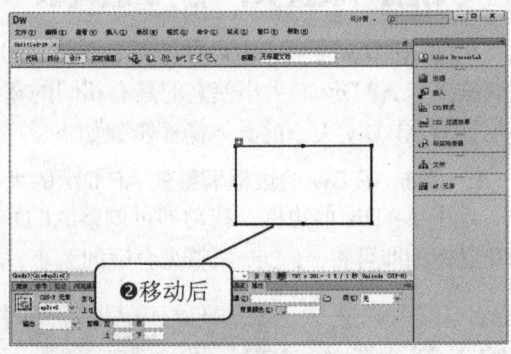

图 5-30 移动 AP Div

5.3 排版网页实例

本章讲述了表格的基本操作、AP Div 的基本操作部分，下面将通过实例进行讲述。

5.3.1 上机练习——制作圆角表格

制作网页时常常有一些技巧，如在表格的四周加上圆角，这样可以避免直接使用表格的直角，而显得过于呆板，下面就来讲述怎样制作圆角表格，制作圆角表格的前后效果如图 5-31 和图 5-32 所示，具体操作步骤如下。

❶原始效果

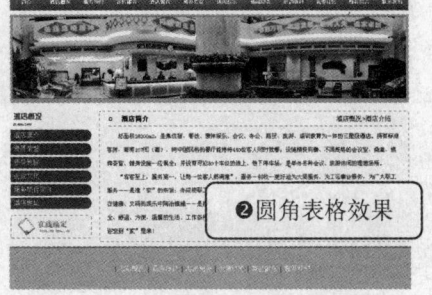

❷圆角表格效果

图 5-31　原始效果　　　　　　　　　图 5-32　圆角表格效果

练习文件　实例素材/练习文件/CH05/5.4.1/index.html

完成文件　实例素材/完成文件/CH05/5.4.1/index1.html

（1）打开光盘中的素材文件 index.html，如图 5-33 所示。

（2）将光标置于页面中，执行"插入"|"表格"命令，弹出"表格"对话框，在对话框中将"行数"设置为 3，"列数"设置为 1，"表格宽度"设置为 100%，如图 5-34 所示。

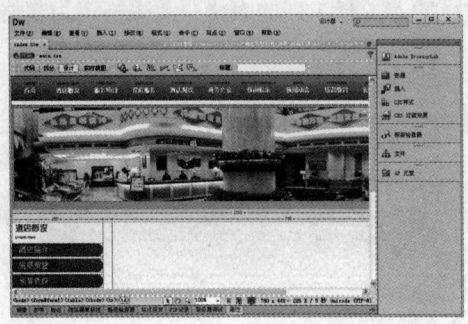

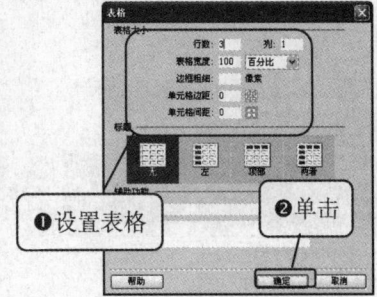

❶设置表格　　　❷单击

图 5-33　打开文件　　　　　　　　　图 5-34　"表格"对话框

（3）单击"确定"按钮，插入表格 1，如图 5-35 所示。

（4）将光标置于表格的第 1 行单元格中，执行"插入"|"图像"命令，弹出"选择图像源文件"对话框，在对话框中选择圆角图像文件 images/sub_r2_c4.jpg，如图 5-36 所示。

❶插入表格 1

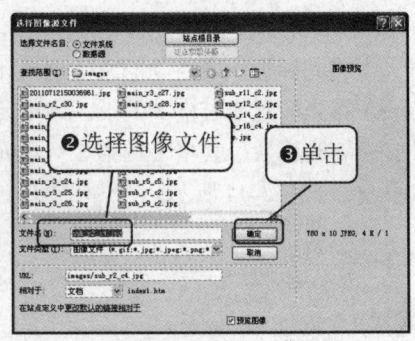

❷选择图像文件　　　❸单击

图 5-35　插入表格 1　　　　　　　　图 5-36　"选择图像源文件"对话框

（5）单击"确定"按钮，插入圆角图像，如图 5-37 所示，

（6）将光标置于表格的第 2 行单元格 中，打开代码视图，在代码中输入背景图像代码 background=images/sub_r3_c4.jpg，如图 5-38 所示。

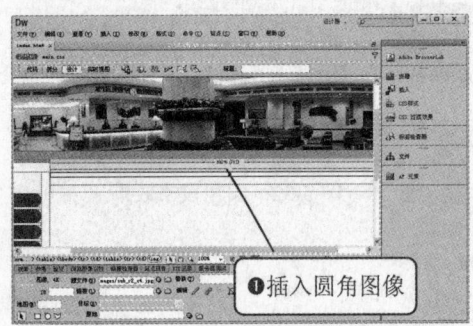
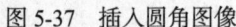

图 5-37　插入圆角图像

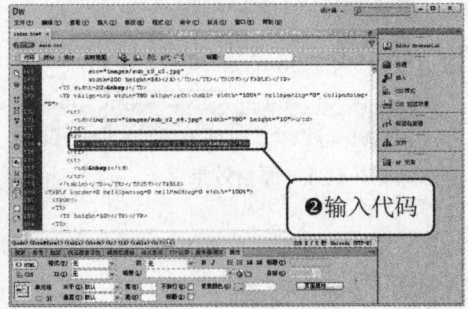

图 5-38　输入代码

（7）返回设计视图，将光标置于背景图像上，插入 3 行 1 列的表格，此表格记为表格 2，如图 5-39 所示。

（8）光标置于表格 2 的第 1 行单元格中，插入 1 行 3 列的表格，此表格记为表格 3，如图 5-40 所示。

图 5-39　插入表格 2　　　　　　　　　　　图 5-40　插入表格 3

（9）将光标置于表格 3 的第 1 列单元格中，执行"插入"|"图像"命令，插入图像文件 images/sub_r5_c5.jpg，如图 5-41 所示。

（10）将光标置于表格 3 的第 2 列单元格中，输入文字，如图 5-42 所示。

（11）将光标置于表格 3 的第 3 列单元格中，输入相应的文字，如图 5-43 所示。

（12）将光标置于表格 2 的第 2 行单元格中，执行"插入"|"HTML"|"水平线"命令，插入水平线，如图 5-44 所示。

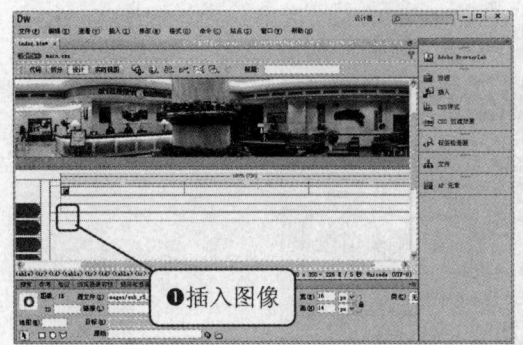

图 5-41　插入图像

图 5-42　输入文字 1

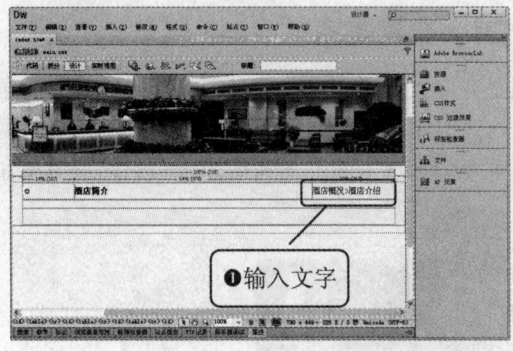

图 5-43　输入文字 2

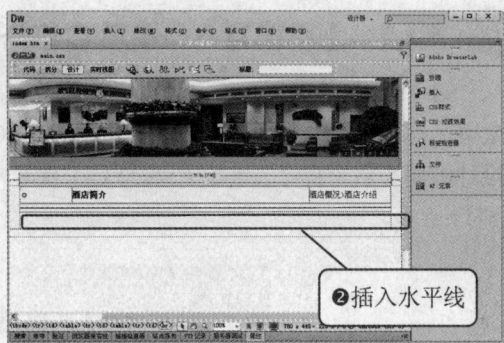

图 5-44　插入水平线

（13）选中插入的水平线，打开代码视图，在代码中输入<hr size="1" color=#87A4B6>，设置水平线的高和颜色，如图 5-45 所示。

（14）将光标置于表格 2 的第 3 行单元格中，输入相应的文字，如图 5-46 所示。

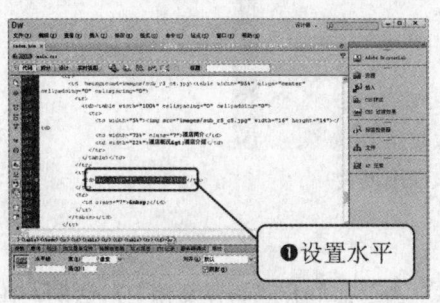

图 5-45　设置水平线

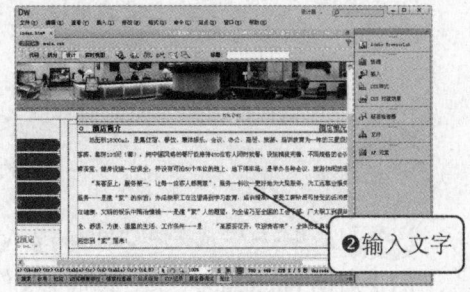

图 5-46　输入文字 3

（15）将光标置于表格 1 的第 3 行单元格中，执行"插入"|"图像"命令，插入图像 images/sub_r16_c4.jpg，如图 5-47 所示。

（16）保存文档，按 F12 键在浏览器中预览，效果如图 5-32 所示。

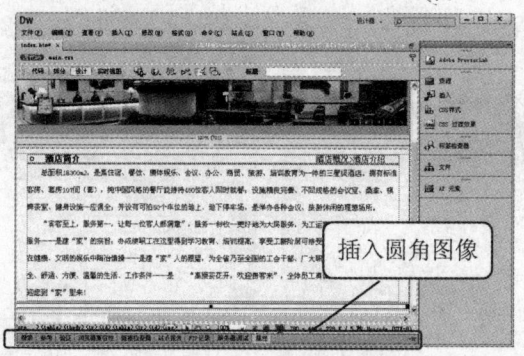

图 5-47　插入圆角图像

5.3.2　上机练习——使用 CSS+Div 布局网页

CSS+DIV 的优点，众所周知，简单地说，就是将网页的表现和内容分离，从设计分工的角度来看，便于分工合作，美工就管切图和制作 CSS，程序员则专心代码就可以了。不管你是网页设计师还是一个程序，掌握 CSS 总是一件非常重要的事。下面讲述利用模板布局网页效果如图 5-48 所示。

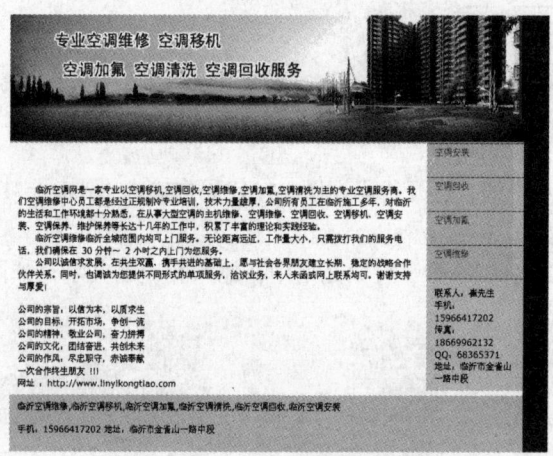

图 5-48　利用模板制作 CSS 网页

◎完成
　文件　实例素材/完成文件/CH05/5.3.2/index.html

（1）启动 Photoshop CS6，执行"文件"|"新建"命令，打开"新建文档"对话框，在该对话框中选择"空模板"|"页面类型：HTML"|"布局：2 列固定，右侧栏、标题和脚注"选项，如图 5-49 所示。

（2）单击"创建"按钮，创建文档，如图 5-50 所示。

第 5 章　表格和 Div 布局网页

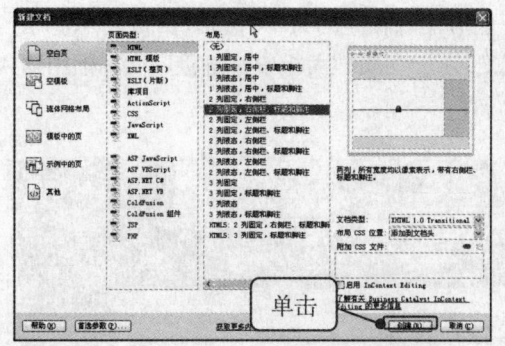

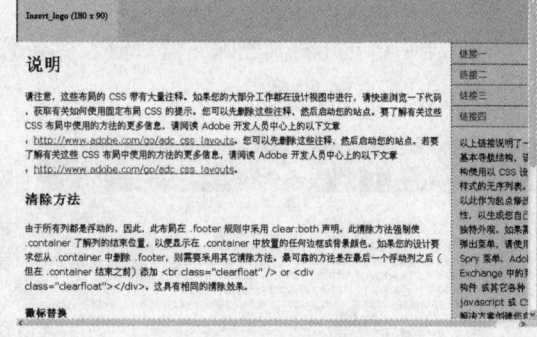

图 5-49　"新建文档"对话框　　　　　　　　　　图 5-50　创建文档

（3）执行"文件"|"另存为"命令，弹出"另存为"对话框，将"文件名"保存为 index.html，如图 9-24 所示。如图 5-51 所示。

（4）在文档中选中占位符 insert_logo（180×90），按 Delete 键将其删除，如图 5-52 所示。

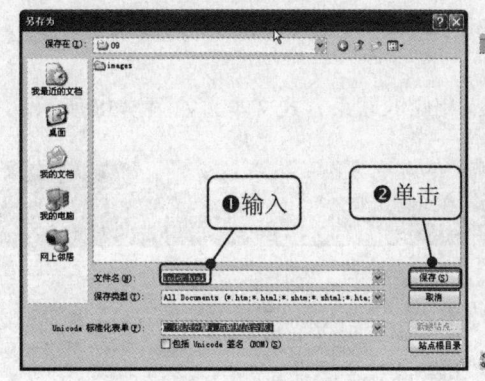

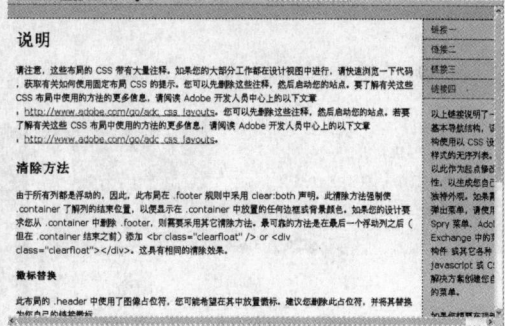

图 5-51　"另存为"对话框　　　　　　　　　　图 5-52　删除占位符

（5）执行"插入"|"图像"命令，弹出"选择图像源文件"对话框，在该对话框中选择图像 top.jpg，如图 5-53 所示。

（6）单击"确定"按钮，插入图像，如图 5-54 所示。

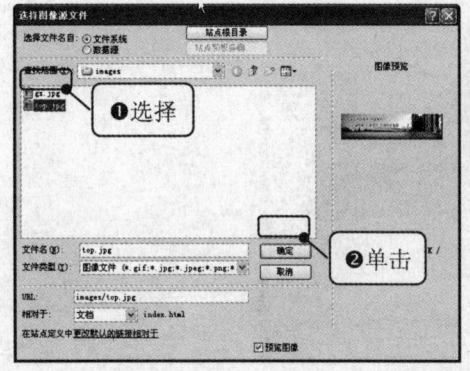

图 5-53　"选中图像源文件"对话框　　　　　　图 5-54　插入图像

107

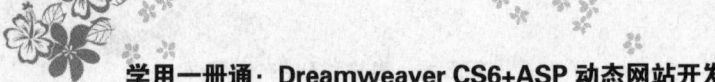

（7）选中正文内容，按 Delete 键将其删除，然后输入相应的文本，如图 5-55 所示。

（8）选中链接 1 将其删除，然后输入"空调安装"，在属性面板中"链接"文本框中输入链接地址，如图 5-56 所示。

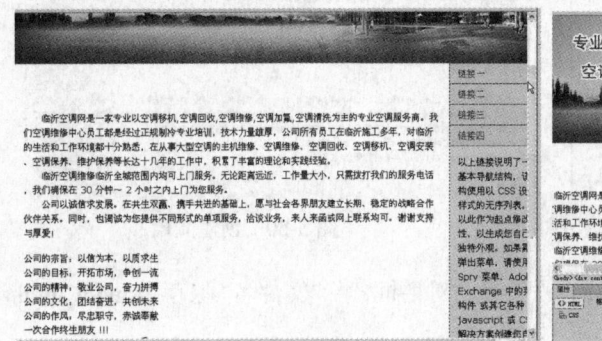

图 5-55　输入文字　　　　　　　　　　　　　　　图 5-56　输入链接

（9）同步骤（9）删除其余的链接，并输入相应的文本，在属性面板中输入链接地址，如图 5-57 所示。

（10）将链接导航下面的文本删除，然后输入相应的联系方式文本，如图 5-58 所示。

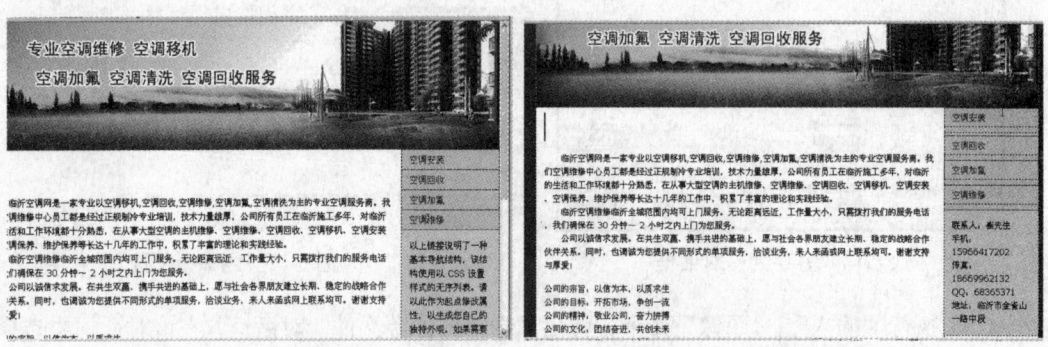

图 5-57　输入其余链接　　　　　　　　　　　　　图 5-58　输入联系方式

（11）选中底部的版权文本将其删除，然后相应的版权内容，如图 5-59 所示。保存文档，按 F12 键在浏览器中预览如图 5-48 所示。

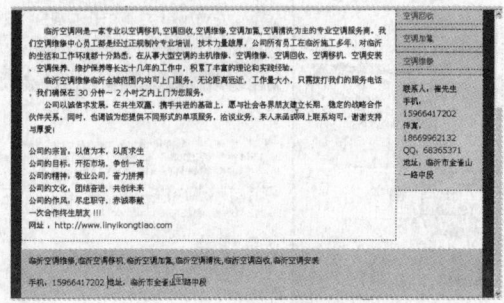

图 5-59　输入版权内容

5.4　专家秘笈

1．怎样让表格给网页留白？

在 Dreamweaver 的新网页上输入文字时，默认格式是顶天立地的，十分不美观。要避免这一缺憾其实很简单，只要大家用好表格工具就行了。具体做法是：在新页面上插入一张居中对齐的表格，为了能够使表格方便控制，最好设定奇数列，并且数值不要太大。这样在单元格内输入的文字就被限制在一个可以随意调整宽度的区域内。

2．如何去掉图片和表格接触地方的空隙？

要使图片和表格接触的地方不留空隙，仅在表格属性面板上把外框线（border）设为 0 是不行的，还需要在表格的属性面板上把单元格的两个属性设为 0（即 cellspacing="0" 和 cellpadding="0"）。

3．为何在 Dreamweaver 中把单元格宽度或高度设置为"1"没有效果？

Dreamweaver 生成表格时会自动地在每个单元格里填充一个" "代码，即空格代码。如果有这个代码存在，那么把该单元格宽度和高度设置为 1 就没有效果。

实际预览时该单元格会占据 10px 左右的宽度。如果把" "代码去掉，再把单元格的宽度或高度设置为 1，就可以在 IE 中看到预期的效果。但是在 NS（NetScape）中该单元格不会显示，就好像表格中缺了一块。在单元格内放一个透明的 GIF 图像，然后将"宽度"和"高度"都设置为 1，这样就可以同时兼容 IE 和 NS 了。

4．为何两个表格不能并排？

使两个表格并排的方法是：先插入一个 1 行 2 列的表格，在表格中的第 1 列和第 2 列单元格中分别插入表格，这样的话这两个表格就并排了。

5．制作细线表格有哪些方法？

选中一个 1 行 1 列的表格，设置它的"填充"为 0，"边框"为 0，"间距"为 1，"背景颜色"为要显示的边框线的颜色。之后将光标置入表格内，设置单元格的"背景颜色"与网页的底色相同即可。

选中一个 1 行 1 列的表格，设置它的"填充"为 1，"边框"为 0，"间距"为 0，"背景颜色"为要显示的边框线的颜色。之后将鼠标置入表格内，插入一个与该表格"宽"和"高"都相等的嵌套表格，嵌套表格的"填充"、"边框"和"间距"均为 0，"背景颜色"与网页的底色相同即可。

5.5　本章小结

本章主要讲述了表格的基本操作、AP Div 的基本操作、布局网页实例等。通过本章的学习，读者可以掌握表格和 AP Div 的基本操作，最后通过两个实例讲述了表格和 CSS+DIV 的应用实例。

　　页面布局是进行网页设计最基本的，也是最重要的工作。表格是页面布局极为有用的设计工具。使用表格可以实现导入表格化数据、设计页面分栏、定位页面上的文本和图像等功能。表格在排版中非常重要，可以不客气地说，不会用表格就相当于不会设计网页，所以读者一定要能够熟练地使用它。AP Div 是 Dreamweaver 中另外一种可以进行排版的工具。它可以定位在页面上的任意位置，并且其中可以包含文本、图像等所有可直接插入至网页的对象。AP Div 拥有很多表格所不具备的特点，如可以重叠、便于移动、可设为隐藏等。不过由于目前各种环境和原因的限制，也为了能够保持更好的稳定性和兼容性，还是少用为妙。

第  章　模板、库和插件的应用

学前必读：

　　使用模板和库可以使站点保持统一的风格，使站点的主题更加鲜明，同时对于多个页面中相同的部分，可以将其定义为模板的锁定区域或者库项目。这样，只需要更新模板或者库项目，所有使用该模板或库项目的页面都将得到更新。另外，利用 Dreamweaver 附加功能的第三方插件，可以快速制作网页特效，而且无须编写代码制作动态页面，大大节省了时间。通过本章的学习可以了解模板的使用和库项目的使用，以及插件的安装和使用。

学习流程

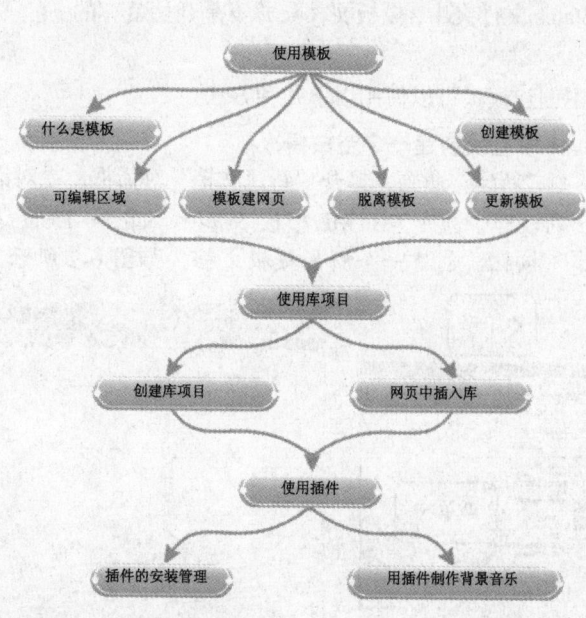

6.1 使用模板

> 采用模板最大的好处就是当对模板进行修改更新时，所有采用了该模板的网页文档的锁定区域都能同步更新，从而达到整个站点风格变化的迅速性和统一性。

6.1.1 什么是模板

在 Dreamweaver 中，模板就是一个网页文档，该文件将自动保存到站点根目录下的 Templates 文件夹中，文件扩展名为.dwt。

模板具有固定的版面布局结构，可以用来作为站点中新建网页文档的布局基础。同时在模板中还可以定义文档的可编辑区域，使应用该模板的网页能对此区域自行编辑处理。当然，在模板未定义可编辑区域前，应用模板的网页则被锁定，不能进行相关的编辑。

模板由两类区域组成：锁定区域和可编辑区域。当第一次创建模板时，所有的区域都是锁定的。定义模板过程的一部分就是指定和命名可编辑的区域。然后，当某个文档从某些模板中创建时，可编辑的区域则成为唯一可以被改变的地方。

6.1.2 上机练习——创建模板

在 Dreamweaver CS6 中，用户可以将现有的网页文档创建为模板，然后根据需要加以修改，或创建一个空白模板，在其中输入需要显示的文档内容。模板实际上也是文档，其扩展名是.dwt，存放在根目录的 Templates 文件夹中，模板文件夹并不是开始就有的，它只是创建模板的时候才自动生成的。

在 Dreamweaver 中创建模板可以使用以下几种方法。

1．在 Dreamweaver 中直接创建一个空白模板

（1）执行"文件"|"新建"命令，打开"新建文档"对话框。在对话框中选择"空模块"选项，在"模板类型"列表框中选择"HTML 模板"选项，如图 6-1 所示。

（2）单击"创建"按钮，创建一个新的模板文档，如图 6-2 所示。

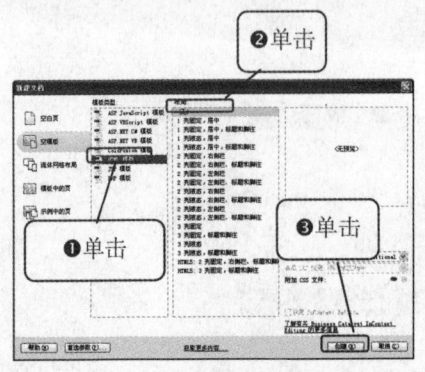

图 6-1 "新建文档"对话框

图 6-2 创建新的模板文档

（3）执行"文件"|"保存"命令，弹出提示对话框，如图 6-3 所示。

（4）单击"确定"按钮，弹出"另存模板"对话框，在对话框中的"另存为"中输入名称，如图 6-4 所示。

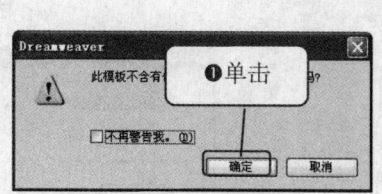
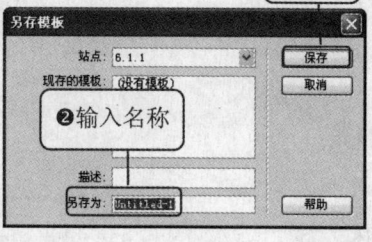

图 6-3 提示对话框　　　　　图 6-4 "另存模板"对话框

（5）单击"保存"按钮，将文件保存为模板文件，如图 6-5 所示。

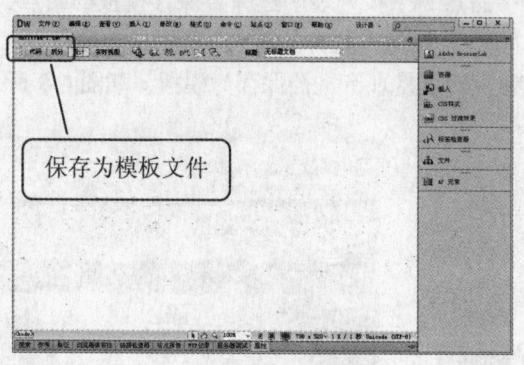

图 6-5 保存为模板文件

★ 提示 ★

不要将模板移动到 Templates 文件夹之外，或者将任何非模板文件放在 Templates 文件中，此外不要将 Templates 文件夹移动到本地根文件夹之外。这样做将引起模板中的路径错误。

2．将现有文档创建为模板

练习文件 实例素材/练习文件/CH06/6.1.2/index.html

完成文件 实例素材/完成文件/CH06/6.1.2/index.dwt

（1）打开网页文档，如图 6-6 所示。

（2）执行"文件"|"另存为模板"命令，打开"另存模板"对话框，如图 6-7 所示。

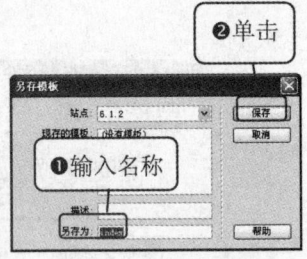

图 6-6　打开文档　　　　　　　　　图 6-7　"另存模板"对话框

（3）在对话框中的"站点"下拉列表中选择要保存模板的站点，在"另存为"文本框中输入模板的名称，单击"保存"按钮，打开如图 6-8 所示的提示框。

（4）单击"是"按钮，即可将现有文档保存为模板，如图 6-9 所示。

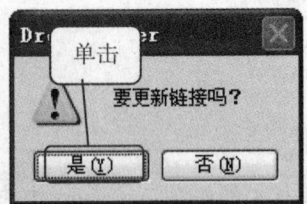

图 6-8　提示框　　　　　　　　　　图 6-9　保存模板

 6.1.3　上机练习——创建可编辑区域

在创建模板之后，只有可编辑区域才能将模板应用到网站的网页中。创建可编辑区域的具体操作步骤如下。

（1）打开创建的模板文件 index.dwt，将光标置于要插入编辑区域的位置，执行"插入"｜"模板对象"｜"可编辑区域"命令，如图 6-10 所示。

（2）选择命令后，打开"新建可编辑区域"对话框，如图 6-11 所示。

114

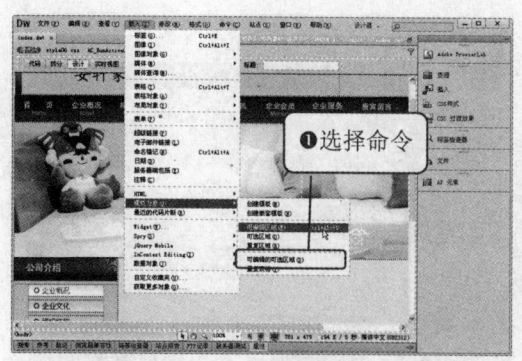

图 6-10　执行"可编辑区域"命令

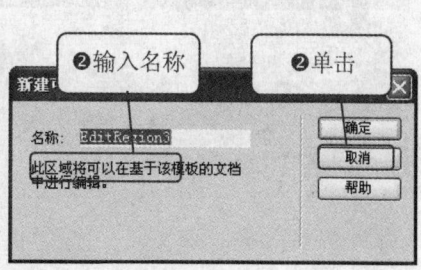

图 6-11　"新建可编辑区域"对话框

★　提示　★

在命名可编辑区域时，不能使用某些特殊字符，如单引号（'）、双引号（"）、尖括号（<>），以及与（&）符号等。在模板中，可编辑区域以浅蓝色加亮显示，新建的可编辑区域用名称表示，它实际上是一个占位符，表明当前可编辑区域在文档中的位置。

（3）单击"确定"按钮，在模板中插入可编辑区域，如图 6-12 所示。

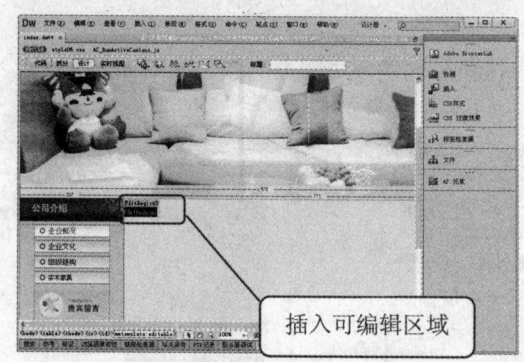

图 6-12　插入可编辑区域

★　提示　★

在"常用"插入栏中单击"模板"按钮右边的小三角，在弹出的菜单中单击"可编辑区域"按钮，也可以打开"新建可编辑区域"对话框。

 6.1.4　上机练习——利用模板创建网页

在 Dreamweaver CS6 中，可以以模板为基础，创建新的文档，或者将一个模板用于现有的文档。模板网页效果如图 6-13 所示，利用模板创建网页的效果如图 6-14 所示，具体操作步骤如下。

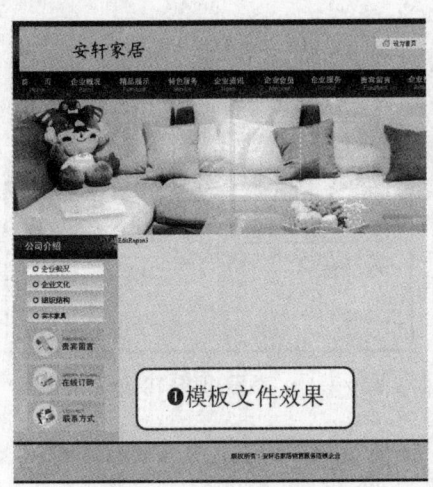

图 6-13　模板网页效果

图 6-14　利用模板创建网页效果

◎练习文件　实例素材/练习文件/CH06/6.1.4/index.html
◎完成文件　实例素材/完成文件/CH06/6.1.4/ index1.html

（1）执行"文件"|"新建"命令，打开"新建文档"对话框，在对话框中，切换到"模板中的页"选项卡，在"站点"选项卡中选择"6.1.4"站点选项，在"站点'6.1.4'的模板"中选择"index"，如图 6-15 所示。

（2）单击"创建"按钮，创建一个网页文档，如图 6-16 所示。

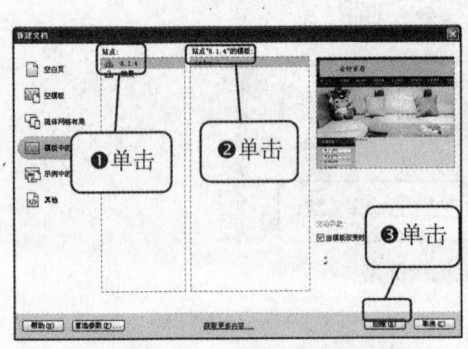

图 6-15　"新建文档"对话框

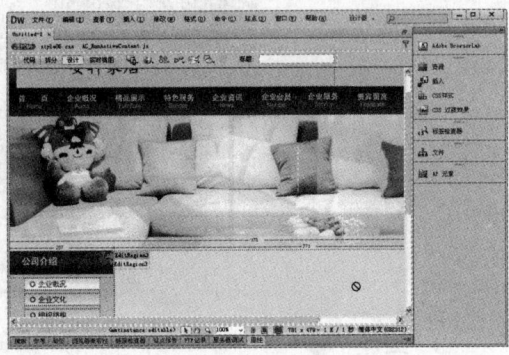

图 6-16　创建网页文档

（3）将光标置于可编辑区域中，执行"插入"|"表格"命令，打开"表格"对话框，在对话框中将"行数"设置为 2，"列数"设置为 1，如图 6-17 所示。

（4）单击"确定"按钮，插入表格，如图 6-18 所示。

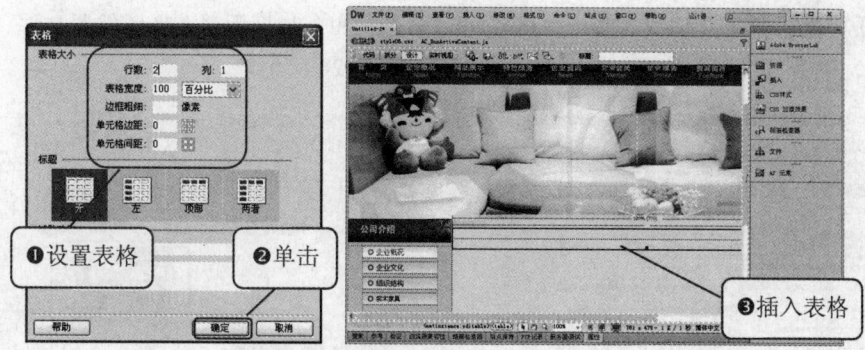

图 6-17 "表格"对话框　　　　　　　　　　图 6-18　插入表格 1

（5）将光标置于表格的第 1 行中，执行"插入"|"图像"命令，打开"选择图像源文件"对话框，在对话框中选择图像文件，如图 6-19 所示。

（6）选择图像后单击"确定"按钮，即可插入图像，如图 6-20 所示。

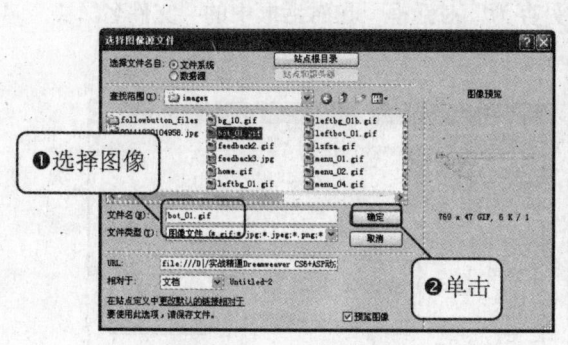

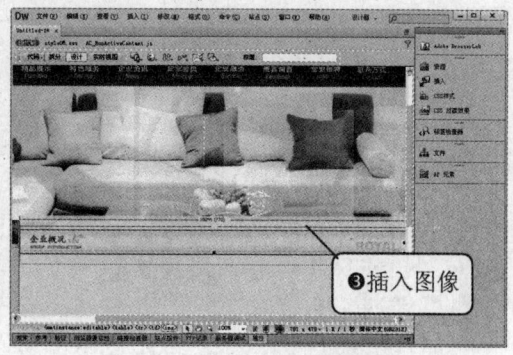

图 6-19　"选择图像源文件"对话框　　　　　图 6-20　插入图像 1

（7）将光标置于表格的第 2 行中，插入 1 行 1 列的表格，如图 6-21 所示。

（8）将光标置于刚插入的表格中，输入相应的文字，如图 6-22 所示。

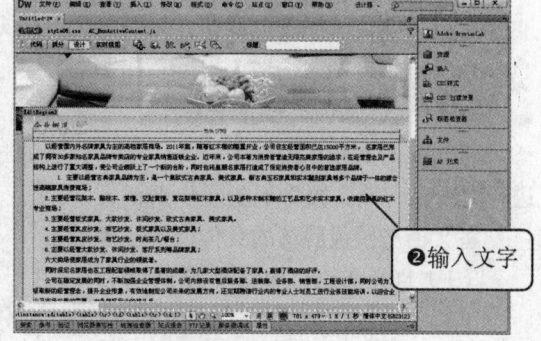

图 6-21　插入表格 2　　　　　　　　　　　图 6-22　输入文字

（8）选中文字，打开"属性"面板，在"目标规则"中选择文字的样式，如图 6-23 所示。

117

（9）将光标置于文字中，执行"插入"|"图像"命令，打开"选择图像源文件"对话框，选择图像，单击"确定"按钮，即可插入图像，如图 6-24 所示。

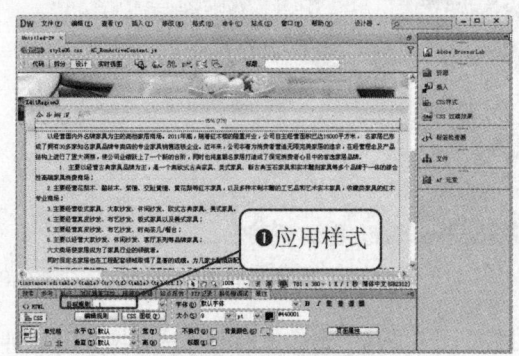

图 6-23　应用文字样式　　　　　　　　　图 6-24　插入图像 2

（10）切换到拆分视图，在代码中输入"align="right""，设置图像右对齐，如图 6-25 所示。

（11）执行"文件"|"保存"命令，弹出"另存为"对话框，在对话框中的"文件名"文本框中输入 名称，如图 6-26 所示。

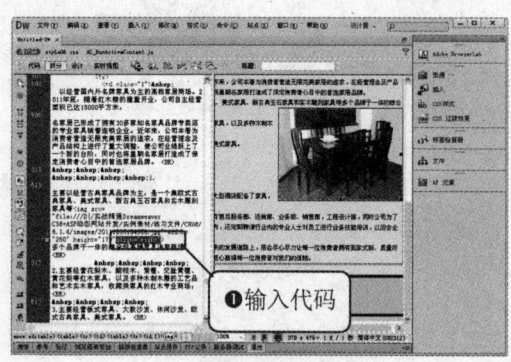
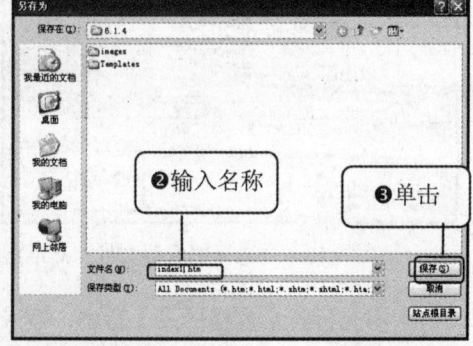

图 6-25　设置图像的对齐方式　　　　　　　图 6-26　"另存为"对话框

（12）单击"保存"按钮，保存文档，按 F12 键预览，效果如图 6-14 所示。

6.1.5　从模板中脱离

将当前的文档从模板中分离，随之而来的效果即是该文档和模板没有任何的关系，当模板进行更新时，该文档将不能同步更新。

将文档从模板脱离的具体操作步骤如下。

（1）打开文档，如图 6-27 所示。

（2）执行"修改"|"模板"|"从模板中分离"命令，如图 6-28 所示。

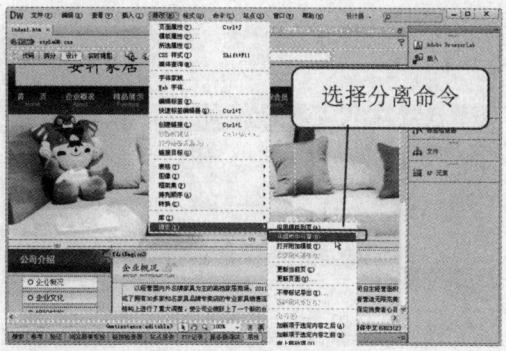

图 6-27 打开文档   图 6-28 执行"从模板中分离"命令

（3）执行命令后，网页从模板中脱离出来了，如图 6-29 所示。

图 6-29 从模板中脱离

6.1.6 更新模板网页

对于使用了模板的站点，建议是预先策划好布局再做完整的模板，尽量比较齐全地考虑到模板的各类区域设置。在进行修改和编辑模板的时候，不建议大面积区域的调整、重命名区域，甚至删除区域，因为这有可能使应用模板的文档出现意外。所以，更新编辑模板，都是对于未定义的区域，即对应用模板页面中锁定的区域进行调整和编辑。

更新模板网页的具体操作步骤如下。

 练习文件 实例素材/练习文件/CH06/6.1.6/ index.dwt

完成文件 实例素材/完成文件/CH06/6.1.6/ index1.html

（1）打开要更新的网页模板，如图 6-30 所示。
（2）选中图像"首页"打开属性面板，在面板中选择矩形热点工具，如图 6-31 所示。

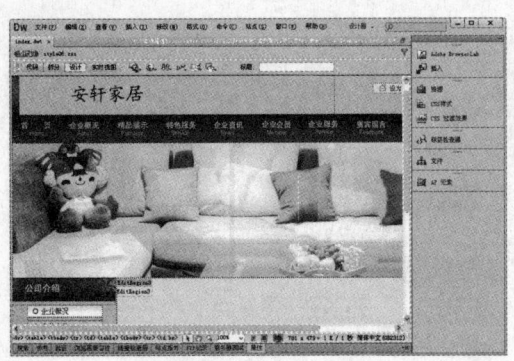
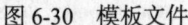
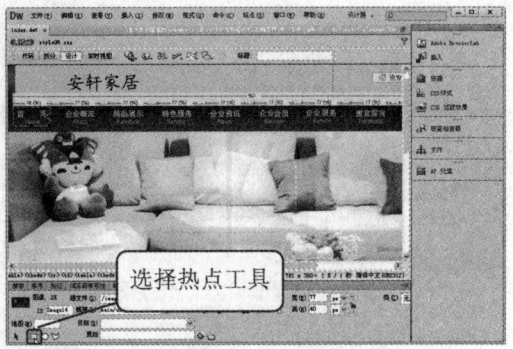

选择热点工具

图 6-30　模板文件　　　　　　　　　　　图 6-31　选择矩形热点工具

（3）将光标置于图像"首页"上，绘制矩形热点，并在属性面板中输入链接，如图 6-32 所示。

（4）同样在其他图像上也绘制热点，并输入相应的链接，如图 6-33 所示。

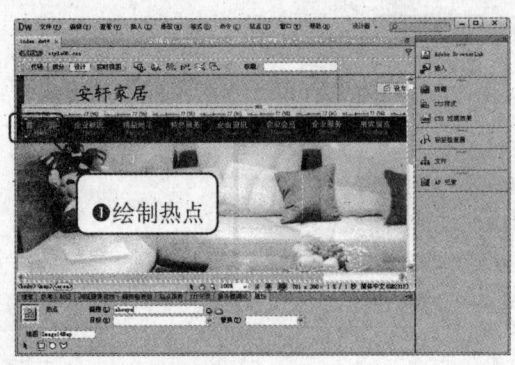

❶绘制热点

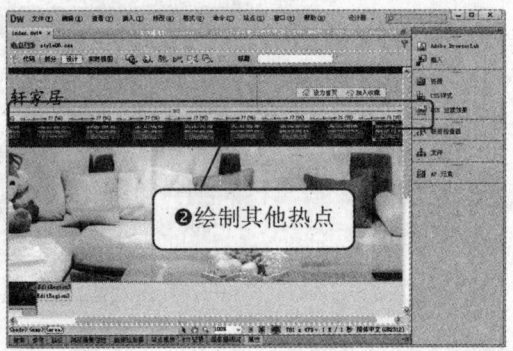

❷绘制其他热点

图 6-32　绘制热点链接　　　　　　　　　图 6-33　绘制其他热点链接

（5）执行"文件"|"保存"命令，弹出"更新模板文件"提示框，如图 6-34 所示。

（6）单击"更新"按钮，弹出"更新页面"对话框，单击"开始"按钮即可显示更新的文件，如图 6-35 所示。

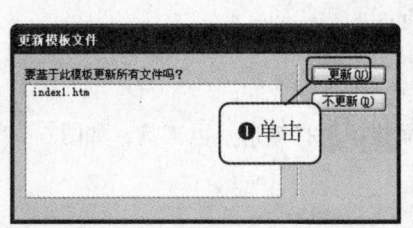

❶单击

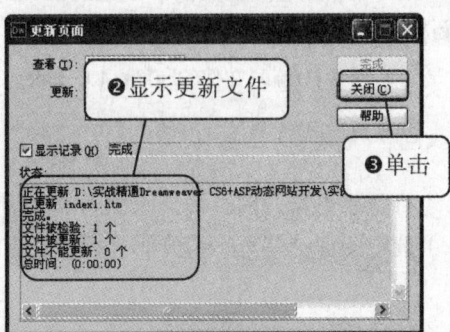

❷显示更新文件

❸单击

图 6-34　"更新模板文件"对话框　　　　　图 6-35　"更新页面"对话框

（7）更新完毕，关闭更新页面对话框，打开应用模板的网页文档，看到更新后的模板。如图 6-36 所示。

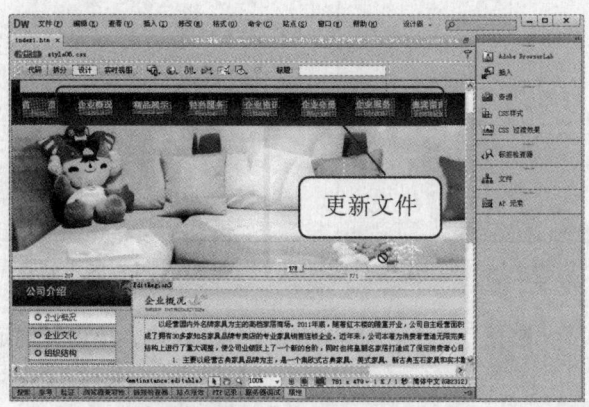

图 6-36　更新文件

6.2　使用库项目

> 库是一种特殊的 Dreamweaver 文件，其中包含已创建的便于放在网页上的单独"资源"或是资源复制的集合。库用来存储想要在整个网站上经常重复使用或更新的页面元素。这些元素称为库项目（Library Item）。

使用库项目时，Dreamweaver 不是在网页中插入库项目，而是向库项目中插入一个链接。如果以后更改库项目，系统将自动在任何已经插入该库项目的页面中更新库。

 6.2.1　上机练习—— 创建库项目

在 Dreamweaver 中创建库项目，可以使用以下方法。

创建库项目的效果如图 6-37 所示，具体操作步骤如下。

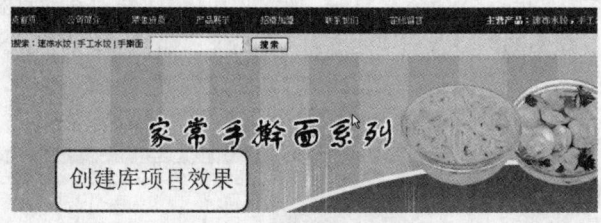

图 6-37　创建库项目效果

◎完成文件　实例素材/完成文件/CH06/6.2.1/top.lbi

（1）执行"文件"|"新建"命令，打开"新建文档"对话框，在对话框中选择"空白页"选项卡，在"页面类型"中选择"库项目"选项，如图 6-38 所示。

（2）单击"确定"按钮，创建一个库项目，如图 6-39 所示。

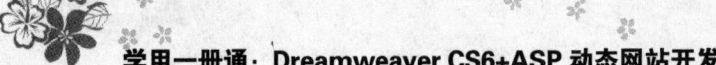

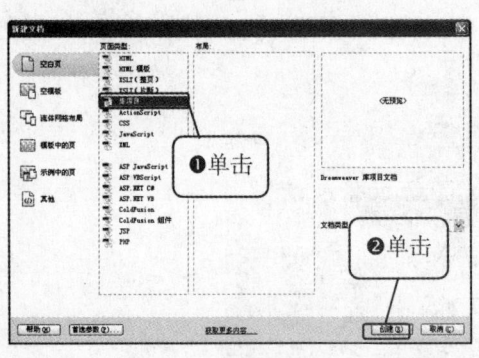

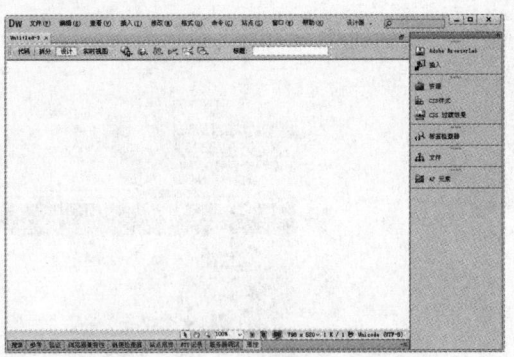

图 6-38　"新建文档"对话框　　　　　　　图 6-39　新建一库文档

（3）执行"插入"|"表格"命令，插入 1 行 1 列的表格，单击"确定"按钮，插入表格，如图 6-40 所示。

（4）将光标置于单元格中，执行"插入"|"图像"命令，打开"选择图像源文件"对话框，如图 6-41 所示。

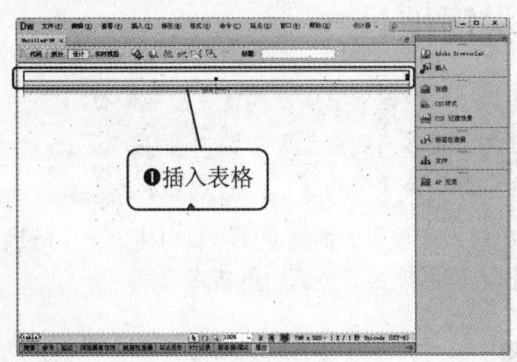

图 6-40　插入表格　　　　　　　　图 6-41　"选择图像源文件"对话框

（5）单击"确定"按钮，插入图像，如图 6-42 所示。

（6）选择"文件"|"保存"命令，打开"另存为"对话框，在对话框中的"文件名"文本框中输入"top"，"保存类型"设置为"库文件（*lbi）"，如图 6-43 所示。单击"保存"按钮，保存库文件。

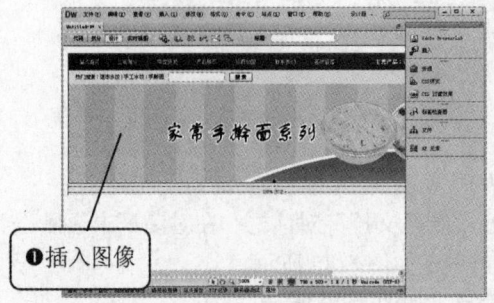

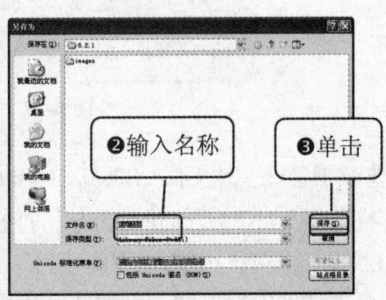

图 6-42　插入图像　　　　　　　　图 6-43　"另存为"对话框

 6.2.2　上机练习——　在网页中插入库

在 Dreamweaver 中，另一种维护文档风格的方法是使用库项目。如果说模板从整体上控制了文档风格的话，库项目则从局部上维护了文档的风格。把库项目插入到页面时，实际内容以及对项目的引用就会被插入文档中，此时无须提供原项目均可正常显示。

下面讲述在网页中插入库，效果如图 6-44 所示，具体操作步骤如下。

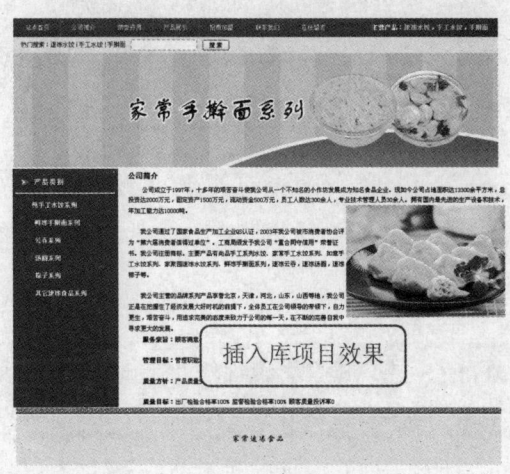

图 6-44　在网页中插入库效果

练习
文件　实例素材/练习文件/CH06/6.2.2/index.html

完成
文件　实例素材/完成文件/CH06/6.2.2/index1.html

（1）打开文档，如图 6-45 所示。

（2）执行"窗口"|"资源"命令，打开"资源"面板，在面板中单击"库"按钮，打开"库"窗口，选中要插入的库文件，如图 6-39 所示。

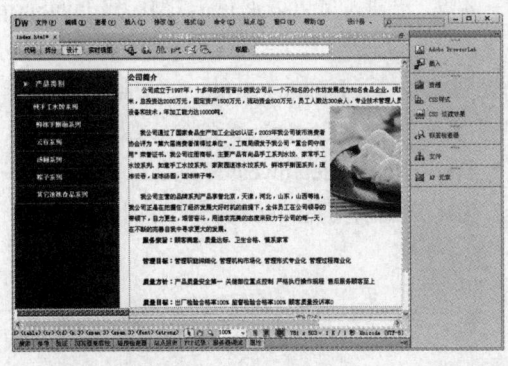

图 6-45　打开文档

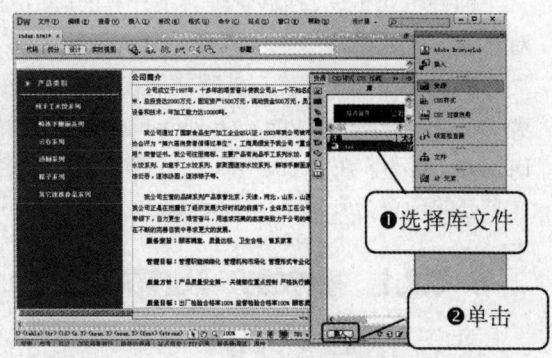

❶选择库文件

❷单击

图 6-46　"资源"面板

（3）在资源面板中单击"插入"按钮，将库文件插入到文档中，如图 6-47 所示。

（4）保存文档，按 F12 键预览，效果如图 6-44 所示。

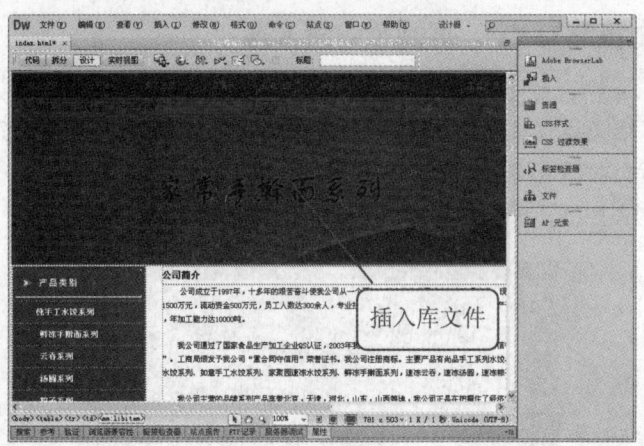

图 6-47　插入库文件

★ 提示 ★

库项目也可以包含行为，但是在库项目中编辑行为有一些特殊的要求。库项目不能包含时间轴或样式表，因为这些元素的代码是<head>的一部分，而不是<body>的一部分。

6.3　使用插件

插件是 Dreamweaver 中最迷人的地方。正如使用图像处理软件一样，可利用滤境特效让图像的处理效果更神奇；又如玩游戏，可利用俗称的外挂软件，让游戏玩起来更简单。所以在 Dreamweaver 中使用插件，将使网页制作更轻松，功能更强大，效果更绚丽。

插件也叫扩展，插件管理器是开放的应用程序接口，开发人员可以通过 HTML 和 JavaScript 对其进行扩展。

Dreamweaver 的真正特殊之处在于它强大的无限扩展性。Dreamweaver 中的插件可用于扩展 Dreamweaver 的功能。Dreamweaver 中的插件主要有三种：Command 命令、Object 对象、Behavior 行为。在 Dreamweaver 中插件的扩展名为.mxp。开发 Dreamweaver 的 Adobe 公司专门在自己的网页上开辟了 Adobe Extension Manager，为用户提供交流自己插件的专门场所。

 6.3.1　插件的安装和管理

安装插件的具体操作步骤如下。

（1）执行"开始"|"所有程序"|"Adobe"|"Adobe Extension Manager CS6"命令，打开"Adobe Extension Manager CS6"对话框，如图 6-48 所示。

（2）单击"安装新扩展"按钮 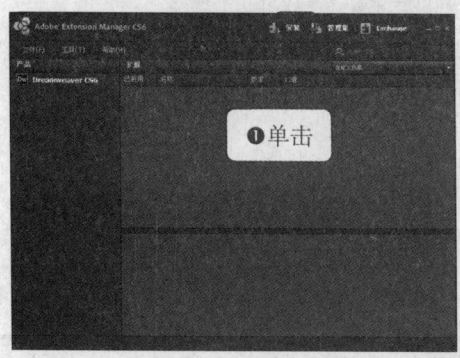，打开"选取要安装的扩展"对话框，如图 6-49 所示。在对话框中选取要安装的扩展包文件（.mxp）或者插件信息文件（.mxi），单击"打开"按钮，也可以直接双击扩展包文件，自动启动扩展管理器进行安装。

★ 指点迷津 ★

执行"命令"|"扩展管理"命令，打开"Adobe Extension Manager CS6"对话框。

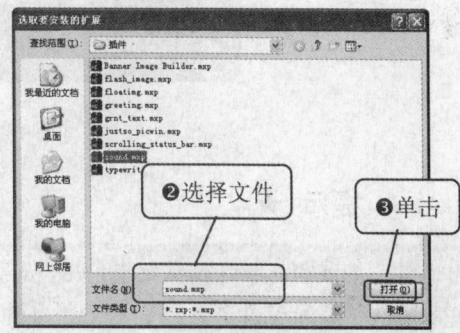

图 6-48 "Adobe Extension Manager CS6"对话框　图 6-49 "选取要安装的扩展"对话框

（3）打开"安装声明"对话框，单击"接受"按钮，继续安装插件，如图 6-50 所示。如果已经安装了另一个版本（较旧或较新，甚至相同版本）的插件，扩展管理器会询问是否替换已安装的插件，单击"是"按钮，将替换已安装的插件。

（4）打开"提示"对话框，单击"安装"按钮，如图 6-51 所示。

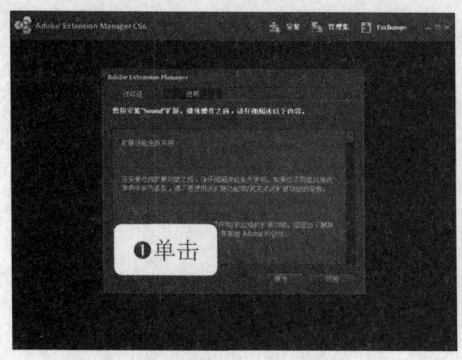

图 6-50 "安装声明"对话框　图 6-51 提示对话框

（5）提示插件安装成功，即可完成插件的安装，如图 6-52 所示。

125

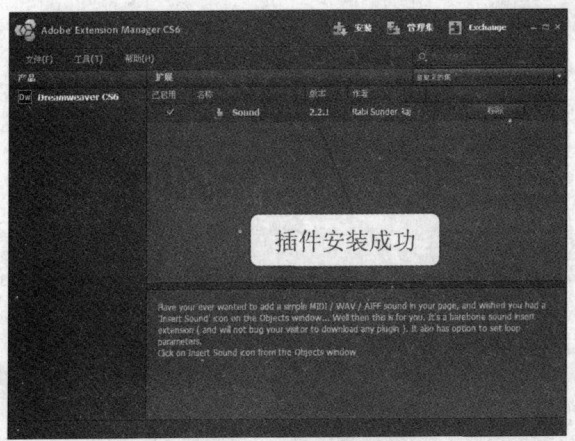

图 6-52　插件安装成功

★ 提示 ★

　　通常，安装新的插件都将改变 Dreamweaver 的菜单系统，即会对 menu.xml 文件进行修改，在安装时，扩展管理器会为 menus.xml 文件创建一个 meuns.xbk 的备份。这样如果 meuns.xml 文件再被一个插件意外地破坏，就可以用 meuns.xbk 替换 meuns.xml 将菜单系统恢复为先前的状态。

6.3.2　上机练习——利用插件制作背景音乐网页

　　制作背景音乐的方法有很多种，下面讲述利用插件制作背景音乐网页，效果如图 6-53 所示，具体操作步骤如下。

图 6-53　利用插件制作背景音乐网页效果

 练习文件　实例素材/练习文件/CH06/6.3.2/index.html

完成文件　实例素材/完成文件/CH06/6.3.2/index1.html

（1）打开文档，如图 6-54 所示。

（2）执行"命令"|"扩展管理"命令，打开"Macromedia 扩展管理器"对话框，安装新的扩展插件，如图 6-55 所示。

图 6-54 打开文档

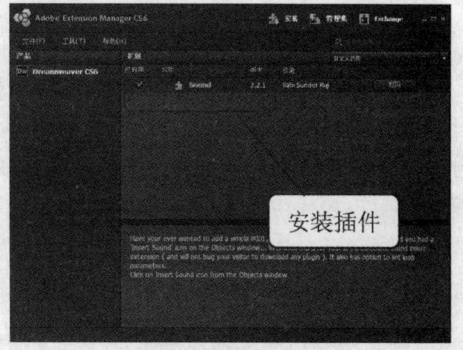

图 6-55 安装插件

（3）执行"窗口"|"插入"命令，打开"常用"插入栏，在"常用"插入栏中单击 ❀ 按钮，打开"Sound"对话框，如图 6-56 所示。

（4）在对话框中单击 Browse 按钮，打开"选择文件"对话框，如图 6-57 所示。

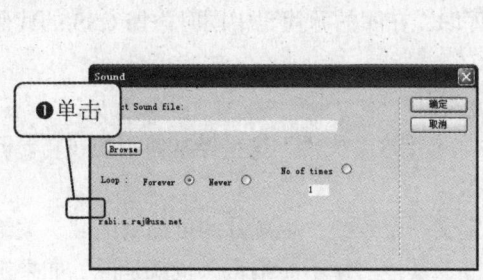

图 6-56 "Sound"对话框

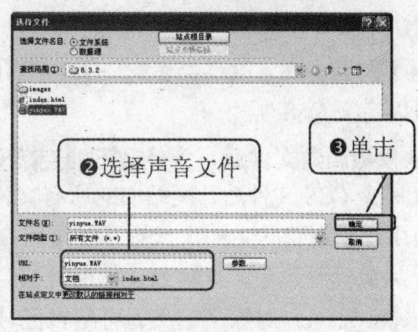

图 6-57 选择声音对话框

（5）在对话框中选择"yinyue.WAV"文件，单击"确定"按钮，添加到文本框中，如图 6-58 所示。

（6）单击"确定"按钮，插入背景音乐，如图 6-59 所示。

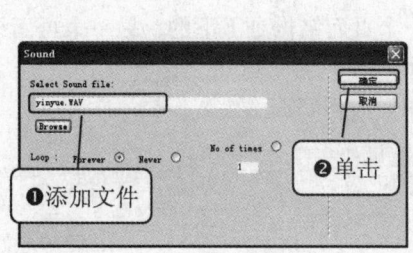

图 6-58 添加到文本框

图 6-59 插入背景音乐

127

（7）保存文档，按 F12 键预览，如图 6-53 所示。

6.4 专家秘笈

1．用 Dreamweaver 的模版制作网页设置行为

在使用模板做出来的网页中不能新增行为。这是因为新增行为需要在 HTML 文件的 Head 部分之中插入 JavaScript，而使用了 Template 后，HTML 文件的 Head 部分会被"封锁"住。如果要在使用模板生成的网页中应用行为，就需要事先在模板中定义好行为，然后把它定义为模板的可编辑区域。随后，你就可以在网页中更改这个行为了。但这也只限于更改行为的触发事件和动作的具体内容，而不能更改动作的类型。

2．哪些内容可以定义成库？

很多教程谈到库时，都建议把页脚的版权信息做成库，等到要修改版权时，只要修改库，就可以方便地更新所有的页面了。除了应用在页脚，库其实还可以应用在好多地方，如导航条。

3．为什么不能给库定义样式表 CSS？

这是刚刚接触库时经常碰到的问题。要解决这个问题首先要明白库是如何工作的。在一个使用了库的页面中，查看源代码，你会发现使用库的地方都被 Dreamweaver 定义了标记；而在库的源代码中，并不包含<head></head>标签，而 CSS 恰恰是定义在<head></head>之间的。

知道了问题所在，就很容易解决了。使用库时，在库的源代码中同时添加 CSS 的代码，这样库也可以定义 CSS 了。

4．从模板新建文件后，为什么不能连接 CSS？

定义一个 CSS 文件后，网站中的所有文件都连接这个文件，这是经常使用的技巧。但奇怪的是，使用模板新建的文件，竟然不能使用 CSS。

同样从源代码入手。通常创建模板时都会定义一个表或一幅图片为可编辑区域。关键也是这里，Dreamweaver 对除了定义为可编辑区域外，其他一律不能编辑。也就是说，如果定义了表格为可编辑区域，那么只有<table></table>之间是可以更改的。

这样问题的解决办法就和上一个问题差不多了，在模板里预先定义好 CSS，然后输出 CSS 文件，直接在模板里连接 CSS 文件，这样就可以了。

5．什么时候需要使用模板？

创建一个站点，保持统一的风格很重要。风格主要从视觉方面来辨别，其中最重要的就是网页色彩的使用。不能这个页面采用黑色，另一个页面采用黄色，这样会使浏览者感觉到站点不统一。还有一个就是网页的布局结构，不能一个页面结构是上下的，另一个页面结构是左右的，这样不便于网站的导航，令浏览者身无事处。

使用模板可以快速使得站点中的页面具有相似或相同点。

6.5 本章小结

本章介绍了 Dreamweaver CS6 用于提高网站工作效率的强大工具——模板、库和插件的使用。

在实际工作中，有时有很多的页面都会有相同的布局，在制作时为了避免这种重复操作，可以使用 Dreamweaver CS6 提供的"模板"和"库"功能，将具有相同的整体布局结构的页面制作成模板，将相同的局部的对象（如导航栏、注册信息等）制作成库文件。这样，当设计者再次制作拥有模板和库内容的网页时，就不需要进行重复的操作了，直接使用它们就可以了。无论如何，"模板"和"库"读者一定要熟练掌握，因为在实际的工作中它们将会发挥很大的作用。

读者在设计网页时如果能够适当使用一些插件的话，有时可能会得到一些令人意想不到的奇妙效果，但是切记不要使用过多的扩展插件。

第2篇

构建动态网站的语言技术

第  章 搭建服务器平台和创建数据库

学前必读:

　　前面的章节中大致介绍了 Dreamweaver 的基本操作应用。要使用 Dreamweaver 完成 Web 应用程序的开发,在计算机上仅安装一套 Dreamweaver 软件是远远不够的,还需要搭建本地服务器平台、创建数据库。本章就来讲述动态网页服务器平台的搭建,以及数据库的创建和数据库连接的创建。

学习流程

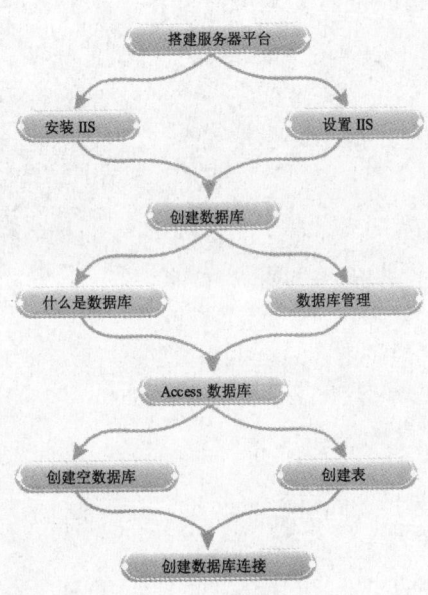

7.1　搭建服务器平台

要建立具有动态的 Web 应用程序，就必须建立一个 Web 服务器，选择一门 Web 应用程序的开发语言，为了应用的深入还需要选择一款数据库管理软件。同时，因为是在 Dreamweaver 中开发的，还需要建立一个 Dreamweaver 的站点，该站点能够随时调试使用动态效果的页面。因此创建一个这样的动态站点，需要 Web 服务器+Web 开发程序语言+数据库管理软件+Dreamweaver 动态站点。

7.1.1　上机练习——安装 IIS

IIS（Internet Information Server，Internet 信息服务）是由微软公司开发的 Web 服务器，其提供了强大的 Internet 和 Intranet（企业内部互联网）服务功能。该服务器同样支持 ASP，并且都应用在 Windows NT 系统以上的机器中。其安装的方法通过"添加或删除程序"即可。在 Windows XP 下安装 IIS 组件具体操作步骤如下。

（1）打开电脑，执行"开始"｜"控制面板"命令，打开"控制面板"对话框，如图 7-1 所示。

（2）在对话框中单击"添加/删除程序"选项，打开"添加或删除程序"对话框，如图 7-2 所示。

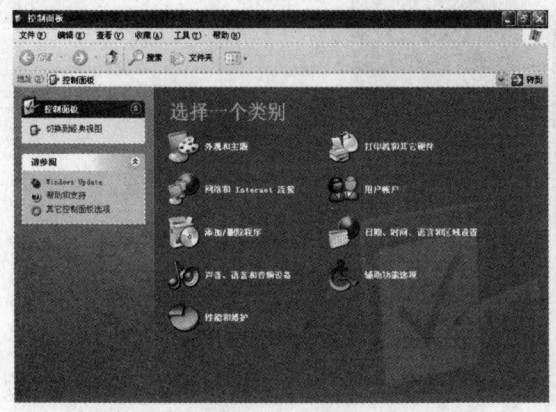
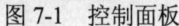
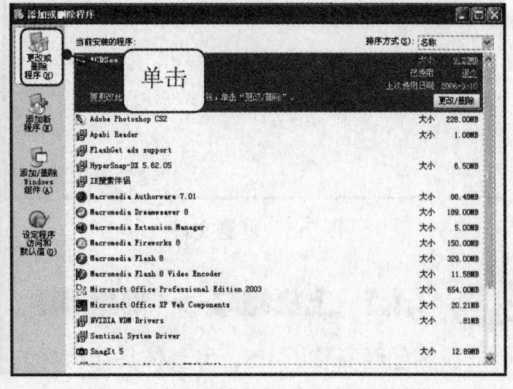

图 7-1　控制面板	图 7-2　"添加或删除程序"对话框

（3）在"添加或删除程序"对话框中，单击左侧的"添加/删除 Windows 组件"选项，打开"Windows 组件向导"对话框，如图 7-3 所示。

（4）在每个组件之前都有一个复选框 ，若该复选框显示为 ，则代表该组件内还含有子组件可以选择，双击如图 7-3 所示的"Internet 信息服务（IIS）"选项，打开如图 7-4 所示的"Internet 信息服务（IIS）"对话框。

学用一册通：Dreamweaver CS6+ASP 动态网站开发

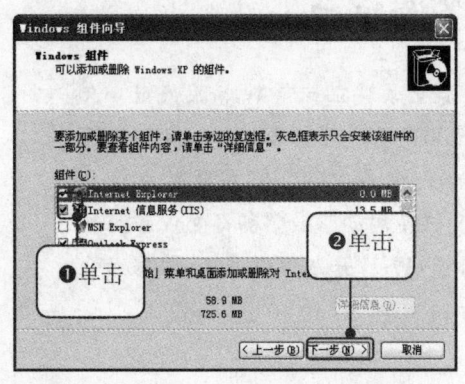 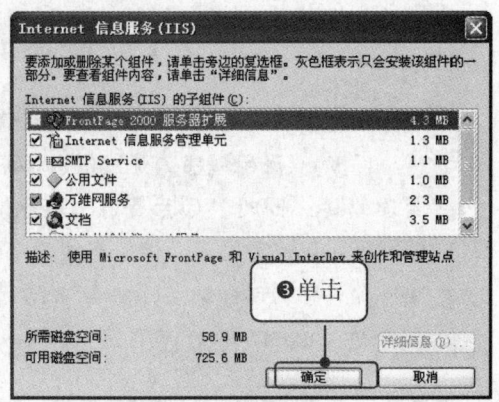

图 7-3 "Windows 组件向导"对话框　　　　图 7-4 "Internet 信息服务（IIS）"对话框

（5）选择完使用的组件及子组件后，单击"下一步"按钮，打开如图 7-5 所示的对话框，开始配置组件。

（6）复制完成之后，IIS 的安装完成，如图 7-6 所示。

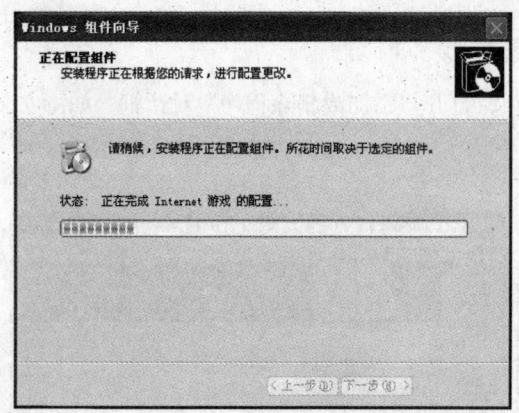 

图 7-5 复制文件　　　　　　　　　　图 7-6 安装完成

 ### 7.1.2 上机练习——设置 IIS

虽然已经安装了 IIS，但具体是什么样的一个 Web 服务软件，还未曾见识。而且，在以后的动态页面调试时，还将用到该软件的相关设置。

1．默认网站属性

（1）执行"开始"|"控制面板"命令，打开"控制面板"对话框。在对话框中单击"性能和维护"选项，打开"性能和维护"面板。在面板中单击"管理工具"选项，在"管理工具"中双击打开"Internet 信息服务"选项，打开"Internet 信息服务"对话框，如图 7-7 所示。

（2）在"Internet 信息服务"对话框中，在打开"网站"下的"默认网站"图标上单击鼠标右键，在弹出的菜单中选择"属性"选项，如图 7-8 所示。

134

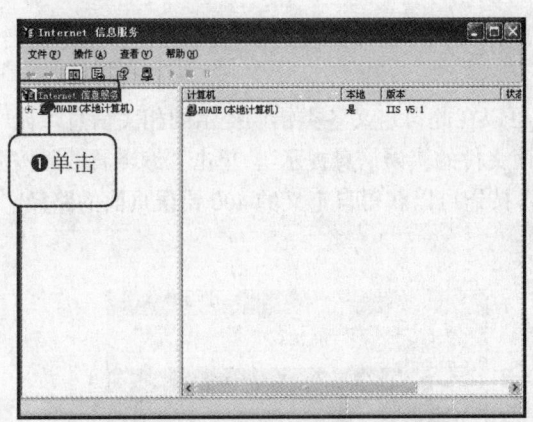

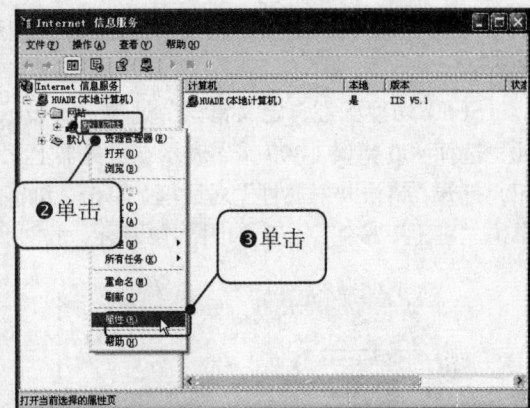

图 7-7　"Internet 信息服务"对话框　　　　　　图 7-8　选择"属性"选项

（3）打开"默认网站属性"对话框，切换到"网站"选项卡，在"IP 地址"文本框中输入 192.168.1.104，"TCP 端口"默认为 80，如图 7-9 所示。

（4）切换到"主目录"选项卡，在"本地路径"右侧的文本框中输入或通过"浏览"按钮选择目录，其他选项可以根据需要设置，如图 7-10 所示。

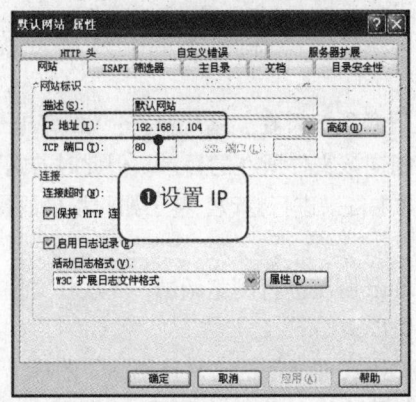

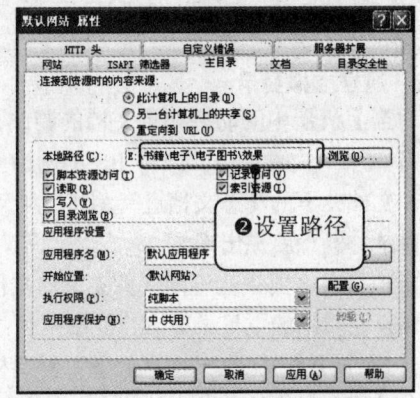

图 7-9　"网站"选项卡　　　　　　　　　　图 7-10　"主目录"选项卡

★　提示　★

默认文档的功能是：本应在地址栏中输入 http://192.168.1.104/index.htm 才可以访问该页面，但因为 index.htm 设置为"默认文档"，所以直接输入 http://192.168.1.104 也可以访问该页面。这些操作由 IIS 控制。

同时，对于多个默认文档还可以进行次序的调整。比如，在默认网站目录下既有 default.htm 文件，又有 default.asp 文件，当输入 http://192.168.1.104 时则会先显示次序在前的文件。次序的调整单击向上或向下的按钮即可。

（5）切换到"文档"选项卡，勾选"启用默认文档"前面的复选框，同时还可以添加新的默认文档，如图 7-11 所示。

（6）切换到"自定义错误"选项卡，表示可以在此自定义各类错误提示的相关信息。比如，选择 400 错误（400 错误表示在服务器上无该文件的错误信息提示），单击"编辑属性"按钮，打开"错误映射属性"对话框，单击"浏览"按钮可以获得自定义的 400 错误页面的路径，单击"确定"按钮完成，如图 7-12 所示。

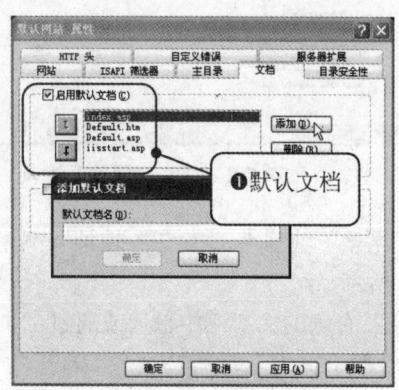

图 7-11 "文档"选项卡

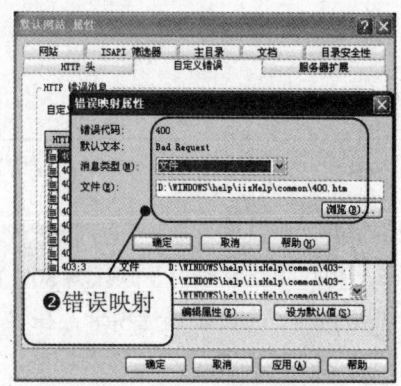

图 7-12 "自定义错误"选项卡

2. 建立虚拟目录

对当前机器中的动态网页文档的调试，其保存位置必须放置在"系统盘符：\书籍\电子\电子图书\效果"文件夹下，或将 IIS 的网站主目录修改指向该文件所在的目录。但此时若需要对另一个文件夹下的动态文档进行测试，则又需要将网站主目录进行修改，鉴于如此烦琐的操作，虚拟目录的概念就提出来了。

虚拟目录主要是让不同文件夹下的文件都能使用 http 协议进行浏览调试，而这些文件不需要都保存在网站的主目录下。建立虚拟目录的具体操作步骤如下。

（1）打开"Internet 信息服务"对话框，在"网站"文件夹下的"默认网站"图标上单击鼠标右键，在弹出的菜单中执行"新建"|"虚拟目录"命令，如图 7-13 所示。

（2）打开"虚拟目录创建向导"对话框，如图 7-14 所示。

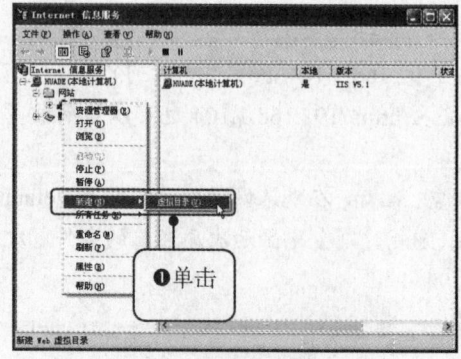

图 7-13 执行"虚拟目录"命令

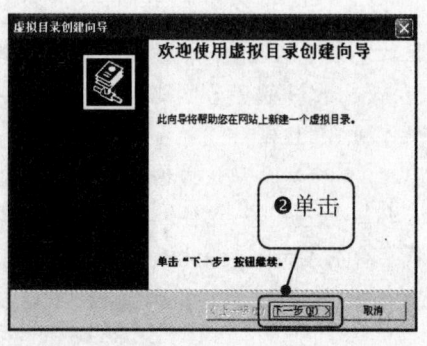

图 7-14 "虚拟目录创建向导"对话框

（3）单击"下一步"按钮，打开对话框，在对话框中的"别名"文本框中输入虚拟名称，如图 7-15 所示。

（4）单击"下一步"按钮，打开如图 7-16 所示的对话框，在"目录"文本框中输入或通过单击"浏览"按钮设置虚拟目录文件夹的路径地址。

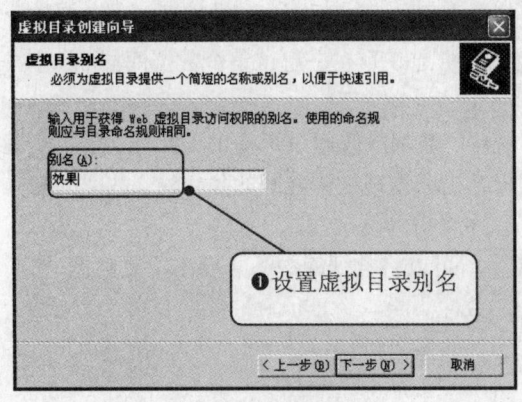

图 7-15 输入虚拟名称

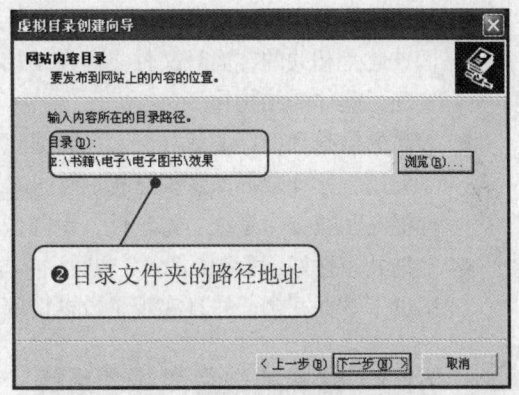

图 7-16 设置虚拟目录的文件夹路径地址

（5）单击"下一步"按钮，打开如图 7-17 所示的对话框，设置默认的访问权限。

（6）单击"下一步"按钮，创建完成虚拟目录，如图 7-18 所示，单击"完成"按钮。

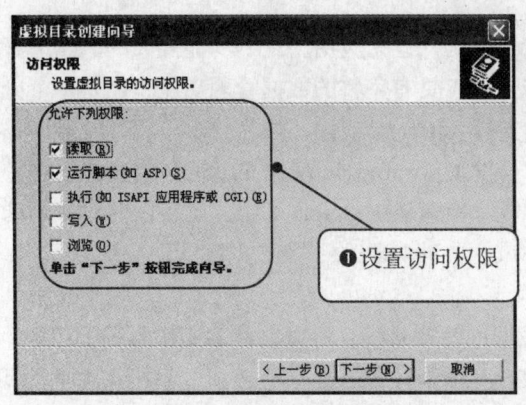

图 7-17 设置访问权限

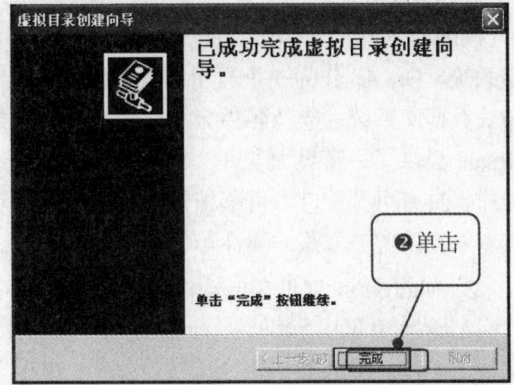

图 7-18 创建完成

7.2 创建数据库

数据库是构建动态网页的物质基础。对于网站来说，一般都要准备一个用于存储、管理和获取客户信息的数据库。利用数据库制作的网站，一方面，前台访问者可以利用查询功能很快地找到自己要的资料；另一方面，后台网站管理者通过后台管理系统可以很方便地管理网站，而且后台管理系统界面很直观，即使不懂计算机的人也很容易学会使用。

7.2.1 什么是数据库

数据库（DB，DataBase）是存储在计算机中有组织的、可共享的数据的集合。其可通过数据库对管理系统进行管理，并能生成相应的数据库文件。数据库具有三大特点，即数据的结构化、数据的独立性和数据的共享性。

- 数据结构化。在数据库中，数据是按照某种数据模型组织起来的，不仅文件内部数据之间彼此是相关的，而且文件之间在结构上也有机地联系在一起，整个数据库浑然一体，实现了整体的结构化。
- 较高的数据和程序的独立性。在数据库系统中，数据库管理系统提供了映像功能，实现了应用程序和数据库逻辑结构、数据库逻辑结构和物理结构之间的独立性。数据的独立性提高了数据库系统的稳定性，也降低了程序维护的复杂性。
- 数据共享性好，冗余度低。实现数据共享后，就可以将数据库中不必要的重复数据清除，减少了数据冗余，并且实现了数据访问的一致性。

7.2.2 常见的数据库管理系统

目前有许多数据库产品，如 Oracle，Sybase，Informix，Microsoft SQL Server，Microsoft Access，Visual FoxPro 等都以自己特有的功能在数据库市场上占有一席之地。下面简要介绍几种常用的数据库管理系统。

1. Oracle

Oracle 是一个最早商品化的关系型数据库管理系统，也是应用广泛、功能强大的数据库管理系统。Oracle 作为一个通用的数据库管理系统，不仅具有完整的数据管理功能，还是一个分布式数据库系统，支持各种分布式功能，特别是支持 Internet 应用。作为一个应用开发环境，Oracle 提供了一套界面友好、功能齐全的数据库开发工具。Oracle 使用 PL/SQL 语言执行各种操作，具有可开放性、可移植性、可伸缩性等功能。特别是在 Oracle 8 中，支持面向对象的功能，如支持类、方法、属性等，使得 Oracle 产品成为一种对象/关系型数据库管理系统。

2. Microsoft SQL Server

Microsoft SQL Server 是一种典型的关系型数据库管理系统，可以在许多操作系统上运行，它使用 Transact-SQL 语言完成数据操作。由于 Microsoft SQL Server 是开放式的系统，其他系统可以与它进行完好的交互操作。目前最新版本的产品为 Microsoft SQL Server 2000，它具有可靠性、可伸缩性、可用性、可管理性等特点，为用户提供了完整的数据库解决方案。

3. Microsoft Access

作为 Microsoft Office 组件之一的 Microsoft Access 是在 Windows 环境下非常流行的桌面型数据库管理系统。使用 Microsoft Access 无须编写任何代码，只需通过直观的可视化操作就可以完成大部分数据管理任务。在 Microsoft Access 数据库中，包括许多组成数据库的基本要素。这些要素是存储信息的表、显示人机交互界面的窗体、有效检索数据的查询、信息输出载体的报表、提高应用效率的宏、功能强大的模块工具等。它不仅可以通过 ODBC 与其他数据库相连，实现数据交换和共享，还可以与 Word、Excel 等办公软件进行数据交换和共享，并且通过对象链接与嵌入技术在数据库中嵌入和链接声音、图像等多媒体数据。

7.3　创建 Access 数据库

与其他关系型数据库系统相比，Access 提供的各种工具既简单又方便，更重要的是，Access 提供了更为强大的自动化管理功能。

 7.3.1　上机练习——创建空数据库

空数据库不包括任何对象，但它包含 Access 对象数据库及其对象的所有操作（包括创建表、查询、窗体和报表等）。

（1）执行"开始"|"Microsoft Office Access 2003"命令，启动 Access 2003，如图 7-19 所示。

（2）执行"文件"|"新建"命令，打开如图 7-20 所示的"新建文件"面板，在"新建文件"面板中单击"空数据库"选项。

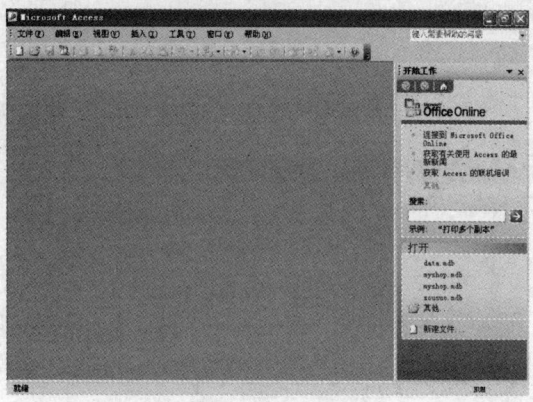

图 7-19　启动 Access 2003

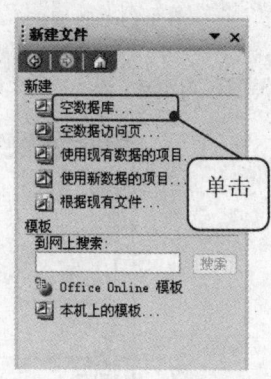

图 7-20　"新建文件"面板

（3）打开"文件新建数据库"对话框，在对话框中的"文件名"文本框中输入 db1.mdb，如图 7-21 所示。

（4）单击"确定"按钮，创建空数据库，如图 7-22 所示。

图 7-21　"文件新建数据库"对话框

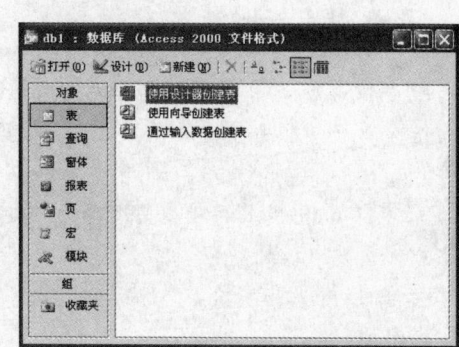

图 7-22　创建空数据库

学用一册通：Dreamweaver CS6+ASP 动态网站开发

7.3.2　上机练习——创建表

在 Access 中使用设计器创建表的具体操作步骤如下。

（1）打开创建表的数据库，如图 7-23 所示。

（2）在数据库窗口中双击"使用设计器创建表"命令，打开"表"窗口，如图 7-24 所示。

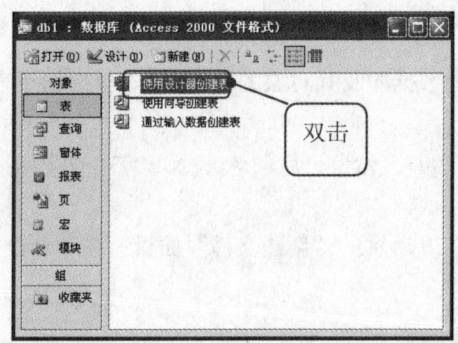
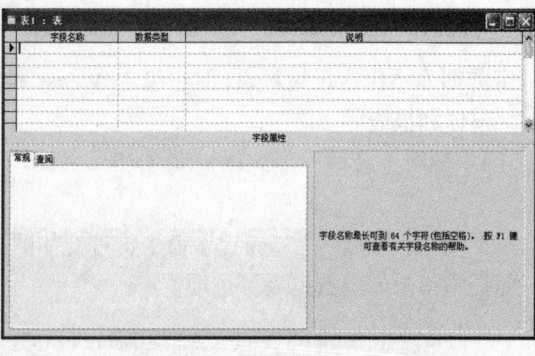

图 7-23　数据库　　　　　　　　　　图 7-24　"表"窗口

（3）在数据库"表"的窗口中设置"字段名称"和字段所对应的"数据类型"，如图 7-25 所示。

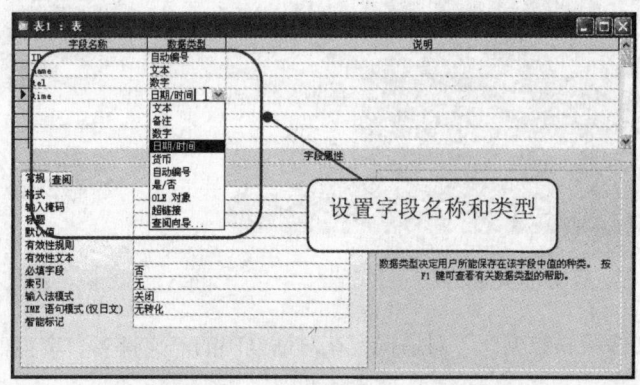

图 7-25　设置"字段名称"和"数据类型"

★ 提示 ★

 ● 字段 ID：其字段类型选择为"自动编号"。表示当向表中添加一条新记录时，由 Access 指定一个唯一的顺序号（每次加 1）或随机数。而且该字段内容不能被更新，一般用做表的关键字。

 ● 字段 name：其字段类型选择为"文本"。表示该字段存放内容为文本或文本和数字的组合，或不需要计算的数字。

 ● 字段 tel：其字段类型选择为"数字"。表示该字段内容多用来存放用于数学计算、比较的数值数据。

 ● 字段 time：其字段类型选择为"日期/时间"。其可保存从 100～9999 年的日期与时间值。

（4）选中字段 ID 所在的行，单击鼠标右键，在弹出的菜单中选择"主键"选项，将该字段设置为主键，如图 7-26 所示。

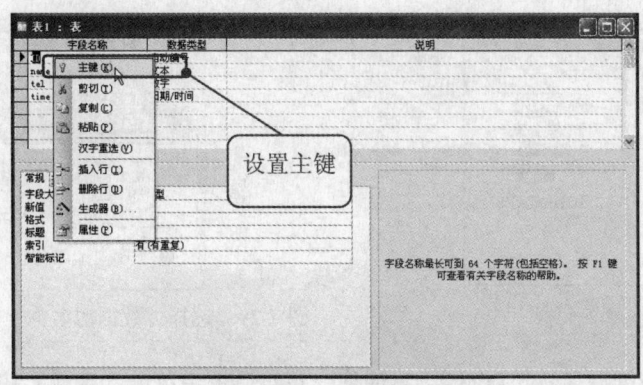

图 7-26　设置主键

（5）执行"文件"|"保存"命令，打开"另存为"对话框，如图 7-27 所示。在"表名称"下面的文本框中输入表的名称，单击"确定"按钮，保存所创建的数据库表。

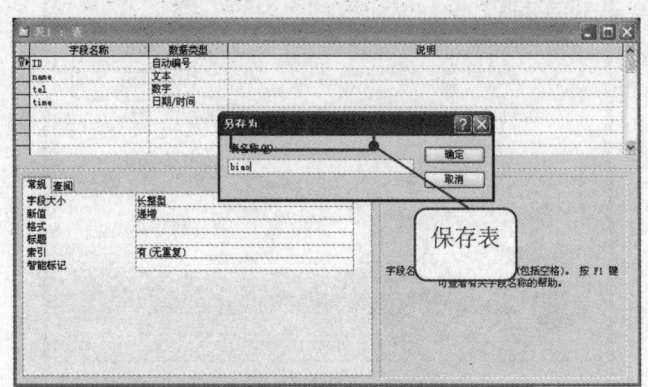

图 7-27　"另存为"对话框

7.4　创建数据库连接

> 数据库的连接就是对需要连接的数据库的一些参数进行设置，否则应用程序将不知道数据库在哪里及如何与数据库建立连接。可以在运行时和数据库文件建立连接，因为这个数据库文件已经被上传到了远程站点上。

创建数据库连接的具体操作步骤如下。

（1）启动 Dreamweaver CS6，打开要添加数据库连接的文档。执行"窗口"|"数据库"命令，打开"数据库"面板，如图 7-28 所示。在"数据库"面板中，列出了 4 步操作，前 3 步是准备工作，都已经打上了"√"，说明这 3 步已经完成了。如果没有完成，那必须在完成后才能连接数据库。

学用一册通：Dreamweaver CS6+ASP 动态网站开发

（2）在面板中单击 按钮，在弹出的菜单中选择"数据源名称（DSN）"选项，如图 7-29 所示。

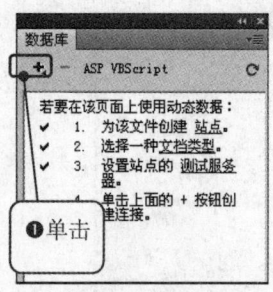

图 7-28 "数据库"面板

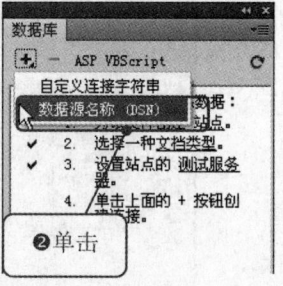

图 7-29 选择"数据源名称（DSN）"选项

（3）打开"数据源名称（DSN）"对话框，在对话框中单击"定义"按钮，打开"ODBC 数据源管理器"对话框，在对话框中切换到"系统 DSN"选项卡，如图 7-30 所示。

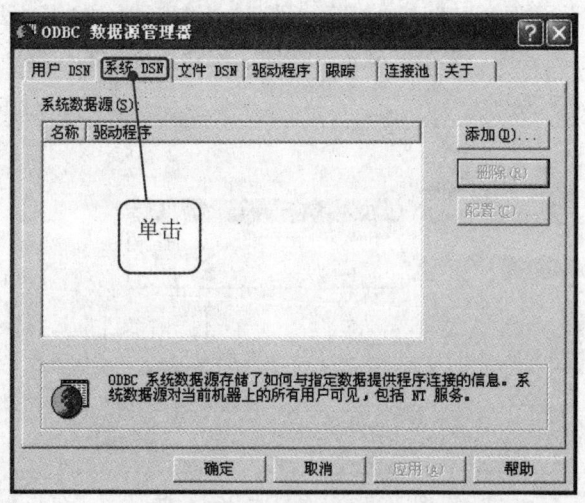

图 7-30 "ODBC 数据源管理器"对话框

（4）在对话框中单击右边的"添加"按钮，打开"创建新数据源"对话框，在对话框中选择"Driver do Microsoft Access（*.mdb）"选项，如图 7-31 所示。

（5）单击"完成"按钮，打开"ODBC Microsoft Access 安装"对话框，在对话框中单击"数据库"选项中的"选择"按钮，打开"选择数据库"对话框，在对话框中选择数据库所在的位置，如图 7-32 所示。

图 7-31　"创建新数据源"对话框

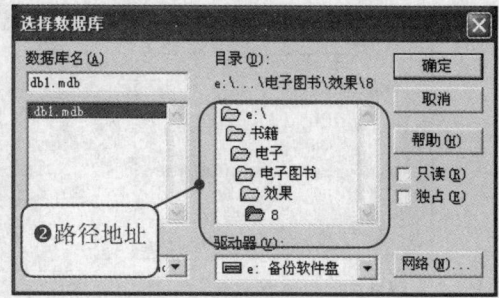

图 7-32　"选择数据库"对话框

（6）单击"确定"按钮，设置数据库所在的位置，在"数据源名"文本框中输入"db1"，如图 7-33 所示。

（7）单击"确定"按钮，返回到"ODBC 数据源管理器"对话框，如图 7-34 所示。

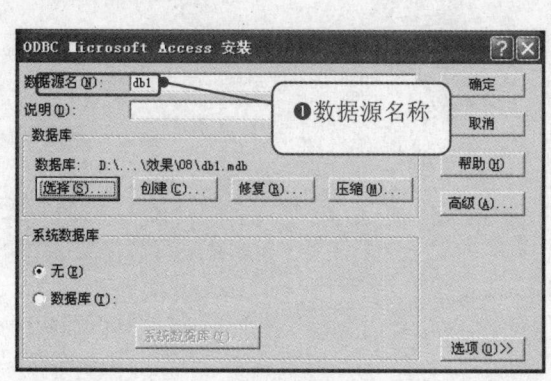

图 7-33　"ODBC Microsoft Access 安装"对话框

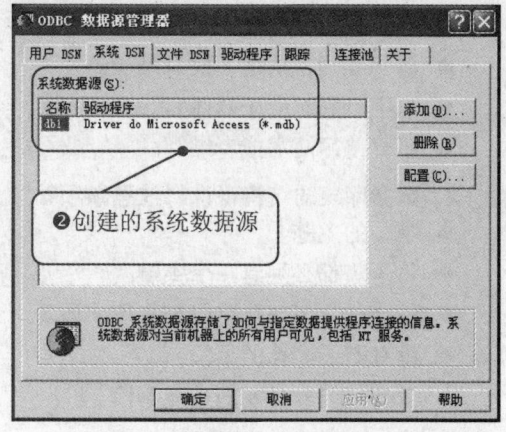

图 7-34　"ODBC 数据源管理器"对话框

（8）单击"确定"按钮，返回到"数据源名称（DSN）"对话框，在"数据源名称（DSN）"文本框的后面会出现已经定义好的数据库。在"连接名称"文本框中输入"conn"，如图 7-35 所示。

（9）单击"确定"按钮，创建数据库连接，如图 7-36 所示。

143

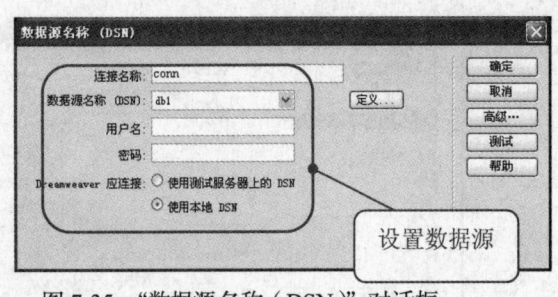

图 7-35　"数据源名称（DSN）"对话框

图 7-36　数据库连接

7.5　专家秘笈

1．**数据库表取名时有哪些注意事项？**
- 每个表都应该表示一个单一的主题。
- 名字有意义。
- 名字准确，清楚，没有歧义。
- 名字最好对应于具体实物。
- 不要使用简写或者缩写。

2．**数据库表的结构设计时注意事项？**
- 唯一的主题。
- 每个表都必须有一个主键。
- 不会包含多部分字段与多值字段。
- 没有需要计算的字段。
- 没有任何非必要的重复字段。

3．**键的标识**
- 字段唯一的表示表中的每条记录。
- 字段或者字段的组合包含唯一的值。
- 字段的值是非空的。
- 不能是多部分字段。
- 字段的值是不能随便修改的。

4．**数据库字段的取名时注意哪些事项？**
- 名字是有意义的。
- 名字是明确的，清楚的。
- 最好不要使用简写或者缩写。
- 唯一的表示一个特征。

7.6 本章小结

如果说网络是信息传输的媒体，Web 应用程序是信息发布的一种方式，那么数据库就是信息的载体。数据库是计算机中用于存储、处理大量数据的软件，一些关于某个特定主题或目的的信息集合。数据库系统主要目的在于维护信息，并在必要时提供协助取得这些信息。

本章主要讲述了搭建服务器平台、创建数据库、创建 Access 数据库、创建数据库连接等。通过本章的学习读者可以了解如何搭建服务器平台，怎样创建数据库，如何创建 Access 数据库及怎样创建数据库连接等。

第  章 XHTML 和 CSS 基础

学前必读:

　　作为一个高级的网页设计和制作人员来说,使用 XHTML 来直接编写代码总是不可避免的,因此具备一定的 XHTML 语言的基本知识是必要的。这样才能充分发挥自己丰富的想象力,更加随心所欲地设计符合标准的网页,以实现网页设计软件不能实现的许多重要功能。通过本章的学习可以了解到 XHTML 及 CSS 基础等内容。

学习流程

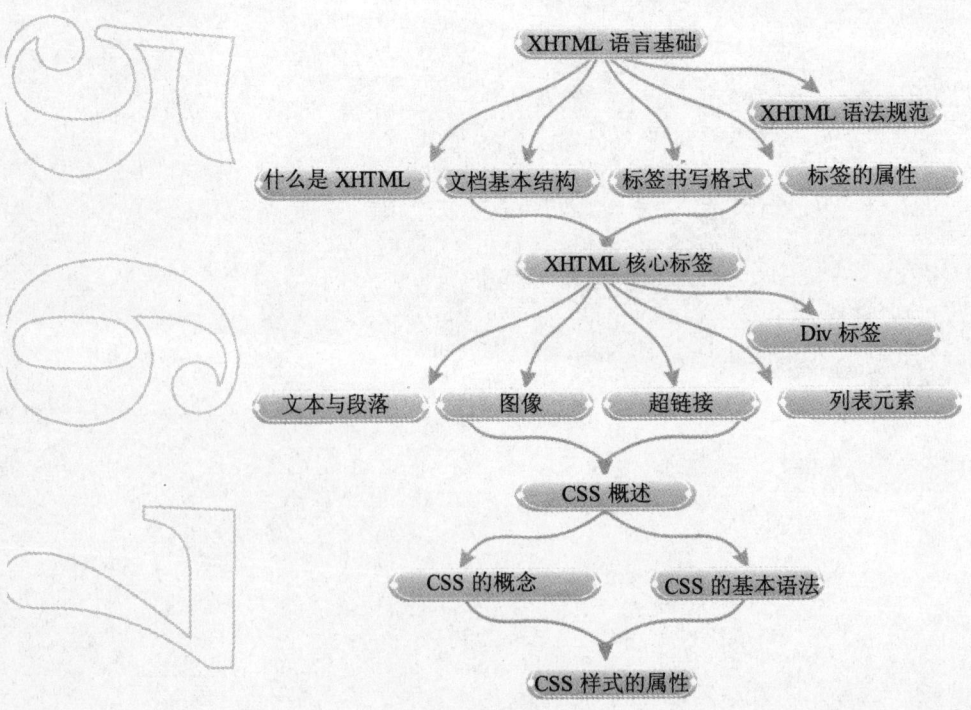

8.1 XHTML 语言基础

因为传统的 HTML 语言存在一些局限性，同时 XML 语言又不被广大网页制作人员所熟悉，所以要建立一种同时具有 HTML 和 XML 特性的语言。XHTML 就是作为 HTML 向 XML 的过渡语言出现的。同时 XHTML 也更加便于和 CSS 相配合。

 ## 8.1.1 什么是 XHTML

HTML 是一种基本的网页设计语言，XHTML 是一种基于 XML 的语言，看起来与 HTML 有些类似，只有一些小的但重要的区别，其中使用的元素均为 HTML 中的元素，同时使用更加严格的语法规范。

2000 年底，国际 W3C 组织公布发行了 XHTML1.0 版本。XHTML1.0 是一种在 HTML4.0 基础上优化和改进的新语言，目的是基于 XML 应用。XHTML 是一种增强了的 HTML，它的可扩展性和灵活性将适应未来网络应用更多的需求。XML 虽然数据转换能力强大，完全可以替代 HTML，但面对成千上万已有的基于 HTML 语言设计的网站，直接采用 XML 还为时过早。因此，在 HTML4.0 的基础上，用 XML 的规则对其进行扩展，得到了 XHTML。所以，建立 XHTML 的目的就是实现 HTML 向 XML 的过渡。目前国际上在网站设计中推崇的 WEB 标准就是基于 XHTML 的应用（即通常所说的 CSS + Div）。在各种网页设计工具中，默认创建的网页文档虽仍然以 HTML 为文档的扩展名，事实上都是以 XHTML 编写的。

 ## 8.1.2 XHTML 文档的基本结构

XHTML 文档是一种纯文本格式的文件，其编写的文档拥有固定的结构，包括声明、根元素、头部元素、主体元素 4 个部分。XHTML 文档的基本结构如图 8-1 所示。

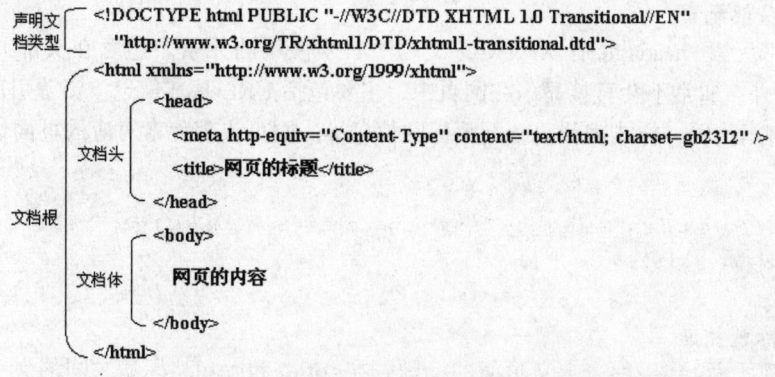

图 8-1 XHTML 文档

现在以一个 XHTML 文档实例，来介绍 XHTML 文档的基本结构，并由基本结构认识 <!DOCTYPE>、<html>、<head>、<title>、<body>等控制标记的使用。其代码如下。

```
<!DOCTYPE html PUBLIC "-//W3C//DTD XHTML 1.0 Transitional//EN"
"http://www.w3.org/TR/xhtml1/DTD/xhtml1-transitional.dtd">
<html xmlns="http://www.w3.org/1999/xhtml">
<head>
<meta http-equiv="Content-Type" content="text/html; charset=gb2312" />
<title>标题</title>
</head>
<body>
正文...
</body>
</html>
```

在这段代码中，包含了一个 XHTML 页面必需具有的页面结构。其具体结构如下。

1．文档类型声明部分

文档类型声明部分由<!DOCTYPE>元素定义，在代码的前两行，这部分在浏览器中不会显示。DOCTYPE 声明是必不可少的关键部分，必须放在第一个 XHTML 文档的最顶部。用 Dreamweaver 很容易实现。其对应的页面代码如下。

```
<!DOCTYPE html PUBLIC "-//W3C//DTD XHTML 1.0 Transitional//EN"
"http://www.w3.org/TR/xhtml1/DTD/xhtml1-transitional.dtd">
```

2．<html>元素和名字空间

<html>元素是 XHTML 文档中必须使用的元素，所有的文档内容（包括文档头部内容和文档主体内容）都要包含在<html>元素之中。标签<html>表示 HTML 代码的开始，文件的最后标签就应该是</html>。

名字空间是<html>元素的一个属性，写在<html>元素起始标签里。其在页面中的相应代码如下。

```
<html xmlns="http://www.w3.org/1999/xhtml">
```

3．网页头部元素

网页头部元素<head>也是 XHTML 文档中必须使用的元素。包含在头部元素的代码除<title></title>外，通常不会直接显示在网页中，主要包括 URL 基准信息、资源引用信息、文档隐藏标签、脚本代码、样式表代码、网页标题信息等。网页头部元素对应的页面代码如下。

```
<head>
<meta http-equiv="Content-Type" content="text/html; charset=gb2312" />
<title>标题</title>
</head>
```

4．页面标题元素

页面标题元素<title>用来定义页面的标题。在<title>和</title>标签之间的文字内容是这个 HTML 文档的标题信息，出现在浏览器的标题栏。其对应的页面代码如下。

```
<title>标题</title>
```

5．页面主体元素

页面主体元素<body>用来定义页面所要显示的内容。页面的信息主要通过页面主体来传递。在<body>元素中，可以包含所有页面元素。在<body>和</body>标签之间的文字内容是这个 HTML 文档主要显示的信息，51FA 现在浏览器中。其对应的页面代码如下。

```
<body>
正文...
</body>
```

 ## 8.1.3　XHTML 语法规范

HTML 是一种基本的 Web 网页设计语言，XHTML 是一种基于 XML 的置标语言，看起来与 HTML 有些相象，只有一些小的但重要的区别。

1．XHTML 元素必须是完全嵌套的

XHTML 元素必须是完全嵌套的，HTML 则并不严格，不完全嵌套的元素也能被"容错"，如下所示。

在 HTML 中一些元素可以不使用正确的相互嵌套：

```
<b><i>这是粗体和斜体</b></i>
```

在 XHTML 中所有元素必须合理的相互嵌套：

```
<b><i>这是粗体和斜体 </i></b>
```

★ 提示 ★

在列表嵌套的时候经常会犯一个错误，就是忘记了在列表中插入的新列表必须嵌在一个<li>标记中，如下所示错误的。

2．XHTML 文档格式必须规范

所有的 XHTML 标记必须被嵌套使用在<html>根标签之中。所有其他的标签可以有自己的子标签。位于父标签之内的子标签也必须成对且正确的嵌套使用。一个网页的基本结构如下所示。

```
<html>
<head> ... </head>
<body> ... </body>
</html>
```

3．标签名必须是小写的

这是因为 XHTML 文档是 XML 应用程序，XML 是区分大小写的，像<b>和<B>会被认为是两种不同的标签。

如下写法是错误的。

```
<B>这是粗体</B>
```

正确的写法如下。

```
<b>这是粗体></b>
```

4．所有的 XHTML 元素都必须有始有终

非空元素必须有关闭标签。

如下所示的写法是错误的。

```
<p>这是第一段
<p>这是第二段
```

正确的写法如下：

```
<p>这是第一段</p>
<p>这是第二段</p>
```

空的元素也必须有一个结束标签或者开始标签用 "/>" 结束。

如下所示的写法是错误的：

```
<img src="..." >
<input type="text" >
<meta http-equiv="Content-Type" content="text/html; charset=gb2312" >
<br>
```

正确的写法如下：

```
<img src="..." />
<input type="text" />
<link rel="stylesheet" type="text/css" href="url" />
<meta http-equiv="Content-Type" content="text/html; charset=gb2312" />
<br />
```

5．用 id 属性代替 name 属性

HTML4.01 中为 a、applet、frame、iframe、img 和 map 定义了一个 name 属性，在 XHTML 里除了表单（form）外，name 属性不能使用，应该用 id 来替换。

如下写法是错误的：

```
<img src= "img/pic.jpg" name= "people"/>
```

正确的写法如下：

```
<img src= "img/pic.jpg" id= "people"/>
```

为了使旧浏览器也能正常地执行该内容，也可以在标签中同时使用 id 和 name 属性，如下所示。

```
<img src="img/pic1.jpg" id= "people"name="people"/>
```

6．属性必须加上英文双引号

XHTML 中所有的属性，包括数值都必须加上英文双引号（""），如下所示代码。

```
<img name="" src="" width="32" height="32" alt="" />
```

7. 在 XHTML 中属性值必须使用完整形式

XHTML 中规定每一个属性都必须有一个值。没有值的属性也要必须用自己的名称作为值。例如，在 HTML 中，checked 属性是可以不取值的，但是在 XHTML 中必须用它自身的名称作为值。示例代码如下。

```
<input type="checkbox" name="sox" value="abc" checked="checked" />
```

8.2 XHTML 语言的核心标记

> 由于 HTML 是网页制作的标准语言，无论什么样的网页制作软件，都提供直接以 HTML 的方式来制作网页的功能。即使用所见即所得的编辑软件来制作网页，最后生成的其实都是 HTML 文件，HTML 语言有时候可以实现所见即所得工具所不能实现的功能。

 8.2.1 段落标记

为了文本排列的整齐和清晰，文字段落之间经常用<P>和</P>来做标记。段落的开始由<P>来标记，段落的结束由</P>来标记，</P>是可以省略的，因为下一个<P>的开始就意味着上一个<P>的结束。<P>标记还有一个属性 align，它用来指明字符显示时的对齐方式，一般值有 center、left、right 三种。下面是一个段落标记<P>的实例，在浏览器中预览，效果如图 8-2 所示。

```
<html>
<head>
<meta http-equiv="Content-Type" content="text/html; charset=gb2312" />
<title>段落</title>
</head>
<body>
<table width="400" border="0" align="center" cellpadding="0" cellspacing="0">
<tr>
<td height="240" align="center">
<p>难道还嫌我伤得不够深</p>
<p>和她一起故作亲热</p>
<p>我想要学会坚强把你忘掉<BR>
</p>
</td>
</tr>
</table>
</body>
</html>
```

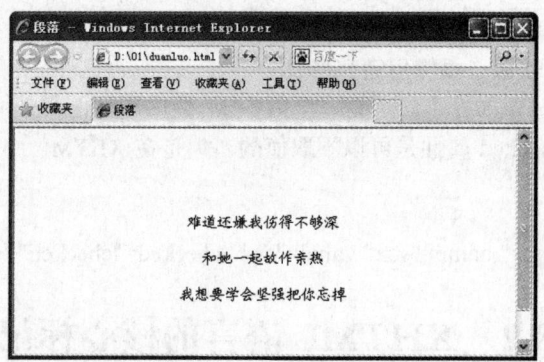

图 8-2　段落标记效果

 8.2.2　文字标记

<font></font>是一对很有用的标记对，它可以对输出文本的字号大小、颜色进行随意改变，这些改变主要是通过对它的两个属性 size 和 color 的控制来实现的。size 属性用来改变字体的大小，color 属性用来改变文本的颜色。

文字大小设置的标记是 font，font 有一个属性 size，通过指定 size 属性设置字号大小，可以在 size 属性值之前加上"+"、"−"字符，指定相对于字号初始值的增量或减量。其属性及属性值如表 8-1 所示。

表 8-1　文字标记

属性名称	说　明	取　值
face	字体名称	字体名称，如"宋体"、"幼圆"、"隶属"等，默认为宋体
color	字体颜色	可以用英文单词，也可以用颜色的十六进制数表示方法，例如可以用 red，也可以用 #FF0000
size	字号大小	属性值为 1～7 的数字，默认值为 3
<b></b>	粗体	使文本成为粗体
<i></i>	斜体	使文本成为斜体
<u>和</u>	下画线	给文本加上下画线
^和	上标体	以上标显示文本（HTML 3.2+）
_和	下标体	以下标显示文本（HTML 3.2+）
<s>和</s>	删除画线	以删除画线的形式显示文本

下面是一个文字标记<font>的实例，在浏览器中预览，效果如图 8-3 所示。

```
<html>
<head>
<meta http-equiv="Content-Type" content="text/html; charset=gb2312" />
<title>文字标记</title>
</head>
<body>
<table    width="400"    border="0"    align="center"    cellpadding="5"
cellspacing="0">
  <tr>
```

```
<td><font color="#CC3300" size="+3" face="宋体"><b>18 号字体</b></font></td>
</tr>
 <tr>
<td><font color="#669900" size="+4" face="宋体"><i>24 号字体</i></font></td>
</tr>
 <tr>
<td><font color="#00CCFF" size="+5" face="宋体"><b>36 号字体</b></font></td>
</tr>
</table>
</body>
</html>
```

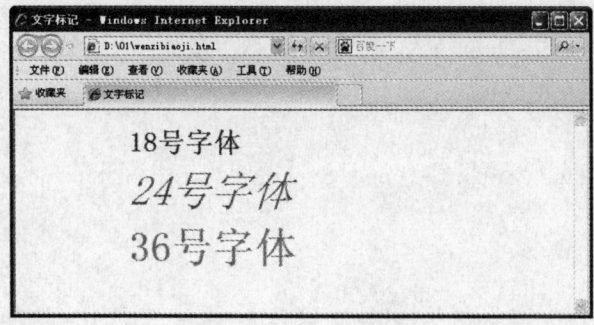

图 8-3　文字标记效果

8.2.3　超链接标记

HTML 文件中最重要的应用之一就是超链接，超链接是一个网站的灵魂，Web 上的网页是互相链接的，单击被称为超链接的文本或图形就可以链接到其他页面。超文本具有的链接能力，可层层链接相关文件，这种具有超级链接能力的操作，即称为超级链接。超级链接除了可链接文本外，也可链接各种媒体，通过它们可享受丰富多彩的多媒体世界。

```
<a href=""></a>
```

本标记对应的属性 "href" 无论如何都是不可缺少的，标记对之间加入需要链接的文本或图像。href 的值可以是 URL 形式，即网址或相对路径，也可以是 Mailto 形式，即发送 E-mail 形式。

对于第一种情况，语法为<a href="URL"></a>，这就能创建一个超文本链接了，例如：<a href="123.html">大家好！</a>。对于第二种情况，语法为<a href="Mailto: Email"></a>，这就创建了一个自动发送电子邮件的链接，Mailto:后边紧跟想要发送的电子邮件的地址（即 E-mail 地址），例如，<a href="Mailto:ll@163.com">发电子邮件给我吧！</a>。

此外，<a href=""></a>还具有 target 属性，此属性用来指明浏览的目标帧。如果不使用 target 属性，当浏览者单击了链接之后将在原来的浏览器窗口中浏览新的 HTML 文档。若 target 的值

153

学用一册通：Dreamweaver CS6+ASP 动态网站开发

等于_blank，单击链接后将会打开一个新的浏览器窗口来浏览新的 HTML 文档，例如：<a
href="123.html" target="_blank">大家好！</a>。超链接标记的属性说明如表 8-2 所示。

表 8-2　超链接标记

属性名称	说　　明	取　　值
href	超链接 URL 地址	可以是本地网站一个文件，也可以是一个网址，也可以是一个 E-mail 信箱
target	指定打开超链接的窗口	属性值有： _blank：在新窗口打开链接 _parent：在当前窗口的上一级窗口打开链接 _self：在当前窗口打开链接，默认值为_self _top：在整个浏览器窗口中打开链接
title	当鼠标移动到链接上时显示的说明文字	属性值可以是字符串，一般是链接网页比较详细的说明

下面是一个超链接标记< href>的实例，在浏览器中预览，效果如图 8-4 所示。

```html
<html>
<head>
<meta http-equiv="Content-Type" content="text/html; charset=gb2312" />
<title>超链接</title>
</head>
<body>
<table border="0" align="center" cellpadding="0" cellspacing= "0">
<tr>
<td height="40"><p><a href="123.html" target="_blank">大家好！</a></p>
<p><a href="Mailto:ll@163.com">发电子邮件给我吧！</a></p></td>
</tr>
</table>
</body>
</html>
```

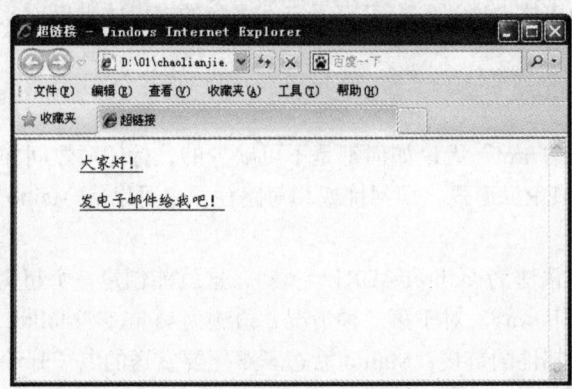

图 8-4　超链接标记效果

154

 8.2.4 图像标记

<img>标记并不是真正地把图像加入到 HTML 文档中，而是将标记对的 src 属性赋值，这个值是图像文件的文件名，当然包括路径，这个路径可以是相对地址，也可以是绝对地址。实际上就是通过路径将图像文件嵌入到文档中。所谓相对路径是指所要链接或嵌入到当前 HTML 文档的文件与当前文件的相对位置所形成的路径。假如 HTML 文件与图像文件（文件名假设是 tu.gif）在同一个目录下，则可以将代码写成<img src="tu.gif">；如图像文件放在当前的 HTML 文档所在目录的一个子目录（子目录名假设是 images）下，则代码应为<img src="images/ tu.gif">。

src 属性在<img>标记中是必须赋值的，是标记中不可缺少的一部分。除此之外，<img>标记还有 alt、align、border、width 和 height 属性。

● align 是图像的对齐方式。

● border 属性是图像的边框，可以取大于或者等于 0 的整数，默认单位是像素。

● width 和 height 属性是图像的宽和高，默认单位也是像素。

● alt 属性是当鼠标移动到图像上时显示的文本。

下面是一个图像标记<img>的实例，在浏览器中预览，效果如图 8-5 所示。

图 8-5　图像标记效果图

```
    </body>
    </html>
    <meta http-equiv="Content-Type" content="text/html; charset=gb2312" />
    <title>图像</title>
    </head>
    <body>
    <table    width="600"    border="0"    align="center"    cellpadding="0"
cellspacing="0">
    <tr>
    <td><div align="center">
    <img src="images/tu.gif" alt="图像" width="400" height="304" border="0"
```

```
   align="middle">
</div></td>
</tr>
</table>
</body>
</html>
```

8.2.5 表格标记

表格标记对于制作网页是很重要的，现在很多网页都使用多重表格，利用表格可以实现各种不同的布局方式，而且可以保证当浏览者改变页面字号大小的时候保持页面布局，还可以任意地进行背景和前景颜色的设置。<table></table>标记用来创建表格，表格标记的属性和用途如表 8-3 所示。

表 8-3　表格标记

属　　性	用　　途
<table bgcolor="">	设置表格的背景色
<table border="">	设置边框的宽度，若不设置此属性，则边框宽度默认为 0
<table bordercolor="">	设置边框的颜色
<table bordercolorlight="">	设置边框明亮部分的颜色（当 border 的值大于等于 1 时才有用）
<table bordercolordark="">	设置边框昏暗部分的颜色（当 border 的值大于等于 1 时才有用）
<table cellspacing="">	设置表格子之间空间的大小
<table cellpadding="">	设置表格子边框与其内部内容之间空间的大小
<table width="">	设置表格的宽度，单位用像素或百分比

下面是一个表格标记<table>的实例，在浏览器中预览，效果如图 8-6 所示。

```
<html>
<head>
<meta http-equiv="Content-Type" content="text/html; charset=gb2312" />
<title>表格</title>
</head>
<body>
<table    width="400"    border="1"    align="center"    cellpadding="4"
cellspacing="1"
bordercolor="#996600">
<tr>
<td height="30" align="center" bgcolor="#66CCFF">歌手</td>
<td align="center" bgcolor="#66CCFF">黄品源</td>
<td align="center" bgcolor="#66CCFF">吴克群</td>
<td align="center" bgcolor="#66CCFF">SHE</td>
<td align="center" bgcolor="#66CCFF">容祖儿</td>
</tr>
<tr>
<td height="30" align="center" valign="middle" bgcolor="#FFCCFF">歌名</td>
<td align="center" bgcolor="#FFCCFF">爱你爱你</td>
```

```
<td align="center" bgcolor="#FFCCFF">将军令</td>
<td align="center" bgcolor="#FFCCFF">触电</td>
<td align="center" bgcolor="#FFCCFF">爱情复兴</td>
</tr>
</table>
</body>
</html>
```

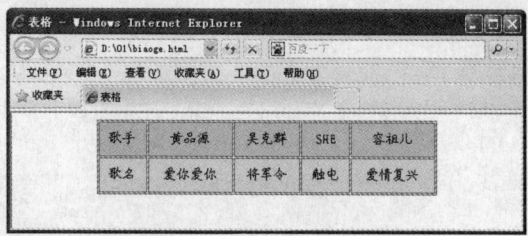

图 8-6　表格标记效果图

 8.2.6　框架标记

框架主要包括两个部分，一个是框架集，另一个就是框架。框架集是在一个文档内定义一组框架结构的 HTML 网页。框架集定义了在一个窗口中显示的框架数、框架的尺寸、载入到框架的网页等。而框架则是指在网页上定义的一个显示区域。

在使用了框架集的页面中，页面的<body>标记被<frameset>标记所取代，然后通过<frame>标记定义每一个框架。

框架网页涉及的几个网页的源代码，分别是框架网页文件、左边框中的网页文件和右边框中的网页文件，框架网页的效果如图 9-7 所示。

框架网页文件：

```
<html>
<head>
<meta http-equiv="Content-Type" content="text/html; charset=gb2312" />
<title>无标题文档</title>
</head>
<frameset    rows="*"    cols="236,*"    framespacing="0"    frameborder="no"
border="0">
  <frame        src="left.html"        name="leftFrame"        scrolling="No"
noresize="noresize"
 id="leftFrame" />
  <frame src="right.html" name="mainFrame" id="mainFrame" />
</frameset>
<noframes><body>
</body>
</noframes></html>
```

左边框中的网页文件：

157

```
<html>
<head>
<meta http-equiv="Content-Type" content="text/html; charset=gb2312" />
<title>左侧框架</title>
</head>
<body>
<table width="225" border="0" cellspacing="0" cellpadding="0">
  <tr>
    <td><IMG height=48
          src="images/spring_m2.jpg" width=222 border=0></td>
  </tr>
  <tr>
    <td><TABLE cellSpacing=0 cellPadding=2 width="75%" border=0>
      <TBODY>
        <TR>
          <TD height=45><p>一条生活在深海里的鱼 </p>
              <p>中国传统的人文教育是成功的 </p>
              <p>"传统智慧"难破基础教育危机 </p>
              <p>有自己的生活环境和国度</p></TD>
        </TR>
      </TBODY>
    </TABLE></td>
  </tr>
</table>
</body>
</html>
```

右边框中的网页文件：

```
<html>
<head>
<meta http-equiv="Content-Type" content="text/html; charset=gb2312" />
<title>右侧框架</title>
</head>
<body>
<table     width="100%"     border="0"     cellpadding="0"     cellspacing="1"
bgcolor="#66CC00">
  <tr>
    <td height="30" bgcolor="#66CC00">我 的 心 情 </td>
  </tr>
  <tr>
    <td height="30" bgcolor="#FFCC66">2006 年 12 月 17 日</td>
  </tr>
```

```
<tr>
   <td bgcolor="#FFFFFF"><p><font face="新宋体" size="3">    我是一条生活在深
海里的鱼，有自己的生活环境和国度。但是内心狂躁不安，有自己的幻想，想飞跃这大海的包围。但是，
飞出去，我便不能生存。于是我来到这里，找一个喘息的地方，和我的梦在一起。但是又有朋友告诉我：
不是自不量力，而是想证明鱼一辈子不仅仅只待在水里，鱼不仅要畅游水中还要翱翔天际。鱼也有自己梦
想中的浪漫和完美，于是睁大眼睛一直游，不敢停下来……不管在水里还是在天上，我总不停息…… 鱼
儿梦的世界没有快乐，只有坚持。 </font></p>
      <p> </p></td>
   </tr>
</table>
</body>
</html>
```

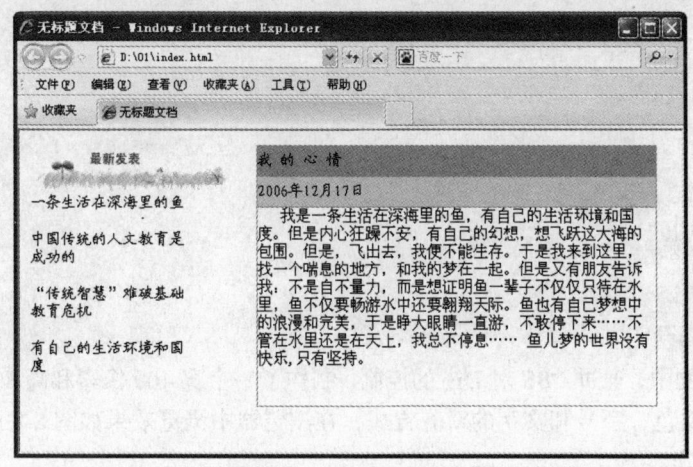

图 8-7　框架网页效果

8.2.7　Div 标记

CSS 的出现使得网页布局有了新的曙光。利用 CSS 属性，可以精确地设定元素的位置，还能将定位的元素叠放在彼此之上。当使用 CSS 布局时，主要把它用在 Div 标签上，<div>与</div>之间相当于一个容器，可以放置段落、表格、图片等各种 HTML 元素。

Div 是用来为 HTML 文档内大块的内容提供结构和背景的元素。Div 的起始标签和结束标签之间的所有内容都是用来构成这个块的，其中所包含元素的特性由 Div 标签的属性或通过使用 CSS 来控制的。

下面列出一个简单的实例讲述 Div 的使用。

实例代码：

```
<!DOCTYPE html PUBLIC "-//W3C//DTD XHTML 1.0 Transitional//EN"
"http://www.w3.org/TR/xhtml1/DTD/xhtml1-transitional.dtd">
<html xmlns="http://www.w3.org/1999/xhtml">
```

```
<head>
<meta http-equiv="Content-Type" content="text/html; charset=gb2312" />
<title>Div 的简单使用</title>
<style type="text/css">
<!--
div{    font-size:26px;                 /* 字号大小 */
    font-weight:bold;                   /* 字体粗细 */
    font-family:Arial;                  /* 字体 */
    color:#330000;                      /* 颜色 */
    background-color:#66CC00;           /* 背景颜色 */
    text-align:center;                  /* 对齐方式 */
    width:400px;                        /* 块宽度 */
    height:80px;                        /* 块高度 */
}
-->
</style>
  </head>
<body>
    <div>这是一个 div 的简单使用</div>
</body>
</html>
```

在上面的实例中，通过 CSS 对 Div 的控制，制作了一个宽 400 像素和高 80 像素的绿色块，并设置了文字的颜色、字号和文字的对齐方式，在浏览器中浏览效果如图 8-8 所示。

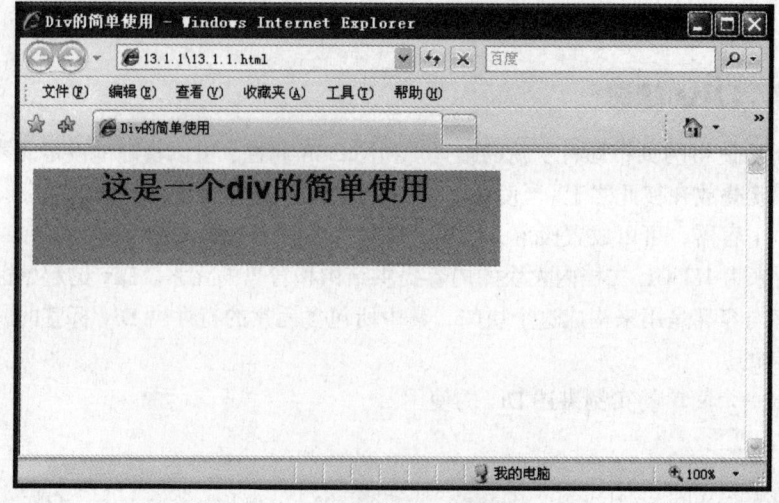

图 8-8　Div 的简单使用

160

8.3　CSS 概述

> 为了解决 HTML 结构标记与表现标记混杂在一起的问题，引入了 CSS 这个新的规范来专门负责页面的表现形式。XHTML 用于结构化内容；CSS 用于决定页面的表现形式。

 8.3.1　CSS 的概念

CSS（Cascading Style Sheet，层叠样式表）是一种制作网页的新技术，现在已经为大多数浏览器所支持，成为网页设计必不可少的工具之一。

网页最初是用 HTML 标记来定义页面文档及格式，如标题<hl>、段落<p>、表格<table>等。但这些标记不能满足更多的文档样式需求，为了解决这个问题，在 1997 年 W3C 颁布 HTML4 标准的同时也公布了有关样式表的第一个标准 CSS1。自 CSS1 的版本之后，又在 1998 年 5 月发布了 CSS2 版本，样式表得到了更多的充实。使用 CSS 能够简化网页的格式代码，加快下载显示的速度，也减少了需要上传的代码数量，大大减少了重复劳动的工作量。

样式表首要目的是为网页上的元素精确定位。其次，它把网页上的内容结构和格式控制相分离。浏览者想要看的是网页上的内容结构，而为了让浏览者更好地看到这些信息，就要通过使用格式来控制。内容结构和格式控制相分离，使得网页可以仅由内容构成，而将所有网页的格式通过 CSS 样式表文件来控制。如图 8-9 所示使用 CSS 美化的网页。

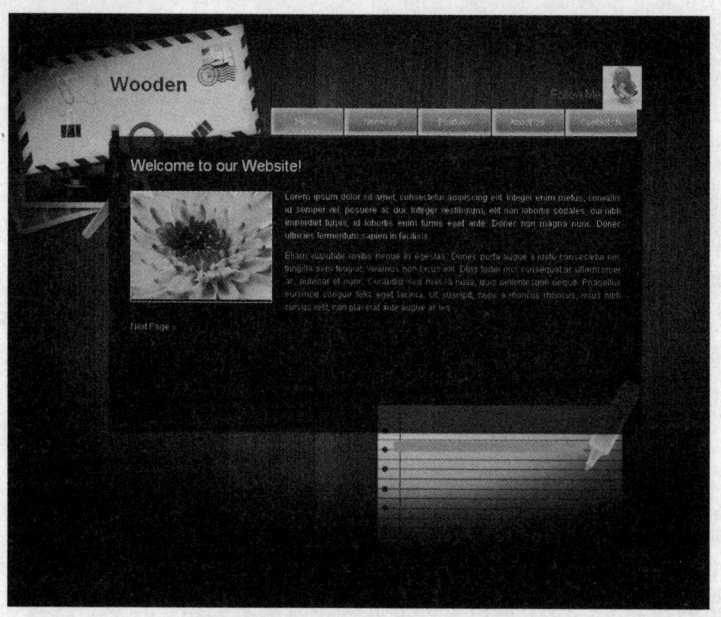

图 8-9　使用 CSS 美化的网页

CSS 主要有以下优点。

- 利用 CSS 制作和管理网页都非常方便，这只是 CSS 的其中一个优点，它还有其他的优点。
- CSS 可以更加精细地控制网页的内容形式，如前面学过的<font>标记中的 size 属性，它用来控制文字的大小，但它控制的字体大小只有 7 级，要是出现需要使用 10 像素或 100 像素大的字体的情况，HTML 标记就无能为力了。利用 CSS 可以办到，它可以随意设置字体的大小。
- CSS 样式是丰富多彩的，如滚动条的样式定义、鼠标光标的样式定义等。
- CSS 的定义样式灵活多样，可以根据不同的情况，选用不同的定义方法，如可以在 HTML 文件内部定义，可以分标记定义、分段定义，也可以在 HTML 文件外部定义，基本上能满足使用。

8.3.2　CSS 的基本语法

一个样式表一般由若干样式规则组成，每条样式规则都可以看做是一条 CSS 的基本语句，每条规则都包含一个选择器（例如：BODY，P 等）和写在花括号里的声明，这些声明通常是由几组用分号分隔的属性和值组成。每个属性带一个值，共同描述整个选择器应该如何在浏览器中显示。一条 CSS 语句的结构如下：

```
选择器{样式属性：取值；样式属性：取值；样式属性：取值；……}
```

例如下标记

```
body {margin: 0;    padding:0;font-size: 12;width: 100%;}
```

- 选择器(Selector)指这组样式编码所要针对的对象，可以是一个 XHTML 标记，如 body；也可以是定义了特定 id 或 class 的标记，如 # main 选择符表示选择<div id=main>，即一个被指定了 main 为 id 的对象。浏览器将对 CSS 选择符进行严格的解析，每一组样式均会被浏览器应用到对应的对象上。
- 属性（ property ）是 CSS 样式控制的核心，对于每一个 XHTML 中的标记，CSS 都提供了丰富的样式属性，如颜色、大小、定位、浮动方式等。
- 值（ value ）是指属性的值，形式有两种，一种是指定范围的值，如 align 属性，只能应用 left、right、center 等值；另一种为数值，如 height 能够使用 0 ~ 9999，或其他数学单位来指定。

8.4　CSS 样式的属性

CSS 样式用来定义字体、颜色、边距和字间距等属性，可以使用 Dreamweaver CS6 来对所有的 CSS 属性进行设置。CSS 属性被分为 8 大类，分别是类型、背景、区块、方框、边框、列表、定位和扩展，下面分别进行介绍。

8.4.1　类型

执行"格式"|"CSS 样式"|"新建"命令，弹出"新建 CSS 规则"对话框，在该对话框中"选择或输入选择器名称"文本框中输入.1，如图 8-10 所示。

单击"确定"按钮，弹出"CSS 规则定义"对话框，在"分类"列表框中选择"类型"选项，"类型"属性用于设置网页中文本的字体、颜色及字体风格等，如图 8-11 所示。

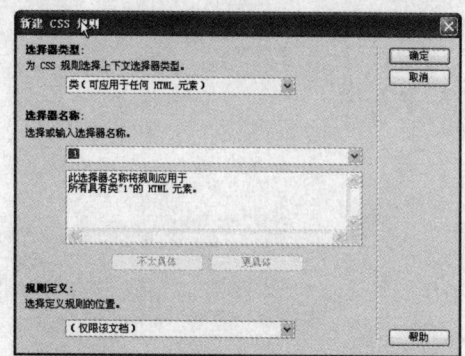

图 8-10　"新建 CSS 规则"对话框

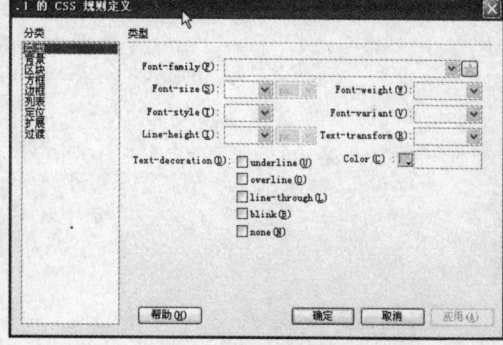

图 8-11　"CSS 规则定义"对话框

在 CSS 的"类型"选项中可以设置以下参数。

- Font-family：用于设置当前样式所使用的字体。
- Font-size：定义文本大小。可以通过选择数字和度量单位来选择大小，也可以选择相对大小。
- Font-style：将"正常"、"斜体"或"偏斜体"指定为字体样式。默认设置是"正常"。
- Line-height：设置文本所在行的高度。选择"正常"选项将自动计算字体大小的行高，或输入一个确切的值并选择一种度量单位。
- Text-decoration：向文本中添加下画线、上画线或删除线，或使文本闪烁。正常文本的默认设置是"无"。"链接"的默认设置是"下画线"。将"链接"设置为无时，可以通过定义一个特殊的类删除链接中的下画线。
- Font-weight：对字体应用特定或相对的粗体量。"正常"等于 400，"粗体"等于 700。
- Font-variant：设置文本的小型大写字母变量。Dreamweaver 不在文档窗口中显示该属性。
- Color：设置文本颜色。

代码揭秘：CSS 文本代码

使用 CSS 样式表可以定义丰富多彩的文字格式，文字的属性主要有字体、字号、加粗与斜体等。CSS 文字属性常见代码如下。

```
1  color : #999999; /*文字颜色*/
2  font-family : 宋体,sans-serif; /*文字字体*/
3  font-size : 9pt; /*文字大小*/
4  font-style:itelic; /*文字斜体*/
5  font-variant:small-caps; /*小字体*/
6  letter-spacing : 1pt; /*字间距离*/
```

163

学用一册通：Dreamweaver CS6+ASP 动态网站开发

```
7   line-height : 200%; /*设置行高*/
8   font-weight:bold; /*文字粗体*/
9   vertical-align:sub; /*下标字*/
10  vertical-align:super; /*上标字*/
11  text-decoration:line-through; /*加删除线*/
12  text-decoration:overline; /*加顶线*/
13  text-decoration:underline; /*加下画线*/
14  text-decoration:none; /*删除链接下画线*/
15  text-transform : capitalize; /*首字大写*/
16  text-transform : uppercase; /*英文大写*/
17  text-transform : lowercase; /*英文小写*/
18  text-align:right; /*文字右对齐*/
19  text-align:left; /*文字左对齐*/
20  text-align:center; /*文字居中对齐*/
21  text-align:justify; /*文字分散对齐*/
22  vertical-align 属性
23  vertical-align:top; /*垂直向上对齐*/
24  vertical-align:bottom; /*垂直向下对齐*/
25  vertical-align:middle; /*垂直居中对齐*/
26  vertical-align:text-top; /*垂直向上对齐*/
27  vertical-align:text-bottom; /*垂直向下对齐*
```

8.4.2 背景

在"分类"列表框中选择"背景"选项，背景属性的功能主要是在网页的元素后面添加固定的背景颜色或图像，如图 8-12 所示。

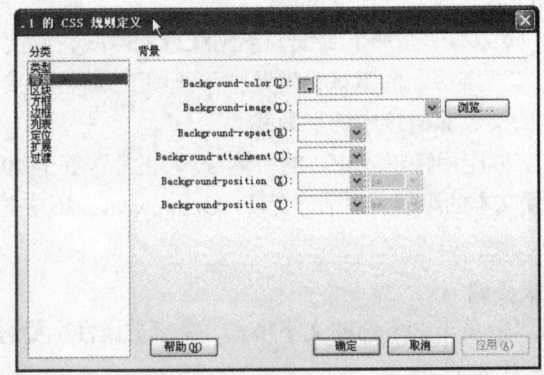

图 8-12 "背景"选项

在 CSS 的"背景"选项中可以设置以下参数。

● Background-color：设置元素的背景颜色。
● Background-image：设置元素的背景图像。可以直接输入图像的路径和文件，也可以单击"浏览"按钮选择图像文件。

- Background-repeat：确定是否及如何重复背景图像。包含 4 个选项："不重复"指在元素开始处显示一次图像；"重复"指在元素的后面水平和垂直平铺图像；"横向重复"和"纵向重复"分别显示图像的水平带区和垂直带区。图像被剪辑以适合元素的边界。
- Background-attachment：确定背景图像是固定在它的原始位置还是随内容一起滚动。
- Background-position（X）和 Background-position Y）：指定背景图像相对于元素的初始位置。可以用于将背景图像与页面中心垂直和水平对齐，如果附件属性为"固定"，则位置相对于文档窗口而不是元素。

代码揭秘：CSS 背景代码

背景属性是网页设计中应用非常广泛的一种技术。通过背景颜色或背景图像，能给网页带来丰富的视觉效果。HTML 的各种元素基本上都支持 background 属性，CSS 背景属性常见代码如下。

```
1  background-color:#F5E2EC; /*背景颜色*/
2  background:transparent; /*透视背景*/
3  background-image : url(/image/bg.gif); /*背景图片*/
4  background-attachment : fixed; /*浮水印固定背景*/
5  background-repeat : repeat; /*重复排列-网页默认*/
6  background-repeat : no-repeat; /*不重复排列*/
7  background-repeat : repeat-x; /*在 x 轴重复排列*/
8  background-repeat : repeat-y; /*在 y 轴重复排列*/
9  background-position : 90% 90%; /*背景图片 x 与 y 轴的位置*/
10 background-position : top; /*向上对齐*/
11 background-position : buttom; /*向下对齐*/
12 background-position : left; /*向左对齐*/
13 background-position : right; /*向右对齐*/
14 background-position : center; /*居中对齐*/
```

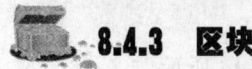 **8.4.3　区块**

在"分类"列表框中选择"区块"选项，可以定义样式的间距和对齐设置，如图 8-13 所示。

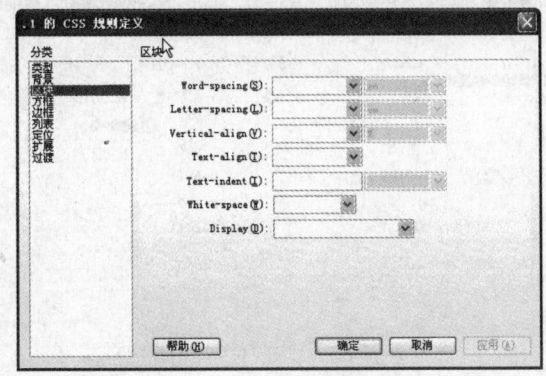

图 8-13　"区块"选项

在 CSS 的"区块"选项中可以设置以下参数。

- Word-spacing：设置单词的间距，若要设置特定的值，在第一个下拉列表中选择"值"，然后输入一个数值，在第二个下拉列表中选择度量单位。
- Letter-spacing：增加或减小字母或字符的间距。若要减少字符间距，指定一个负值。
- Vertical-align：指定应用它的元素的垂直对齐方式。仅当应用于\<img\>标签时，Dreamweaver 才在文档窗口中显示该属性。
- Text-align：设置元素中的文本对齐方式。
- Text-indent：指定第一行文本缩进的程度。可以使用负值创建凸出，但显示取决于浏览器。仅当标签应用于块级元素时，Dreamweaver 才在文档窗口中显示该属性。
- White-space：确定如何处理元素中的空白。从下面 3 个选项中选择："正常"指收缩空白；"保留"的处理方式与文本被括在\<pre\>标签中一样（即保留所有空白，包括空格、制表符和回车）；"不换行"指定仅当遇到\<br\>标签时文本才换行。Dreamweaver 不在文档窗口中显示该属性。
- Display：指定是否及如何显示元素。

代码揭秘：CSS 区块代码

利用 CSS 还可以控制区块段落的属性，主要包括单词间隔、字符间隔、纵向排列、文本排列、文本缩进等。

```
1  letter-spacing: 10px ; /* 调整字母间距*/
2  word-spacing: 3px; /* 调整单词间距*/
3  text-align: right; /* 文本排列方式*/
4  text-indent: 4px; /* 调整段落缩进*/
5  vertical-align: super;/* 垂直对齐方式*/
6  white-space: nowrap;  /* 规定段落中的文本不进行换行*/
```

8.4.4 方框

在"分类"列表框中选择"方框"选项，可以定义方框的属性如图 8-14 所示。

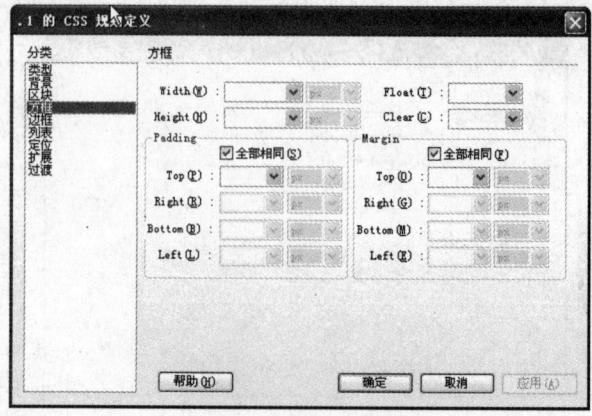

图 8-14 "方框"选项

166

在 CSS 的"方框"选项中可以设置以下参数。

- Width 和 Height：设置元素的宽度和高度。
- Float：设置其他元素在哪个边围绕元素浮动。其他元素按通常的方式环绕在浮动元素的周围。
- Clear：定义不允许 AP Div 的边。如果清除边上出现 AP Div，则带清除设置的元素将移到该 AP Div 的下方。
- Padding：指定元素内容与元素边框（如果没有边框，则为边距）之间的间距。取消勾选"全部相同"复选框可设置元素各个边的填充；"全部相同"将相同的填充属性设置为它应用于元素的"Top"、"Right"、"Bottom"和"Left"侧。
- Margin：指定一个元素的边框（如果没有边框，则为填充）与另一个元素之间的间距。仅当应用于块级元素（段落、标题和列表等）时，Dreamweaver 才在文档窗口中显示该属性。取消勾选"全部相同"复选框可设置元素各个边的边距；"全部相同"将相同的边距属性设置为它应用于元素的"Top"、"Right"、"Bottom"和"Left"侧。

8.4.5　边框

在"分类"列表框中选择"边框"选项，可以定义边框的属性，如图 8-15 所示。

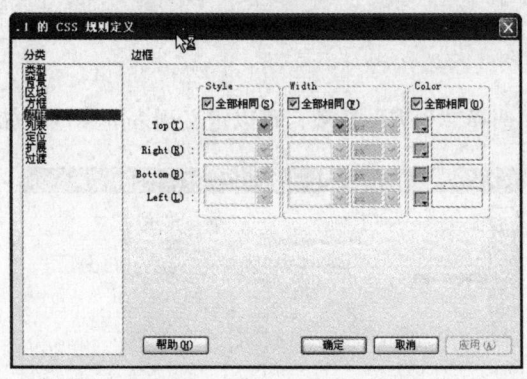

图 8-15　"边框"选项

在 CSS 的"边框"选项中可以设置以下参数。

- Style：设置边框的样式外观。样式的显示方式取决于浏览器。Dreamweaver 在文档窗口中将所有样式呈现为实线。取消勾选"全部相同"复选框可设置元素各个边的边框样式；"全部相同"将相同的边框样式属性设置为它应用于元素的"Top"、"Right"、"Bottom"和"Left"侧。
- Width：设置边框的粗细。取消勾选"全部相同"复选框可设置元素各个边的边框宽度；"全部相同"将相同的边框宽度设置为它应用于元素的"Top"、"Right"、"Bottom"和"Left"侧。

● Color：设置边框的颜色。可以分别设置每个边的颜色。取消勾选"全部相同"复选框可设置元素各个边的边框颜色；"全部相同"将相同的边框颜色设置为它应用于元素的"Top"、"Right"、"Bottom"和"Left"侧。

代码揭秘：CSS 边框代码

border 是 CSS 的一个属性，用它可以给 HTML 标签（如 td、Div 等）添加边框，它可以定义边框的样式（style）、宽度（width）和颜色（color），利用这 3 个属性相互配合，能设计出很好的效果。CSS 边框属性常见代码如下。

```
1  border-top : 1px solid #6699cc      上框线
2  border-bottom : 1px solid #6699cc   下框线
3  border-left : 1px solid #6699cc     左框线
4  border-right : 1px solid #6699cc    右框线
5  solid          实线框
6  dotted         虚线框
7  double         双线框
8  groove         立体内凸框
9  ridge          立体浮雕框
10 inset          凹框
11 outset         凸框
```

8.4.6 列表

在"分类"列表框中选择"列表"选项，可以定义列表的属性，如图 8-16 所示。

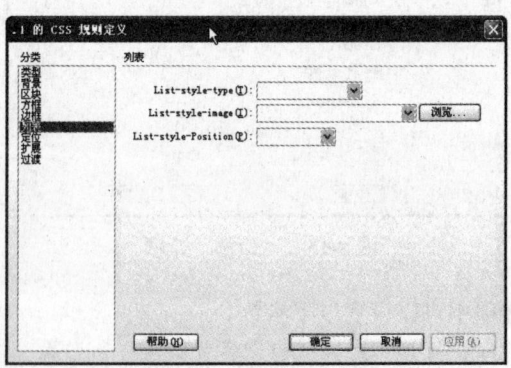

图 8-16　"列表"选项

在 CSS 的"列表"选项中可以设置以下参数。

● List-style-type：设置项目符号或编号的外观。

● List-style-image：可以为项目符号指定自定义图像。单击"浏览"按钮选择图像，或输入图像的路径。

● List-style-Position：设置列表项文本是否换行和缩进（外部）及文本是否换行到左边（内部）。

代码揭秘：CSS 列表代码

　　列表是一种非常实用的数据排列方式，它以条列式的模式来显示数据，使读者能够一目了然。在网页中，列表元素通常用来定义导航，或者文章标题列表等内容。在 CSS 中，可以通过相应的属性，控制列表元素的各种显示效果。

```
1  list-style-type:disc; /* 设置列表符号类型*/
2  list-style-image: url("images/list.png");  /* 设置图像为项目符号*/
3  list-style-position: inside; /* 用来定义列表中标签的显示位置，在样式属性中，常
用两个属性值：outside、inside。*/
```

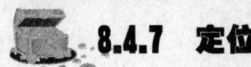

8.4.7　定位

　　在"分类"列表框中选择"定位"选项，如图 8-17 所示。

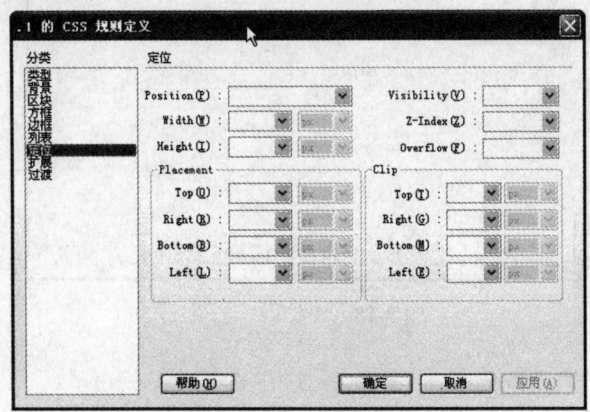

图 8-17　"定位"选项

　　在 CSS 的"定位"选项中可以设置以下参数。

● Position：在 CSS 布局中，Position 发挥着非常重要的作用，很多容器的定位都是用 Position 来完成的。Position 属性有 4 个可选值，它们分别是 static、absolute、fixed、relative。

（1）absolute：能够很准确地将元素移动到想要的位置，绝对定位元素的位置。

（2）fixed：相对于窗口的固定定位。

（3）relative：相对定位是相对于元素默认的位置的定位。

（4）static：该属性值是所有元素定位的默认情况，在一般情况下，不需要特别去声明它，但有时候遇到继承的情况，不愿意见到元素所继承的属性影响本身，从而可以用 position:static 取消继承，即还原元素定位的默认值。

● Visibility。如果不指定可见性属性，则默认情况下大多数浏览器都继承父级的值。

● Placement：指定 AP Div 的位置和大小。

● Clip：定义 AP Div 的可见部分。如果指定了剪辑区域，可以通过脚本语言访问它，并操作属性以创建像擦除这样的特殊效果。通过使用"改变属性"行为也可以设置这些擦除效果。

 ### 8.4.8　扩展

在"分类"列表框中选择"扩展"选项，如图 8-18 所示。

在 CSS 的"扩展"选项中可以设置以下参数。

● Page-break-before：其中两个属性的作用是为打印的页面设置分页符。

● Page-break-after：检索或设置对象后出现的页分隔符。

● Cursor：指针位于样式所控制的对象上时改变指针图像。

● Filter：对样式所控制的对象应用特殊效果。

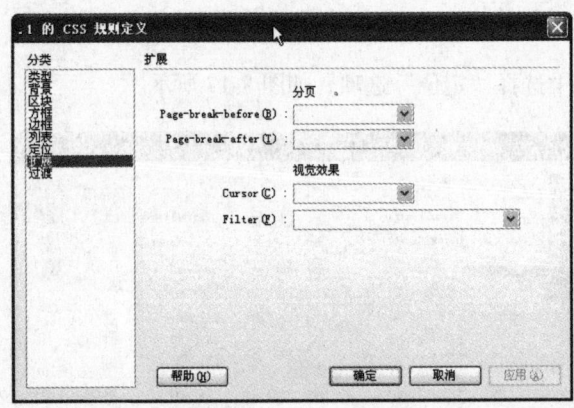

图 8-18　"扩展"选项

代码揭秘：CSS 扩展滤镜代码

　　CSS 滤镜可分为基本滤镜和高级滤镜两种。CSS 滤镜可以直接作用于对象上，并且立即生效的滤镜称为基本滤镜。而要配合 JavaScript 等脚本语言，能产生更多变幻效果的则称为高级滤镜。

```
 1  filter: Alpha(Opacity=70); /* 设置对象的不透明度*/
 2  filter: Blur(Add=true, Direction=100, Strength=8);  /* 设置动感模糊效果，
Add 设置滤镜是否激活，Direction 用来设置模糊的方向，Strength 设置模糊的宽度。*/
 3  filter: chroma(color=#F6EFCC); /* 设置指定的颜色为透明色。*/
 4  filter: dropShadow(color=#3366FF, offX=2, offY=1, positive=1); /* 设置
阴影效果，color 控制阴影的颜色，offX 和 offY 分别设置阴影相对于原始图像移动的水平距离和垂直
距离，positive 设置阴影是否透明。*/
 5  filter: FlipH;  /* 水平翻转 */
 6  filter: FlipV;  /* 垂直翻转 */
 7  filter: Glow(Color=#fbf412, Strength=8); /* 设置发光效果，Color 用于设置发
光的颜色，Strength 用于设置发光的强度。*/
 8  filter: Gray;  /* 把一张图片变成灰度图 */
 9  filter: Xray;  /* X 光片效果 */
10 filter: Wave(Add=true, Freq=2, LightStrength=20, Phase=50, Strength=40);
/* 把对象按照波形样式打乱*/
```

8.5　专家秘笈

1．是否可以利用大写来书写 HTML 标签元素？

对于大多数 HTML 标签元素，可以利用大写体或小写体及两者的混合体来书写标签元素。比如<html></html>和<HTML></HTML>同等有效。但如果是特殊字符的标签元素，只能使用小写体。

2．CSS 的 3 种用法在一个网页中可以混用吗？

CSS 的 3 种用法可以在一个网页中混用，而且不会造成混乱。浏览器在显示网页时，先检查有没有行内插入式 CSS，有就执行，针对本句的其他 CSS 就不去管它了。其次检查头部方式的 CSS，有就执行。在前两者都没有的情况下再检查外部链接文件方式的 CSS。因此可看出，3 种 CSS 的执行优先级是：行内插入方式、头部方式和外部文件方式。

在多个网页中要用到同一个 CSS 样式时，采用外部 CSS 文件的方式，这样网页的代码会大大减少，修改起来非常方便；只在单个网页中使用 CSS 样式时，采用文档头部方式；在一个网页中的一两个地方应用到 CSS 样式时，采用行内插入方式。

3．在 CSS 中有“〈!--”和“--〉”，不要行吗？

这一对标记的作用是为了不引起低版本浏览器的错误。如果某个执行此页面的浏览器不支持 CSS，它将忽略其中的内容。虽然现在使用不支持 CSS 浏览器的人已很少了，由于互联网上几乎什么可能都会发生，所以还是留着为好。

4．div 标签与 span 标签有什么区别？

虽然样式表可以套用在任何标签上，但是 div 和 span 标签的使用更是大大扩展了 HTML 的应用范围。div 和 span 这两个元素在应用上十分类似，使用时都必须加上结尾标签，也就是<div>...</div>和...。

span 和 div 的区别在于，div 是一个块级元素，可以包含段落、标题、表格，乃至章节、摘要和备注等。而 span 是行内元素，span 的前后是不会换行的，它没有结构的意义，纯粹是应用样式，当其他行内元素都不合适时，可以使用 span。

8.6　本章小结

因为传统的 HTML 语言存在一些局限性，同时 XML 语言又不被广大网页制作人员所熟悉，所以要建立一种同时具有 HTML 和 XML 特性的语言。XHTML 就是作为 HTML 向 XML 的过渡语言出现的。同时 XHTML 也更加便于和 CSS 相配合。本章重点介绍 HTML、XHTML 和 CSS 三者之间的关系，需要读者重点理解使用 CSS。

第 **9** 章　**JavaScript 特效网页**

学前必读：

　　JavaScript 是网页中广泛应用的一种脚本语言，使用 JavaScript 可以使网页产生动态效果，并以程序小巧而备受用户的欢迎。使用 JavaScript 重要的原因在于它能在用户的浏览器上进行处理，不需要使用服务器处理，浏览器本身就可以运行所有的数据和函数。

学习流程

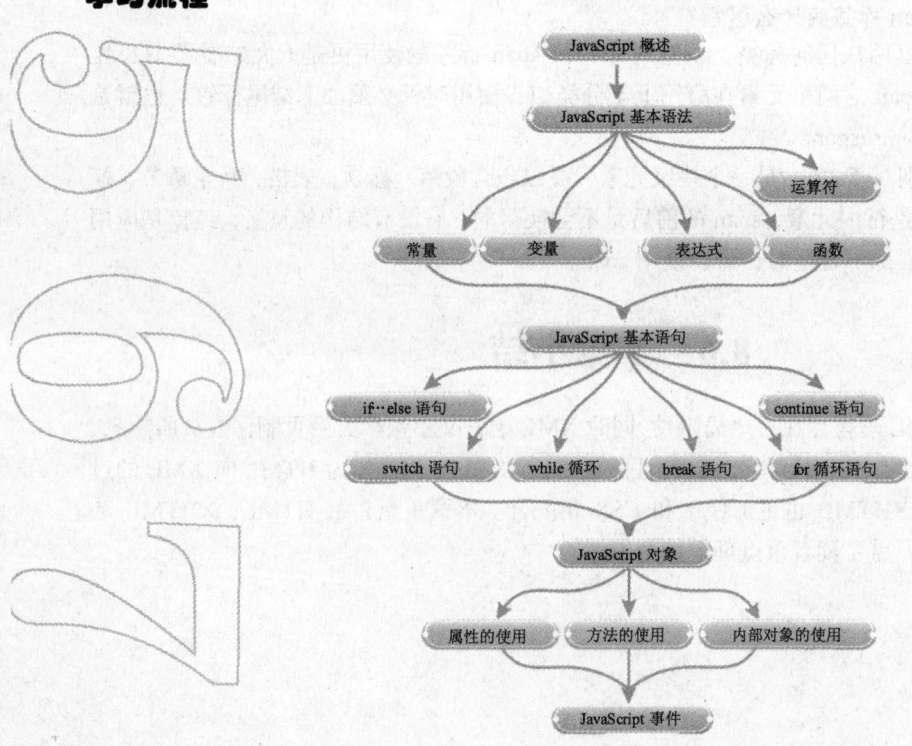

9.1　JavaScript 概述

前面第 9 章介绍了 HTML 语言的使用方法，但是使用 HTML 只能制作出静态的网页，无法独立地完成与客户端动态交互的网页任务。虽然也有其他的语言如 CGI、ASP、Java 等能制作出交互的网页，但是因为其编程方法较为复杂，而无法得到广泛使用。Netscape 公司开发出了 JavaScript 语言，它引进了 Java 语言的概念，是内嵌于 HTML 中的脚本语言。Java 和 JavaScript 语言虽然在语法上很相似，但它们仍然是两种不同的语言。JavaScript 仅仅是一种嵌入到 HTML 文件中的描述性语言，它并不编译产生机器代码，只是由浏览器的解释器将其动态地处理成可执行的代码。而 Java 语言则是一种比较复杂的编译性语言。

由于 JavaScript 由 Java 集成而来，因此它是一种面向对象的程序设计语言。它所包含的对象有两个组合部分，即变量和函数，也称为属性和方法。

JavaScript 语言具有以下特点。

- JavaScript 是一种脚本编写语言，采用小程序段的方式实现编程，也是一种解释性语言，提供了一个简易的开发过程。它与 HTML 标识结合在一起，从而方便用户的使用和操作。

- JavaScript 是一种基于对象的语言，同时也可以将其看做是一种面向对象的语言。这意味着它能运用自己已经创建的对象，因此许多功能可以来自于脚本环境中对象的方法与脚本的相互作用。

- JavaScript 具有简单性。首先它是一种基于 Java 基本语句和控制流之上的简单而紧凑的设计；其次它的变量类型采用弱类型，并未使用严格的数据类型。

- JavaScript 是一种安全性语言，它不允许访问本地硬盘，并且不能将数据存入到服务器上，不允许对网络文档进行修改和删除，只能通过浏览器实现信息浏览或动态交互，从而有效地防止数据丢失。

- JavaScript 是动态的，它可以直接对用户输入做出响应，无须经过 Web 服务程序。它对用户的反映响应，是采用以事件驱动的方式进行的。所谓事件驱动，就是指在主页中执行了某种操作所产生了动作，从而触发相应的事件响应。

- JavaScript 具有跨平台性。它依赖于浏览器本身，与操作环境无关，只要能运行浏览器并支持 JavaScript 浏览器的计算机就能正确执行。

下面通过简单的范例 1 来熟悉 JavaScript 的使用方法。

```html
<html>
<head>
<title>范例 1</title>
</head>
<body>
<script language="javascript">
```

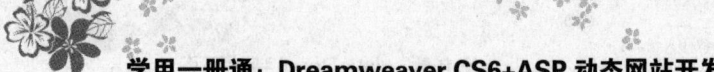

```
document.write("<font color=#FF0000>范例1:简单的 JavaScript!</font>");
</script>
<span class="STYLE1"></span>
</body>
</html>
```

在浏览器中浏览效果如图 9-1 所示。

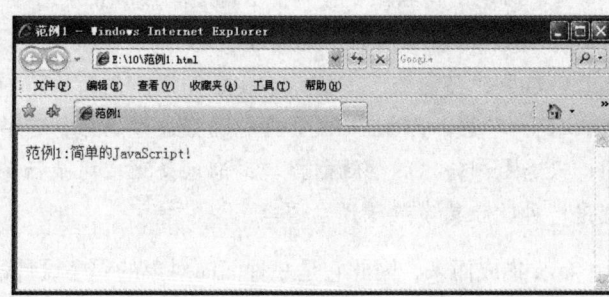

图 9-1　简单的 JavaScript 脚本

这就是一段简单的 JavaScript 脚本，它分为三个部分。第一部分是 script language="javascript"，它告诉浏览器下面的就是 JavaScript 脚本。开头使用<script>标记，表示这是一个脚本的开始，在<script>标记里使用 language 指明使用哪一种脚本，因为并不只存在 JavaScript 一种脚本，还有 VBScript 等脚本，所以这里就要用 language 属性指明使用的是 JavaScript 脚本，这样浏览器就能更轻松地理解这段文本的意思了。第二部分就是 JavaScript 脚本，用于创建对象、定义函数或是直接执行某一功能。第三部分是</script>，它用来告诉浏览器 JavaScript 脚本到此结束。

由<script></script>所包含的 JavaScript 脚本可以放在 HTML 文件中<head></head>标记之间，也可以放在<body></body>标记之间。如果放在<head></head>标记之间，它可以在网页或其余代码之前就进行装载，从而能使代码的功能或作用范围增大，一般用于对象的创建和函数的定义；如果放在<body></body>标记之间，其主要作用是动态效果的具体实现或控制。

JavaScript 为网页设计人员提供了极大的灵活性，它能够将网页中的文本、图形、声音和动画等各种媒体形式捆绑在一起，形成一个紧密结合的信息源。

9.2　JavaScript 基本语法

JavaScript 语言有着自己的常量和变量、表达式、运算符，以及程序的基本框架，下面将一一进行介绍。

9.2.1　常量

JavaScript 常量的值是不能改变的，主要包括如下几种：

● 整型常量：可以使用十六进制数、八进制数和十进制数表示其值。

- 实型常量：由整数部分加小数部分表示，如 10.2、13.8。可以使用科学或标准方法表示，如 3E2 等。
- 布尔值：只有两种状态，true 或 false。主要用来说明或代表一种状态，从而判断下一步的操作。
- 字符型常量：使用单引号或双引号引起来的一个或几个字符，如 "cyc" 等。
- 空值：在 JavaScript 语言中有一个空值 null，表示什么也没有。
- 特殊字符：JavaScript 中有些以反斜杠（/）开头的不可显示的特殊字符，通常称为控制字符。

 ## 9.2.2　变量

变量值在程序运行期间是可以改变的，它主要作为数据的存取容器。在使用变量的时候，最好对其进行声明。虽然在 JavaScript 中并不要求一定要对变量进行声明，但为了不至于混淆，还是要养成一个声明变量的习惯。变量的声明主要就是明确变量的名字、变量的类型，以及变量的作用域。

变量的命名是可以随意取的，但要注意以下几点。

- 变量名只能由字母、数字和下画线 "_" 组成，以字母开头，除此之外不能有空格和其他符号。
- 变量名不能使用 JavaScript 中的关键字，所谓关键字就是 JavaScript 中已经定义好并有着一定用途的字符，如 var、int 和 true 等。
- 在对变量命名时最好把变量的意义与其代表的意思对应起来，以免出现错误。

变量的类型，在 JavaScript 中声明变量使用的是 var 关键字，如：

```
var example1;
```

此处定义了一个名为 example1 的变量。

定义了变量就要向其赋值，也就是向里面存储一个值，这是利用赋值符 "=" 完成的。如：

```
var example1=50;
var example2=你好;
var example3=true;
var example4=null;
```

上面分别声明了 4 个变量，并同时赋予了它们值。变量的类型是由数据的类型来确定的。如上面，给变量 example1 赋值为 50，50 为数值，该变量就是数值变量。给变量 example2 赋值为 "你好"，"你好" 为字符串，该变量就是字符串变量。字符串就是使用双引号或单引号括起来的字符。给变量 example3 赋值为 true，true 为布尔常量，该变量就是布尔型变量，布尔型的数据类型一般使用 true 或 false 表示。给变量 example4 赋值为 null，null 就表示空值，即什么也没有。

这里再介绍一下变量的作用域。变量有一定的作用范围，当在函数体外定义变量时，该变量就是全局变量，该脚本内所有的函数都可以调用它，也就是它的作用范围是整个脚本；当在

函数体内部定义变量时，变量就是局部变量，只有该函数可以调用它，也就是它的作用范围仅是该函数。

 ### 9.2.3 运算符

在定义完变量后，就可以对其进行赋值、改变、计算等一系列操作，这一过程通常又通过表达式来完成，而表达式中的一大部分是在做运算符处理。运算符是用于完成操作的一系列符号。在 JavaScript 中运算符包括算术运算符、比较运算符和逻辑布尔运算符。

1．算数运算符

算术运算符可以进行加、减、乘、除和其他数学运算，如表 9-1 所示。

表 9-1　算术运算符

算术运算符	描　　述
+	加
-	减
*	乘
/	除
%	取模
++	递增 1
--	递减 1

2．比较运算符

比较运算符的基本操作是首先对其操作数进行比较，再返回一个 true 或 false 值。在 JavaScript 中的比较运算符如表 9-2 所示。

表 9-2　比较运算符

比较运算符	描　　述
<	小于
>	大于
<=	小于等于
>=	大于等于
=	等于
!=	不等于

3．逻辑运算符

逻辑运算符比较两个布尔值（真或假），然后返回一个布尔值，逻辑运算符如表 9-3 所示。

表 9-3　逻辑运算符

逻辑运算符	描　　述
!	取反
&&	逻辑与
//	逻辑或

 **9.2.4　表达式**

表达式其实就是变量、常量和运算符的集合，如 c=a+b，这就是一个表达式。表达式也同样分为算术表达式、赋值表达式及布尔表达式等，根据变量的类型和运算符的类型而定。

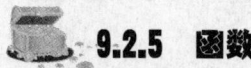 **9.2.5　函数**

读者已经能编写简单的 JavaScript 程序了，但对于复杂的程序需求可能觉得力不从心，难道所有的功能都需要自己一行一行的编写？本节学习 JavaScript 中的函数部分，相信可以解决很多读者的疑惑。在网页的应用中，很多功能需求是类似的，如显示当前的日期时间、检测输入数据的有效性等。函数能把完成相应功能的代码划分为一块，在程序需要时直接调用函数名即可完成相应功能。

JavaScript 中的函数是可以完成某种特定功能的一系列代码的集合，在函数被调用前函数体内的代码并不执行，即独立于主程序。编写主程序时不需要知道函数体内的代码如何编写，只需要使用函数方法即可。可把程序中大部分功能拆解成一个个函数，使程序代码结构清晰，易于理解和维护。函数的代码执行结果不一定是一成不变的，可以通过向函数传递参数，以解决不同情况下的问题，函数也可返回一个值（类似于表达式）。

JavaScript 中的函数不同于其他语言，每个函数都是作为一个对象被维护和运行的。通过函数对象的性质，可以很方便地将一个函数赋值给一个变量或者将函数作为参数传递。先看一下函数的使用语法，一般的函数都是以下格式：

```
Function 函数名（参数 1，参数 2，……）
{ [语句组]
Return [表达式]
}
```

- function：必选项，定义函数用的关键字。
- 函数名：必选项，合法的 JavaScript 标识符。
- 参数：可选项，合法的 JavaScript 标识符，外部的数据可以通过参数传送到函数内部。
- 语句组：可选项，JavaScript 程序语句，当为空时函数没有任何动作。
- return：可选项，遇到此指令函数执行结束并返回，当省略该项时函数将在右花括号处结束。
- 表达式:可选项，其值作为函数返回值。

由于定义函数要先于程序执行，一般在网页的头部信息部分定义函数。如果使用外部 js 文件调用的方法，可把函数定义于 js 文件中，实现多个网页共享函数的定义，共同调用函数，节约了大量的代码编写。

函数是命名的语句段，这个语句段可以被当做一个整体来引用和执行。使用函数要注意以下几点。

（1）函数由关键字 function 定义（也可由 Function 构造函数构造）。

177

（2）使用 function 关键字定义的函数在一个作用域内是可以在任意处调用的（包括定义函数的语句前）；而用 var 关键字定义的必须定义后才能被调用。

（3）函数名是调用函数时引用的名称，它对大小写是敏感的，调用函数时不可写错函数名。

（4）参数表示传递给函数使用或操作的值，它可以是常量，也可以是变量，也可以是函数。

9.3 JavaScript 基本语句

JavaScript 的基本语句主要有两种结构，一种是循环语句，如 for、while；一种是条件语句，如 if 等。

9.3.1 if…else 语句

if …else 语句是 JavaScript 中最基本的控制语句，通过它可以改变语句的执行顺序。

基本语法：

```
If(条件)
{执行语句1
}
else
{执行语句2
}
```

说明：当表达式的值为 true 时，则执行语句 1，否则执行语句 2。若 if 后的语句有多行，则必须使用花括号将其括起来。

if 语句可以嵌套使用，从而实现更加复杂的判断，其语法如下：

```
if（布尔值或布尔表达式）语句1；
else （布尔值或布尔表达式）语句2；
else if（布尔值或布尔表达式）语句3；
…
else 语句4；
```

在这种情况下，每一级的布尔表达式都会被计算，若某一级布尔表达式为真，则执行其后面相应的语句，否则向下判断。如果一直到最后的布尔表达式都为假，则执行 else 后的语句。

9.3.2 switch 语句

当判断条件比较多时，为了使程序更加清晰，可以使用 switch 语句。使用 switch 语句时，表达式的值将与每个 case 语句中的常量作比较。如果相匹配，则执行该 case 语句后的代码；如果没有一个 case 的常量与表达式的值相匹配，则执行 default 语句。当然，default 语句是可选的。如果没有相匹配的 case 语句，也没有 default 语句，则什么也不执行。

分支语句 switch 可以根据一个变量的不同取值而采取不同的处理方法。

基本语法：

```
switch()
{
case 条件 1:
语句块 1
case 条件 2:
语句块 2
…
default
语句块 N
}
```

9.3.3　for 循环语句

for 语句用于实现条件循环，即当条件成立时，执行语句集，否则跳出循环体。

基本语法：

```
for（初始化；条件；增量）
{
语句集；
…
}
```

说明：初始化参数告诉循环的开始位置，必须赋予变量初值；条件是用于判别循环停止时的条件，若条件满足，则执行循环体，否则跳出循环；增量主要定义循环控制变量在每次循环时按什么方式变化。在 3 个主要语句之间，必须使用分号（;）来分隔。

例如：

```
for(i=0；i<10；i++)
{
X{i}=i;
}
```

说明：初始值 i=0，条件 i<10（也就是从 0～9）；i++表示 i=i+1，也就是递增值为 1。这段代码表示从 0 开始每次递增 1 给数组 x{i}赋值，一直到 i 为 10 时跳出循环。

下面通过范例 2 介绍 for 循环语句的使用方法。

```
<html>
<head>
<title>for 语句显示标题文字</title>
</head>
<body>
<script language="javascript">
for(a=1;a<=6;a++)
document.write("<h"+a+">for 语句显示标题文字<br></h"+a+">");
</script>
</body>
</html>
```

在浏览器中浏览的效果如图 9-2 所示。由于将变量 a 的最大值设为 6，因此 a 将从 1～6 循环显示，这样<ha>的值将从 1～6，因此在浏览器中可以看到 6 个层次的标题文字大小。

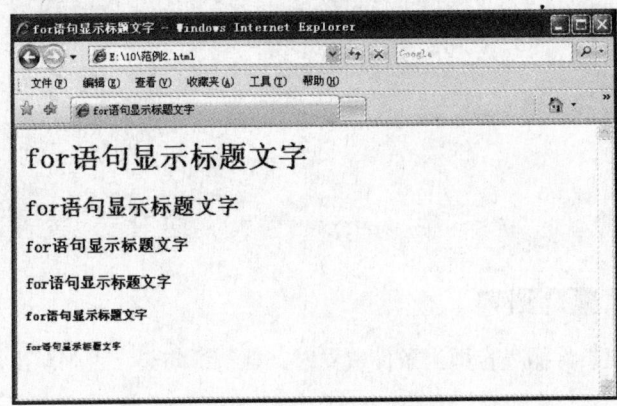

图 9-2　for 语句显示标题文字

 ## 9.3.4　while 循环

该语句与 for 语句一样，当条件为真时，重复循环，否则退出循环。
基本语法：

```
while（条件）{
语句集；
…
}
```

说明：在 while 语句中，条件语句只有一个，当条件不符合时跳出循环。
下面通过范例 3 介绍 while 循环语句的使用方法。

```
<html>
<head>
<title>while 语句显示标题文字</title>
</head>
<body>
<script language="javascript">
var i=1
while(i<=5)
{
 document.write("<h",i,">while 语句显示标题文字</h",i,">");
 i++;
}
</script>
</body>
</html>
```

在浏览器中浏览的效果如图 9-3 所示。

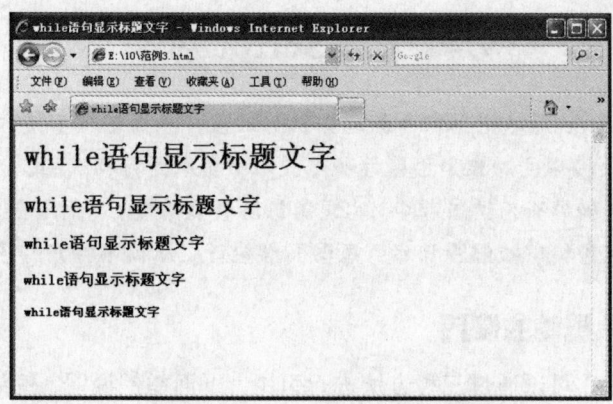

图 9-3　while 语句显示标题文字

 9.3.5　break 语句

break 语句会使运行的程序立刻退出包含在最内层的循环或者退出一个 switch 语句。由于它是用来退出循环或者 switch 语句，所以只有当它出现在这些语句时，这种形式的 break 语句才是合法的。

如果一个循环的终止条件非常复杂，那么使用 break 语句来实现某些条件比用一个循环表达式来表达所有的条件容易得多。

```javascript
<script type="text/javascript">
    for(var i=1;i<=10;i++){
        if(i==6) break;
        document.write(i);
    }
    //输出结果：12345
</script>
```

 9.3.6　continue 语句

continue 语句只能在 while、do...while、for 或 for...in 循环内使用。 执行 continue 语句会停止当前循环的迭代，并从循环的开始处继续程序流。这将对不同类型的循环有如下影响：

- while 和 do...while 循环将测试其条件，如果条件为真，则将再次执行循环。
- for 循环执行其增量表达式，如果测试表达式为真，则将再次执行循环。
- for...in 循环继续进行到指定变量的下一个字段，并将再次执行循环。

```javascript
<script type="text/javascript">
    for(var i=1;i<=10;i++){
        if(i==6) continue;
        document.write(i);
    }
    //输出结果：1234578910
</script>
```

9.4 JavaScript 对象

JavaScript 可以根据需要创建自己的对象，从而进一步扩大其应用范围。JavaScript 中的对象是由属性和方法两个基本元素构成的。属性是对象在实施其所需要行为的过程中，实现信息的装载单位，从而与变量相关联；方法是指对象能够按照设计者的意图而被执行，从而与特定的函数关联。

 9.4.1 对象属性的使用

对于对象的属性，可以通过三种方法进行引用。下面举例说明，例如，city 是一个已经存在的对象，而 name 和 date 是它的两个属性，如果要对这两个属性赋值，可以采用如下三种方法。

● 使用点运算符。

```
city.name=北京;
city.date=2008;
```

● 通过对象的下标实现引用：通过数组形式的访问属性，可以使用循环操作获取其值。

```
city{0}=北京;
city{1}=2008;
Function show(object){
for(i=0; i<2; i++)
document.write(object{i}
}
```

● 通过字符串的形式实现。

```
city{name}=北京;
city{date}=2008;
```

 9.4.2 对象方法的使用

在对象中除了使用属性外，有时还需要使用方法。在 JavaScript 中对象方法的引用非常简单。

基本语法：对象名.方法名() = 函数名()

然后再定义函数的具体功能即可实现对象方法的定义。

如果要直接调用已知对象的方法，可以直接使用点运算符。如要调用 math 对象中的 cos() 方法，可以使用如下方法引用。

```
Document.write(math.cos(30))
Document.write(math.sin(60))
```

9.4.3 浏览器的内部对象

使用浏览器的内部对象，可实现与 HTML 文档进行交互。浏览器的内部对象主要包括以下几个。

- 浏览器对象（navigator）：提供有关浏览器的信息。
- 文档对象（document）：document 对象包含了与文档元素一起工作的对象，它将这些元素封装起来供编程人员使用。
- 窗口对象（windows）：windows 对象处于对象层次的顶端，它提供了处理浏览器窗口的方法和属性。
- 位置对象（location）：location 对象提供了与当前打开的 URL 一起工作的方法和属性，它是一个静态的对象。
- 历史对象（history）：history 对象提供了与历史清单有关的信息。

在 JavaScript 中提供了非常丰富的内部方法和属性，从而减轻了编程人员的工作，提高了编程效率。在这些对象系统中，文档对象属性是非常重要的，它位于最底层，但对实现页面信息交互起着关键作用，因而它是对象系统的核心部分，下面具体介绍这些对象的常用属性和方法。

1. navigator 对象

navigator 对象可用来存取浏览器的相关信息，其常用的属性如表 9-4 所示。

表 9-4 navigator 对象的常用属性

属　　性	说　　明
appName	浏览器的名称
appVersion	浏览器的版本
appCodeName	浏览器的代码名称
browserLanguage	浏览器所使用的语言
plugins	可以使用的插件信息
platform	浏览器系统所使用的平台，如 Windows32 等
cookieEnabled	浏览器的 cookie 功能是否打开

下面通过范例 4 判断浏览器类型并介绍 navigator 对象的使用方法。

```html
<html>
<head>
<title>浏览器信息</title>
</head>
<body onload=check()>
<script language=javascript>
function check()
{
name=navigator.appName;
if(name=="Netscape"){
    document.write("您现在使用的是 Netscape 网页浏览器<br>");}
else if(name=="Microsoft Internet Explorer"){
    document.write("您现在使用的是 Microsoft 网页浏览器<br>");}
```

```
else{
    document.write("您现在使用的是"+navigator.appName+"网页浏览器<br>");}
}
</script>
</body>
</html>
```

在浏览器中浏览的效果如图 9-4 所示。

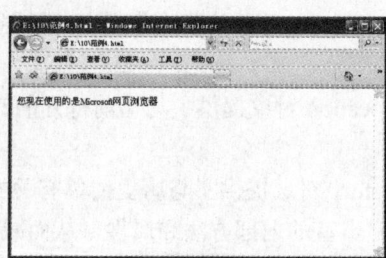

图 9-4　范例 4 判断浏览器类型

2．document 对象

JavaScript 是基于对象的脚本编程语言，它的输入/输出是通过对象来完成的，其中输出可通过 document 对象实现。在 document 中主要有 links、anchor 和 form 三个最重要的对象。

- anchor 锚对象：它是指<A name=...> </A>标记在 HTML 源码中存在时产生的对象，它包含着文档中所有的 anchor 信息。
- links 链接对象：是指用<A href=...> </A>标记链接一个超文本或超媒体的元素作为一个特定的 URL。
- form 窗体对象：是文档对象的一个元素，它含有多种格式的对象储存信息，使用它可以在 JavaScript 脚本中编写程序，并可以用来动态地改变文档的行为。

document 对象有以下方法。

- close()：关闭用 document.open()方法打开的输出流，并显示选定的数据。
- open()：打开一个流，以收集来自任何 document.write()或 document.writeln()方法的输出。
- getElementsByName()：返回带有指定名称的对象集合。
- getElementsByTagName()：返回带有指定标签名的对象集合。
- 输出显示 write()和 writeln()：该方法主要用来实现在 Web 页面上显示输出信息。

3．window 对象

window 对象处于对象层次的顶端，它提供了处理 navigator 窗口的方法和属性。JavaScript 的输出可通过 document 对象的方法来完成，而输入则可以通过 window 对象来实现。window 对象常用的方法如表 9-5 所示。

表 9-5　window 对象的常用方法

方　法	方法的含义及参数说明
Open(url,windowName,parameterlist)	创建一个新窗口，三个参数分别用于设置 URL 地址、窗口名称和窗口打开属性（一般可以包括宽度、高度、定位、工具栏等）

续表

方　　法	方法的含义及参数说明
Close()	关闭一个窗口
Alert(text)	弹出式窗口，text 参数为窗口中显示的文字
Confirm(text)	弹出确认域，text 参数为窗口中的文字
Promt(text,defaulttext)	弹出提示框，text 为窗口中的文字，defallttext 参数用来设置默认情况下显示的文字
moveBy(水平位移，垂直位移)	将窗口移至指定的位移
moveTo(x,y)	将窗口移动到指定的坐标
resizeBy(水平位移,垂直位移)	按给定的位移量重新设置窗口大小
resizeTo(x,y)	将窗口设定为指定大小
Back()	页面的后退
Forward()	页面前进
Home()	返回主页
Stop()	停止装载网页
Print()	打印网页
status	状态栏信息
location	当前窗口 URL 信息

下面通过范例 5 打开新窗口介绍 window 对象的使用方法。

```html
<html>
<head>
<title>打开新窗口</title>
<script type="text/JavaScript">
<!--
function MM_openBrWindow(theURL,winName,features) { //v2.0
  window.open(theURL,winName,features);
}
//-->
</script>
</head>
<body onLoad="MM_openBrWindow('pop1/index.html','','toolbar=yes,location=yes,
width=600,height=450')" >
</body>
</html>
```

在浏览器中浏览效果如图 9-5 所示，打开了一个位于 pop1 文件下的 index.html 窗口，宽度为 600 像素，高度为 450 像素。

4．location 对象

location 对象是一个静态的对象，它描述的是某一个窗口对象所打开的地址。location 对象常用的属性如表 9-6 所示。

图 9-5　打开浏览器窗口

185

表 9-6 常用的 location 属性

属　　性	实现的功能
protocol	返回地址的协议，取值为 http:、https:、file:等
hostname	返回地址的主机名，例如 "http://www.microsoft.com/china" 的地址主机名为 www.microsoft.com
port	返回地址的端口号，一般 http 的端口号是 80
host	返回主机名和端口号，如 www.a.com:8080
pathname	返回路径名，如 "http://www.a.com/b/c.html" 的路径为 b/c.html
hash	返回 "#" 及以后的内容，如地址为 c.html#chapter4，则返回#chapter4；如果地址里没有 "#"，则返回字符串
search	返回 "?" 及以后的内容；如果地址里没有 "?"，则返回空字符串
href	返回整个地址，即返回在浏览器的地址栏上显示的内容

location 对象常用的方法如下。

- reload()：相当于 Internet Explorer 浏览器上的 "刷新" 功能。
- replace()：打开一个 URL，并取代历史对象中当前位置的地址。用这个方法打开一个 URL 后，单击浏览器的 "后退" 按钮将不能返回到刚才的页面。

5. history 对象

history 对象是指浏览器的浏览历史，其最主要的属性就是 length，用于设定历史的项目数，也就是 JavaScript 历史中用浏览器的 "前进"、"后退" 按钮可以到达的范围。

history 对象常用的方法如下。

- back()：后退，与单击 "后退" 按钮是等效的。
- forward()：前进，与单击 "前进" 按钮是等效的。
- go()：该方法用来进入指定的页面。

下面通过范例 6 来介绍 history 对象的使用方法。

```
<html>
<head>
<title>history 对象</title>
</head>
<body>
点击<a href=pop1/index.html>这里</a></p>
<form>
<input type="button" value="<<<返回" onClick="history.back()">
<input type="button" value="前进>>>" onClick="history.forward()">
</form>
</body>
</html>
```

在浏览器中的浏览效果如图 9-6 所示。

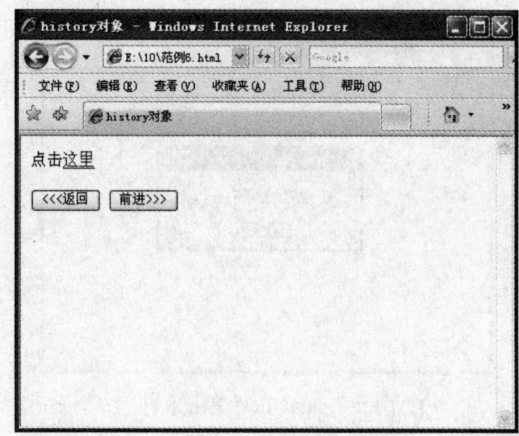

图 9-6　history 对象的使用

9.5　JavaScript 事件

> 事件是浏览器响应用户交互操作的一种机制。JavaScript 的事件机制处理可以改变浏览器响应用户操作的标准方法，这样就可以开发出更多具有交互性、更容易使用的 Web 页面。

JavaScript 事件主要包括三类：超级链接的事件、浏览器的事件和界面事件。超级链接事件包括 Click、mouseout、mouseover、mousedown 和 mouseup，浏览器事件主要包括各种元素的 Load、unLoad 等。下面主要介绍一些常用事件的处理。

9.5.1　单击事件

单击事件是常用的事件之一，用户单击鼠标时可产生 onClick 事件，同时 onClick 指定的事件处理程序或代码将被调用执行，使用单击事件的语法格式如下。

onClick=函数或是处理语句

下面通过范例 7 介绍 onClick 的使用方法。

```html
<html>
<head>
<title>onClick 单击事件</title>
</head>
<body><form>
<input type="button" Value="单击我" onClick=alert("onClick 单击事件")>
</form>
</body>
</html>
```

运行程序单击页面中的"单击我"按钮，可以看到弹出提示"onClick 单击事件"信息，效果如图 9-7 所示。

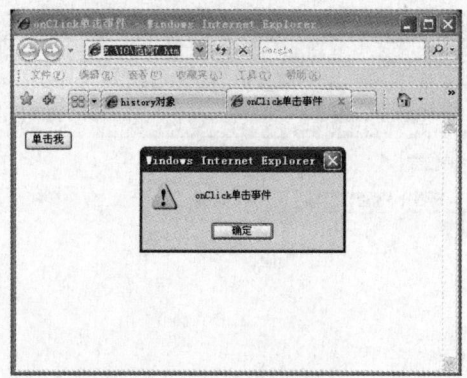

图 9-7　onClick 单击事件

 9.5.2　onSelect 事件

onSelect 事件是指当文本框中的内容被选中时所发生的事件，语法与单击事件类似，语法格式如下。

onSelect=处理函数或是处理语句

下面通过范例 8 介绍 onSelect 事件的使用方法。

```
<html>
<title>onSelect 事件</title>
<body>
<form>
<Input  type="text" value="选择我" onselect=alert("恭喜你，已选择成功！")>
</form>
</body>
</html>
```

在此例中添加了一个静态文本域，并设置了 onSelect 事件，当文本框中的内容被选中时，就会调用 alert()函数，效果如图 9-8 所示。

图 9-8　onSelect 事件

 ### 9.5.3　onFocus 事件

onFocus 事件是指当光标置于文本框或选择框时所发生的事件，语法与单击事件类似，格式如下。

onFocus=处理函数或是处理语句

下面通过范例 9 介绍 onFocus 事件的使用方法。

```
<html>
<body>
<form>
<Input type="text" name="北京" value="北京" onfocus=alert("欢迎加入北京组！
")><br>
<Input type="text" name="香港" value="香港" onfocus=alert("欢迎加入香港组！
")><br>
</form>
</body>
</html>
```

在上面的程序中设置了两个文本域，当鼠标置于第一个文本域时，就会调用 alert()函数，输出"欢迎加入北京组"，当鼠标选中第二个文本框时，就会调用 alert()函数，输出"欢迎加入香港组"，效果如图 9-9 所示。

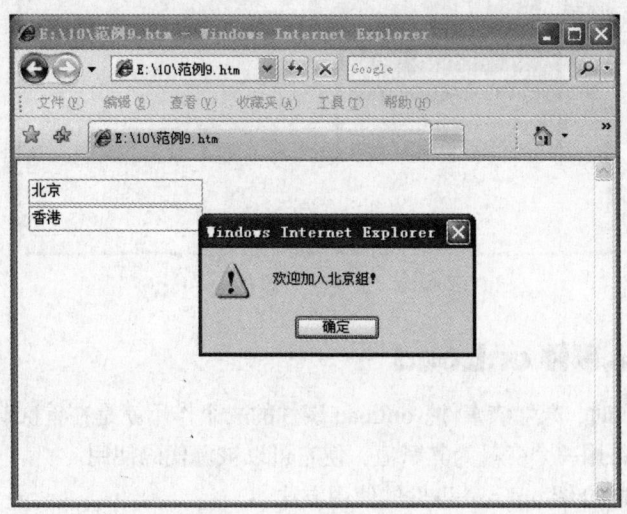

图 9-9　onFocus 事件

 ### 9.5.4　失去焦点事件 onBlur

失去焦点事件正好与获得焦点事件相对，当 text 对象、textarea 对象或 select 对象不再拥有焦点而退到后台时，引发该事件。

下面通过范例 10 介绍 onBlur 事件的使用方法。

```
<html>
<head>
<title>失去焦点事件 onBlur</title>
</head>
<body>
失去焦点事件<br>
<form>
<p>用户名:
<input name="username" type="text" size=20 onBlur=confirm("确定"用户名"文
本框失去焦点? ")>
</p>
</form>
</body>
</html>
```

运行程序，将光标移动到任何一个文本框内，然后再将光标移至其他位置，此时会弹出确认窗口，如图 9-10 所示。

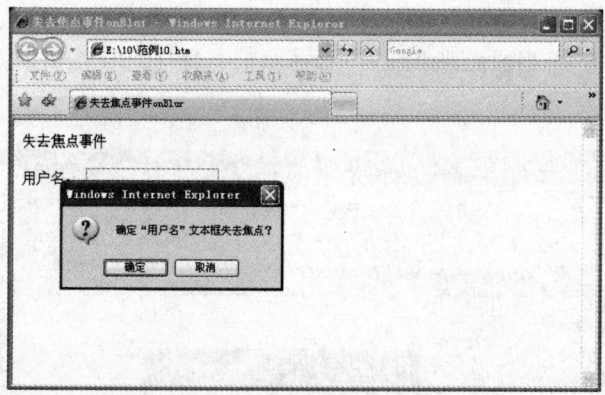

图 9-10　失去焦点事件 onBlur

9.5.5　载入事件 onLoad

当页面文件载入时，产生该事件。onLoad 事件的一个作用就是在首次载入一个页面文件时检测 Cookie 的值，并用一个变量为其赋值，使它可以被源代码使用。

下面通过范例 11 介绍 onLoad 事件的使用方法。

```
<html>
<head>
<title>载入文件事件 onLoad</title>
</head>
<body onLoad=alert("正在载入页面，请耐心等待…")>
</body>
</html>
```

运行程序效果如图 9-11 所示。

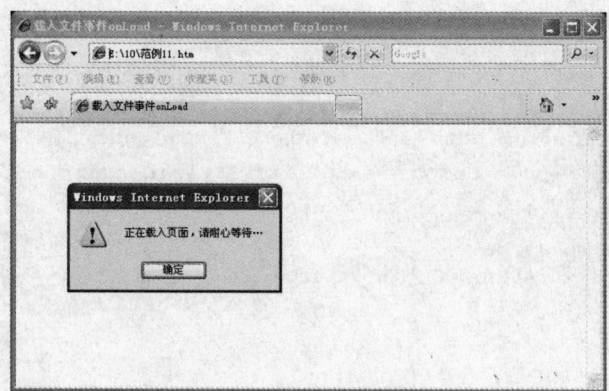

图 9-11　载入事件 onLoad

9.5.6　卸载文件事件 onUnload

卸载文件事件 onUnload 与载入文件事件正好相反，它是当 Web 页面退出时引发的事件，并可更新 cookie 的状态。

下面通过范例 12 介绍 onUnload 事件的使用方法。

```
<html>
<head>
<title>卸载文件事件 onUnload</title>
</head>
<body onUnload=alert("您确定要离开本页面么？")>
</body>
</html>
```

运行程序后，当关闭网页时弹出如图 9-12 所示的提示对话框。

图 9-12　离开页面效果

9.5.7　鼠标覆盖事件 onMouseOver 和鼠标离开事件 onMouseOut

鼠标覆盖事件 onMouseOver 是当鼠标位于元素上方时所引发的事件。鼠标离开事件 onMouseOut 是当鼠标离开元素时引发的事件。如果它和鼠标覆盖事件同时使用，可以创建动态按钮的效果。

下面通过范例 13 介绍鼠标覆盖事件 onMouseOver 和鼠标离开事件 onMouseOut 的使用方法。

```
<html>
<head>
```

191

```
<title>onMouseOver 和 onMouseOut 事件</title>
</head>
<body>
<table width="300" height="47" border="1" cellpadding="1" cellspacing="0"
bordercolor="#FF0000" onmouseover=this.style.backgroundColor="#FF0000";
onmouseout=this.style.backgroundColor="00ffff";cellspacing="1">
<tr>
<td>onMouseOver 和 onMouseOut 事件</td>
</tr>
</table>
</body>
</html>
```

在浏览器中浏览，当鼠标移动到表格上时效果如图 9-13 所示，当鼠标离开表格时效果如图 9-14 所示。

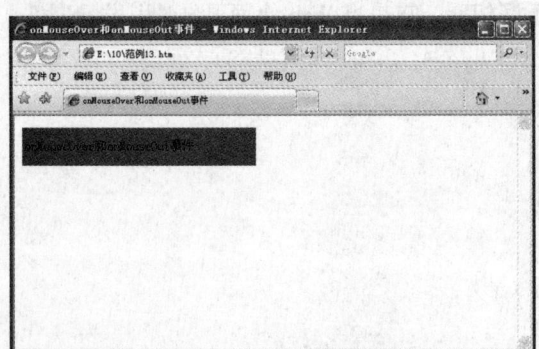

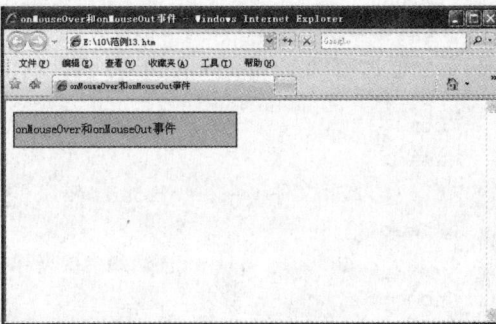

图 9-13　onMouseOver 事件　　　　　　　　　图 9-14　onMouseOut 事件

9.6　专家秘笈

1. 如何使鼠标指针经过单元格时改变颜色？

使鼠标指针经过单元格时改变颜色，只要使用 onMouseover 和 onMouseOut 事件即可实现，在单元格代码内输入这两个事件即可，代码如下。

```
<table height=22 width="189" border=0>
<tbody>
<tr>
<td align=middle bgColor=#E93B80  height=27
onMouseOut="this.bgColor='#E93B80'"onMouseOver="this.bgColor='#ffc9af'">
视频展示</td>
</tr>
</tbody>
</table>
```

2. onLoad 事件注意事项

onLoad 事件是全局对象 window 的一个成员，它允许我们指定一个 JavaScript 函数，这个函数将在整个页面，包括 HTML 标签、图片以及脚本全部下载到浏览器之后被执行。和大多数的事件不同，window.onLoad 事件的事件处理函数可以通过 JavaScript 显式地附加指定，或者也可以在 HTML 内容里显式指定。

另外使用 onLoad 事件句柄进行复杂处理时，与操作系统及版本无关，会出现运行不稳的状况。因此在使用 onLoad 时，一定要做好充分的测试。

3. 鼠标交互事件注意事项

鼠标交互事件顾名思义就是通过鼠标操作产生感觉，并产生相关反应的过程。鼠标交互事件是最常用的也是最重要的交互事件。比如导航条，一些网页版小游戏，部分网站上出现的快捷菜单等都属于鼠标交互事件。鼠标交互事件包括主键单击、悬浮、双击、选中、滚动等，经常体现在超链接，JavaScript 编写的 on 系列事件中。

鼠标交互事件的注意事项如下。

- 傻瓜式：简单方便，在满足用户使用需求的同时，尽量减少点击次数。
- 提示明显：让用户知道哪里可以点击，点击哪里可以最快达成目标。这个需要在界面及文案上对用户给予引导。
- 反馈及时：用户在鼠标交互事件产生之后，能给以及时反馈，比如鼠标经过变色，点击错误发出警告，跳转页面后能直接到相关的位置。
- 层次分明：用户点击之后，能有整个操作过程的提示，在操作失误后可以返回重新操作，已经点击过的是不是需要记录状态等。

4. 键盘交互事件注意事项

键盘交互事件就是用户使用产品过程中，通过键盘操作产生交互体验的过程。键盘交互在网络产品的交互过程应用得相当普遍，如撰写日志、添加评论、ENTER 提交、小键盘翻页、TAB 切换焦点、某些网页游戏的快捷键等。

键盘交互事件的注意事项如下。

- 安全性：键盘交互事件可能透露一些用户的个人信息，或者泄露一些隐私，好的网页设计应该给用户以保护。
- 稳定性：在利用用户对此交互事件的耐心来收集信息或者获得反馈的同时，要保证用户的耐心要有成果，不能让用户浪费时间和精力，结果前功尽弃，或者功亏一篑。
- 一致性：不要指望用户对键盘交互事件拥有高超的辨别能力而采取不同的操作方式，如果你采用了一种交互方式，尽量在相同或者相似的交互场景中延续使用相同的交互方式，不要用不一样的交互方式和相反的交互方式。
- 尊重习惯：交互设计师不要轻易打破用户的现有习惯，这并不是说不能有创新，而是指在现有习惯上优化和提升交互体验，是对现有交互方式的延展。

5. 如何优化 JavaScript 脚本的性能

随着网络的发展，网速和机器速度的提高，越来越多的网站用到了丰富客户端技术。而现在 Ajax 则是最为流行的一种方式。JavaScript 是一种解释型语言，所以无法达到和 C/Java 之类的水平，限制了它能在客户端所做的事情，下面介绍一些优化 JavaScript 脚本性能的技巧。

● 循环是很常用的一个控制结构，大部分东西要依靠它来完成，在 JavaScript 中，我们可以使用 for(;;)、while()、for(in)三种循环，事实上，这三种循环中 for(in)的效率极差，因为它需要查询散列键，应尽量少用。

● 局部变量的速度要比全局变量的访问速度更快，因为全局变量其实是全局对象的成员，而局部变量是放在函数的栈当中的。

● 使用 eval 相当于在运行时再次调用解释引擎对内容进行运行，需要消耗大量时间。这时候使用 JavaScript 所支持的闭包可以实现函数模版。

● 减少对象查找。因为 JavaScript 的解释性，所以 a.b.c.d.e，需要进行至少 4 次查询操作，先检查 a 再检查 a 中的 b，再检查 b 中的 c，如此往下。所以如果这样的表达式重复出现，只要可能，应该尽量少出现这样的表达式，可以利用局部变量，把它放入一个临时的地方进行查询。

● 尽可能少地减少执行次数，比如先缓存需要多次查询的。

● 尽可能使用语言内置的功能，比如串链接。

● 尽可能使用系统提供的 API，因为这些 API 是编译好的二进制代码，执行效率很高。

9.7　本章小结

客户端脚本是一种简单的程序，它连同 HTML 文档一起出现或者干脆直接嵌入文档。客户端脚本直接在浏览者的计算机上运行，它的触发机制有很多，有的在文档加载的时候就运行，有的需要其他事件语句触发。

JavaScript 的应用可以使网页产生动态的效果，并以其程序小巧、简单而备受用户的欢迎。JavaScript 的主要作用就是让网页动起来，同时也存在着一定的交互。它可以根据浏览者的操作而做出响应，这种响应并不需要服务器的支持，而仅需要靠事件驱动就可以直接响应。JavaScript 具有安全性，它不允许用户访问本地硬盘，不允许对网络中的文档进行修改或删除，这样就能有效地防止数据丢失及恶意修改。

本章主要讲述了 JavaScript 的基本概念、语言特点、基本语法，以及 JavaScript 常见的对象和事件。通过本章的学习，可以了解什么是 JavaScript，以及 JavaScript 的基本使用方法，从而为做出各种精美的动感特效网页打下基础。

第  章 网页脚本语言：VBScript 介绍

学前必读：

　　VBScript 是由微软公司推出的，其语法是由 Visual Basic（VB）演化来的。然而，VB 和 VBScript 仍然是两种不同的语言。VBScript 是一种描述语言，语法简单而松散，无须编译，必须嵌入到 HTML 中才能执行。

学习流程

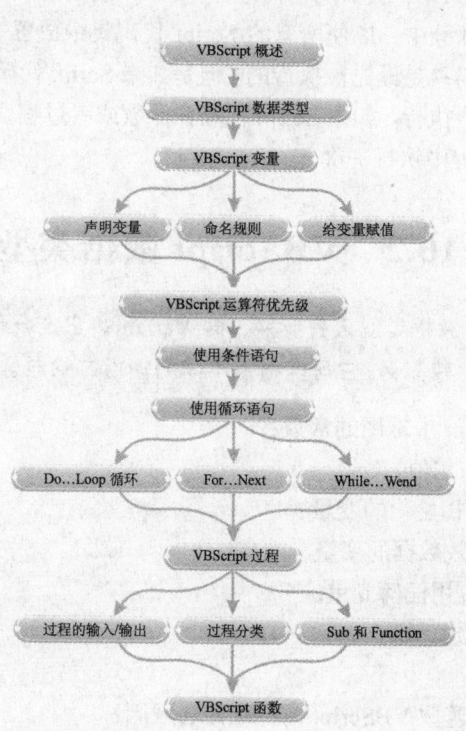

10.1 VBScript 概述

> VBScript 是一种脚本语言，源自微软的 Visual Basic，其目的是为了加强 HTML 的表达能力，提高网页的交互性。在网页中加入 VBScript 脚本语言后，就可以制作出动态或者交互式的网页，以增进客户端网页上数据处理与运算的能力。

VBScript 通常都是和 HTML 结合在一起使用的，也即 VBScript 是融合在 HTML 或者 ASP 文件中的。

在一个 HTML 文件中，VBScript 有别于 HTML 其他元素的声明方式，具体如下。

```
<Script Language=VBScript>
<!--// 输入VBScript 代码
-->
</Script>
```

从上面可以看出，VBScript 代码写在成对的<Script>标记之间。代码的开始和结束部分都有<Script>标记，其中 Language 属性用于指定所使用的脚本语言。这是由于浏览器能够使用多种脚本语言，所以必须在此指定所使用的脚本语言。

注意，<Script>中的 VBScript 代码被嵌入在注释标记（<!--和-->）中，这样能够避免不能识别<Script>标记的浏览器将代码显示在页面中。

Script 块可以出现在 HTML 页面的任何地方（Body 或 Head 部分），最好将所有的一般目标 Script 代码放在 Head 部分中，以便所有的 Script 代码集中放置。通常在客户端获得 HTML 文件代码的时候 Script 代码总是最先被执行的。但是如果 Script 代码被放置在函数或者过程中，并且不被调用，则永远不会执行。如果 Script 代码在函数或者过程之外，但包含在<Script>标记中，则会在页面加载的过程中执行一次。

10.2 VBScript 数据类型

> VBScript 的数据类型只有一种，即 Variant。它是一种比较特殊的数据类型，在使用时比较灵活，它可以根据不同的使用方式包含不同类别的信息。

下面是几种在 VBScript 中常用的常数：
- True/False：表示布尔值；
- Empty：表示没有初始化的变量；
- Null：表示没有有效数据的变量；
- Nothing：表示不应用任何变量。

还可以自定义一些常数，如：

Const Name=Value
在定义变量名时，应遵循 VBScript 的标准命名规则：

- 第一个字符必须是字母；
- 不能包含嵌入的句点；
- 长度不能超过 255 个字符；
- 在被声明的作用域内必须唯一。

当命名多个变量时，使用逗号分隔变量。如：

Dim N1，N2，N3

10.3　VBScript 变量

> 变量是一种使用方便的占位符，用于引用计算机的内存地址，该地址可以存储脚本运行时可更改的程序信息。使用变量并不需要了解变量在计算机中的内存地址，只要通过变量名引用变量就可以查看或更改变量的值。在 VBScript 中只有一个基本数据类型，即 Variant，因此所有变量的数据类型都是 Variant。

10.3.1　声明变量

可以使用 Dim 语句、Public 语句和 Private 语句在脚本中声明变量。例如：

```
Dim hz
```

声明多个变量时可使用逗号分隔变量。例如：

```
Dim bj，sh，gz
```

另一种方式是直接在脚本中使用变量名这一简单方式声明变量。但这样有时会由于变量名被拼错而导致在运行脚本时出现意外结果。因此最好使用 Option Explicit 语句显式地声明所有变量，并将其作为脚本的第一条语句。

10.3.2　命名规则

变量命名必须遵循 VBScript 的标准命名规则：

- 第一个字符必须是字母；
- 不能包含嵌入的句点；
- 长度不能超过 255 个字符；
- 在被声明的作用域内必须唯一；
- 变量具有作用域与存活期。

变量的作用域由声明它的位置决定。如果在过程中声明变量，则只有该过程中的代码可以访问或更改变量值，此时变量被称为过程级变量。如果在过程之外声明变量，则该变量可以被脚本中的所有过程识别，称为 Script 级变量，具有脚本作用域。

变量存在的时间称为存活期。Script 级变量的存活期从被声明的一刻起，直到脚本运行结束时止。对于过程级变量，其存活期仅有该过程运行的时间，该过程结束后变量即随之消失。

 10.3.3 给变量赋值

可以创建如下形式的表达式给变量赋值，即变量在表达式左边，要赋的值在表达式的右边。例如：

```
A=北京
```

多数情况下，只需要给声明的变量赋一个值。只包含一个值的变量被称为标量变量。有时将多个相关值赋给一个变量更为方便，因此可以创建包含一系列值的变量，这样的变量被称为数组变量。数组变量和标量变量是以相同的方式声明的，唯一的区别是声明数组变量时，变量名后面带有括号（ ）。下例即是声明了一个包含 6 个元素的一维数组，如：

```
Dim A(5)
```

虽然括号中显示的数字是 5。但由于在 VBScript 中所有的数组都是基于 0 的，所以这个数组实际上包含了 6 个元素。在基于 0 的数组中，数组元素的数目总是括号显示的数目加 1。这种数组被称为固定大小的数组。

可在数组中使用索引为每个元素赋值，数组无素从 0 开始。将数据赋给数组的元素，如下所示：

```
A(0)=10
A(1)=20
A(2)=30
…
A(5)=55
```

数组并不仅限于一维。声明多维数数组时需用逗号分隔括号中每个表示数组大小的数字。在下例中，hua 变量是一个有 11 行和 11 列的二维数组。

```
Dim hua(10, 10)
```

在此二维数组中，括号中的第一个数字表示行的数目，第二个数字表示列的数目。

10.4 VBScript 运算符优先级

> VBScript 包括算术运算符、比较运算符、连接运算符和逻辑运算符等。

当表达式包含多个运算符时，将按预定顺序计算每一部分，这个顺序被称为运算符优先级。可以使用括号越过这种优先级顺序，强制首先计算表达式的某些部分。运算时总是先执行括号中的运算符，然后再执行括号外的运算符。但是，在括号中仍遵循标准运算符优先级。

当表达式只包含运算符时，首先计算算术运算符，然后计算比较运算符，最后计算逻辑运算符。所有的比较运算符的优先级相同，即按照从左到右的顺序计算。算术运算符和逻辑运算符的优先级如表 10-1 所示。

表 10-1 算术运算符和逻辑运算符的优先级

算术运算符		比较运算符		逻辑运算符	
描　　述	符　号	描　　述	符　号	描　述	符　号
求幂	∧	等于	=	逻辑非	Not
负号	−	不等于	<>	逻辑与	And
乘	*	小于	<	逻辑或	Or
除	/	大于	>	逻辑异或	Xor
整除	\	小于等于	<=	逻辑等价	Eqv
求余	Mod	大于等于	>=	逻辑隐含	Imp
加	+	对象引用比较	Is		
减	-				
字符串连接	&				

当乘号与除号同时出现在一个表达式中时，将按照从左到右的顺序计算乘、除运算符。同样，当加与减同时出现在一个表达式中时，将按照从左到右的顺序计算加、减运算符。

10.5　使用条件语句

使用条件语句可以控制脚本的流程，判断选择执行的 VBScript 代码。

 ## 10.5.1　使用 If…Then…Else 进行判断

If…Then…Else 语句用于计算条件是否为 True 或 False，并且根据计算结果指定要运行的语句。通常条件是使用比较运算符对值或变量进行比较的表达式，If…Then…Else 语句可以按照需要进行嵌套。

下面范例 1 演示了 If…Then…Else 语句的基本使用方法。

```
<html>
<head>
<title>If…Then…Else 示例</title>
</head>
<body>
<Script Language=VBScript>
<!--
dim hour
hour=15
If hour<8 then
        document.write "早上好！"
ElseIf hour>=8 and hour<12 then
        document.write "上午好！"
ElseIf hour>=12 and hour<18 then
        document.write "下午好！"
Else
        document.write "晚上好！"
end If
```

```
     -->
</Script >
</body>
</html>
```

该实例演示了显示时间功能，如果当前时刻在 8 点以前显示为"早上好"，8 时至 12 时显示为"上午好"，12 时至 18 时显示为"下午好"，其他时间显示为"晚上好"。当前 hour 为 15，因此显示为"下午好"，如图 10-1 所示。

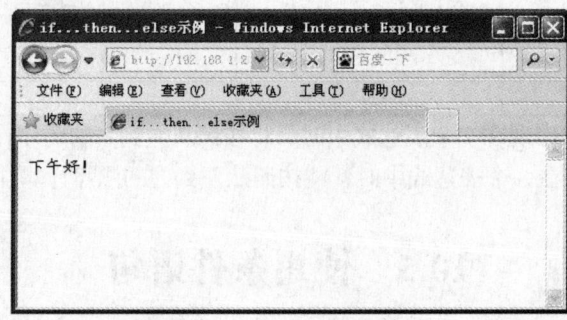

图 10-1　If…Then…Else 语句

 ### 10.5.2　使用 Select…Case 进行判断

Select…Case 语句提供的功能和 If…Then…Else 语句类似，可以从多个语句中选择一个，使用该语句可以使代码更简练易读。

Select…Case 结构只计算开始处的一个表达式，并且只计算一次，而 If…Then…Else If 结构计算每个 Else If 语句的表达式，这些表达式可以各不相同。因此仅当每个 Else If 语句计算的表达式都相同时，才可以使用 Select…Case 结构代替 If…Then…Else If 结构。Select…Case 语句也可以是嵌套的，每一层嵌套的 Select…Case 语句必须有与之匹配的 End Select 语句。

下面范例 2 演示了 Select…Case 语句的基本使用方法。

```
<html>
<head>
<title>Select Case 示例</title>
</head>
<body>
<Script Language=VBScript>
<!--
dim Number
Number = 3
Select Case Number
        Case 1
        msgbox "显示 1"
        Case 2
        msgbox "显示 2"
```

```
        Case 3
        msgbox "显示 3"
        Case Else
        msgbox "显示其他的"
end Select
-->
</Script >
</body>
</html>
```

运行程序，在浏览器中的浏览效果如图 10-2 所示。

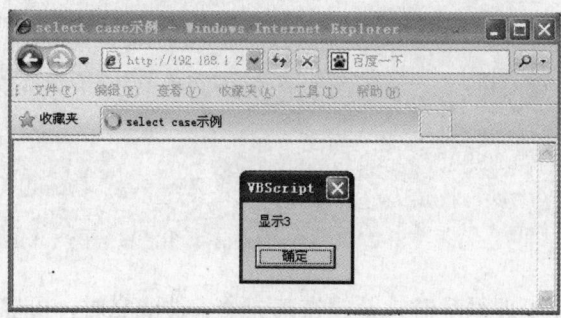

图 10-2　Select…Case 语句使用

10.6　使用循环语句

> 循环控制语句用于重复执行一组语句。循环可以分三类：一类是在条件变为 False 之前重复执行语句，一类在条件变为 True 之前重复执行语句，一类则按照指定的次数重复执行语句。

在 VBScript 脚本中可以使用以下循环语句。

- Do…Loop：当条件为 True 时循环。
- 使用 While…Wend：当条件为 True 时循环。
- 使用 For…Next：指定循环的次数，使用计数器重复运行语句。

10.6.1　使用 Do…Loop 循环

可以使用 Do…Loop 循环语句多次运行语句块，当条件为 True 时或条件变为 True 之前，重复执行语句块。下面使用 Do…Loop 循环语句计算 $1 + 2 + \cdots + 10$ 的总和，其代码如下。

```
<%
Dim I Sum
Sum=0
i=0
Do
```

```
i=i+1
Sum=Sum+i
Loop Until i=10
Response.Write(1+2+…+10=& Sum)
%>
```

同样的语句，也可以将 Do Loop…Until 改成 Do Until…Loop 的写法，其效果是一样的，只是测试的条件在前或在后而已。如：

```
<%
Dim i  Sum
Sum=0
i=0
Do Until i=10
i=i+1
Sum=Sum+i
Loop
Response.Write(1+2+…+10=& Sum)
%>
```

说明：有时候，在处理循环时，希望在某一个条件成立时，可以中途退出这个循环，这时我们可以使用 Exit Do 的命令，若是在多重循环之下，Exit Do 会退出最近的循环。

10.6.2 使用 While…Wend

While…Wend 语句执行时，首先会测试 While 后面的条件式，当条件式成立时，执行循环中的语句，条件不成立时则退出 While…Wend 循环。它的语法如下：

```
While （条件语句）
    执行语句
Wend
```

说明：Do…Loop 语句提供了更结构化与灵活性的方法来执行循环，因此最好不要使用 While…Wend 语句，而使用 Do…Loop 语句。

10.6.3 使用 For…Next

当希望执行循环到指定的次数时，最好是用 For…Next 循环。For 的语句有一个控制变量 counter，它的初值为 start，终止值为 end，每次增加值为 step，该变量的值将在每次重复循环的过程中递增或递减。

```
For counter = start to end step
    执行语句
Next
```

在上述的语法中，其执行步骤如下。

（1）设置 counter 的初值。

（2）判断 counter 是否大于终止值（或小于终止值，看 step 的值而定）。

（3）假如 counter 大于终止值，程序跳至 Next 语句的下一行执行。

（4）执行 For 循环中的语句。

（5）执行到 Next 语句时，控制变量会自动增加 step 值，若未指定 step 值，默认值为每次加 1。

（6）跳至第二个步骤。

10.7　VBScript 过程

10.7.1　过程分类

在 VBScript 中，过程分为两类：Sub 过程和 Function 过程。下面分别对这两种过程进行讲述。

1．Sub 过程

Sub 过程是指包含在 Sub 和 End Sub 语句之间的一组 VBScript 语句，执行操作但不返回值。Sub 过程可以使用参数。如果 Sub 过程无任何参数，Sub 语句则必须包含空括号（ ）。

下面的 Sub 过程使用了两个固有的 VBScript 函数，即 MsgBox 和 InputBox 来提示用户输入信息，然后显示根据这些信息计算的结果。计算由使用 VBScript 创建完成。

```
Sub ConvertTemp()
Temp=InputBox(请输入华氏温度：,1)
MsgBox 温度为&Celsius(temp)& 摄氏度。
End Sub
```

2．Function 过程

Function 过程是包含在 Function 和 End Function 语句之间的一组 VBScript 语句。Function 过程与 Sub 过程类似，但是 Function 过程可以返回值，可以使用参数。如果 Function 过程无任何参数，Function 语句则必须包含空括号（ ）。Function 过程通过函数名返回一个值，这个值是在过程的语句中赋给函数名的。Function 返回值的数据类型总是 Variant。

在下面的示例中，Celsius 函数将华氏度换算为摄氏度。Sub 过程 ConvertTemp 调用此函数时，包含参数值的变量将被传递给函数，换算结果则返回到调用过程并显示在消息框中。

```
Sub ConvertTemp()
Temp=InputBox(请输入华氏温度：,1)
MsgBox 温度为&Celsius(temp)&摄氏度。
End Sub
Function Celsius (fDegrees)
Celsius=(fDegrees-32)*5/9
End Function
```

10.7.2 过程的输入／输出

给过程传递数据的途径是使用参数。参数被作为要传递给过程的数据的占位符。参数名可以是任何有效的变量名。在使用 Sub 语句或 Function 语句创建的过程中，过程名之后必须紧跟括号。括号中包含所有的参数，参数之间用逗号分隔。在下面的示例中，fDegrees 是传递给 Celsius 函数的值的占位符。

```
Function Celsius(fDegrees)
Celsius=(fDegrees-32)*5/9
End Function
```

要想从过程获取数据，则必须使用 Function 过程。Function 过程可以返回值，Sub 过程不返回值。

10.7.3 在代码中使用 Sub 和 Function 过程

调用 Function 过程时，函数名需在变量赋值语句的右端或表达式中。

```
Temp=Celsius(Fdegrees)
或
MsgBox 温度为&Celsius(fDegrees)&摄氏度。
```

调用 Sub 过程时，只需要输入过程名及所有的参数值即可，参数值之间需使用逗号分隔。不需要使用 Call 语句，如果使用此语句则必须将所有的参数包含在括号之中。

10.8　VBScript 函数

> VBScript 函数有两种：一种是内部函数，即 VBScript 自带的函数，这些程序都已经包装好，使用时直接调用即可；另一种是自定义函数，即用户在编程的过程中根据需要定义编辑的一些函数。

VBScript 内包括很多基本函数，如对话框处理函数、字符串操作函数、时间/日期处理函数及数学函数等。

下面范例 3 演示了时间/日期函数的使用，代码如下。

```
<html>
<head>
<title>时间/日期函数的应用</title>
</head>
<body>
现在时间: <%=time()%>
<br>
今日日期: <%=date()%>
<br>
现在时间和日期: <%=now()%>
```

```
</body>
</html>
```

运行程序后显示结果如图 10-3 所示。

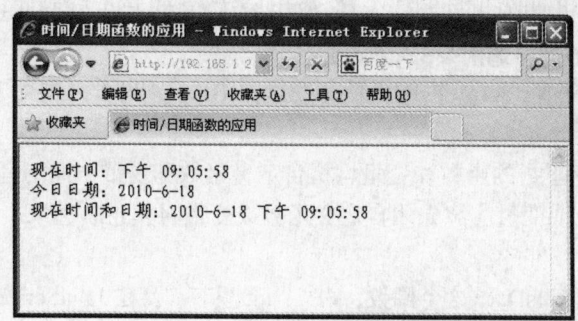

图 10-3 时间/日期函数

10.9 专家秘笈

1. VBScript 与 JavaScript 和 Java 的比较

在 Internet Explorer 中使用时，VBScript 与 JavaScript（不是 Java）是可直接比较的。像 JavaScript 一样，VBScript 是完全的解释程序，对直接嵌入在 HTML 中的源代码进行处理。VBScript 代码也像 JavaScript 一样，不能产生独立的 Applet，但可用于在 HTML 文档中添加指令和交互信息。对于已经知道 Visual Basic 的程序员来说，VBScript 能够替代 JavaScript 在活动 Web 页面中的地位。

2. 我要用 Script 语言编写应用程序，是否可使用 VBScript 作为应用程序的 Script 编程语言？

可以。如果应用程序支持 ActiveX Scripting，则可以支持 Visual Basic Scripting Edition，应用程序用户也可以使用 VBScript。另一重要的优点是由于 ActiveX Scripting 是开放式标准，所以应用程序可支持任何按此标准编写的其他语言。必须注明使用 Microsoft 技术，并且在应用程序中包含适当的商标和版权信息，但是使用和分发 VBScript 都是免费的。

3. 可使用哪些对象、方法、属性和事件？

VBScript 中有三个独立的对象类可用：

● 由 VBScript 引擎提供的对象。
● 由 Internet Explorer 提供的对象。
● 由 Web 页面制作者提供的对象。

Script 编程中使用的大多数对象是由 Internet Explorer 提供的。通常，特定的 Internet 内容由 IE 提供，而通用内容由 VBScript 直接提供。Web 制作者可通过<OBJECT> HTML 标记插入附加对象。

Internet Explorer 支持的对象、方法、事件和属性的最完整的文档可从 SDK Overview 中 Object Model for Scripting 部分的 ActiveX SDK 中获得。可从 http://www.microsoft.com/workshop/prog/sdk/ 下载 SDK。

也可通过 Microsoft 开发的新制作工具 ActiveX Control Pad 找到此材料。

4．JavaScript 函数如何调用 VBScript 函数？

JavaScript 可以调用 VBScript 内的函数和变量，VBScript 也可以调用 JavaScript 内的函数和变量。

所要说明的是，这里指的函数和变量均指自定义函数和变量，而不是该语言自带的函数和变量，要调用自带函数或变量应该先用自定义函数或变量将其包装起来。并且这种调用只在 IE 里有效。

如 JavaScript 里没有 IsDate 这个函数，VBScript 里有，要在 JavaScript 里使用这个函数，就得写一个 VBScript 脚本，代码如下所示：

```
function IsDate_VBS(dt)
    IsDate_VBS = IsDate(dt)
end function
```

在 JavaScript 里，再直接使用 IsDate_VBS 函数就可以了。通过互相调用可以使两门语言达到优势互补。

10.10 本章小结

VBScript 是由微软公司推出的。VBScript 是一种描述语言，语法简单而松散，无须编译，必须嵌入到 HTML 中才能执行。

由于 VBScript 简单易用，因此常用来处理网页。但是只有微软的 IE 才支持 VBScript，其他浏览器必须安装插件才可以使用。

本章主要讲述了网页脚本语言 VBScript 概述、数据类型、变量、运算符优先级、条件语句、循环语句和 VBScript 过程的使用。必须注意的是，目前只有在 IE 里才能解释客户端的 VBScript 程序，而 NetScape 浏览器则不支持这种语言，可在 NetScape 公司的相关主页上下载相关组件。

第 11 章　初步接触 ASP 应用技术

学前必读:

　　ASP 是目前非常流行的开放式 Web 服务器应用程序开发技术,它内含于 IIS (Internet Information Server)中,不需要单独安装就可以直接使用。它能很好地将脚本语言、HTML 标记语言和数据库结合在一起,创建网站中的各种动态应用程序。可以使用数据库将信息资料进行收集;可以通过网页程序来操控数据库;可以随时随地发布最新的消息和内容;可以快速查找需要的信息资料。

学习流程

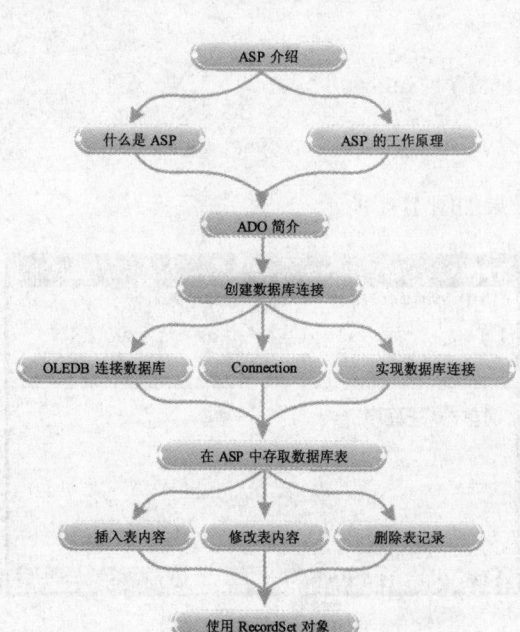

11.1 ASP 介绍

> ASP 是嵌入网页中的一种脚本语言，它可以是 HTML 标记、文本和脚本命令的任意组合。ASP 文件名的格式是.asp 而不是传统的.htm。

11.1.1 什么是 ASP

ASP 的英文全称是 Active Server Pages，它是服务器端脚本，可直接在服务器端运行，然后将运算结果写入 HTML 文件返回给浏览者。编写 ASP 程序只需具备简单的 HTML 语法常识，再加上 VBScript 的一点基础，就可以创建出强大的交互式网页。

ASP 具有以下特点：
- ASP 语言不需要进行编译或链接就可以直接执行，并整合于 HTML 中。
- 无须特定的编辑软件，使用一般编辑程序进行编辑设计即可，如记事本。
- 使用一些相对简单的脚本语言，如 JavaScript、VBScript 的一些基础知识，结合 HTML 即可完成网站的制作。
- 可以在浏览 HTML 代码的浏览器中对 ASP 的网页内容进行浏览。
- 使用 ASP 编辑的源程序不会外漏，可确保源程序的完整。
- ASP 采用了面向对象技术。

下面范例 1 是一个基本的 ASP 程序。

```
<html>
<head>
<title>简单的 ASP 程序</title>
</head>
<body>
<%response.write("简单的 ASP 程序")%>
</body>
</html>
```

在浏览器中的浏览效果如图 11-1 所示。

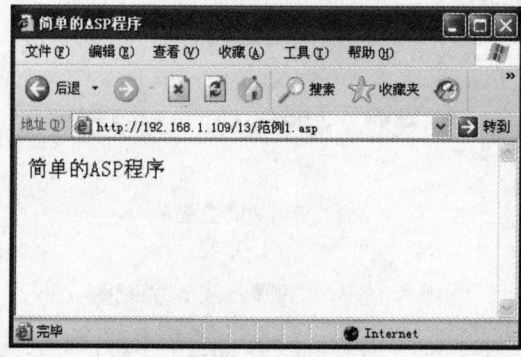

图 11-1　范例 1 效果

仔细分析该程序可以看出，ASP 程序共由两部分组成：一部分是 HTML 标题，另一部分就是嵌入在 "<%" 和 "%>" 中的 ASP 程序。

在 ASP 程序中，需要将内容输出到页面上时，就可以使用 Response.Write（）方法。

 ### 11.1.2　ASP 的工作原理

如图 11-2 所示的 ASP 的工作原理分为以下几个步骤：

（1）用户向 Web 服务器发送一个.asp 的页面请求。

（2）服务器在接到请求后根据扩展名判断出用户要浏览的是一个 ASP 文件。

（3）服务器从内存或硬盘上找到并读取相对的 ASP 文件。

（4）该程序被传送给服务器上的 asp.dll 并被编译运行，产生标准的 HTML 文件。

（5）产生的 HTML 文件作为用户请求的响应传回给用户端浏览器，并由浏览器解释运行。

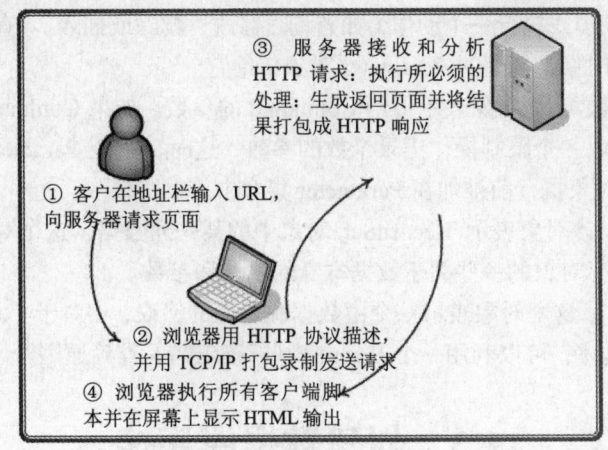

图 11-2　ASP 的工作原理

上述步骤基本上是 ASP 的整个工作流程。但这个处理过程是相对简化的，在实际的处理过程中还可能会涉及诸多的问题，如数据库操作、ASP 页面的动态产生等。此外，Web 服务器也并不是接到一个 ASP 页面请求就重新编辑一次该页面，如果某个页面再次接收到和前面完全相同的请求时，服务器会直接去缓冲区中读取编译的结果，而不是重新运行。

11.2　ADO 简介

> 　　ADO（ActiveX Data Objects，ActiveX 数据对象）是微软提供的使 ASP 具有访问数据库功能的构件。ADO 对象模型具有可扩展性，它不需要部件做任何工作。即使对于那些从来没有想到过或见到过的记录集的信息格式，只要使用正常的 ADO 编程对象，就能够可视化地处理所有的事情。

　　ADO 是一项容易使用并且可扩展的将数据库访问添加到 Web 页的技术。可以使用 ADO 去编写紧凑简明的脚本，以便连接与 ODBC（Open DataBase Connectivity）兼容的数据库和与 OLE

DB 兼容的数据源。对于一个对数据库连接有一定了解的脚本编写人员来说，ADO 命令语句并不复杂而且容易掌握。同样，一个经验丰富的数据库编程人员将会正确认识 ADO 的语言无关特性和查询处理功能。

ADO 包括了以下一些对象。

- Connection（连接）：该对象表示正在使用的数据源和 ADO 对象之间的连接。任何与数据源有交互连接的 ADO 都可能导致一个或多个从数据源返回的错误。因此，Connection 对象包含了产生所有错误的对象。
- RecordSet（游标）：这是一个最复杂、功能最强大的对象。在 RecordSet 对象中，含有包含数据的游标。实际上，这个对象在使用 ADO 的应用程序中能完成多种操作。但它也有许多改进的地方，例如，删除了一些不必要的东西，同时增加了参数的可选项以减小代码的复杂程度，而且修改了一些不必要的参数值等。
- Command（命令）：该对象表示一个能被数据提供者处理的命令。它可以返回一个 RecordSet 记录集或执行一个动作（如查询、修改、删除或插入）。查询和存储过程能接收的数据任何时候都能通过 Parameter 对象传给它。
- Parameter（参数）：该对象表示传给 Command 的参数。如果 Command 对象表示一个存储过程，就接收一个限制操作记录个数的参数，这时，一个 Parameter 对象就被创建，在 Command 对象执行前被加在 Parameter 集合中。
- Field（字段）：该对象表示 RecordSet 对象中的某一列数据，这个对象允许改变数据，同时能返回游标对象的一些关于数据本身的属性和参数。
- Error（错误集）：这个对象表示一个由数据源返回的错误，相对于 Connection 的错误集，Error 则会更具体，可以利用一个 Error 来判断读出错的准确原因。

11.3　创建数据库连接

数据库网页动态效果的实现，其实就是将数据库表中的记录显示在网页上。因此，如何在网页中创建数据库连接，并读取出数据显示，就是开发动态网页的一个重点。

 ## 11.3.1　Connection 对象

Connection 对象是与数据存储进行连接的对象，它代表一个打开的、与数据源的连接。Connection 对象指定使用的 OLEDB 提供者连接到数据存储的安全细节及其他任何连接到数据存储特有的细节。

实际上如果没有显示创建一个 Connection 对象连接到数据存储，那么在使用 Command 对象和 RecordSet 对象时，ADO 会隐式地创建一个 Connection 对象。建议显示创建 Connection 对象，然后在需要使用的地方引用它。因为，通常在进行数据库操作时，需要运行不止一条数据操作命令，如果不显示地创建一个 Connection 对象，在每运行一条命令时就会隐式地创建一个

Connection 对象，这样会导致效率下降。创建一个 Connection 对象很简单，使用 Server 对象的 CreateOjbect(ADODB.Connection)即可。

 11.3.2　用 OLEDB 连接数据库

利用 OLEDB 创建 Access 数据库的连接格式如下：

```
<%
Set con=server.createobject("adodb.connection")
Con.open "provider=microsoft.jet.oledb.4.0;data source=文件所在路径"
%>
```

需要注意的是，参数 data source 提供的是 Access 数据库路径。

利用 OLEDB 对 SQL Server 数据库创建连接格式如下：

```
<%
Set con=server.createobject("adodb.connection")
Con.open  "provider =SQLoledb;data  source  =Local;uid=sy;pwd=121;
Database=db"
%>
```

上述代码中，各参数的意义如下：

● provider：用来规定这次连接使用的是 OLEDB 提供的程序名称。
● Data source：用来提供 SQL Server 名称。如 SQL Server 位于名为 local 的机器上，此参数值应设为 local。若数据库服务器与网络服务器位于同一台机器，应将此参数设为 Local Server。
● uid：表示连接中用到的 SQL Server 系统用户名。
● pwd：包含 SQL 系统用户的密码，可以在 SQL 企业管理器中设置此密码。
● Database：指定位于 Database Server 上的一个特定数据库。此参数也是可选的，若不指定一个数据库，则会用到 SQL 系统默认的数据库。

 11.3.3　用 ODBC 实现数据库连接

可以利用 ODBC 实现数据库连接，具体操作方法见本书 8.4 节"创建数据库连接"。

创建了系统 DSN 以后，就可以在位于同一台计算机上的任何 ASP 中使用它了，例如：

```
<%
Set con=server.createobject("adodb.connection")
Con.open "dsn=syc"
%>
```

这里创建了一个 ADO Connection 对象，通过连接字符串打开数据库。但是需要注意的是，连接字符串中没有授权信息，这个在使用 Access 数据库时是不需要的，而在使用 SQL Server 时却需要。

11.4 在 ASP 中存取数据库表

> 创建好数据库和设计完表后，就需要对该表添加内容，在添加的过程中还会涉及对该表内容的修改和删除操作。

11.4.1 插入表内容

下面通过范例 2 讲述在 user 表中插入会员相关信息内容。

```
<%
set con=server.createobject("adodb.connection")
filepath=server.mappath("../mydc.mdb")
con.open="driver={Microsoft Access Driver(*.mdb)};dbq="&filepath
query="insert user (name,address,phone,e-mail) values(' 王 名 霞 ',' 北 京 ','
130123456789',
'wdx2008@yiyou.com')"
con.execute query
con.close
%>
```

在这段程序中，使用了 SQL 的插入资料记录语句，如下：

```
query="insert user (name,address,phone,e-mail) values(' 王名霞 ',' 北京 ','
130123456789',
'wdx2008@yiyou.com')"
```

11.4.2 修改表内容

对于已经插入的记录，如果有不正确的地方，最好能够直接在原有记录中进行修改，而不是将原有记录删除，然后再创建一条新的内容记录。下面通过范例 3 讲述在 user 表中修改会员相关信息内容。

```
<%
set con=Server.CreateObject("ADODB.Connection")
filePath=Server.MapPath("../mydc.mdb")
con.Open="DRIVER={Microsoft Access Driver(*.mdb)}; DBQ="& filePath
query="update user set name=' 王名霞 ', adress=' 北京 ',phone='010-012345678',
e-mail=' 无 '
where name=' 王名霞 '"
con.Execute query
con.Close
%>
```

在这段程序中，使用了 SQL 的更新内容记录语句，如下：

```
query="update user set name='王名霞', adress='北京',phone='010-012345678',
e-mail='无'
  where name='王名霞'"
```

并且在这个 SQL 语句中，还使用了一个 where 条件判断。

 **11.4.3　删除表记录**

当确定不需要某些记录时，用户还可以将这些记录删除。下面通过范例 4 讲述在 user 表中删除会员相关信息内容。

```
<%
set con=server.createobject("adodb.connection")
filepath=server.mappath("../mydc.mdb")
con.open="driver={Microsoft Access Driver(*.mdb)};dbq="&filepath
query="delete from user where name='王名霞'"
con.execute query
con.close
%>
```

11.5　使用 RecordSet 对象

> RecordSet 对象是一个很重要的对象，它的作用是浏览和操作从数据库中取出来的资料。可以将 RecordSet 对象看做是一个二维数组，数组中的列表示数据库中的一个资料列，而每个资料列包含一个或多个字段，这里的一个字段就表示一个 Field 对象。

利用 RecordSet 对象的属性和方法可以完全地操作一个数据库。理论上只要 SQL 语句可以完全地操作，利用 RecordSet 对象都可以实现。如表 11-1 所示列出了 RecordSet 常用的属性。

表 11-1　RecordSet 属性

属　　性	功　　能
AbsolutePage	指定当前页
PageCount	返回记录集的逻辑页数
PageSize	每一个逻辑页包含的记录数，默认值为 10

如表 11-2 所示为 RecordSet 对象常用的方法。

表 11-2　RecordSet 方法

方　　法	功　　能
Open	允许用户向数据库发出请求
Close	关闭所指定的 RecordSet 对象
Move(n)	改变当前记录
MoveFirst()	移动到第一个记录
MovePrevious()	移动到上一个记录
MoveNext()	移动到下一个记录

续表

方　　法	功　　能
MoveLast()	移动到最后一个记录
AddNew()	向记录集中添加一条记录
CancelBatch()	取消一批更新
CancelUpdate()	取消对当前记录所做的修改
Update()	保存对当前记录所做的修改
UpdateBatch()	保存对一个或多个记录所做的修改

11.6　专家秘笈

1. 怎样保证 ASP 组件的安全？

在 IIS 系统上，大部分木马都是 ASP 写的，因此，ASP 组件的安全是非常重要的。

ASP 木马实际上大部分通过调用 Shell.Application、WScript.Shell、WScript.Network、FSO、Adodb.Stream 组件来实现其功能，除了 FSO 之外，其他的大多可以直接禁用。

WScript.Shell 组件使用 regsvr32 WSHom.ocx /u 命令删除。

WScript.Network 组件使用 regsvr32 wshom.ocx /u 命令删除。

Shell.Application 可以使用禁止 Guest 用户使用 shell32.dll 来防止调用此组件。

FSO 组件的禁用比较麻烦，如果网站本身不需要用这个组件，那么就通过 RegSrv32 scrrun.dll/u 命令来禁用。

2. 需不需要在每个 ASP 文件的开头使用< % @LANGUAGE=VBScript % >？

在每个 ASP 文件的开头使用< % @LANGUAGE=VBScript %>代码是用来通知服务器现在使用 VBScript 来编写程序，但因为 ASP 的预设程序语言是 VBScript，因此忽略这行代码也可以正常运行，但如果程序的脚本语言是 JavaScrip，就需要在程序第一行指明所用的脚本语言。

3. ADO 是什么，它是如何操作数据库的？

ADO 的全名是 ActiveX Data Object(ActiveX 数据对象)，是一组优化的访问数据库的专用对象集，它为 ASP 提供了完整的站点数据库解决方案，它作用在服务器端，提供含有数据库信息的主页内容，通过执行 SQL 命令，让用户在浏览器画面中输入、更新和删除站点数据库的信息。ADO 主要包括 Connection、Recordset 和 Command 三个对象。

11.7　本章小结

ASP 是一种优秀的电子商务开发程序语言，以其全面的功能和简便的编辑方法受到众多网页设计者的欢迎。

本章主要介绍了 ASP 的基本知识，包括 ASP 的基本概念，ASP 创建数据库连接，ASP 存取数据，使用 RecordSet 对象等。通过本章的学习，读者可以了解什么是 ASP，如何创建数据库连接，以及如何存取数据等。

第 *12* 章　ASP 的内置对象

学前必读：

　　ASP 提供了可在脚本中使用的内部对象。这些对象使用户更容易收集通过浏览器请求发送的信息，响应浏览器，以及存储用户信息，从而使网站开发者摆脱了很多繁琐的工作，提高了编程效率。常见的 ASP 内置对象有 5 个，本章主要介绍 ASP 的内置对象，包括 Request 对象、Response 对象、Server 对象、Application 对象和 Session 对象。

学习流程

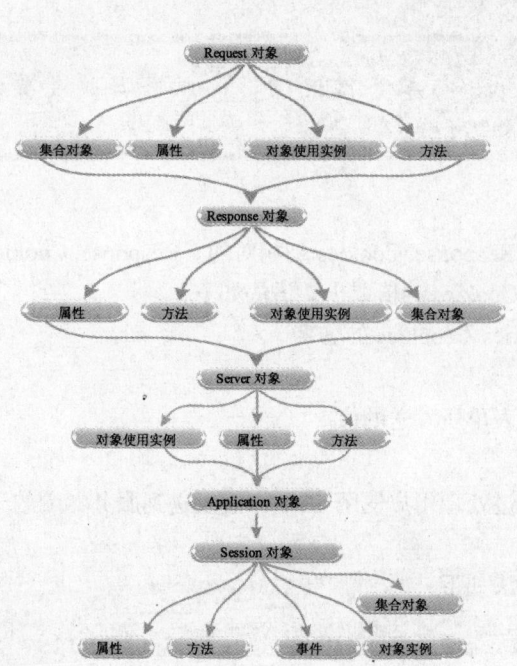

12.1　Request 对象

> Request 对象用于从客户端的浏览器上收集用户信息，但它只能接收客户端的Web 页提交的数据。可以使用 Request 对象访问任何基于 HTTP 请求传递的所有信息，包括从 HTML 表格用 POST 方法或 GET 方法传递的参数、Cookie 和用户认证。Request 对象也提供使用 SSL 或其他加密通信协议的授权访问，以及有助于对连接进行管理的属性。

 12.1.1　集合对象

Request 有如下 5 个集合对象：

（1）Client Certificate；

（2）Cookies；

（3）Form；

（4）Query String；

（5）Server Variables。

1. Client Certificate

Client Certificate 是用来取得浏览器端用户的身份验证的有关信息。它的语法如下：

Request. Client Certificate

★ 提示 ★

> 浏览器端要用 https:// 与服务器连接，而服务器端也要设置用户需要认证，Request.ClientCertificate 才会有效。

2. Cookies

Request. Cookies 和 Response. Cookies 是相对的。Response. Cookies 是将 Cookies 写入，而 Request. Cookies 则是将 Cookies 的值取出。语法如下：

变量 = Request. cookies（cookies 的名字）

3. Form

Form 是用来取得由表单所发送的值。

4. Query String

Query String 集合通过处理用户使用 GET 方法发送到服务器端的表单信息，将 URL 后的数据提取出来。

Query String 集合语法如下：

```
Request. Query String (variable) [(index) |.Count]
```

其中参数的含义如下。

● variable：是 HTTP 指定要查询字符串的变量名。

- index：是可选参数，使用该参数可以访问某参数中多个值中的 1 个，它可以是 1 到 Request. QueryString（parameter）.Count 之间的任意整数。
- count：指明变量值的个数，可以调用 "Request.QueryString（variable）.count" 来确定。

由此可看出 QueryString 集合与 Form 集合的使用方法类似，而区别在于：对于客户端用方法 GET 传送的数据，使用 QueryString 集合提取数据，而对于客户端用方法 POST 传送的数据，使用 Form 集合提取数据。一般情况下，大量数据使用 POST 方法，少量数据才使用 GET 方法。

5．Server Variables

Server Variables 是用来存储环境变量及 http 标题（Header）。

 12.1.2　属性

Request 对象只有一个属性 Total Bytes，它是用来存储由浏览器送到服务器的字节数，语法如下：

Request. Total Bytes

 12.1.3　方法

Request 对象只有一个方法 Binary Read。当浏览器以 POST 方式发送数据时，使用这个方法可将数据以二进制格式读取，并存储于一个数据中。这个方法的语法如下：

数组名 = Request. Binary Read（数值）

 12.1.4　Request 对象使用实例

下面通过一个实例讲述 Request 对象的使用方法，这里创建两个文件，一个表单提交页面 example1.html，一个提交表单处理页面 example1.asp。

example1.html 的代码如下。

```html
<html>
<head>
<title>Request 对象使用实例</title>
</head>
<body>
<form method="GET" action="example1.asp">
    <p>姓名：<input name="username" type="text" id="username" size="20"></p>
    <p>年龄:<input name="use rage" type="text" id="use rage" size="20"></p>
    <p>性别：<input name="usersex" type="text" id="usersex" size="20"></p>
    <p>电话：<input name="user phone" type="text" id="user phone" size="20"></p>
    <p><input type="submit" value="提交" name="B1">
  <input type="reset" value="重置" name="B2"></p>
</form>
</body>
```

```
</html>
```

在浏览器中浏览效果如图 12-1 所示。

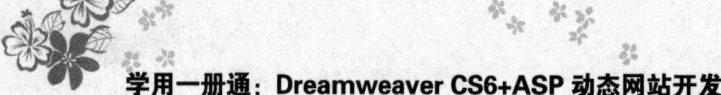

图 12-1　表单提交页面

example1.asp 的代码如下。

```
<Html>
<Head>
<title>Request 对象使用实例</title>
</head>
<Body>
<%
Dim my Name, my Age, my Sex, my phone
My Name=request. Query string ("username")
My Age=request. Query string ("use rage")
My Sex=request. Query string ("user sex")
My phone=request. Query string ("user phone")
%>
我的姓名是: <%=my Name %>< br>
我的年龄是: <%=my Age %>< br>
我的性别是: <%=my Sex %>< br>
我的电话是: <%=my phone %>< br>
</body>
</html>
```

当在如图 12-1 所示的表单提交页面中输入相关信息后,单击"提交"按钮,进入 example1.asp 页面后,效果如图 12-2 所示。在该实例中使用 request. query string 方法来获得客户端提交的数据。

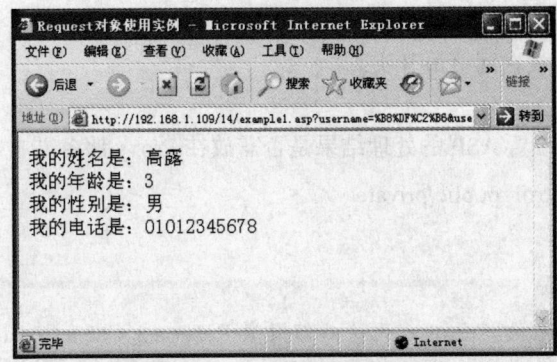

图 12-2 代码执行效果

12.2 Response 对象

Request 可以获取客户端 HTTP 信息，Response 对象是用来控制发送给用户的信息，包括直接发送信息给浏览器，重定向浏览器到另一个 URL 或设置 Cookie 的值。它也创建了一系列用于创建输出页的方法。

12.2.1 集合对象

Response 对象只有一个数据集合，就是 Cookies。它用来在 Client 端写入相关数据，以便以后使用。它的语法是：

Response. Cookies(Cookies 的名字) = Cookies 的值

注意：Response. Cookies 语句必须放在 ASP 文件的最前面，也就是<html>之前，否则将发生错误。

12.2.2 属性

Response 对象有如下 9 个属性：

（1）Buffer；

（2）Cache Control；

（3）Charset；

（4）ContentType；

（5）Expires；

（6）Expires Absolute；

（7）Is Client Connected；

（8）Pics；

（9）Suffer。

● Buffer 属性。

Buffer 属性用来决定是否要将网页内容存储于缓冲区。它的语法如下：

Response. Buffer=True/False

注意：本行一定要放在网页最开头。

● CacheControl。

CacheControl 用来设置 ASP 的处理结果是否需放在 Proxy 服务器上。它的语法如下：

Response.cacheControl=public/private

★ 提示 ★

如果您的浏览器并未设置 Proxy，无论如何设置 Response.CacheControl，都不会有任何作用。

● Charset。

Charset 用来设置响应给浏览器的语言，如 En 或 GB。它的语法如下：

Response. Churset=语言名称

可以在.asp 文件中指定 Content-type 标题，如使用代码：

```
< % Response. Charset="gb2314") %>
```

将产生以下结果：

```
Content-type: text/html; Charest= gb2314
```

● Content Type。

Content Type 用来设置响应给浏览器的 http 文件类型，如 text/html 语法如下：

Response. Content Type=文件类型

● Expires。

Expires 用来设置 ASP 网页保留在浏览器 cache 的时间，以分钟计算。它的语法如下：

Response. Expires=分钟数

● Expires Absolute。

ExpiresAbsolute 用来设置保留在 cache 内的网页到期的时间，以日期和时刻计算。它的语法如下：

Response.expiresabsolute=日期和时间

● IsClientConnected。

IsClientConnected 用来判断浏览器是否仍和服务器端相连接。它的语法如下：

Response.IsClientConnected

响应值会是 True 或者 False。

● Pics。

Pics 的全名是 The Platform for Internet Content Selection，它用来设置系统及数据等级。语法如下：

Response.Pics（Pics 字符串）

● Status。

Status 用来检查服务器返回给浏览器的状态，它的响应值是一个代码加上简短的说明。

 12.2.3　方法

Response 对象有如下 8 种方法：

（1）AddHeader()；

（2）AppendToLog()；

（3）BinaryWrite()；

（4）Clear()；

（5）End()；

（6）Flush()；

（7）Redirect()；

（8）Write()。

- AddHeader()。

AddHeader()方法用来设置 HTML 文件的标题（Head）。它的语法如下：

Response.AddHeader（标题变量名称，标题变量值）

- AppeadToLog()。

AppendToLog()用来添加一段文字在服务器的登录文件（Log File）中，以便追踪及分析使用记录。它的语法如下：

Response.AppendToLog("字符串")

- BinaryWrite()。

BinaryWrite 用来输出二进制数据到浏览器，所输出的数据不经过任何字符集的转换。它的语法如下：

Response.BinaryWrite（"数据内容"）

- Clear()。

Clear 用来将缓冲区数据清除掉。它的语法如下：

Response.Clear()

★ 提示 ★

这个命令只在 Response.Buffer 的设置是 True 时才会生效，否则返回一个错误信息。

- End()。

End 用来即刻停止正在处理的网页，并将结果返回到网页。它的语法如下：

Response.End

- Flush()。

Flush 用来将缓冲区的数据送至浏览器。它的语法如下：

Response.Flush()

- Redirect()。

Redirect 告诉浏览器转向到另一个网页。它的语法如下：

Response.Redirect()

学用一册通：Dreamweaver CS6+ASP 动态网站开发

- Write()。

Write 用来将字符串的内容输出到浏览器上。它的语法如下：

Response.Write()

 ### 12.2.4　Response 对象使用实例

在 Response 对象中，使用最频繁的是 Write 方法，它直接将各种数据输出到客户端。
下面通过范例 2 讲述 Response 对象的使用，其代码如下。

```
<html>
<head>
<title>Response 对象实例</title>
</head>
<body>
<%
dim myName
myName="我叫小霞！"
myColor="blue"
Response.Write "你好。<br>"     '直接输出字符串
Response.Write  myName & "<br>"      '输出变量
Response.Write "<font color=" & myColor & ">我今年 18 岁~" & "</font><br>"
%>
</body>
</html>
```

在浏览器中浏览效果如图 12-3 所示。

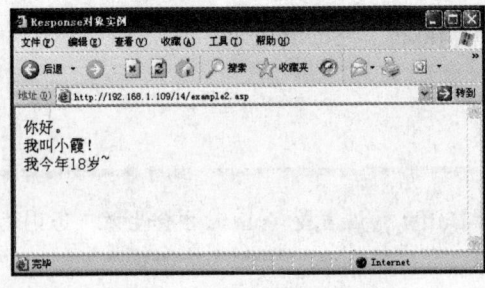

图 12-3　Response 对象的使用

12.3　Server 对象

Server 对象提供了一系列的方法和属性，在使用 ASP 编写脚本时是非常有用的。最常用的是 Server.CreatObject 方法，它允许用户在当前页面的环境或会话中在服务器上实例化其他 COM 对象。还有一些方法能把字符串翻译成在 URL 和 HTML 中使用的正确格式。

222

12.3.1　属性

Server 对象只有一个属性，就是 ScriptTimeOut。这个属性是用来设置 Script 程序执行的时间，ScriptTimeOut 以秒为单位指定脚本运行时的超时时间，默认的超时时间是 90 秒。在脚本运行超过这一时限之后做超时处理。

例如，将某个脚本的超时时间设为 3 分钟。

Server.ScriptTimeOut=180

★ 提示 ★

这个设置必须放在 ASP 文件的最前头，否则会产生错误。

12.3.2　方法

Server 对象有如下 7 种方法：

（1）CreateObject()；

（2）Execute()；

（3）GetLastError()；

（4）HTMLEncode()；

（5）Mappath()；

（6）Transfer()；

（7）URLEncode()。

● CreateObject()。

CreateObject 方法用来创建 ActiveX Server 组件的范本。这些组件可以是内置的 ASP 组件或是协助厂商所创建的组件。使用语法如下：

Set 对象名称 = Server.CreateObject ("Activex Server 组件")

● Execute()。

Execute 方法在一个 ASP 文件中执行另一个 ASP 文件，执行完毕后回到原本的 ASP 文件。它的语法如下：

Server.Execute("ASP 文件")

★ 提示 ★

因为这个方法目前只有 IIS 5.0 是使用 ASP 3.0，所以只有安装了 IIS 5.0 的机器才能使用。如果安装的是 Personal Web Server 或 IIS 4.0 以下的 Web Server，将无法使用这个方法。

● GetLastError()。

GetLasError 方法用来得知最后一个发生在 ASP 中的错误，以便改错。它的语法如下：

Server.GetLastError()

★ 提示 ★

GetLastError 也是 ASP 3.0 新增的功能。换句话说，只有安装了 IIS 5.0 以上的机器才可以使用这个功能。

● HTMLEncode()。

HTMLEncode 方法用来将 HTML 标记（Tag）转换成编码后的字符串，编码过后的 HTML 标记不会被编译，而是会被当成一个字符串输出。如<html>编码后并不会被当做标记常用。它的语法如下：

Server.HTMLEncode("HTML 标记")

● Mappath()。

Mappath()方法用来取得文件存储的实际路径，也就是说，取得该文件在服务器中的实际位置信息。它的语法如下：

Server.Mappath("文件名称")

● Transfer()。

Transfer 方法有点类似 Execute，都是从一个 ASP 文件中执行另一个 ASP 文件。所不同的是，Transfer 方法调用执行另一个 ASP 文件后，控制权就移交给另一个文件了，而不再回到原来的 ASP 文件。它的语法如下：

Server.Transfer("文件名称")

★ 提示 ★

这个方法和 Execute 一样都是 ASP 3.0 新增的功能。目前只能在安装了 IIS 5.0 以上的机器上执行。

● URLEncode。

URLEncode 方法的概念和 HTMLEncode 的原理差不多，只是 URLEncode 是将 URL 转换为字符串。它的语法如下：

Server.URLEncode("URL 字符串")

虽然是转换成字符串，但是一些特殊符号如 ":"、"/" 或 "."，并不会被转换的和原来一样，而是%加上符号所对应的 ASCII 码，如 http://会被转成 http%3F%2F%2F。

 12.3.3 Server 对象使用实例

下面通过范例 3 讲述 Server 对象的使用，其代码如下。

```
<html>
<head><title>Server 对象的使用</title></head>
<body>
<center><h2>Server 对象的使用</h2><hr>
```

```
<% set object=Server.CreateObject("MSWC.browsertype")%>
创建了一个新的对象 object，用户可以通过此对象测试浏览器类型和版本
<p>Browser 是：<%=object.browser%></p>
版本是：<%=object.version%>
</center>
</body>
</html>
```

代码的第 5 行利用 Server.CreateObject 创建一个浏览器类型组件，第 7 行显示浏览器类型，第 8 行显示浏览器版本。在浏览器中运行结果如图 12-4 所示。

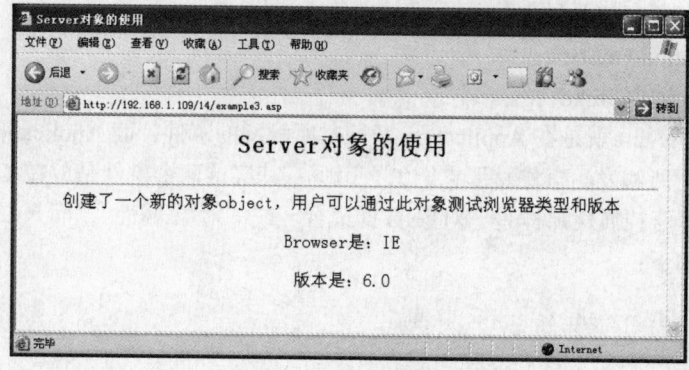

图 12-4　Server 对象的使用

12.4　Application 对象

> Application 对象是让所有的客户一起使用的对象，通过该对象，所有客户都可以存取 Application 定义为同一个名称的参数。

Application 对象不像 Session 对象有有效期的限制，它是一直存在的，直到该应用程序停止。如服务器重新启动，那么 Application 中的信息就丢失了。

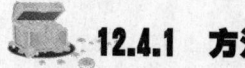 ### 12.4.1　方法

Application 对象有如下两个方法：

（1）Lock；

（2）Unlock。

这两个方法是相对的，Lock 是用来锁定数据，而 Unlock 则是用来解除锁定。为什么要锁定数据呢？因为 Application 对象所存储的内容是共享，有异常情况发生时，如果没有锁定数据就会造成数据不一致的状况发生，并造成数据的错误。Lock 与 Unlock 的语法如下：

```
Application.Lock
欲锁定的程序语句
Application.Unlock
```

例如：

```
Application.Lock
Application("nyc")=Application("nyc")+stp
Application.Unlock
```

以上的 nyc 变量在程序执行 "+stp" 时会被锁定，其他欲更改 nyc 变量的程序将无法更改它，直到锁定解除为止。

 12.4.2　事件

Application 对象有如下两个事件：

（1）Application-OnStart；

（2）Application-OnEnd。

Application-OnStart 就是在 Application 开始时所触发的事件，而 Application-OnEnd 则是在 Application 结束时所触发的事件。那它们怎么用呢？其实这两个事件是放在 Global.asa 当中，用法也不像数据集合或属性那样是 "对象.数据集合" 或 "对象.属性"，而是以子程序的方式存在。它们的格式如下：

```
Sub Application-OnStart
程序区域
End Sub
Sub Application-OnEnd
程序区域
End Sub
```

例如，Application 对象的事件使用实例如下所示。

```
<html>
<body>
<script language=VBScript runat=server>
Sub Application-OnStart
Application("Today")=date
Application("Times")=time
End sub
</script>
</body>
</html>
```

在这里用到了 Application-OnStart 事件。可以看到将这两个变量放在 Application-OnStart 中就是让 Application 对象一开始就有 Today 和 Times 这两个变量。

12.5　Session 对象

可以使用 Session 对象存储特定的用户会话信息。当用户请求 Web 页时，如果该用户还没有会话，则 Web 服务器将自动创建一个 Session 对象。当会话过期或被放弃后，服务器将终止该会话。用户会话期间的一些较私人性质的信息会存储在 Session 对象的变量中，即使在应用程序的不同页面之间跳转时也不会被清除。

在 ASP 中的 Session 是由 Cookies 构成的，服务器将所有 Session 内记录的数据，以 Cookies 的方式传递到客户端浏览器。通常浏览器会将这些 Cookies 保存起来，当用户下次访问此 Web 应用时，浏览器就会把这些 Cookies 发回服务器端，服务器会对这些 Cookies 分析处理以获得相应的用户信息。因此，Session 仅在支持 Cookie 的浏览器中保留，如果客户关闭了 Cookie 选项，Session 也就不能发挥作用了。

 12.5.1　集合对象

Session 集合对象有如下两个。

（1）Contents。

Contents 包含了所有 Session 可以用的变量，但不包含由<object>所创建的对象变量。它的语法是：

Session.Contents（变量名称）

（2）StaticsObjects。

StaticObjects 和 Contents 的概念和用法大致相同。所不同的是，StaticObjects 所返回的是由<object>所创建的对象变量。它的语法如下：

Session.StaticObjects（变量名称）

 12.5.2　属性

Session 共有 4 种属性，分别如下：

（1）Codepage；

（2）LCID；

（3）SessionID；

（4）Timeout。

● Codepage。

Codepage 是一个代码，这个代码所代表的是字符集。当 ASP 处理网页内容时，它会根据这个代码将网页的字符转为自动识别（UNICODE）。常见的代码如表 12-1 所示。

表 12-1　代码

932	日文（Shift-JIS）
936	中文简体（GB）
949	韩文
950	中文繁体（Big5）
1200	自动识别（UNICODE）
52936	中文简体（Hz）

可以使用下列语法来设置 Codepage：

Session.Codepage=代码

或者用下列语法来看目前的设置：

= Seesion.Codepage

● LCID。

LCID 和 Codepage 一样都是一个代码，它所代表的是国家或地区的相关设置。这些相关设置包括时间格式及货币显示等。

OCID 可以用下列语法设置：

Session.LCID=代码

或者用下列语法来看目前的设置：

= Session.LCID

● SessionID。

SessionID 是每一个 Session 的代码，这个代码由服务器所产生，可以使用下列语法来看 Session 代码：

= Session.SessionID

● Timeout。

Timeout 是用来设置每个 Session 结束的时间，如果这段时间内没有任何向 Session 提出请求的话，这个 Session 就会被结束并释放出它所占用的资源。可以使用下列语法来设置 Timeout：

Session.Timeout=分钟数

或者用下列语法来看目前的 Timeout 设置：

= Session.Timeout

系统所默认的 Timeout 值是 20 分钟。

 12.5.3　方法

Session 对象只有一个方法，就是 Abandon。它用来立即结束 Session 并释放资源。

Abandon 的语法如下：

= Session.Abandon

 12.5.4　事件

Session 对象有如下两个事件：

（1）Session.OnStart；

（2）Session.OnEnd。

这两个事件的用法和 Application.OnStart 及 Application.OnEnd 类似，都是以子程序的方式放在 Global.asa 当中。语法如下：

```
Sub Session.OnStart
程序区域
End Sub
Sub Session.OnEnd
程序区域
End Sub
```

 12.5.5　Session 对象实例

下面范例 4 是 Session 的 Contents 数据集合的使用，其代码如下。

```
<%@ language="VBScript"%></head>
<%
dim customer_info
dim interesting(2)
interesting(0)="上网"
interesting(1)="篮球"
interesting(2)="旅游"
response.write"sessionID:"&session.sessionID&"<p>"
session("用户名称")="wangxia"
session("年龄")="20"
session("证件号")="12345"
set objconn=server.createobject("ADODB.connection")
set session("用户数据库")=objconn
for each customer_info in session.contents
if isobject(session.contents(customer_info)) then
  response.write(customer_info&"此页无法显示。"&"<br>")
else
if isarray(session.contents(customer_info)) then
    response.write"个人爱好：<br>"
    for each item in session.contents(customer_info)
      response.write"<li>"&item&"<br>"
    next
response.write"</ol>"
else
  response.write(customer_info&"
"&session.contents(customer_info)&"<br>")
  end if
  end if
next
%>
```

在浏览器中的浏览效果如图 12-5 所示。

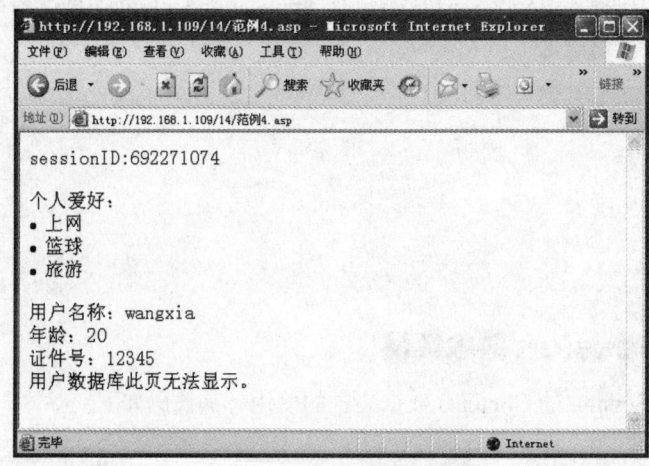

图 12-5　Session 对象实例

12.6　专家秘笈

1．为什么 Session 有时候会消失？

Session 很像临时的 Cookie，只是其信息保存在服务器上（客户机上保存的是 SessionID）。Session 变量消失有几种可能，如用户的浏览器不接受 Cookie，因为 Session 依赖于 Cookie 才能跟踪用户；Session 在一段时间后过期了，默认为 20 分钟，也可以在 ASP 脚本中设定，如 Session.Timeout=60，可设定超时时间为 60 分钟。

2．怎样才能将 Query String 从一个 ASP 文件传送到另一个 ASP 文件？

前一个 ASP 文件加入下列代码：Response.Redirect("second.asp?　" & Request.ServerVariables("QUERY—STRING"))即可。

3．ASP 中如何控制 Cookies？

若想写入 Cookies 可用：Response.Cookies("待写入的 Coookies 名称")=待写入数据。读取 Cookies 则使用：读取数据=Request.Cookies("待读的 Cookies 名称")。

注意，写入 Cookies 的 Response.Cookies 程序段必须放在<html>标记之前，且不可以有任何的其他 html 代码。另外，Cookies 中必须使用 Expires 设定有效期，Cookies 才能真正地写入客户端硬盘中，否则只是临时的。

4．如何使用 6 个内置 ASP 对象？

ASP 提供了多个内嵌对象，无须建立就可以在指令中直接访问和使用它们，这六个对象主要有：请求（Request）对象、响应（Response）对象、工作阶段（Session）对象、应用程序（Application）对象、服务器（Server）对象、Cookies 对象，这六个对象中的服务器（Server）对象可加载其他组件，这可以扩展 ASP 的功能。

使用 Server.CreateObject 所建立的对象,它的生命周期在它建立时开始,在它所在的网页程序结束时结束。如果想要让该对象跨网页使用,则可以用 Session 对象来记录 Server.CreateObject 所建立的对象。

5. 使用 Recordset 对象和 Command 对象来访问数据库的区别在哪里?

Recordset 对象会要求数据库传送所有的数据,那么数据量很大的时候就会造成网络的阻塞和数据库服务器的负荷过重,因此整体的执行效率会降低。利用 Command 对象直接调用 SQL 语句,所执行的操作是在数据库服务器中进行的,显然会有很高的执行效率。特别是在服务器端执行创建完成的存储过程,可以降低网络流量,另外,由于事先进行了语法分析,可以提高整体的执行效率。

12.7   本章小结

ASP 提供了可在脚本中使用的内部对象。这些对象使用户更容易收集通过浏览器请求发送的信息,响应浏览器,以及存储用户信息,从而使对象摆脱了很多繁琐的工作,提高了编程效率。

本章主要介绍了 ASP 内置对象,ASP 内置对象不必创建就可以使用对象的方法和属性,借助这些对象可以编写出功能强大的程序。通过本章的学习,读者可以对 ASP 有更详尽的了解,从而为学习创建复杂、高性能的动态网站打下坚实的基础。

第 3 篇

开发动态网站典型模块

第 *13* 章 设计开发留言系统

学前必读：

　　在商业网站中，留言系统也是非常重要的，当客户浏览网页时，如果有什么需要，可以在留言系统中给站点管理员留言。留言系统作为一个非常重要的交流工具在收集用户意见方面起到了很大的作用。本章介绍了留言系统的设计与开发，通过本章的学习可以使读者初步掌握利用 Dreamweaver 开发动态网页的各个功能。

学习流程

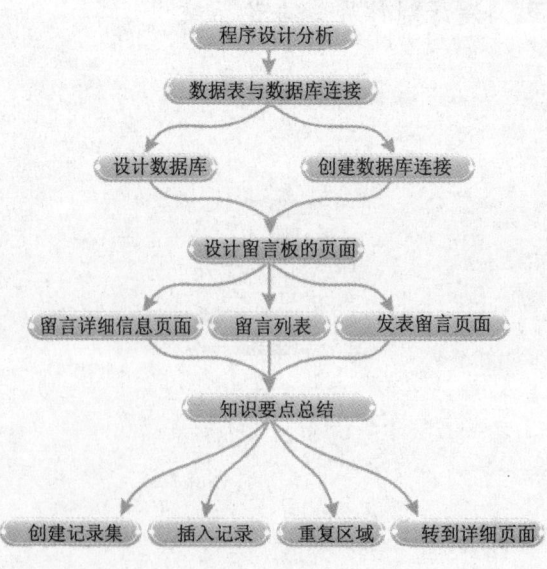

程序设计分析

数据表与数据库连接

设计数据库　　　　创建数据库连接

设计留言板的页面

留言详细信息页面　　留言列表　　发表留言页面

知识要点总结

创建记录集　　插入记录　　重复区域　　转到详细页面

13.1　程序设计分析

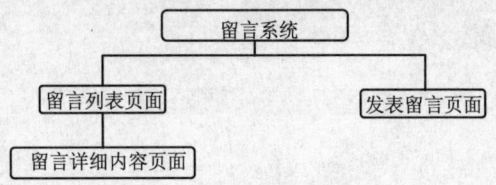

留言系统页面结构比较简单，如图 13-1 所示，由留言列表页面（xianshi.asp）、留言详细内容页面（browser.asp）和发表留言页面（liuyan.asp）组成。

```
            留言系统
   ┌──────────┴──────────┐
留言列表页面          发表留言页面
   │
留言详细内容页面
```

图 13-1　留言系统页面结构

　　在留言系统中，首先看到的是发表留言页面，如图 13-2 所示，在该页面填写相关留言内容后，单击"发表留言"按钮即可发表留言，将留言内容提交到后台的数据库表中。

　　留言列表页如图 13-3 所示，在这个页面显示了留言列表，单击留言标题可以进入留言详细内容页面。

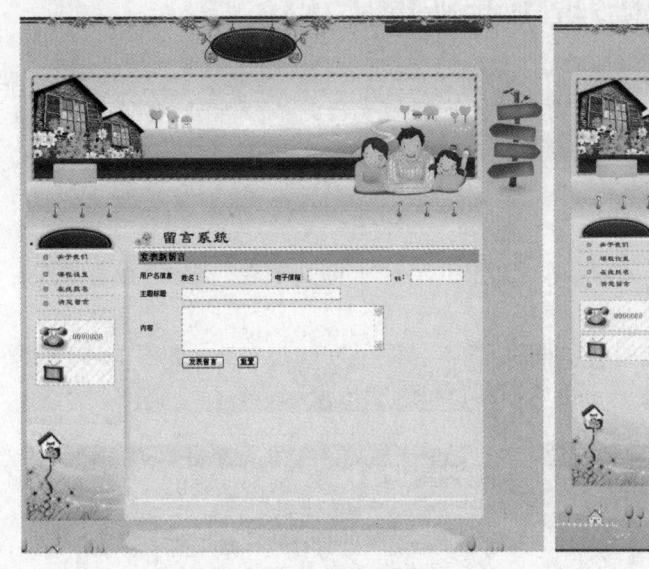
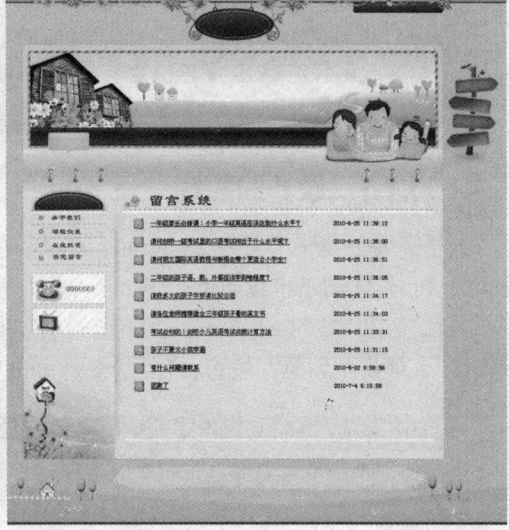

图 13-2　签写留言页面　　　　　　　　图 13-3　留言列表页面

留言详细内容页显示了留言的详细内容信息，如图 13-4 所示。

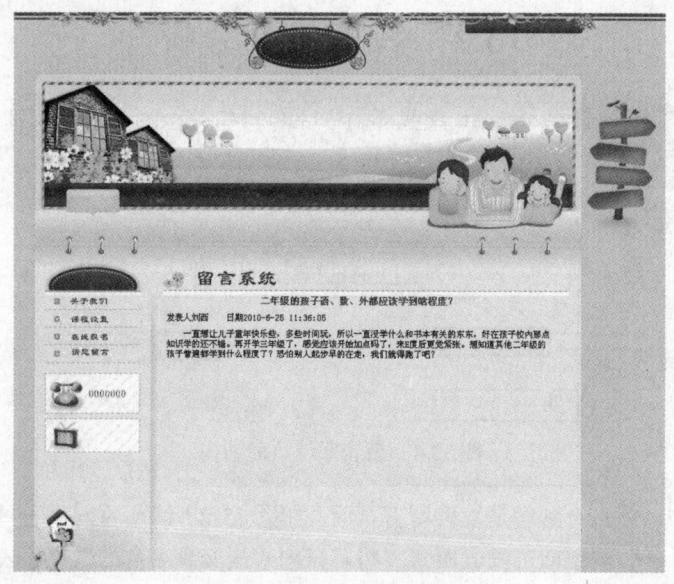

图 13-4　留言详细内容页面

13.2　创建数据表与数据库连接

在制作具体网站功能页面前，首先做一个最重要的工作，就是创建数据库表，用来存放留言信息，然后创建数据库连接。

 13.2.1　设计数据库

这里需要创建一个名为 guest.mdb 的数据库，其中包含名为 guest 的表，表中存放着留言的内容信息。具体创建步骤如下。

（1）启动 Microsoft Access，新建一个数据库，将其名保存为 guest.mdb，如图 13-5 所示。

（2）单击"创建"按钮，创建 guest.mdb 数据库，如图 13-6 所示。

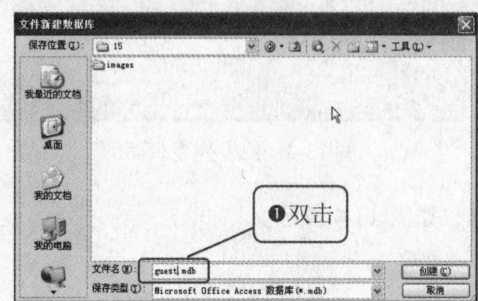

图 13-5　打开文档

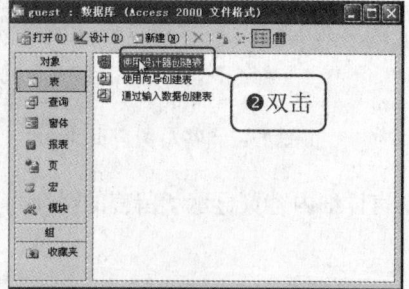

图 13-6　创建数据库 guest.mdb

（3）双击"使用设计器创建表"选项，打开"guest：表"对话框，如图 13-7 所示。

（4）在对话框中输入相应的字段，单击"保存"按钮，打开"另存为"对话框，在"表名称"文本框中输入 guest，如图 13-8 所示。

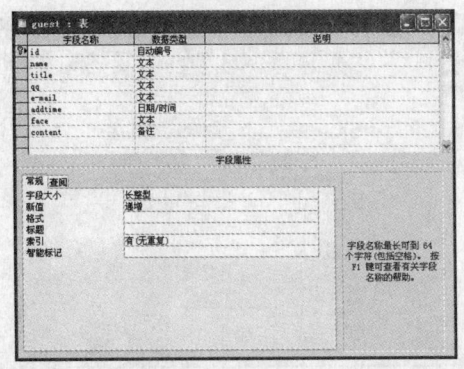

图 13-7 创建表

图 13-8 "另存为"对话框

（5）单击"确定"按钮，打开创建的表，如图 13-9 所示。

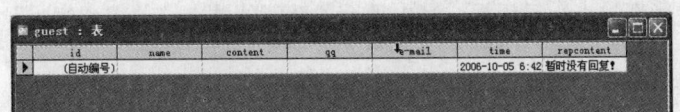

图 13-9 创建的表

 ## 13.2.2 创建数据库连接

在创建数据库连接之前，先要使用 Dreamweaver 定义一个本地站点，然后在 IIS 信息服务器中发布本地站点，这样才能更好地测试与设计动态网站。

（1）启动 Dreamweaver，执行"站点"|"管理站点"命令，弹出"管理站点"对话框，在对话框中单击"新建站点"按钮，如图 13-10 所示。

（2）弹出"站点设置对象"对话框，在对话框中选择"站点"选项，在"站点名称"文本框中输入名称，可以根据网站的需要任意起一个名字，单击"本地站点文件夹"文本框右边的浏览文件夹按钮，如图 13-11 所示。

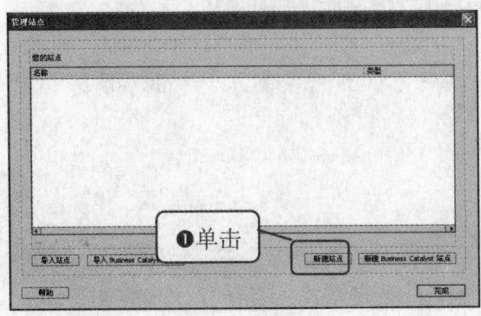

图 13-10 "管理站点"对话框

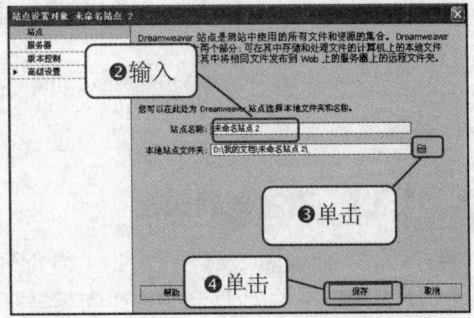

图 13-11 "站点设置对象"对话框

237

（3）弹出"选择根文件夹"对话框，选择站点文件，单击"选择"按钮，如图 13-12 所示。

（4）选择站点文件后，单击"保存"按钮，如图 13-13 所示。

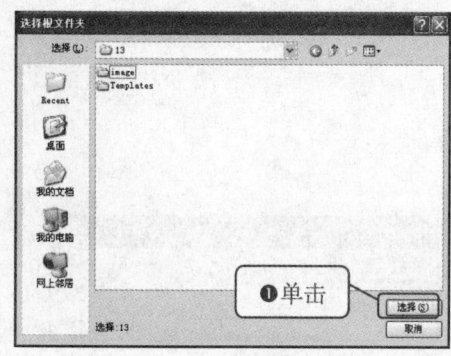

图 13-12　"选择根文件夹"对话框

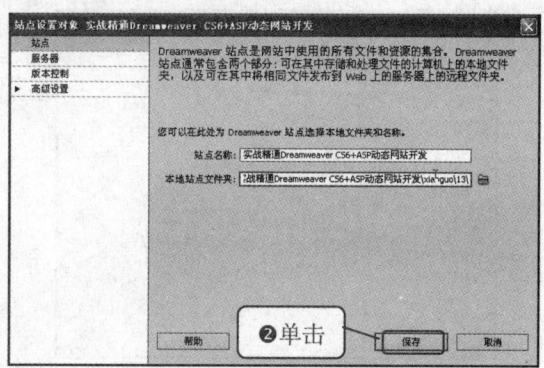

图 13-13　选择站点文件后

（5）更新站点缓存，如图 13-14 所示。

（6）出现"管理站点"对话框，其中显示了新建的站点，单击"完成"按钮，如图 13-15 所示。

（7）此时在"文件"面板中可以看到创建的站点文件。创建完本地站点和数据库后，就可以创建数据库连接了。创建完数据库连接后可以看到如图 13-16 所示的数据库表和字段。

图 13-14　更新站点缓存

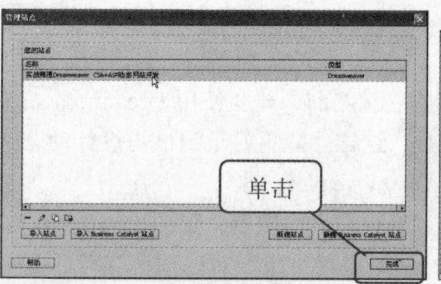

图 13-15　新建的站点

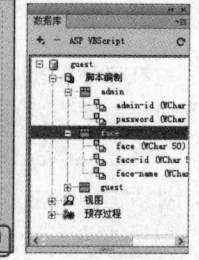

图 13-16　连接的数据库表

13.3　设计留言系统的各个页面

下面通过实例具体介绍在 Dreamweaver CS6 环境中制作一个留言系统的操作方法。

 ## 13.3.1　留言列表页面

留言列表页面如图 13-17 所示，下面介绍留言列表页面的制作，主要包括创建记录集、定义重复区域、绑定动态数据和转到详细页等服务器端行为来实现。具体操作步骤如下。

238

◎练习文件 实例素材/练习文件/CH13/index.html

◎完成文件 实例素材/完成文件/CH13/xianshi.asp

（1）打开制作好的静态网页，将光标置于要插入可编辑区的位置，如图 13-18 所示。

（2）执行"插入"|"模板对象"|"可编辑区域"命令，打开 Dreamweaver 提示框，单击"确定"按钮，如图 13-19 所示。

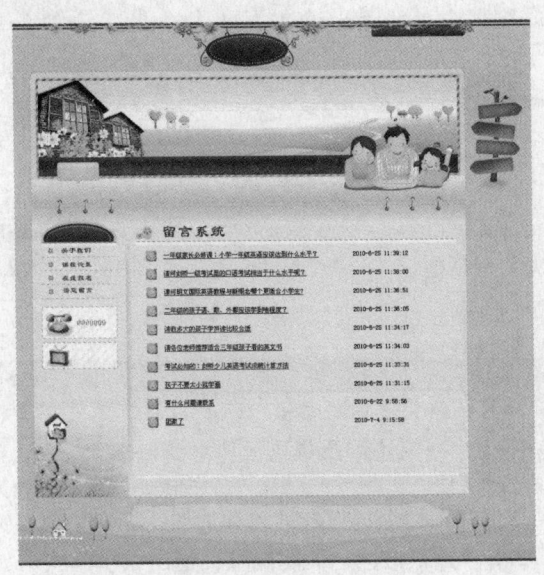

图 13-17 留言列表页面

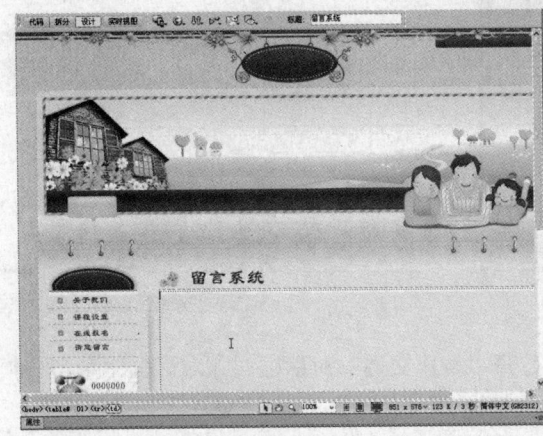

图 13-18 打开网页文档

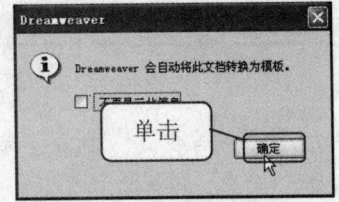

图 13-19 Dreamweaver 提示框

（3）打开"新建可编辑区域"对话框，在"名称"文本框中输入 zhengwen，单击"确定"按钮，如图 13-20 所示。

（4）插入可编辑区域，如图 13-21 所示。

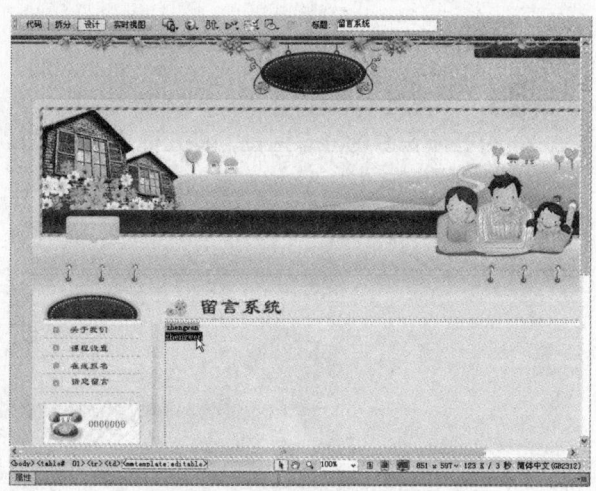

图 13-21　插入可编辑区域

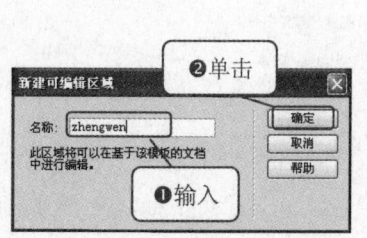

图 13-20　"新建可编辑区域"对话框

★ 指定迷津 ★

　　在创建模板时，可编辑区域和锁定区域都可以进行修改。但是，在利用模版创建的网页中，只能在可编辑区域中进行更改，而无法修改锁定区域中的内容。

　　（5）执行"文件"|"保存"命令，打开"另存为模板"对话框，如图 13-22 所示。
　　（6）打开提示框，单击"是"按钮，关闭网页，退出编辑模式。如图 13-23 所示。

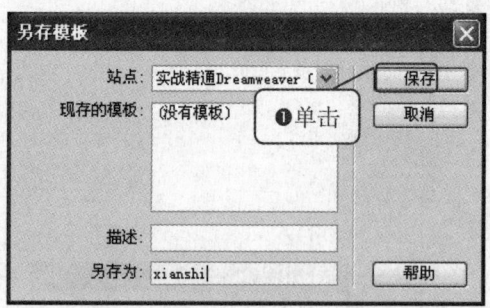

图 13-22　"另存为模板"对话框

图 13-23　Dreamweaver 提示框

　　（7）执行"文件"|"新建"命令，打开"新建文档"对话框，在对话框中单击"模板中的页"，在"站点"列表框中选择"站点实战精通 Dreamweaver CS6+ASP 动态网站开发"选项，在"站点实战精通 Dreamweaver CS6+ASP 动态网站开发"列表框中选择 xianshi，如图 13-24 所示。
　　（8）单击"创建"按钮，创建一个 ASP 文档，将其保存为 xianshi.asp，如图 13-25 所示。

第 13 章　设计开发留言系统

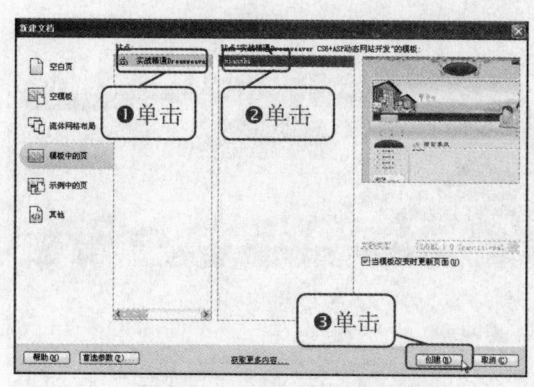

图 13-24　"新建文档"对话框

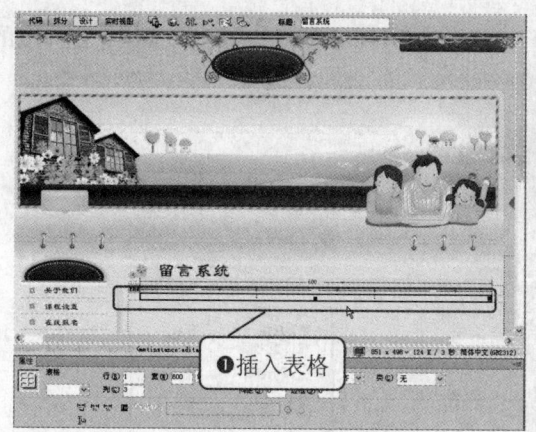

图 13-25　新建文档

（9）将光标置于可编辑区域中，执行"插入"|"表格"命令，插入 1 行 3 列的表格，并且设置"填充"、"间距"、"边框"都为 0，如图 13-26 所示。

（10）将光标置于第 1 列单元格中，执行"插入"|"图像"命令，插入图像 images/biao.jpg，如图 13-27 所示。

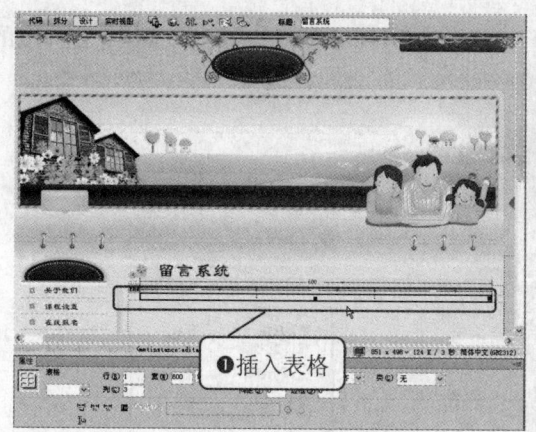

图 13-26　插入表格 1

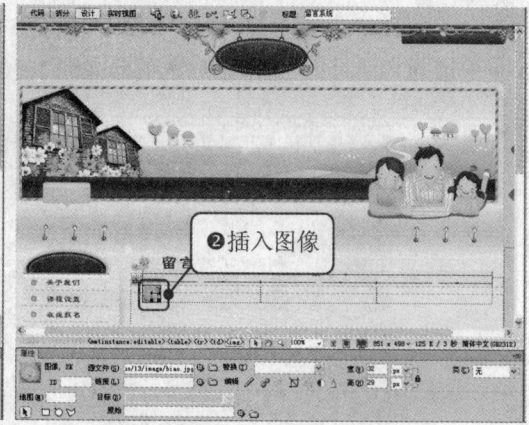

图 13-27　插入图像

★　指定迷津　★

　　如果没有明确指定单元格间距和单元格边距的值，大多数浏览器都将单元格边距设置为 1，单元格间距设置为 2 来显示表格。若要确保浏览器不显示表格中的边距和间距，可以将单元格边距和间距设置为 0。大多数浏览器按边框设置为 1 显示表格。

（11）分别在其他单元格中输入相应的文本，在"属性"面板中将"大小"设置为 12 像素，如图 13-28 所示。

（12）将光标置于表格的右边，执行"插入"|"表格"命令，插入 1 行 1 列的表格，如图 13-29 所示。

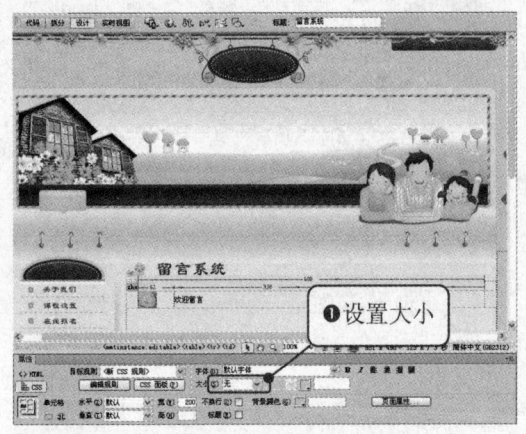

图 13-28　输入文本 1　　　　　　　　　　图 13-29　插入表格 2

（13）将光标置于单元格中，输入文本"暂时没有留言"，在"属性"面板中并设置相应的属性，如图 13-30 所示。

（14）执行"窗口"|"绑定"命令，打开"绑定"面板，在面板中单击 ➕ 按钮，在弹出的菜单中选择"记录集（查询）"选项，如图 13-31 所示。

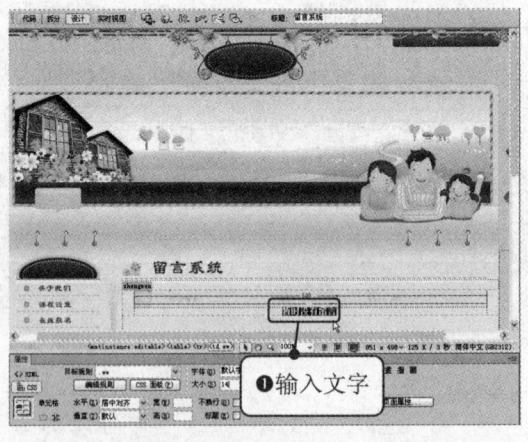
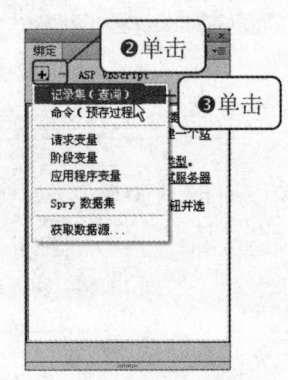

图 13-30　输入文本 2　　　　　　　　　　图 13-31　"绑定"面板

★ 指定迷津 ★

不要在表格中嵌入过多的文本或过大的图像，过慢的浏览器会让浏览者失去浏览的兴趣。

（15）打开"记录集"对话框，在对话框中的"名称"文本框中输入 Recordset1，"连接"下拉列表中选择 guest，"表格"下拉列表中选择 guest，"列"勾选"选定的"单选按钮，在列

表框中分别选择 id、title 和 addtime 选项,"排序"下拉列表中分别选择 id 和降序,如图 13-32 所示。

(16)单击"确定"按钮,即可将数据库文件连接到 Dreamweaver 中,在"绑定"面板中展开,如图 13-33 所示。

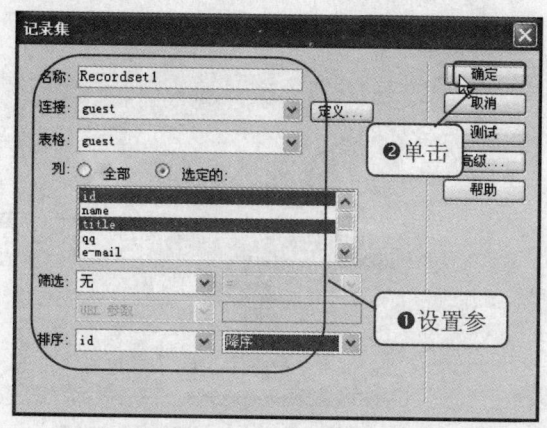

图 13-32 "记录集"对话框

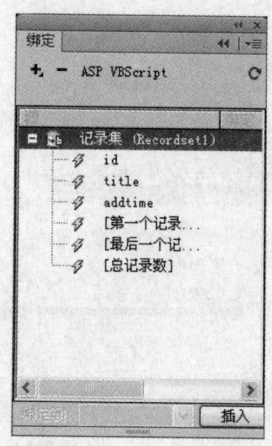

图 13-33 创建记录集

★ 指定迷津 ★

记录集的"名称"中不能使用空格或者特殊字符。

(17)选中表格,执行"窗口"|"服务器行为"命令,打开"服务器行为"面板,在面板中单击 + 按钮,在弹出的菜单中执行"显示区域"|"如果记录集为空则显示区域"命令,如图 13-34 所示。

(18)打开"如果记录集为空则显示区域"对话框,在对话框的"记录集"下拉列表中选择 Recordset1,如图 13-35 所示。

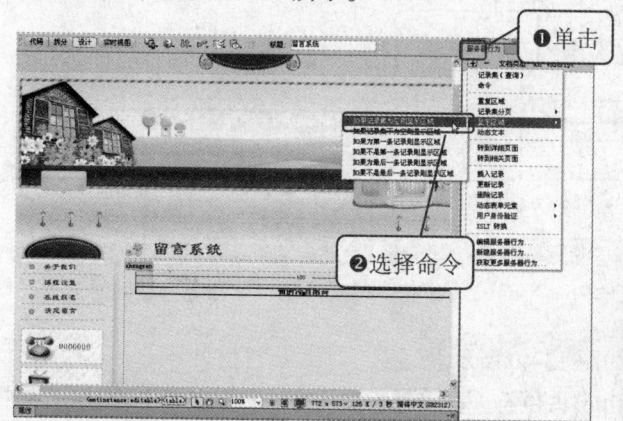

图 13-34 如果记录集为空则显示区域

图 13-35 "如果记录集为空则显示区域"对话框

243

（19）单击"确定"按钮，创建"如果记录集为空则显示区域"服务器行为，如图 13-36 所示。

（20）执行"窗口"|"绑定"命令，打开"绑定"面板。在文档中选中"欢迎留言"，在"绑定"面板中展开记录集 Recordset1，选中 title 字段，单击底部的 [插入] 按钮，如图 13-37 所示。

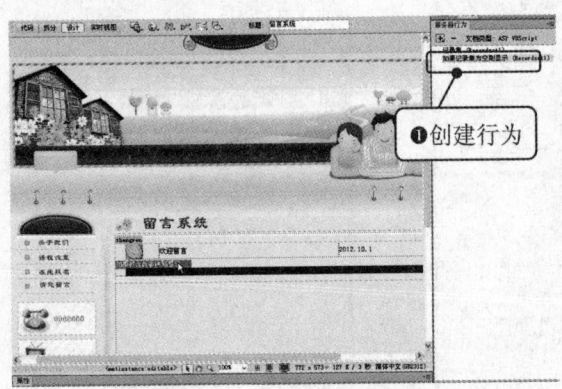

图 13-36　创建服务器行为　　　　　图 13-37　绑定 title 字段

（21）在文档中选中文本"2012 年 10 月 1 日"，在"绑定"面板中展开记录集 Recordset1，选中 addtime 字段，然后单击底部的 [插入] 按钮，如图 13-38 所示。

（22）选中表格，执行"窗口"|"服务器行为"命令，打开"服务器行为"面板，在面板中单击 + 按钮，在弹出的菜单中选择"重复区域"选项，打开"重复区域"对话框，在对话框中"记录集"下拉列表中选择 Recordset1，将"显示"设置为"10"记录，如图 13-39 所示。

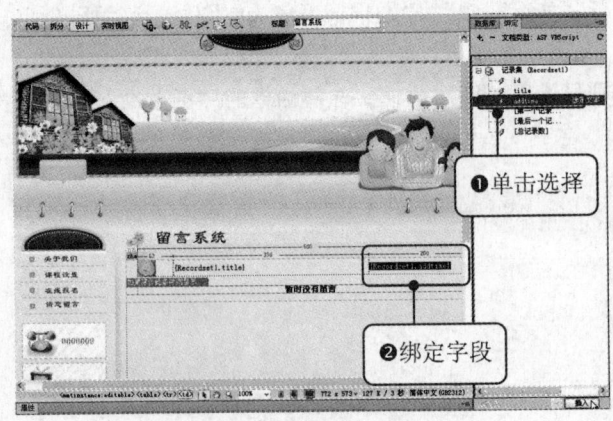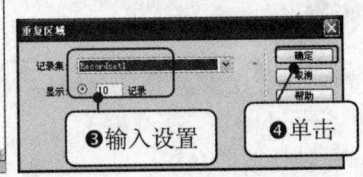

图 13-38　绑定 addtime 字段　　　　　图 13-39　"重复区域"对话框

（23）单击"确定"按钮，效果如图 13-40 所示。

（24）在文档中选中{Recordset1.title}占位符，在"服务器行为"面板中单击 + 按钮，在弹出菜单中选择"转到详细页面"选项，打开"转到详细页面"对话框，设置相关参数，设置完相关信息后，单击"确定"按钮，如图 13-41 所示。

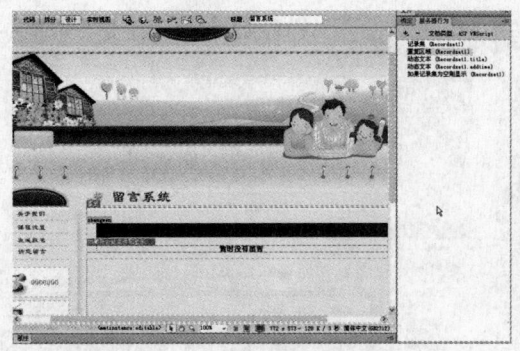

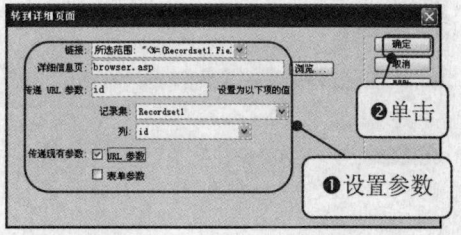

图 13-40　插入重复区域	图 13-41　"转到详细页面"对话框

（25）创建转到详细页面，如图 13-42 所示。

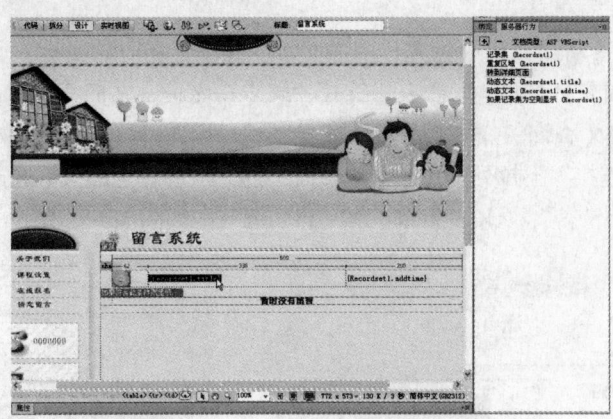

图 13-42　添加服务器行为

13.3.2　留言详细信息页面

留言详细信息页面中的数据是从留言表中读取的，主要利用 Dreamweaver 创建记录集，然后绑定 title、name、addtime 和 content 字段即可，具体操作步骤如下。

◎练习文件　实例素材/练习文件/CH13/index.html

◎完成文件　实例素材/完成文件/CH13/browser.asp

（1）新建一个 ASP 文档，将其另存为 browser.asp，如图 13-43 所示。

（2）将光标置于可编辑区域中，执行"插入"|"表格"命令，插入 3 行 1 列的表格，在"属性"面板中将"填充"和"间距"分别设置为 3，如图 13-44 所示。

图 13-43　新建文档

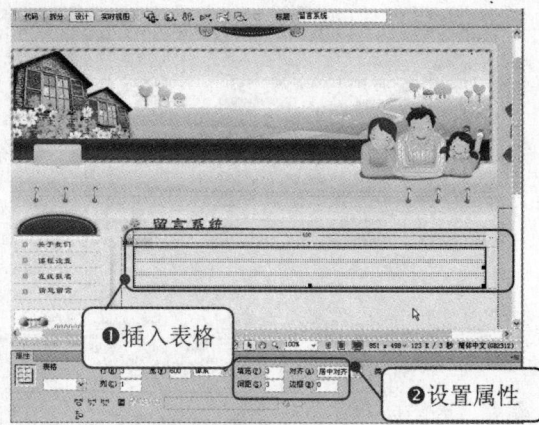

图 13-44　插入表格

（3）分别在这 3 行单元格中输入相应的文本，并设置相应的属性，如图 13-45 所示。

（4）执行"窗口"｜"绑定"命令，打开"绑定"面板。在面板中单击 ➕ 按钮，在弹出的菜单中选择"记录集（查询）"选项，打开"记录集"对话框，在对话框中的"名称"文本框中输入 Recordset1，"连接"下拉列表中选择 guest，"列"勾选"全部"单选按钮，"筛选"下拉列表中分别选择"id"、"＝"、"URL 参数"和"id"选项，如图 13-46 所示。

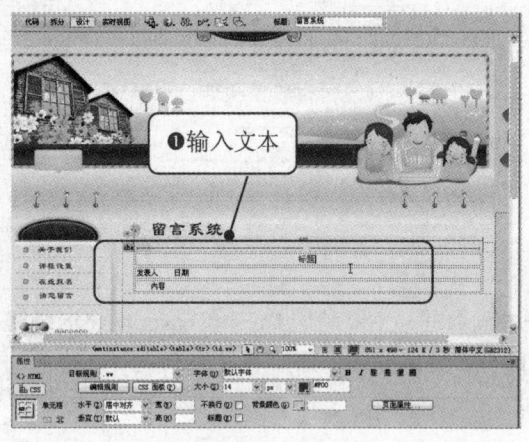

图 13-45　输入文本

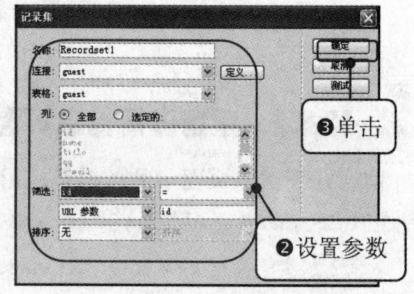

图 13-46　"记录集"对话框

（5）单击"确定"按钮，创建记录集，如图 13-47 所示。

（6）在文档中选择文本"标题"，在"绑定"面板中展开记录集 Recordset1，选中 title 字段，单击底部的 插入 按钮，如图 13-48 所示。

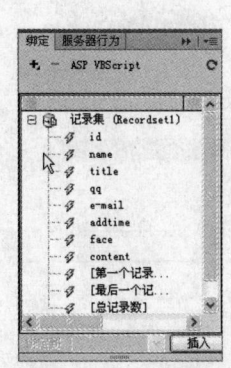 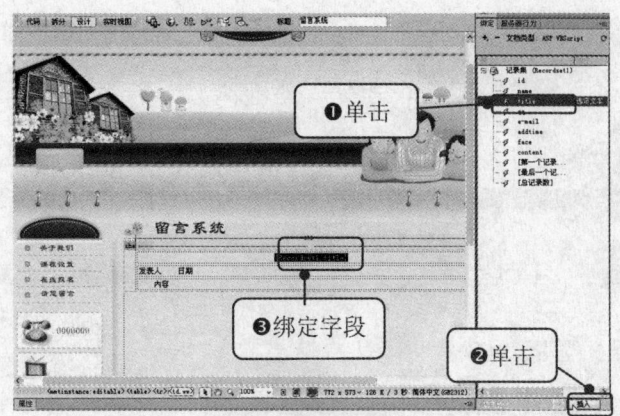

图 13-47　创建记录集　　　　　　　　图 13-48　绑定 title 字段

（7）按照步骤 6 的方法绑定其他字段，如图 13-49 所示。

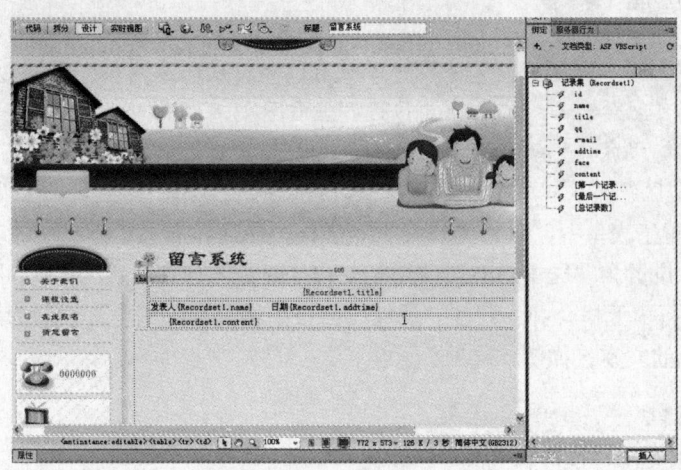

图 13-49　绑定其他字段

 13.3.3　发表留言页面

发表留言页面是留言系统的关键页面，在制作时主要利用插入表单对象和"插入记录"服务器行为来实现，具体操作步骤如下。

◎练习文件　实例素材/练习文件/CH13/index.html

◎完成文件　实例素材/完成文件/CH13/liuyan.asp

（1）新建一个 ASP 文档，将其另存为 liuyan.asp，如图 13-50 所示。

（2）将光标置于可编辑区域中，执行"插入"|"表单"|"表单"命令，插入表单，如图 13-51 所示。

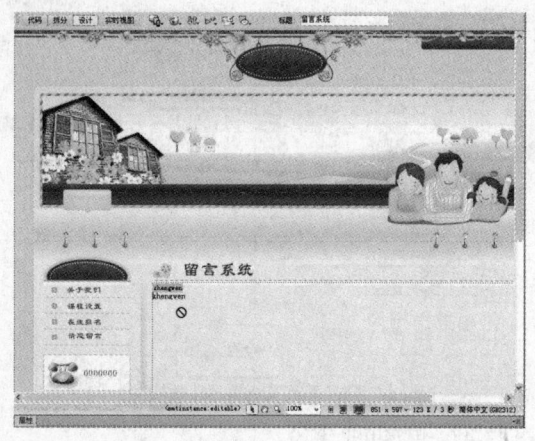

图 13-50　新建文档　　　　　　　　　　　图 13-51　插入表单

★　指定迷津　★

> 如果插入表单域后"网页编辑窗口"中并没有显示红色的虚线框，不用着急，因为这个虚线框在浏览器中浏览时是看不到的，只要执行"查看"|"可视化助理"|"不可见元素"命令，即可令其在"网页编辑窗口"显示。

（3）将光标置于表单中，执行"插入"|"表格"命令，插入5行2列的表格。在"属性"面板中将"对齐"设置为"居中对齐"，"填充"和"间距"分别设置为3，如图13-52所示。

（4）将第1行单元格合并，并在"属性"面板中将"背景颜色"设置为#adaa73，分别在单元格中输入相应的文本，如图13-53所示。

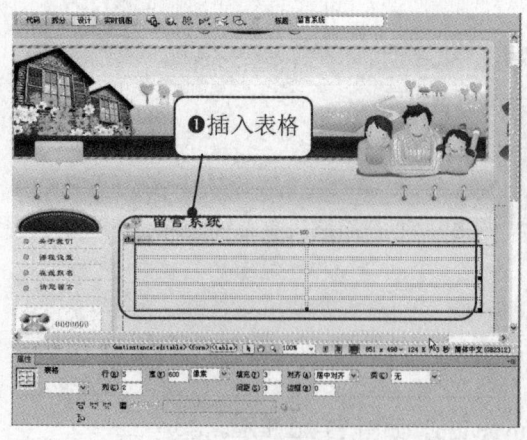
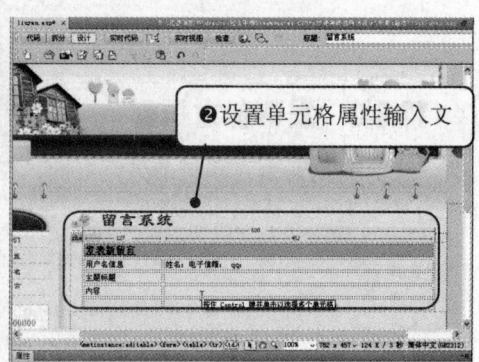

图 13-52　插入表格　　　　　　　　　　　图 13-53　输入文本

（5）将光标置于表格的第2行第2列单元格中"姓名:"的右边，执行"插入"|"表单"|"文本域"命令，插入文本域。在"属性"面板中，在"文本域"的名称文本框中输入 name，"字符宽度"设置为16，"类型"设置为"单行"，如图13-54所示。

（6）将光标置于表格的第 2 行第 2 列单元格中"电子信箱："的右边，执行"插入"|"表单"|"文本域"命令，插入文本域。在"属性"面板中，在"文本域"的名称文本框中输入 E-mail，"类型"设置为"单行"，如图 13-55 所示。

 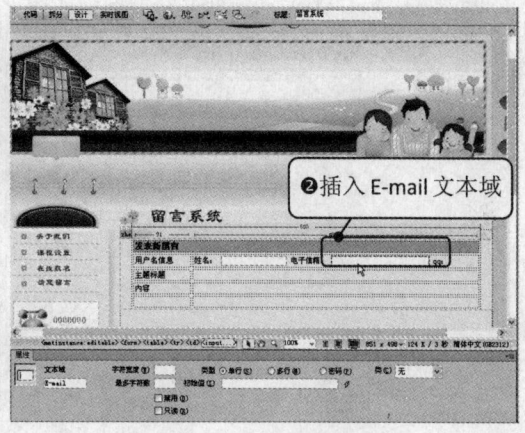

图 13-54　插入文本域 1　　　　　　　　图 13-55　插入文本域 2

（7）将光标置于表格的第 2 行第 2 列单元格中 qq：的右边，执行"插入"|"表单"|"文本域"命令，插入文本域。在"属性"面板中，在"文本域"的名称文本框中输入 qq，"类型"设置为"单行"，如图 13-56 所示。

（8）将光标置于表格的第 3 行第 2 列单元格中，执行"插入"|"表单"|"文本域"命令，插入文本域。在"属性"面板中，在"文本域"的名称文本框中输入 title，"字符宽度"设置为 40，"类型"设置为"单行"，如图 13-57 所示。

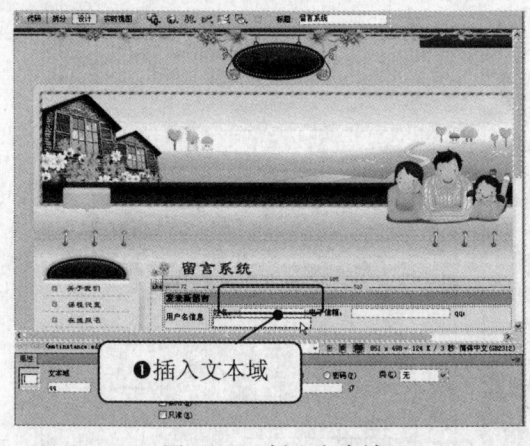
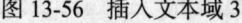 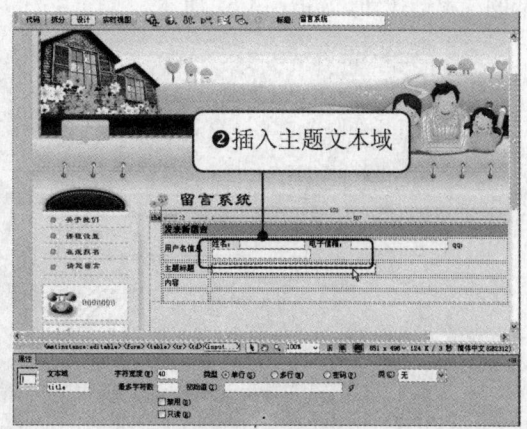

图 13-56　插入文本域 3　　　　　　　　图 13-57　插入文本域 4

（9）将光标置于第 4 行第 2 列单元格中，执行"插入"|"表单"|"文本域"命令，插入文本域。在"属性"面板中，在"文本域"的名称文本框中输入 content，"字符宽度"设置为 50，"行数"设置为 5，"类型"设置为"多行"，如图 13-58 所示。

（10）将光标置于第 5 行第 2 列单元格中，执行"插入"|"表单"|"按钮"命令，插入按钮，在"属性"面板中的"值"文本框中输入"发表留言"，"动作"设置为"提交表单"，如图 13-59 所示。

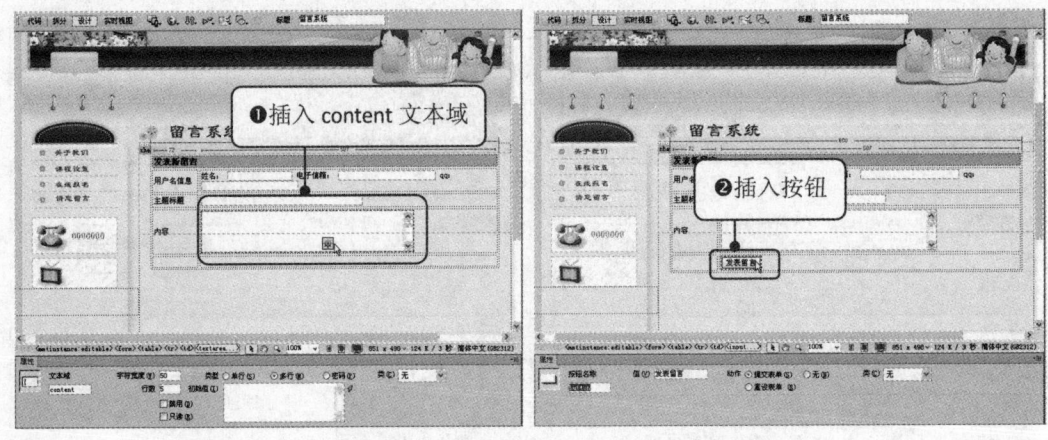

图 13-58　插入文本域 5　　　　　　　　　　　图 13-59　插入按钮 1

（11）将光标置于提交按钮的右边，执行"插入"|"表单"|"按钮"命令，插入按钮，在"属性"面板中的"值"文本框中输入"重置"，"动作"选择"重置表单"单选按钮，如图 13-60 所示。

（12）执行"窗口"|"绑定"命令，打开"绑定"面板。在面板中单击 ➕ 按钮，在弹出的菜单中选择"记录集（查询）"选项，打开"记录集"对话框，在对话框中的"名称"文本框中输入 Recordset1，"连接"下拉列表中选择 guest，"表格"下拉列表中选择 guest，"列"勾选"全部的"单选按钮，如图 13-61 所示。

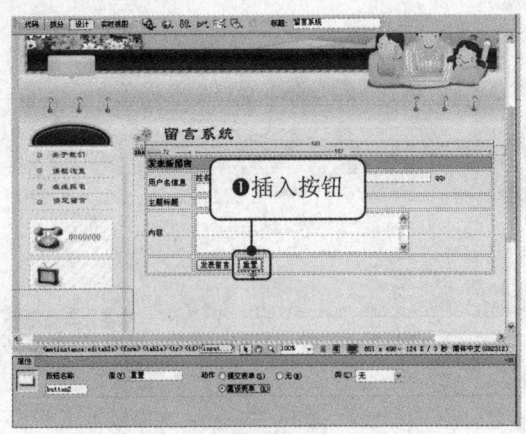
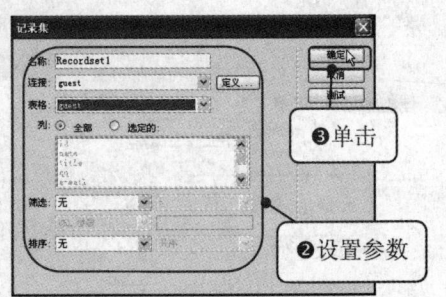

图 13-60　插入按钮 2　　　　　　　　　　　图 13-61　"记录集"对话框

（13）单击"确定"按钮，创建记录集，如图 13-62 所示。

（14）执行"窗口"|"服务器行为"命令，打开"服务器行为"面板，在"服务器行为"面板中单击 ![plus]按钮，在弹出的菜单中选择"插入记录"选项，打开"插入记录"对话框，在对话框中，在"连接"下拉列表中选择 guest，"插入到表格"下拉列表中选择 guest，"插入后，转到"文本框中输入 xianshi.asp，如图 13-63 所示。

★ 高手支招 ★

> 设置"插入记录"服务器行为的目的是使该页能够将页面表单获取的数据存储到数据表 guest 中。

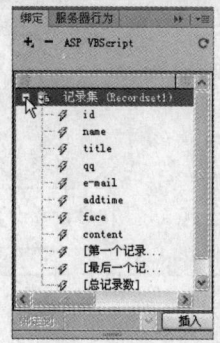
图 13-62　创建记录集

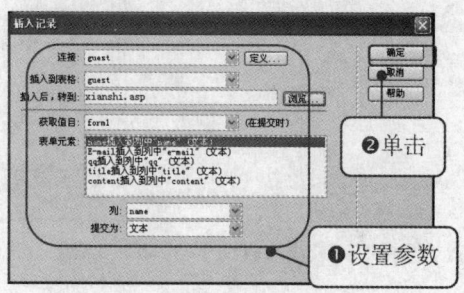
图 13-63　"插入记录"对话框

（15）单击"确定"按钮，插入记录，如图 13-64 所示。

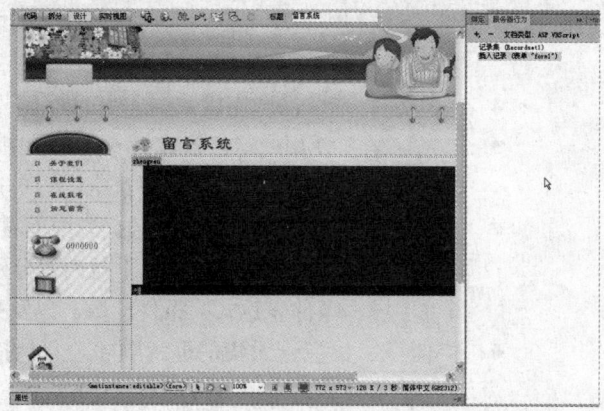
图 13-64　插入记录

13.4　知识要点总结

> 本章实例详细介绍了留言系统的设计与开发，其中介绍了 Dreamweaver CS6 的一些动态应用程序的功能，如创建记录集、插入记录、重复区域、转到详细页面等。下面就对这几个常用的功能进行详细介绍。

 13.4.1 创建记录集

应用 Dreamweaver CS6 的绑定功能在 Dreamweaver CS6 中定义一个记录集，以实现网页读取数据的功能，只须打开"绑定"面板，在其中绑定指定的数据表，新增所需的记录集即可。

（1）执行"窗口"|"绑定"命令，打开"绑定"面板。在面板中单击 ![按钮]，在弹出的菜单中选择"记录集（查询）"选项，如图 13-65 所示。

（2）打开"记录集"对话框，如图 13-66 所示。

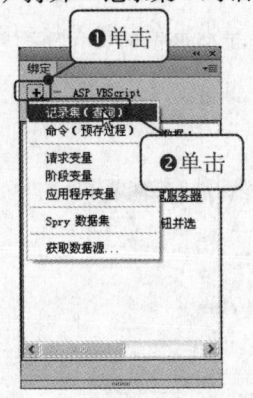

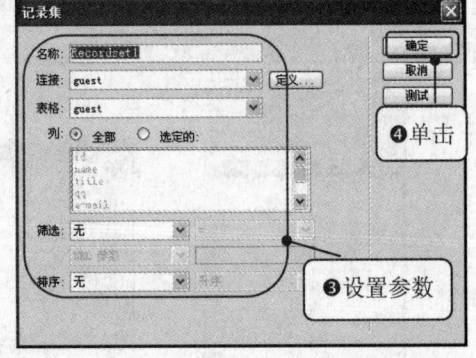

图 13-65　选择"记录集（查询）"选项　　图 13-66　　"记录集"对话框

记录集对话框中的参数如下。

- "名称"：创建记录集的名称。

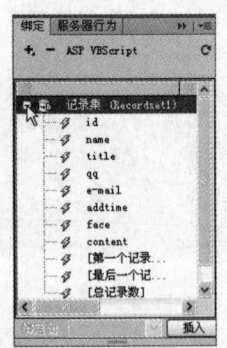

图 13-67　创建记录集

- "连接"：用来指定一个已经建立好的数据库连接，如果在"连接"下拉列表中没有可用的连接出现，则可单击其右侧的"定义"按钮建立一个连接。
- "表格"：选取已选连接数据库中的所有表。
- "列"：若要使用所有字段作为一条记录中的列项，则勾选"全部"单选按钮，否则应勾选"选定的"单选按钮。
- "筛选"：设置记录集仅包括数据表中的符合筛选条件的记录。它包括 4 个下拉列表，这 4 个下拉列表分别可以完成过滤记录条件字段、条件表达式、条件参数，以及条件参数的对应值。
- "排序"：设置记录集的显示顺序。它包括两个下拉列表，在第 1 个下拉列表中可以选择要排序的字段，在第 2 个下拉列表中可以设置升序或降序。

（3）单击"确定"按钮，创建记录集，如图 13-67 所示。

 13.4.2 设置插入记录

一般来说，要通过 ASP 页面向数据库中添加记录，需要提供用户输入数据的页面，这可以通过创建包含表单对象的页面来实现。利用 Dreamweaver CS6 的"插入记录"服务器行为，就可以向数据库中添加记录，插入记录的具体操作步骤如下。

（1）打开要插入记录的页面，该页面应该包含具有"提交"按钮的 HTML 表单。

（2）执行"窗口"|"服务器行为"命令，打开"服务器行为"面板。在面板中单击 ⊞ 按钮，在弹出的菜单中选择"插入记录"选项，打开"插入记录"对话框，如图 13-68 所示。

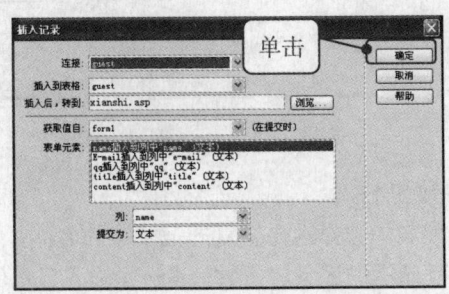

图 13-68　"插入记录"对话框

插入记录对话框中的参数如下。

● "连接"：选择指定的数据库连接，如果在"连接"下拉列表中没有可用的连接出现，则可单击其右侧的"定义"按钮建立一个连接。

● "插入到表格"：在下拉列表中选择要插入表的名称。

● "插入后，转到"：在文本框中输入一个文件名或单击"浏览"按钮进行选择。如果不输入该地址，则插入记录后刷新该页面。

● "获取值自"：在下拉列表中指定存放记录内容的 HTML 表单。

● "表单元素"：在列表中指定数据库中要更新的表单元素。在"列"下拉列表中选择字段。在"提交为"下拉列表中显示提交元素的类型。如果表单对象的名称和被设置字段的名称一致，Dreamweaver 就会自动地建立对应关系。

（3）设置完毕后，单击"确定"按钮即可插入记录。

13.4.3　设置重复区域

"重复区域"服务器行为可以显示一条记录，也可以显示多条记录。如果要在一个页面上显示多条记录，必须指定一个包含动态内容的选择区域作为重复区域。任何选择区域都能转变为重复区域，最普通的是表格、表格的行，或者一系列的表格行，甚至是一些字母、文字。插入重复区域的具体操作步骤如下。

（1）选中要创建重复区域的部分，执行"窗口"|"服务器行为"命令，打开"服务器行为"面板。

（2）在面板中单击 ⊞ 按钮，在弹出的菜单中选择"重复区域"选项，打开"重复区域"对话框，如图 13-69 所示。

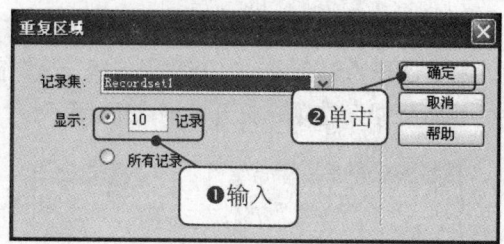

图 13-69   "重复区域"对话框

重复区域对话框中的参数如下。

- "记录集"：在下拉列表中选择需要重复的记录集的名称。
- "显示"：设置可重复显示的记录的条数。可选择输入显示的条数，或勾选"所有记录"单选按钮。

（3）在对话框中根据需要进行设置，单击"确定"按钮，即可创建重复区域服务器行为。

 ### 13.4.4 设置转到详细页面

要告诉另一个页面显示什么记录，或想把一个页面的信息传递到另一个页面时，就要用到适当的服务器行为。

在 Dreamweaver CS6 中，参数是以 HTML 表单的形式进行收集，并且以某种方式传递的。

如果表单用 POST 方式把信息传递到服务器，那么参数作为传递体的一部分也被传递。

如果表单用 GET 方式传递，参数则被附加到 URL 上，在表单的 Action 属性中指定。

（1）在列表页面中，选中要设置为指向细节页上的动态内容。

（2）执行"窗口"|"服务器行为"命令，打开"服务器行为"面板。在面板中单击 ➕ 按钮，在弹出的菜单中选择"转到详细页面"选项，打开"转到详细页面"对话框，如图 13-70 所示。

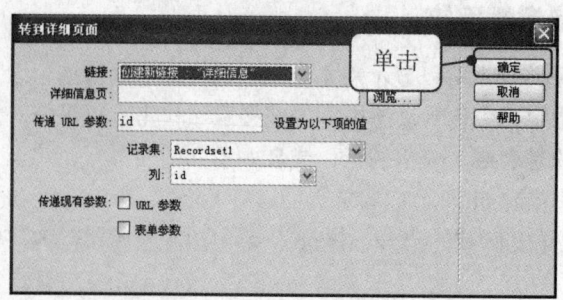

图 13-70   "转到详细页面"对话框

转到详细页面对话框中的参数如下。

- "链接"：将行为应用到相应的链接上。
- "详细信息页"：输入细节页面对应的 ASP 页面的 URL 地址，或单击右边的"浏览"按钮进行选择。

● "传递 URL 参数"：输入要通过 URL 传递到细节页中的参数名称，然后设置以下选项的值。

"记录集"：选择通过 URL 传递参数所属的记录集。

"列"：选择通过 URL 传递参数所属记录集中的字段名称，即设置 URL 传递参数的值的来源。

● "URL 参数"：勾选此复选框表明将结果页中的 URL 参数传递到细节页上。

● "表单参数"：勾选此复选框表明将结果页中的表单值以 URL 参数的方式传递到细节页上。

（3）在对话框中设置完毕后，单击"确定"按钮，即可创建"转到详细页面"服务器行为。

13.5 专家秘笈

1．在浏览器中测试网页时为什么会出现"系统不能打开注册表关键字(8007000e)"？

产生错误可能原因如下：

（1）打开数据库时写法不对。

（2）正在上传数据库文件。

2．有时已经在服务器行为中将"插入记录"服务器行为删除了，为什么重做"插入记录"后，运行时还会提示变量重复定义？

虽然已经在服务器行为中将插入记录服务器行为删除了，但在 Dreamweaver 中的代码视图中，定义的原有变量并未删除。所以在重新插入记录后，变量会出现重复定义的情况。因此在将插入记录服务器行为删除后，再切换到代码视图中，将代码中定义的变量删除。

3．当出现修改程序执行"@命令只能在 Active Server Page 中使用一次"的错误时，应如何解决？

切换到代码视图，到页面的最上方，会看到有两行一模一样的代码，是以"<%@…%>"形式存在的，即是产生错误的主因，修改的方式其实相当简单，将其中一行删除即可。

4．数据字段命名时要注意哪些原则呢？

编写程序时常会出现一些找不出原因的错误，最后查出来却是因为数据库字段命名影响的结果，下面介绍几条数据字段命名的注意事项和原则，请千万要注意遵守！！

● 利用中文来为字段命名，往往会造成数据库连接时的错误，因此要使用英文为字段命名。

● 使用英文命名字段时，不要使用代码的内置函数名称及保留字！例如 time、date 不能用来当做字段的名称。

● 在数据库字段中不可以使用一些特殊符号，如？！%或空格等。

13.6　本章小结

　　本章制作一个留言系统，该系统具有留言发表和浏览功能。设计一个留言系统，首先需要分析系统要实现的功能，接下来需要设计数据库表和数据库连接，最后利用表单和服务器行为制作具体的动态页面。本章的重点与难点是留言系统分析与设计，插入表单对象，绑定记录集，设置重复区域，设置转到详细页面和插入记录等服务器行为的使用。

第14章 设计开发会员注册管理系统

学前必读：

　　判断一个网站是否成功，很重要的一个标准是看其是否可以提供个性化的服务，以满足不同访问者的要求。如今越来越多的网站在提供服务的时候，都希望顾客先注册、加入会员，然后再登录即可享受相关信息服务。通过 Dreamweaver 的服务器行为可以轻松地实现这些功能。本章将创建一个会员注册管理系统，用户填写好个人资料后，利用数据库来保存用户信息，并实现用户的登录，本章最后还讲述了会员的管理功能。

学习流程

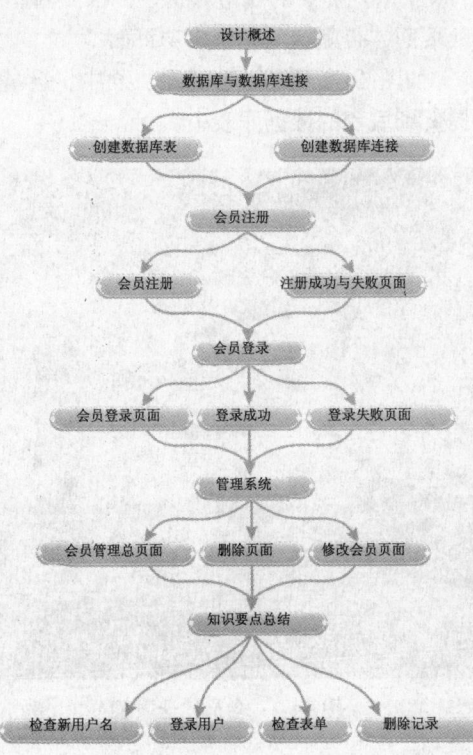

14.1 设 计 概 述

会员注册系统是很多有实力的网站必备的功能。虽然每个会员注册管理系统在内容和结构上不同，但制作方法和功能是基本相同的。本章制作的会员注册管理系统页面如图 14-1 所示。

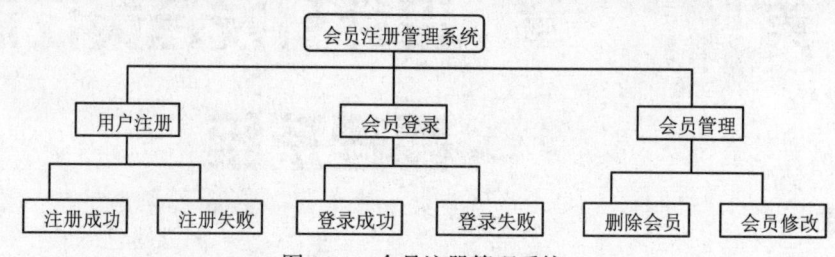

图 14-1 会员注册管理系统

从图 14-1 中可以看出，本系统主要包括用户注册、会员登录和会员管理三部分，其中用户注册和会员登录部分需要进行数据有效性验证，具体描述如下。

（1）用户注册部分：在用户将注册表单资料提交到数据库之前，首先调用验证模块，对用户填写的资料进行验证。如对两次输入的密码是否一致进行验证，对 E-mail 地址是否含有字符 "@" 进行验证，如果验证失败，提示出错并要求用户重新输入，同时需要查询当前注册的账号是否已经存在，如果用户存在，自动转向到注册失败页面。

（2）会员登录部分：根据用户提交的账号和密码判断是否正确。如果用户输入的账号、密码不正确，转到登录失败页面，否则转向登录成功页面。

会员注册页面（zc.asp）如图 14-2 所示。在这个页面中，会员填写相关信息后，单击 "提交" 按钮后将会员的资料提交到后台的数据库表中。

图 14-2 会员注册页面

　　会员登录页面（dl.asp）如图 14-3 所示。在这个页面中输入账号和密码后，如果输入正确，则转到注册成功页面；如果输入账号和密码不正确，则转到注册失败页面。

图 14-3　会员登录页面

　　会员管理页面（guanli.asp）如图 14-4 所示。在这个页面中可以选择删除会员资料和修改会员资料。

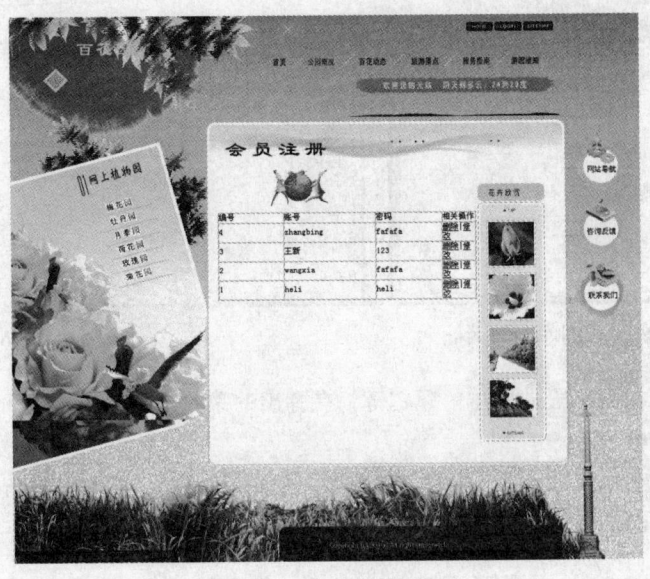

图 14-4　会员管理页面

14.2 创建数据库与数据库连接

> 在使用应用程序以前，必须创建所要用到的数据库文件。Microsoft Access 是一种关系式数据库。关系式数据库由一系列表组成，表又由一系列行和列组成，每一行是一个记录，每一列是一个字段，每个字段有一个字段名，字段名在一个表中不能重复。Access 数据库以文件形式保存，文件的扩展名是.mdb。数据库中的表和字段的建立至关重要，这取决于应用程序，取决于网站的内容。

14.2.1 创建数据库表

在使用库的过程中，接触最多的就是库中的表。表是数据存储的地方，是库中最重要的部分，管理好表也就管理好了数据库。会员注册管理系统数据库需要创建一个 huiyuan 表，在这个表中有 ID、zhanghao、mm、mingzi 和 dianhua 等字段。创建数据库表的具体操作步骤如下。

（1）打开 Microsoft Access，执行"文件"|"新建"命令，打开"新建文件"面板，单击"空数据库"，打开"文件新建数据库"对话框，在对话框中选择要保存数据库的路径，在"名称"文本框中输入"huiyuan"，单击"创建"按钮，打开"数据库"对话框，双击"使用设计器创建表"，如图 14-5 所示。

（2）打开"表 1：表"对话框，在表中输入相应的字段，如图 14-6 所示。

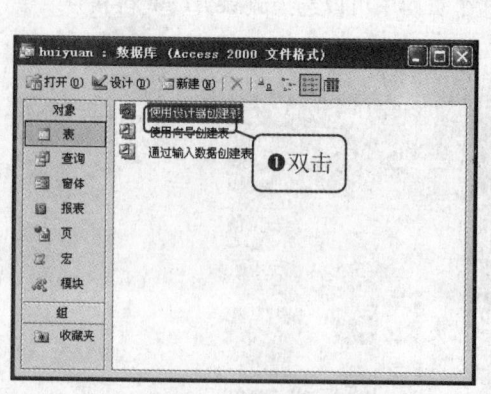

图 14-5 "数据库"对话框

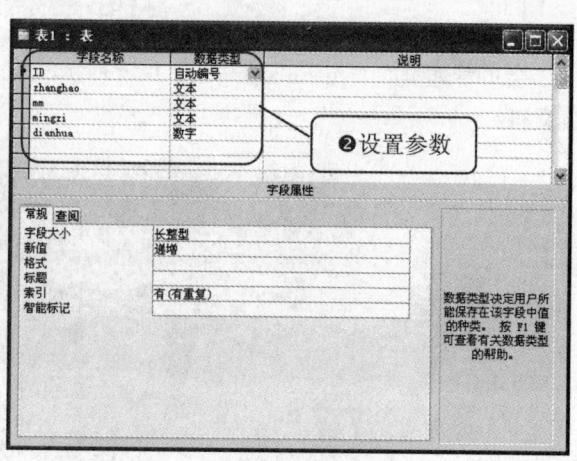

图 14-6 输入字段

（3）在 ID 所在的字段，单击鼠标右键，在弹出的菜单中选择"主键"命令，将 ID 设置为主键，如图 14-7 所示。

（4）执行"文件"|"保存"命令，打开"另存为"对话框，在对话框中输入表名称"zc"，如图 14-8 所示。单击"确定"按钮，保存完毕，将 Access 关闭。

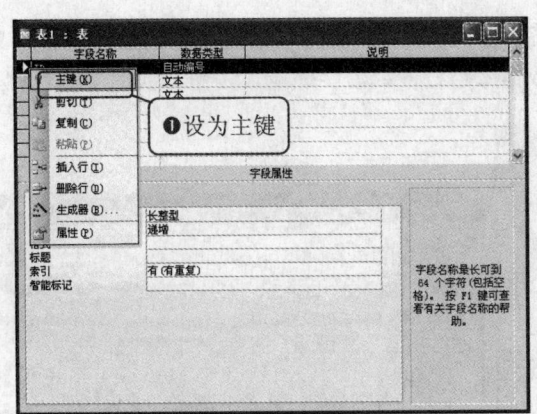

图 14-7　将 ID 设置为主键

图 14-8　"另存为"对话框

14.2.2　创建数据库连接

数据库创建完成后，就可以创建数据库连接了。如果你的 Web 服务器运行在本地计算机上，则可以使用 Dreamweaver 在安装过程中将创建的数据源名称（DSN）快速连接到示例数据库。创建数据库连接的具体操作步骤如下。

（1）在 Dreamweaver CS6 中新建 ASP 文档，将其另存为 zc.asp，执行"窗口"|"数据库"命令，打开"数据库"面板，单击 按钮，在弹出的菜单中选择"数据源名称（DSN）"选项，如图 14-9 所示。

（2）打开"数据源名称（DSN）"对话框，在对话框中单击"定义"按钮，打开"ODBC数据源管理器"对话框，在对话框中选择"系统 DSN"选项卡，如图 14-10 所示。

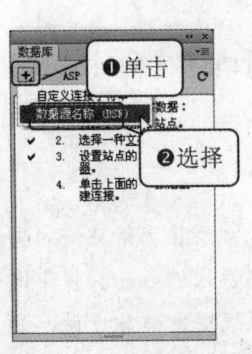

图 14-9　"数据库"面板

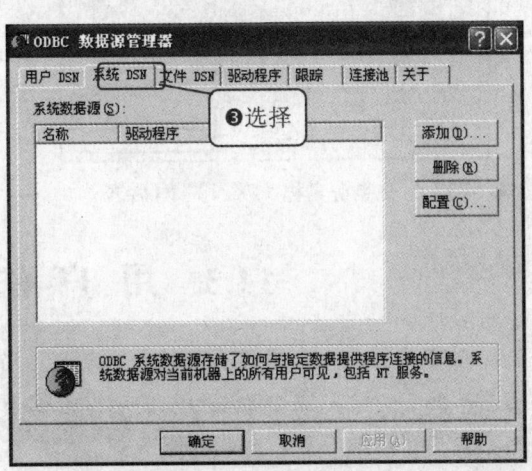

图 14-10　"ODBC 数据源管理器"对话框

（3）单击"添加"按钮，打开"创建新数据源"对话框，在对话框中选择"Driver do Microsoft Access（*.mdb）"选项，如图 14-11 所示。

（4）单击"完成"按钮，打开"ODBC Microsoft Access"对话框，在"数据源名"文本框中输入"zc"，单击"选择"按钮，选择数据库路径，单击"确定"按钮，如图14-12所示。

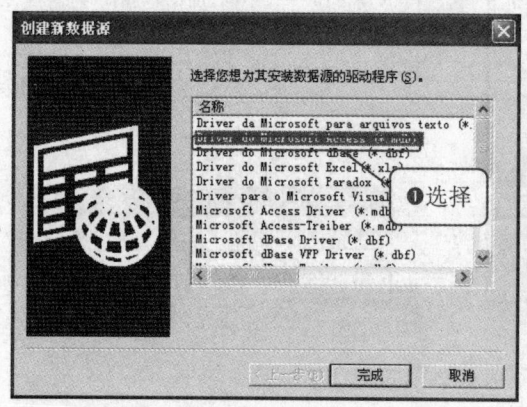

图14-11 "创建新数据源"对话框

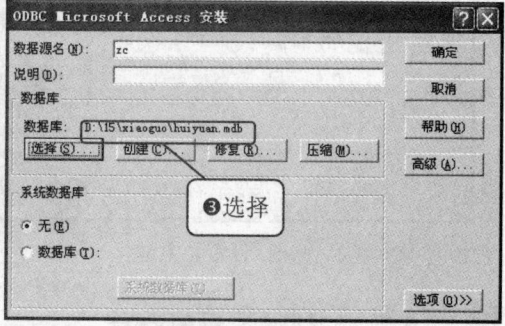

图14-12 "ODBC Microsoft Access"对话框

（5）返回"数据源名称（DSN）"对话框，在对话框中出现定义好的数据源，在"连接名称"文本框中输入"zc"，如图14-13所示。

（6）单击"确定"按钮，创建数据库连接，如图14-14所示。

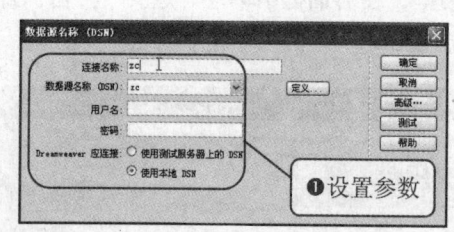

图14-13 "数据源名称（DSN）"对话框

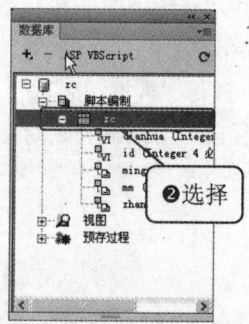

图14-14 创建数据库连接

14.3 用 户 注 册

　　动态网页的一个重要功能就是要与会员进行交流。为了了解交流对象的基本信息，会员注册就成为一些网站要求用户首先进行的操作。整个网站的会员资料都保存在一张数据表中。用户在注册页面填写表单之后，资料提交到服务器。在服务器端经过数据合法性验证（如验证两次输入的密码是否一致、注册的资料是否符合约定的格式等）通过之后，查询数据库中是否存在该用户。若存在则不允许注册该用户名，若不存在则将相应的资料插入到数据库中对应的字段里面。

 14.3.1　注册页面

　　注册页面用来收集注册者的信息，本节通过插入表单对象、检查表单和插入记录服务器行为等将表单的信息保存到数据库当中，如图 14-15 所示。具体操作步骤如下。

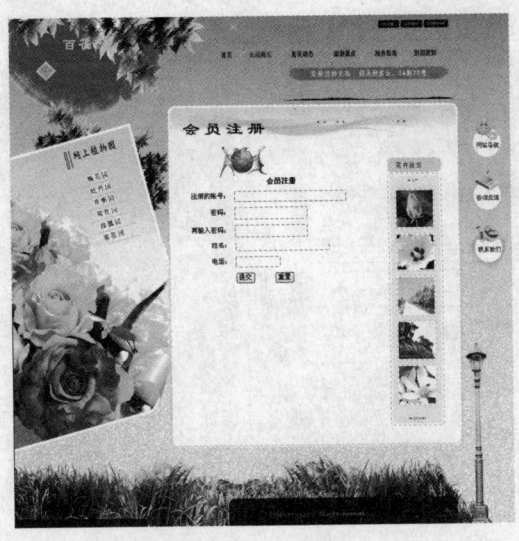

图 14-15　注册页面

　练习文件　实例素材/练习文件/CH14/index.html
　完成文件　实例素材/完成文件/CH14/zc.asp

　　（1）打开原始网页文档，将其另存为 zc.asp 网页，将光标置于文档中，执行"插入"|"表单"|"表单"命令，插入表单如图 14-16 所示。
　　（2）将光标置于表单内，插入 7 行 2 列的表格，在"属性"面板中，将"对齐"设置为"居中对齐"，"间距"设置为"3"，"填充"设置为"5"，如图 14-17 所示。

图 14-16　插入表单

图 14-17　插入表格

263

（3）将光标置于表格的第 1 行第 1 列单元格中，向右拖动选中第 1 行单元格，执行"修改"|"表格"|"合并单元格"命令，合并第 1 行单元格，如图 14-18 所示。

（4）将光标置于第 1 行单元格中，输入文字"会员注册"，在"属性"面板中，将"对齐"设置为"居中对齐"，文字加粗，"大小"设置为 14 像素，如图 14-19 所示。

图 14-18　合并单元格

图 14-19　输入文字 1

（5）将光标置于第 1 列单元格中，输入相应的文字，在"属性"面板中，将"对齐"设置为"右对齐"，"大小"设置为 13 像素，如图 14-20 所示。

（6）将光标置于第 2 行第 2 列单元格中，执行"插入"|"表单"|"文本域"命令，插入文本域；在"属性"面板中，在"文本域"的名称文本框中输入"zhanghao"，"字符宽度"设置为"30"，如图 14-21 所示。

图 14-20　输入文字 2

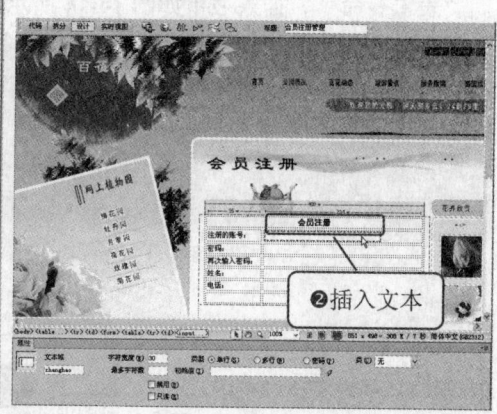

图 14-21　插入文本域 1

（7）将光标置于第 3 行第 2 列单元格中，执行"插入"|"表单"|"文本域"命令，插入文本域；在"属性"面板中，在"文本域"的名称文本框中输入"mm"，"字符宽度"设置为"20"，"类型"设置为"密码"，如图 14-22 所示。

（8）将光标置于第 4 行第 2 列单元格中，执行"插入"｜"表单"｜"文本域"命令，插入文本域；在"属性"面板中，在"文本域"的名称文本框中输入"mm1"，"字符宽度"设置为"20"，如图 14-23 所示。

图 14-22　插入文本域 2

图 14-23　插入文本域 3

（9）将光标置于第 5 行第 2 列单元格中，执行"插入"｜"表单"｜"文本域"命令，插入文本域；在"属性"面板中，在"文本域"的名称文本框中输入"mingzi"，"字符宽度"设置为"25"，如图 14-24 所示。

（10）将光标置于第 6 行第 2 列单元格中，执行"插入"｜"表单"｜"文本域"命令，插入文本域，在"属性"面板中，在"文本域"名称文本框中输入"dianhua"，"字符宽度"设置为"11"，如图 14-25 所示。

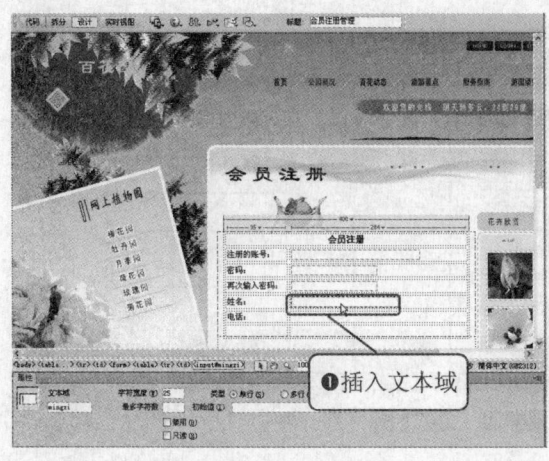

图 14-24　插入文本域 4

图 14-25　插入文本域 5

（11）将光标置于第 7 行第 2 列单元格中，执行"插入"|"表单"|"按钮"命令，插入按钮，在"属性"面板中的"值"文本框中输入"提交"，"动作"设置为"提交表单"，如图 14-26 所示。

（12）将光标置于按钮的后面，插入另一个按钮，在"属性"面板中的"值"文本框中输入"重置"，"动作"设置为"重设表单"，如图 14-27 所示。

（13）单击窗口左下角的<form>标签，单击"行为"面板中的"＋"按钮，在弹出的菜单中选择"检查表单"选项，打开"检查表单"对话框，在对话框中设置文本 zhanghao、mm、mm1、mingzi 的"值"为"必需的"，在"可接受"区域中选择"任何东西"单选按钮。设置文本 dianhua，在"可接受"区域选择"数字"单选按钮，如图 14-28 所示。

（14）单击"确定"按钮，添加"检查表单"行为，如图 14-29 所示。

图 14-26　插入按钮 1　　　　　　　　图 14-27　插入按钮 2

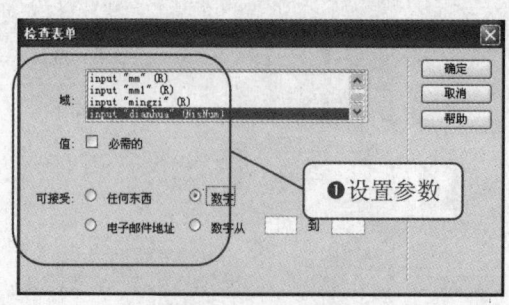
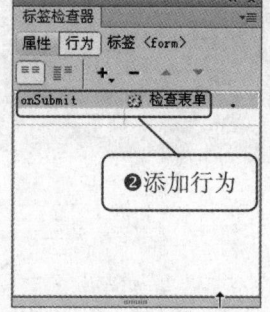

图 14-28　"检查表单"对话框　　　　　图 14-29　行为面板

（15）切换到拆分视图，在验证表单动作的源代码中输入以下代码用于验证两次输入的密码是否一致，如图 14-30 所示。

```
if(MM_findObj('mm').value!=MM_findObj('mm1').value)errors +='-两次密码输入
不一致 \n'
```

（16）执行"窗口"|"服务器行为"命令，打开"服务器行为"面板，单击面板中的 按钮，在弹出的菜单中选择"插入记录"选项，打开"插入记录"对话框，在对话框中的"连接"下拉列表中选择"zc"，在"插入到表格"下拉列表中选择"zc"，在"插入后，转到"文本框中输入"cg.asp"，如图 14-31 所示。

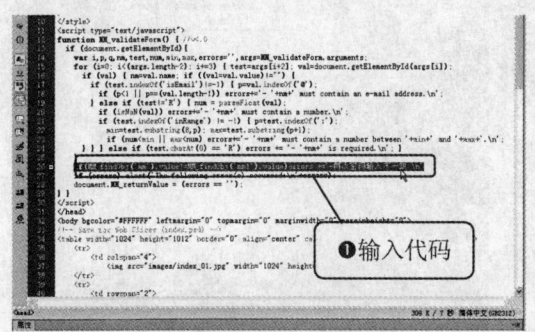
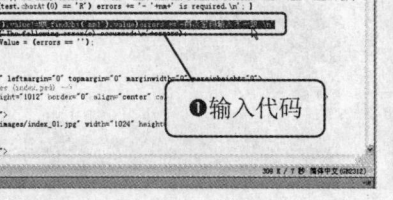

图 14-30　输入代码　　　　　　　　图 14-31　"插入记录"对话框

（17）单击"确定"按钮，插入记录，如图 14-32 所示。

（18）单击"服务器行为"面板中的 按钮，在弹出的菜单中选择"用户身份验证"|"检查新用户名"选项，打开"检查新用户名"对话框，在对话框中的"用户名字段"下拉列表中选择"zhanghao"，在"如果已存在，则转到"文本框中输入"sb.asp"，如图 14-33 所示。单击"确定"按钮，设置完毕。

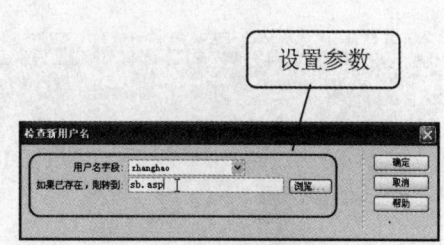

图 14-32　插入记录　　　　　　　　图 14-33　插入文本域

14.3.2　注册成功与注册失败页面

注册成功和注册失败页面分别如图 14-34 和图 14-35 所示，具体操作步骤如下。

图 14-34 注册成功页面   图 14-35 注册失败页面

练习
文件 实例素材/练习文件/CH14/index.html

完成
文件 实例素材/完成文件/CH14/cg.asp

（1）打开"index.html"，并将其保存为"cg.asp"，将光标置于文档中，执行"插入"|"表格"命令，插入 2 行 1 列的表格，在"属性"面板中，将"对齐"设置为"居中对齐"，"间距"设置为"3"，"填充"设置为"5"，如图 14-36 所示。

（2）将光标置于表格中，输入"恭喜你，注册成功！欢迎加入"文字，在"属性"面板中，将"大小"设置为 13 像素，"对齐"设置为"居中对齐"，如图 14-37 所示。这个页面就是注册成功的页面。

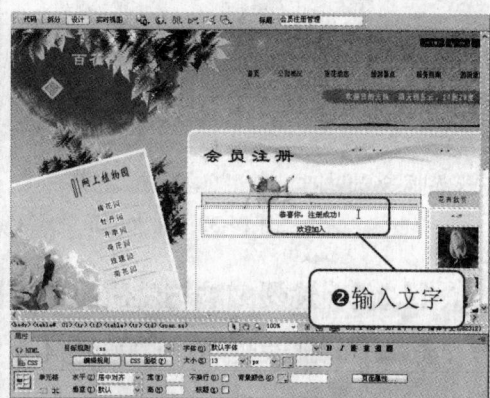

图 14-36 插入表格 1   图 14-37 输入文字 1

（3）打开"index.html"，将其另存为"sb.asp"，将光标置于文档中，执行"插入"|"表格"命令，插入 2 行 1 列的表格，在"属性"面板中，将"对齐"设置为"居中对齐"，"间距"设置为"3"，"填充"设置为"5"，如图 14-38 所示。

（4）将光标置于单元格中，输入"对不起，你输入的用户名已经存在，重新注册"文字，在"属性"面板中，将"大小"设置为 13 像素，"对齐"设置为"居中对齐"，如图 14-39 所示。这个页面就是注册失败的页面。

图 14-38　插入表格 2

图 14-39　输入文字 2

（5）选中"重新注册"，在"属性"面板中的"链接"文本框中输入"zc.asp"，如图 14-40 所示。

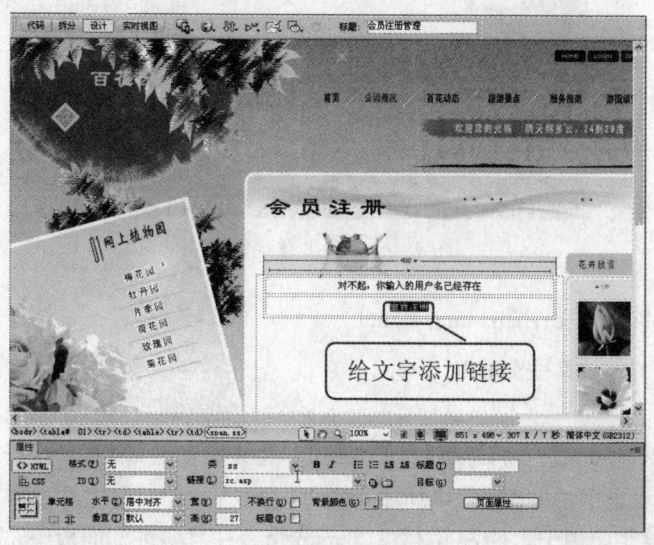

图 14-40　设置链接

269

14.4　会员登录

> 　　新用户注册后，都要根据相应的用户名和密码进入到网站的相关页面。登录正好和注册相反。注册进行的是数据库插入数据操作，而登录进行的是数据库读取（查询）操作。根据用户表单提交的用户名、密码，查找数据库中是否存在相关的记录，存在则说明登录成功；如果数据库中不存在相应的记录，则说明用户名或密码输入错误，转到注册失败页面。

 14.4.1　会员登录页面

　　会员登录页面如图 14-41 所示。这里是会员登录信息时的登录页面，主要利用插入两个文本域和按钮，然后利用行为中的"检查表单"和利用服务器行为中的"登录用户"来制作，具体操作步骤如下。

图 14-41　会员登录页面

　　◎练习文件　实例素材/练习文件/CH14/index.html
　　◎完成文件　实例素材/完成文件/CH14/dl.asp

　　（1）打开"index.html"，将其保存为"dl.asp"，将光标置于文档中，执行"插入"|"表单"|"表单"命令，插入表单，如图 14-42 所示。
　　（2）将光标置于文档中，插入 3 行 2 列的表格，在"属性"面板中，将"对齐"设置为"居中对齐"，如图 14-43 所示。

270

图 14-42　插入表单

图 14-43　插入表格

（3）将光标置于第 1 列单元格中，输入相应的文字，在"属性"面板中，将"大小"设置为 13 像素，"对齐"设置为"右对齐"，如图 14-44 所示。

（4）将光标置于第 1 行第 2 列单元格中，执行"插入"|"表单"|"文本域"命令，插入文本域，在"属性"面板中，在"文本域"的名称文本框中输入"zhanghao"，"字符宽度"设置为"40"，如图 14-45 所示。

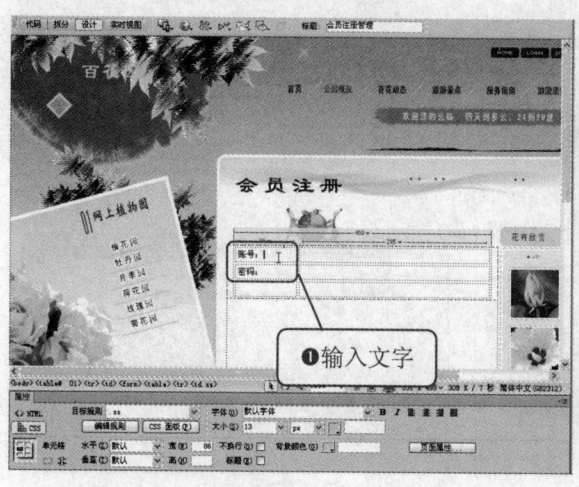
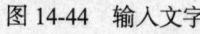

图 14-44　输入文字

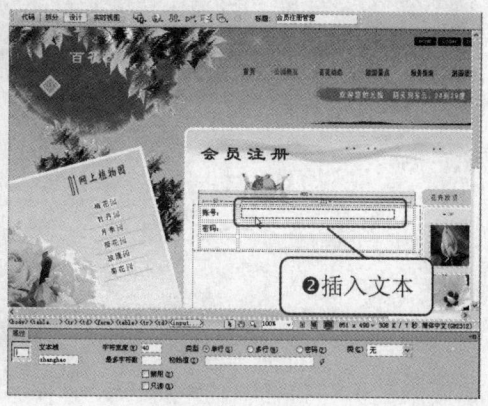

图 14-45　插入文本域 1

（5）将光标置于第 2 行第 2 列单元格中，执行"插入"|"表单"|"文本域"命令，插入文本域；在"属性"面板中，在"文本域"的名称文本框中输入"mm"，"字符宽度"设置为"30"，"类型"设置为"密码"，如图 14-46 所示。

（6）将光标置于第 3 行第 2 列单元格中，执行"插入"|"表单"|"按钮"命令，插入按钮；在"属性"面板中，在"值"文本框中输入"登录"，"动作"设置为"提交表单"，如图 14-47 所示。

271

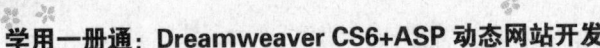

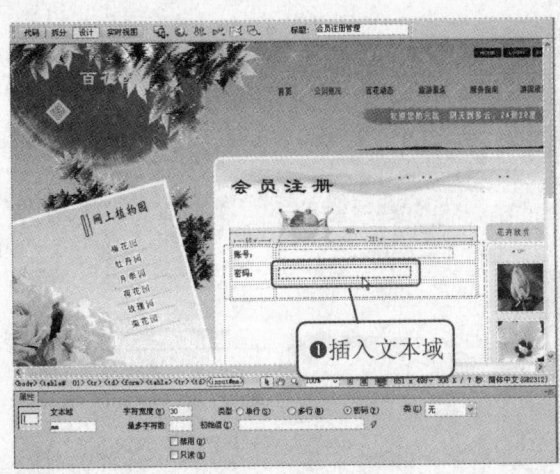

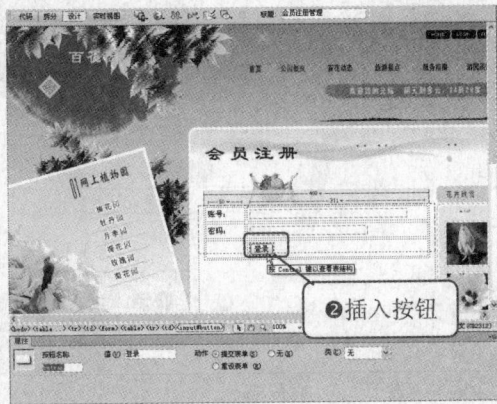

图 14-46　插入文本域 2　　　　　　图 14-47　插入按钮 1

（7）将光标置于按钮的后面，执行"插入"|"表单"|"按钮"命令，插入按钮，在"属性"面板中，在"值"文本框中输入"取消"，"动作"设置为"重设表单"，如图 14-48 所示。

（8）单击窗口左下角的<form>标签，单击"行为"面板中的"＋"按钮，在弹出的菜单中选择"检查表单"选项，打开"检查表单"对话框。在对话框中，设置 zhanghao 和 mm 的"值"为勾选"必需的"复选框，"可接受"区域选择"任何东西"单选按钮，如图 14-49 所示。

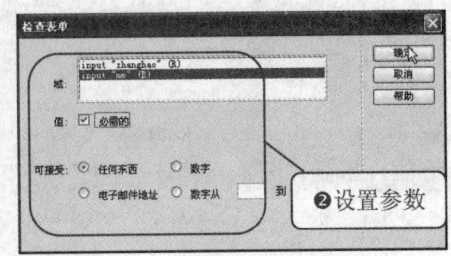

图 14-48　插入按钮 2　　　　　　图 14-49　"检查表单"对话框

（9）单击"确定"按钮，添加行为，如图 14-50 所示。

（10）单击"服务器行为"面板中的 ＋ 按钮，在弹出的菜单中选择"用户身份验证"|"登录用户"选项，打开"登录用户"对话框，在对话框中，在"从表单获取输入"下拉列表中选择"form1"，在"用户名字段"下拉列表中选择"zhanghao"，在"密码字段"下拉列表中选择"mm"，在"使用连接验证"下拉列表中选择"zc"，在"表格"下拉列表中选择"zc"，在"用户名列"下拉列表中选择"zhanghao"，在"密码列"下拉列表中选择"mm"，在"如果登录成

功，转到"文本框中输入"hycg.asp"，在"如果登录失败，转到"文本框中输入"hysb.asp"，如图 14-51 所示。

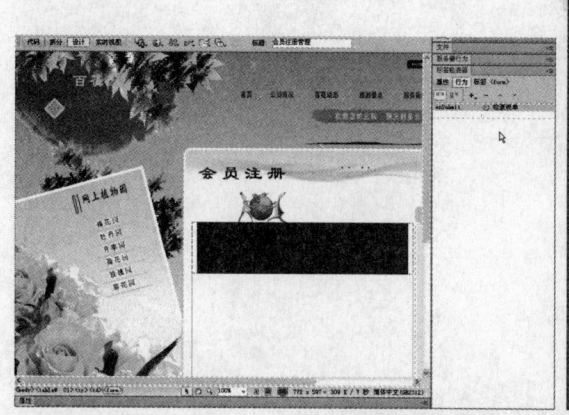

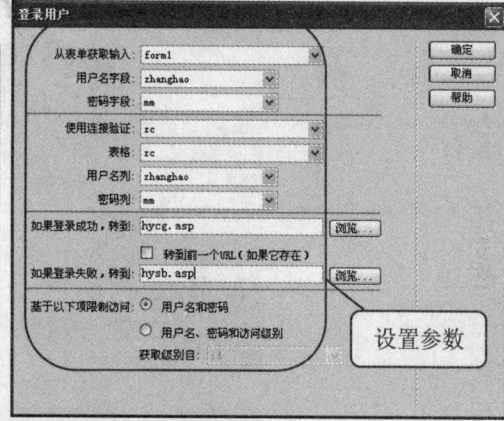

图 14-50　添加行为　　　　　　　　图 14-51　"登录用户"对话框

（11）单击"确定"按钮，创建登录用户服务器行为，如图 14-52 所示。

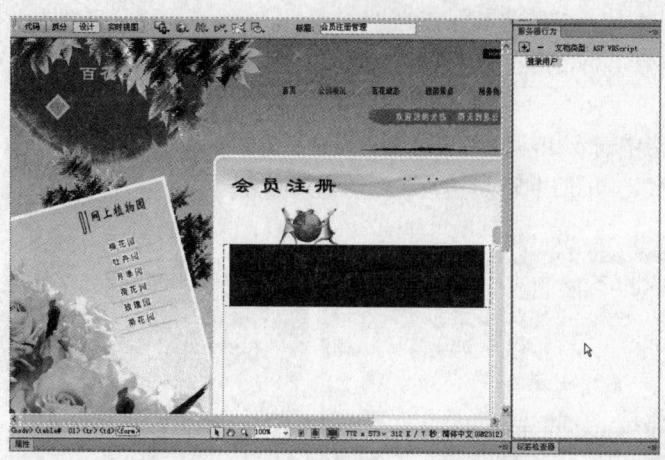

图 14-52　创建登录用户服务器行为

14.4.2　登录成功页面

如果用户输入的登录账号和密码是正确的，页面显示"登录成功"。登录成功页面如图 14-53 所示，具体操作步骤如下。

🔘 练习文件　实例素材/练习文件/CH14/index.html

🔘 完成文件　实例素材/完成文件/CH14/hycg.asp

273

图 14-53 登录成功页面

（1）打开"index.html"，将其保存为"hycg.asp"，将光标置于文档中，执行"插入"|"表格"命令，插入 1 行 1 列表格，在"属性"面板中将"对齐"设置为"居中对齐"，如图 14-54 所示。

（2）在单元格中输入相应的文字，在"属性"面板中将"对齐"设置为"居中对齐"，"大小"设置为 13 像素，如图 14-55 所示。

图 14-54 插入表格

图 14-55 输入文字

 14.4.3 登录失败页面

在登录页面输入账号和密码，单击"提交"按钮通过后台验证，成功后跳转到登录成功页面，若不成功则直接提示登录失败信息。登录失败页面如图 14-56 所示，具体操作步骤如下。

◎练习
　文件　实例素材/练习文件/CH14/index.html

◎完成
　文件　实例素材/完成文件/CH14/hysb.asp

（1）打开"index.html"，将其保存为"hysb.asp"，将光标置于文档中，执行"插入"|"表格"命令，插入 2 行 1 列表格，在"属性"面板中将"对齐"设置为"居中对齐"，"填充"设置为"5"，如图 14-57 所示。

图 14-56　登录失败页面

图 14-57　插入表格

（2）在单元格中输入相应的文字，在"属性"面板中将"对齐"设置为"居中对齐"，"大小"设置为 13 像素，如图 14-58 所示。

（3）选中文字"重新登录"，在"属性"面板中的"链接"文本框中输入"dl.asp"，如图 14-59 所示。

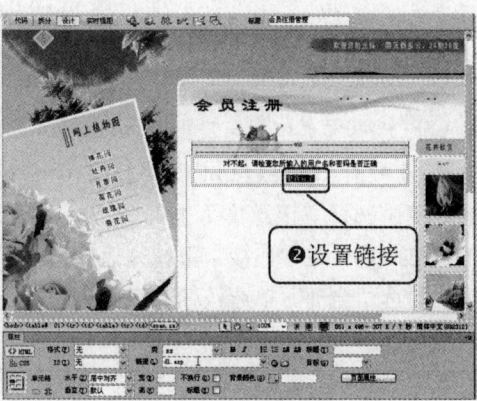

图 14-58　输入文字

图 14-59　设置链接

275

14.5 管 理 系 统

> 一个网站的后台管理，主要是为管理员设置的。管理员通过后台管理的各项功能对网站的内容进行添加、修改和删除等操作。

 14.5.1 会员管理总页面

会员管理总页面如图 14-60 所示，主要是利用创建记录集，然后插入"动态数据：动态表格"，插入"记录分页"、"记录集导航条"和"转到详细页"等来制作的。具体操作步骤如下。

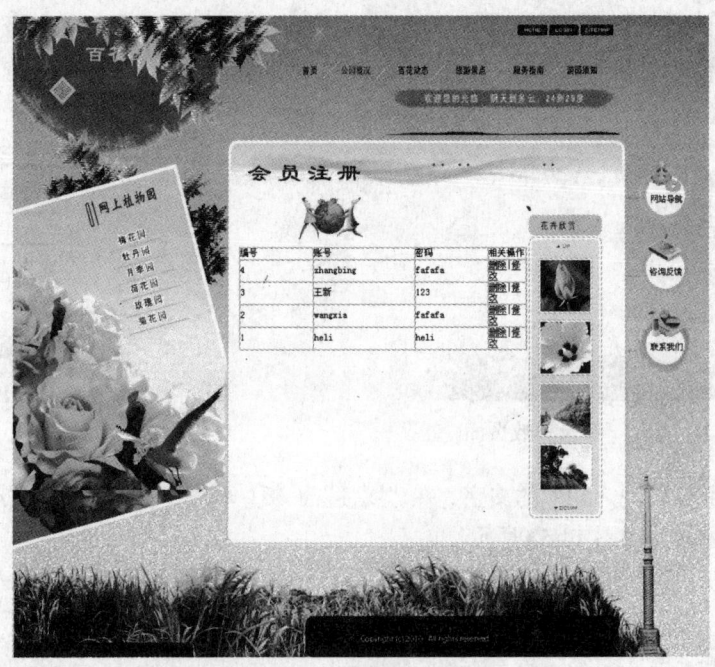

图 14-60 会员管理总页面

◎练习文件 实例素材/练习文件/CH14/index.html

◎完成文件 实例素材/完成文件/CH14/guanli.asp

（1）打开"index.html"，将其保存为"guanli.asp"，单击"绑定"面板中的 ➕ 按钮，在弹出的菜单中选择"记录集（查询）"选项，打开"记录集"对话框，在"名称"文本框中输入"Recordset1"，在"连接"下拉列表中选择"zc"，在"表格"下拉列表中选择"zc"，在"列"区域中勾选"全部"单选按钮，在"排序"下拉列表中选择"id"和"降序"，单击"确定"按钮，创建记录集，如图 14-61 所示。

（2）将光标置于文档中，将"常用"插入栏切换到"数据"插入栏，单击"动态数据：动态表格"按钮 📊▾，打开"动态表格"对话框，在对话框中设置相应的参数，如图 14-62所示。

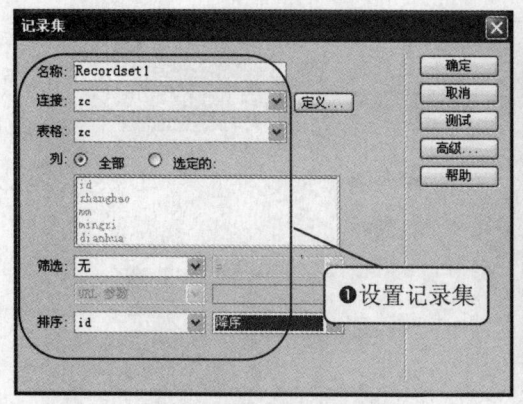

图 14-61　"记录集"对话框

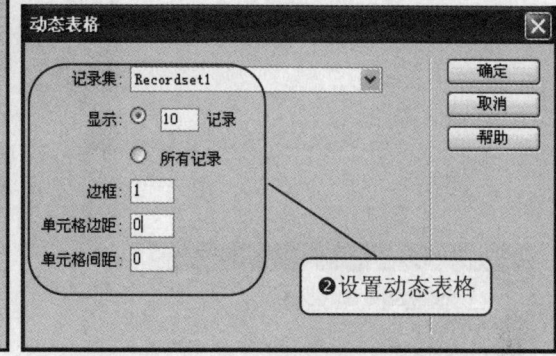

图 14-62　"动态表格"对话框

★ 提示 ★

创建记录集用于从会员表 zc 中读取会员数据。

（3）单击"确定"按钮，插入动态表格，添加 1 列，将第 3 列单元格中的内容删除，在"属性"面板中将"对齐"设置为"居中对齐"，如图 14-63 所示。

（4）将第 1 行字段修改为编号、账号、密码，在第 3 列输入相应的文字，在"属性"面板中，将"大小"设置为 13 像素，如图 14-64 所示。

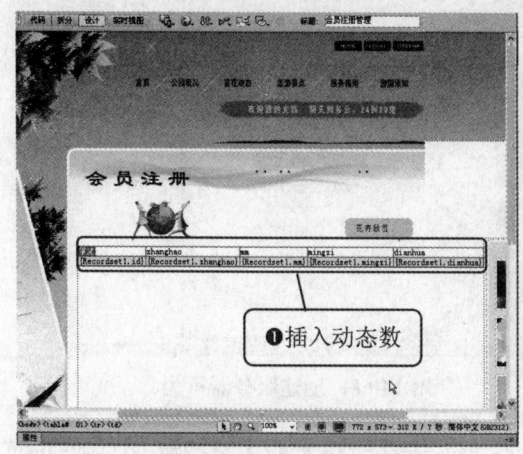

图 14-63　插入动态数据

图 14-64　输入文字

（5）按"Enter"键换到下一行，将"常用"插入栏切换到"数据"插入栏，单击"记录分页，记录集导航条"按钮 ，打开"记录集导航条"对话框，在"记录集"下拉列表中选择"Recordset1"，"显示方式"选择"文本"单选按钮，如图 14-65 所示。

（6）单击"确定"按钮，插入记录集导航，如图 14-66 所示。

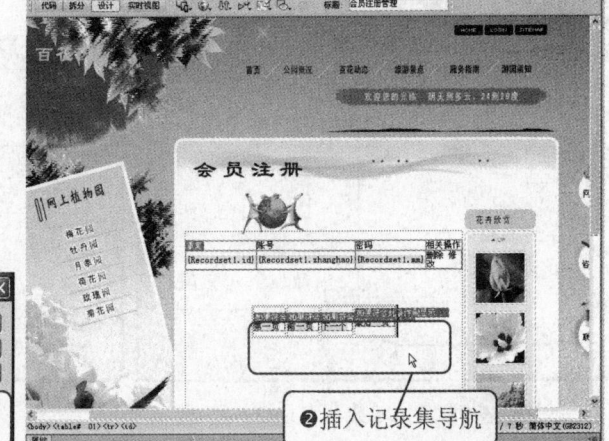

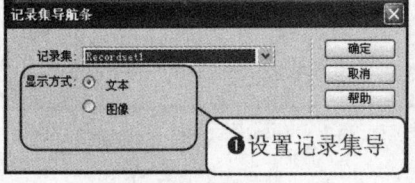

图 14-65 "记录集导航条"对话框   图 14-66 插入记录集导航

（7）选中动态表格和导航条，单击"服务器行为"面板中➕按钮，在弹出的菜单中选择"显示区域"|"如果记录集不为空则显示区域"选项，打开"如果记录集不为空则显示区域"对话框，在对话框中设置相应的参数，如图 14-67 所示。

（8）单击"确定"按钮，创建"如果记录集不为空则显示区域"服务器行为，如图 14-68 所示。

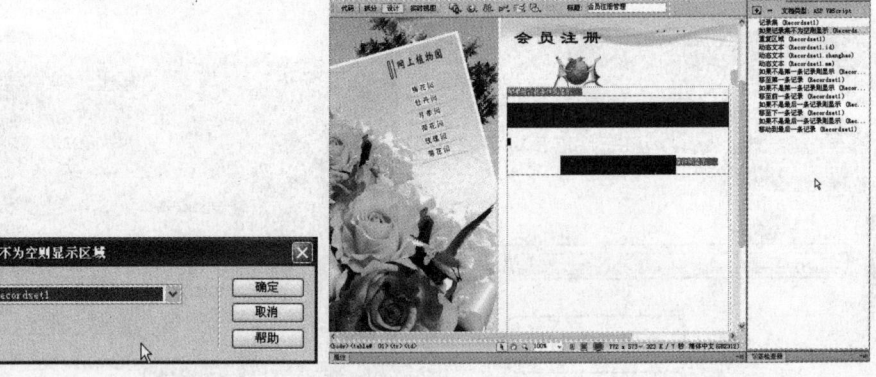

图 14-67 "如果记录集不为空则显示区域"对话框   图 14-68 创建服务器行为

（9）选中动态表格第 4 列文字"删除"，单击"服务器行为"面板中➕按钮，在弹出的菜单中选择"转到详细页面"选项，如图 14-69 所示。

（10）打开"转到详细页面"对话框，在"详细信息页"文本框中输入"sc.asp"，在"传递 URL 参数"文本框中输入"id"，在"记录集"下拉列表中选择"Recordset1"，"列"下拉列表中选择"id"，如图 14-70 所示。

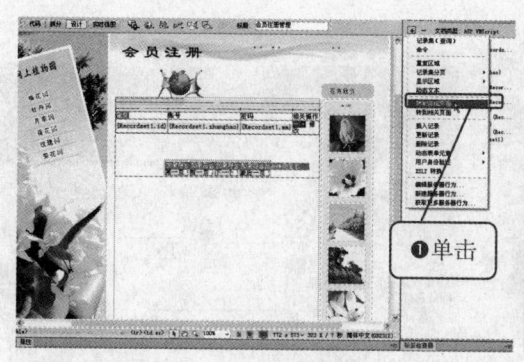

图 14-69 选择"转到详细页面"选项

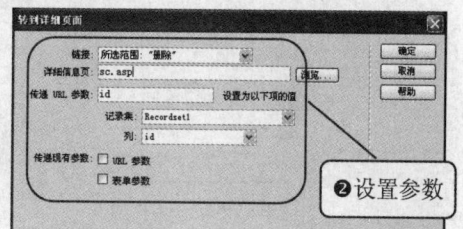

图 14-70 "转到详细页面"对话框

（11）按照步骤（9）、步骤（10）的方法为"修改"文本添加"xg.asp"详细页面超级链接。

 **14.5.2 删除会员页面**

删除会员页面如图 14-71 所示，主要利用创建记录集和"删除记录"服务器行为来制作。具体操作步骤如下。

图 14-71 删除会员页面

练习
文件 实例素材/练习文件/CH14/index.html

完成
文件 实例素材/完成文件/CH14/ sc.asp

（1）打开"index.html"，将其保存为"sc.asp"，执行"插入"|"表单"|"表单"命令，插入表单，如图 14-72 所示。

（2）将光标置于表单中，执行"插入"|"表单"|"按钮"命令，插入按钮；在"属性"面板中，在"值"文本框中输入"删除会员"，"动作"设置为"提交表单"，将光标置于按钮的右边；单击"属性"面板中的"居中对齐"按钮，将"对齐"设置为"居中对齐"，如图 14-73 所示。

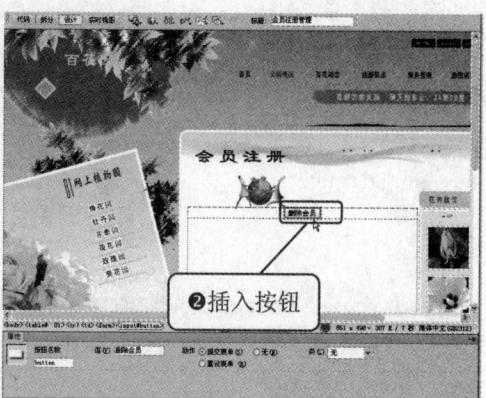

图 14-72　插入表单　　　　　　　　　　　图 14-73　插入按钮

（3）单击"绑定"面板中的 ➕ 按钮，在弹出的菜单中选择"记录集（查询）"选项，如图 14-74 所示。

（4）打开"记录集"对话框，在"连接"下拉列表中选择"zc"，在"表格"下拉列表中选择"zc"，在"列"区域中选择"全部"单选按钮，在"筛选"下拉列表中分别选择"id"、" = "、"URL 参数"和"id"，单击"确定"按钮，绑定记录集。如图 14-75 所示。

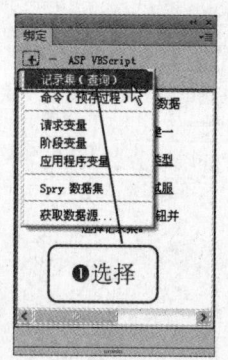

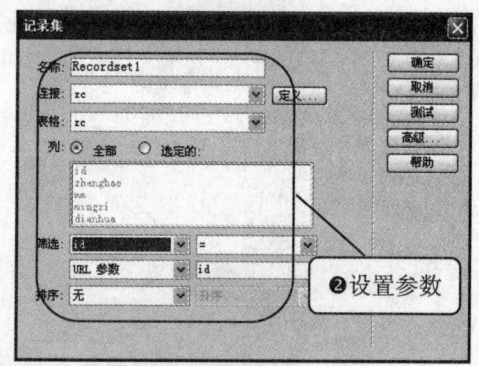

图 14-74　选择"记录集（查询）"选项　　　图 14-75　"记录集"对话框

（5）单击"服务器行为"面板中的 ➕ 按钮，在弹出的菜单中选择"删除记录"选项，如图 14-76 所示。

（6）打开"删除记录"对话框，在"连接"下拉列表中选择"zc"，在"从表格中删除"下拉列表中选择"zc"，在"选取记录自"下拉列表中选择"Recordset1"，在"唯一键列"下拉列表中选择"id"，勾选"数值"复选框，在"提交此表单以删除"下拉列表中选择"form1"，在"删除后，转到"文本框中输入"guanli.asp"，如图 14-77 所示。单击"确定"按钮，设置完毕。

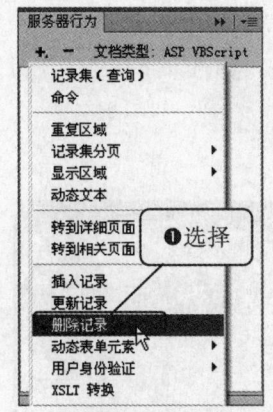
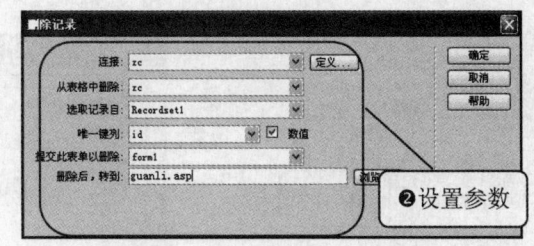

图 14-76　选择"删除记录"选项　　　　　　　图 14-77　"删除记录"对话框

 ### 14.5.3　会员修改页面

会员修改页面如图 14-78 所示，在这里可以修改会员资料信息。该页面主要是利用创建记录集和"更新表单记录"服务器行为来制作的，具体操作步骤如下。

图 14-78　修改会员页面

练习文件　实例素材/练习文件/CH14/index.html

完成文件　实例素材/完成文件/CH14/ xg.asp

（1）打开"index.html"，将其保存为"xg.asp"，单击"绑定"面板中的 按钮，在弹出的菜单中选择"记录集（查询）"选项，如图 14-79 所示。

281

学用一册通：Dreamweaver CS6+ASP 动态网站开发

（2）打开"记录集"对话框，在对话框中，在"连接"下拉列表中选择"zc"，在"表格"下拉列表中选择"zc"，"列"区域中选择"全部"单选按钮，在"筛选"下拉列表中分别选择"id"、"＝"、"URL 参数"和"id"，如图 14-80 所示。

（3）单击"确定"按钮，绑定记录集。

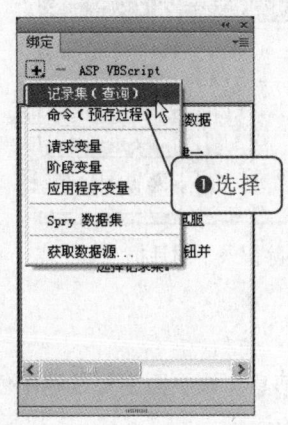

图 14-79　选择"记录集（查询）"选项　　　　图 14-80　"记录集"对话框

（4）将光标置于文档中，将"常用"插入栏切换到"数据"插入栏，单击"更新记录表单向导"按钮 ，打开"更新表单记录"对话框，在"连接"下拉列表中选择"zc"，"要更新的表格"下拉列表中选择"zc"，在"选取记录自"下拉列表中选择"Recordset1"，在"唯一键列"下拉列表中选择"id"，勾选"数值"复选框，在"在更新后，转到"文本框中输入"guanli.asp"，在"表单字段"列表框中进行相应的设置，如图 14-81 所示。

（5）单击"确定"按钮，更新记录，如图 14-82 所示。

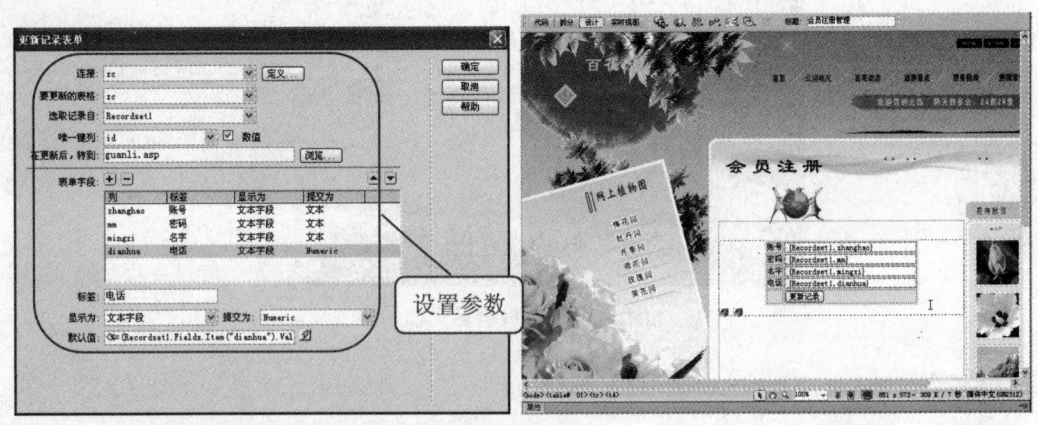

图 14-81　"更新表单记录"对话框　　　　　　图 14-82　更新记录

★ 提示 ★

文本域中所绑定的动态数据是记录集的字段名。

282

（6）选中"更新记录"按钮，在"属性"面板中，在"值"文本框中输入"更新资料"，如图 14-83 所示。

图 14-83　更新记录

14.6　知识要点总结

本章实例详细地介绍了会员注册管理系统的设计与开发，主要介绍了检查表单行为和检查新用户名、登录用户、删除记录等服务器行为的使用。下面就对这几个常用的功能进行介绍。

14.6.1　设置检查新用户名

使用"检查新用户名"服务器行为可以验证用户在注册信息页面输入的通行证用户名是否与数据库中现有的资料重复。但在添加"检查新用户名"服务器行为之前首先必须添加"插入记录"服务器行为。设置检查新用户名的具体操作步骤如下。

（1）执行"窗口"|"绑定"命令，打开"绑定"面板。在面板中单击 按钮，在弹出的菜单中选择"用户身份验证"|"检查新用户名"选项，如图 14-84 所示。

（2）选择选项后，打开"检查新用户名"对话框，如图 14-85 所示。

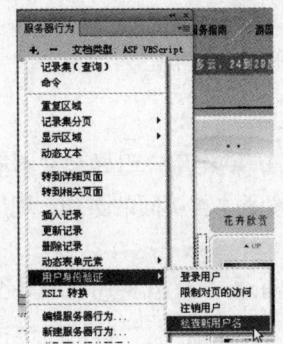

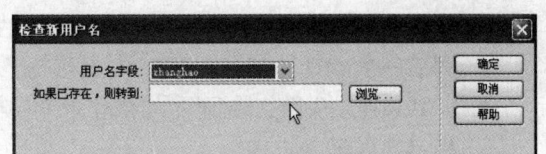

图 14-84　选择"检查新用户名"选项　　　图 14-85　"检查新用户名"对话框

"检查新用户名"对话框中的参数如下。

- "用户名字段"：选择需要验证的记录字段（验证该字段在记录集中是否唯一）。
- "如果已存在，则转到"：如果字段的值已经存在，那么可以在其文本框中输入引导用户所去的页面。

（3）设置完毕后，单击"确定"按钮，即可创建检查新用户名服务器行为。

 14.6.2   设置登录用户

"登录用户"服务器行为用来检验用户在网页中输入的登录用户名和密码是否正确。

（1）执行"窗口"|"绑定"命令，打开"绑定"面板。在面板中单击 按钮，在弹出的菜单中选择"用户身份验证"|"登录用户"选项。

（2）选择选项后，打开"登录用户"对话框，如图 14-86 所示。

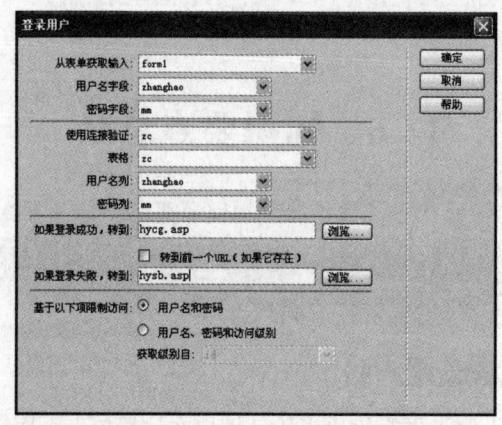

图 14-86   "登录用户"对话框

"登录用户"对话框中的参数如下。

- "从表单中获取输入"：选择接受哪一个表单的提交。
- "用户名字段"：选择用户名所对应的文本框。
- "密码字段"：选择用户密码所对应的文本框。
- "使用连接验证"：确定使用哪一个数据库连接。
- "表格"：确定使用数据库中的哪一个表格。
- "用户名列"：选择用户名对应的字段。
- "密码列"：选择用户密码对应的字段。
- "如果登录成功，转到"：如果登录成功（验证通过），就将用户引导至文本框所指定的页面。如果存在一个需要通过当前定义的登录行为验证才能访问的页面，则应勾选"转到前一个 URL（如果它存在）"复选框。
- "如果登录失败，转到"：如果登录不成功（验证没有通过），就将用户引导至文本框所指定的页面。
- "基于以下项限制访问"：在其选项提供的一组单选按钮中，可以选择是否包含级别验证。

 ### 14.6.3　检查表单

检查表单动作检查指定文本域的内容以确保用户输入了正确的数据类型。检查表单的具体操作步骤如下。

（1）执行"窗口"｜"行为"命令，打开"行为"面板。

（2）在面板中单击 按钮，在弹出的菜单中选择"检查表单"，打开"检查表单"对话框，如图 14-87 所示。

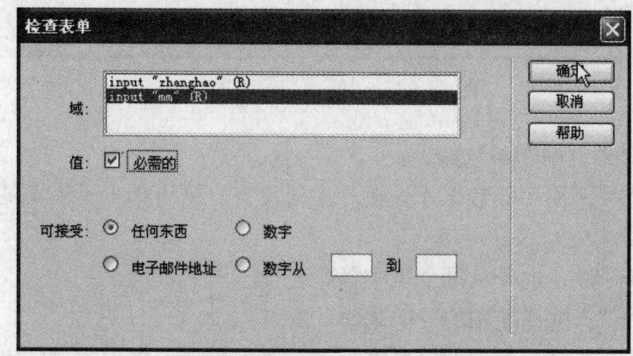

图 14-87　　"检查表单"对话框

"检查表单"对话框中的参数如下。

● 针对每一个列出的表单元素，如果选中必须包含某种类型的数据，则勾选"必需的"复选框。

● 如果该表单元素是必需的，但不需要包含任何特定种类的数据，则选择"任何东西"单选按钮。

● 如果需要检查该表单元素中是否包含一个@符号，则选择"电子邮件地址"单选按钮。

● 选择"数字"单选按钮表示该表单元素中是否只包含数字。

● 选择"数字从"单选按钮表示该表单元素中是否包含指定范围内的数字。

（3）设置完毕后，单击"确定"按钮，添加到"行为"面板。

 ### 14.6.4　设置删除记录

利用 Dreamweaver 的"删除记录"服务器行为，可以在页面中实现删除记录的操作。删除记录的页面执行两种不同的操作。首先显示已存在的数据，用户可以选择将要被删除的数据；其次从数据库中删除此记录以反映用户选择记录删除的结果。删除记录的具体操作步骤如下。

（1）执行"窗口"｜"绑定"命令，打开"绑定"面板。在面板中单击 按钮，在弹出的菜单中选择"删除记录"选项。

（2）选择选项后，打开"删除记录"对话框，如图 14-88 所示。

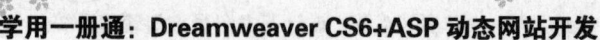

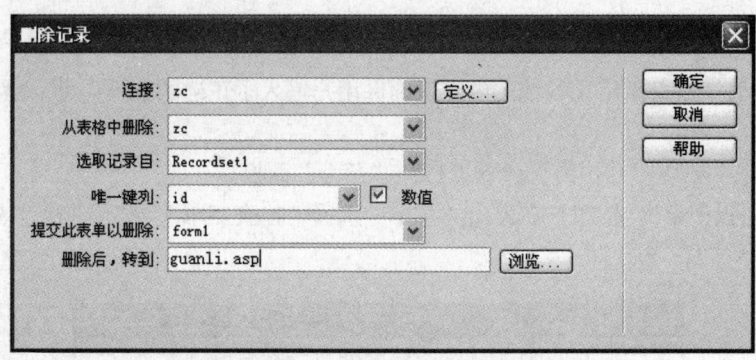

图 14-88　"删除记录"对话框

"删除记录"对话框中的参数如下。

- "连接"：选择要使用的数据库连接。如果没有，则可单击其右侧的"定义"按钮定义一个数据库链接。
- "从表格中删除"：选择从哪个表中删除记录。
- "选取记录自"：选择使用的"记录集"的名称。
- "唯一键列"：选择要删除记录所在表的关键字字段，如果关键字字段的内容是数字，则需要勾选其右侧的"数值"复选框。
- "提交此表单以删除"：选择提交删除操作的表单名称。
- "删除后，转到"：在其文本框中输入该页面的 URL 地址。如果不输入地址，更新操作后则刷新当前页面。

14.7　专　家　秘　笈

1．我在 ASP 脚本中写了很多的注释，这会不会影响服务器处理 ASP 文件的速度？

在编写程序的过程中，作注释是良好的习惯。经国外技术人员测试，带有过多注释的 ASP 文件整体性能仅仅会下降 0.1%，也就是说在实际应用中基本上不会感觉到服务器的性能下降。

2．常见的保护数据库的方法：

现在中小企业网站越来越多，而使用 IIS+ASP+Access 则是其最适用的建站方案。对于网站来说，最重要的莫过于安全了，而安全之中又莫过于数据库被非法下载。因为数据库默认的扩展名为.mdb，如果能够猜出数据库的位置，那么即可不费吹灰之力将其下载。下面介绍常见的保护数据库的方法。

（1）隐藏存储路径。按照常规来说，很多人习惯将数据库保存在网站的 data 目录下，并且命名为 data.mdb、admin.mdb 等非常容易被猜到的名字，这样的做法是非常危险的。对此，我们可以突破常规，重新创建一个没有任何含义的文件夹，并且将其隐藏一个比较深的路径，这样一般就不会被猜测到了。

（2）更改名称。默认的文件名极易被猜到，因此在更改存储路径的同时应同时更改其文件名。而更改文件名不仅要更改文件主名，扩展名同样要更改。例如我们可以将其更改为 ASP 和 ASA 等不影响数据库查询的名字。更改扩展名后是无法通过 IE 浏览器直接下载的，因为打开后看到的是一大片乱码，对盗取者来说毫无用处。

3．将文件上传到服务器后，为什么会出现"操作必须使用可更新的查询"？

这个问题的原因，是在服务器上并没有写入的权限。执行"工具"|"文件夹选项"命令，在弹出的对话框中切换到"查看"选项卡，取消勾选"使用简单文件共享（推荐）"复选框，如图 14-89 所示。

单击"确定"按钮，再执行"文件"|"属性"命令，在弹出的对话框中切换到"安全"选项卡，在这里会看到不同的组或用户对于文件的使用权限，如图 14-90 所示。

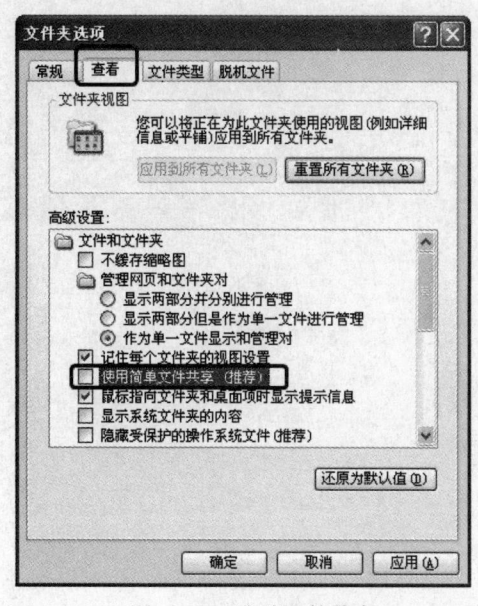

图 14-89　取消文件共享

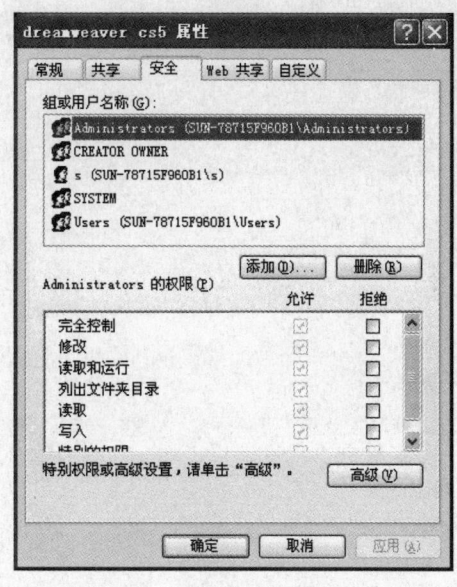

图 14-90　设置安全选项

14.8　本章小结

本章主要讲述了会员管理系统的制作，包括用户注册页面、会员登录页面、会员管理总页面、删除会员页面和修改会员页面等。读者在制作注册系统这样的动态网页之前，首先应熟练掌握 Dreamweaver CS6 的"应用程序"服务的基本功能，然后再根据需要建立数据库的数据表、数据库连接，完成后就可以着手制作动态网页了。本章的重点与难点是会员注册管理系统分析与设计、检查表单行为和检查新用户名、登录用户、删除记录等服务器行为的使用。

本章的会员系统存在一些局限，有兴趣的读者可以尝试解决。

（1）关于后台管理员权限的限制。后台需要增加限制用户的访问级别，不是管理员绝对不可以打开这些网页。改进的方法参考本书第 16 章中新闻发布管理系统的后台管理的制作。

（2）关于客户端验证的局限性。本章对用户提交的数据在提交之前进行了合法性验证。但是这里只对数据的合法性进行了客户端验证，在服务端并未对其进行验证。如果用户对网页进行另存操作，删除客户端验证部分的代码，然后提交表单，则可以将非法数据提交到数据库中。改进的方法是不仅在客户端进行数据合法性验证，也要在服务器端进行数据合法性验证。

（3）关于密码安全性。在本章中，客户注册资料的密码字段是以明码方式保存在数据库中的，这是非常危险的。通常情况下，解决的办法是将用户密码通过特殊的加密手段保存在数据库中。读者可以参考专门的加密工具软件书籍进行研究，限于篇幅这里就不讲述了。

第章 设计开发网上调查系统

学前必读：

　　网上调查系统是企业实施市场策略的重要手段之一。通过开展调查，可以迅速了解社会不同层次、不同行业的人员需求，客观地收集需求信息，调整修正产品营销策略，满足不同的需求，促进公司改进策略，同时也吸引了更多的长期用户群。本章将利用 Dreamweaver CS6 中的"插入记录"服务器行为和 SQL 语句的计算字段功能，介绍调查系统的制作过程。

学习流程

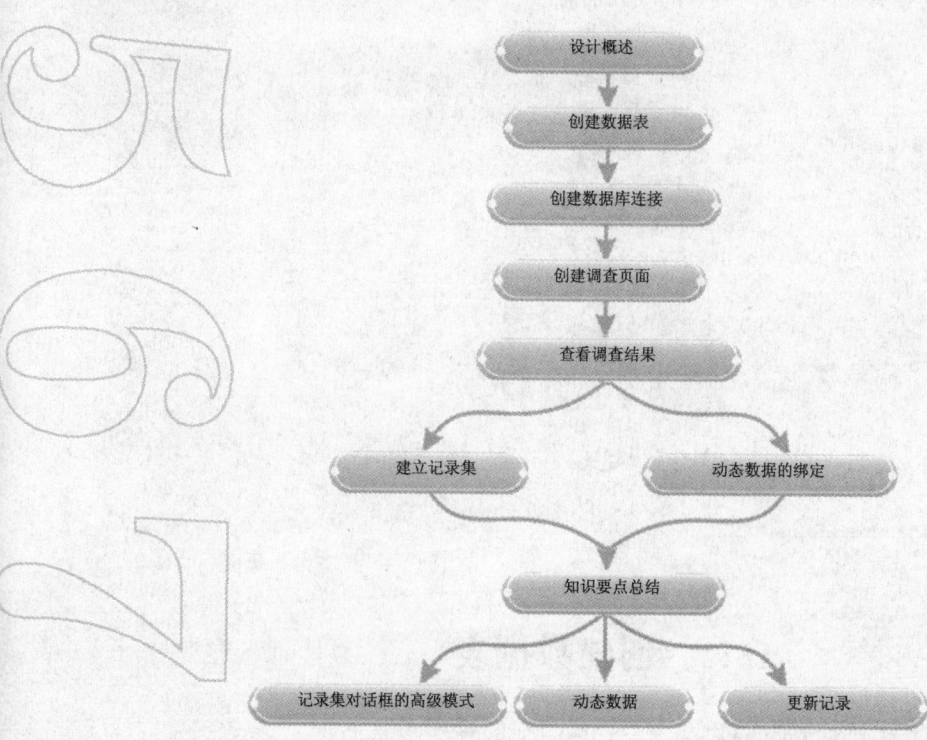

15.1　设 计 概 述

> 功能设计就是在设计程序之前，先对其提出一个功能要求。先做功能设计的目的是为了对系统有个比较清晰的了解。下面将对本章制作的在线调查系统做一个功能设计。

　　本章制作的调查系统不仅可以统计参加调查的人数，还能够把每一位调查参与者的个人信息记录下来。系统页面结构比较简单，如图 15-1 所示，由一个用于提供输入调查信息的调查页面（diaocha.asp）和一个显示调查结果的调查结果页面（jieguo.asp）组成。其中调查页面用于收集调查信息并向服务器端数据库中提交，调查结果页面则可以显示调查结果的统计资料。

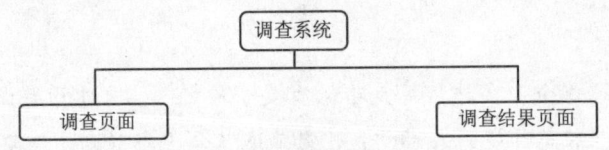

图 15-1　调查系统总体结构图

　　调查页面如图 15-2 所示，用户可以在该页面输入调查资料和个人资料，然后单击"提交"按钮，网页会将用户提交的资料全部提交给服务器端并插入到相应的数据表中。

　　调查结果页面如图 15-3 所示，显示调查的详细结果信息，在该页面中可以看到参加调查的总人数、调查项目的相关统计和参与调查的个人信息。

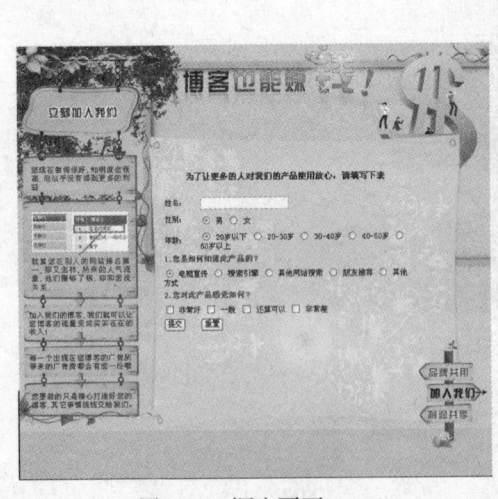

图 15-2　调查页面

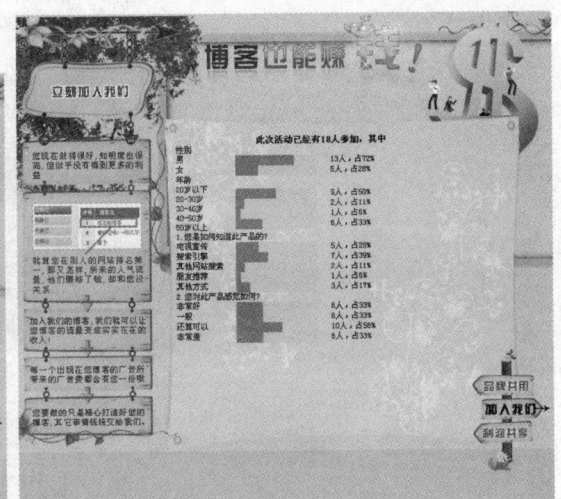

图 15-3　调查结果页面

15.2　创建数据表

> 下面创建一个 diaocha 数据库，包括 1 个数据表"diaocha"，该表的作用是存储调查信息的，包括如表 15-1 所示的一些字段。

表 15-1　网上调查系统"diaocha"表中的字段

字段名称	数据类型	说　　明
user	文本	姓名
sex	是/否	性别
age	数字	年龄
lujing	数字	知道本网站的路径
manyi	是/否	对本网站满意
yiban	是/否	对本网站的感觉一般
hsky	是/否	对本网站的感觉还算可以
fchch	是/否	对本网站的感觉非常差

15.3　创建数据库连接

创建数据库连接的具体操作步骤如下。

（1）在 WindowsXP 系统中，执行"开始"|"控制面板"|"性能和维护"|"管理工具"|"数据源（ODBC）"命令，打开"ODBC 数据源管理器"对话框，在对话框中切换到"系统 DSN"选项卡，如图 15-4 所示。

（2）单击"添加"按钮，打开"创建新数据源"对话框，在对话框中的"名称"列表框中选择"Driver do Microsoft Access（*.mbd）"选项，如图 15-5 所示。

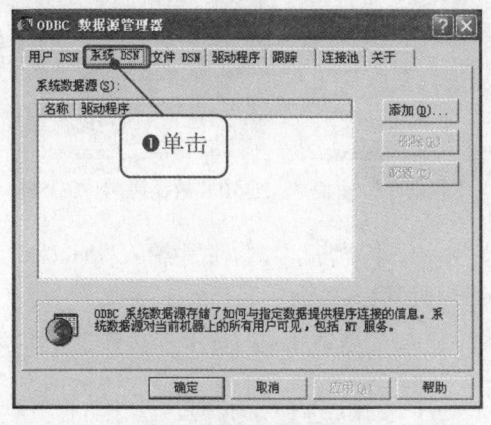
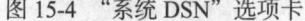

图 15-4　"系统 DSN"选项卡　　　　　　图 15-5　"创建新数据源"对话框

（3）单击"完成"按钮，打开"ODBC Microsoft Access 安装"对话框。在对话框中单击"选择"按钮，打开"选择数据库"对话框，在对话框中选择数据库的位置，如图 15-6 所示。

（4）单击"确定"按钮，在"数据源名"文本框中输入"diaocha"，如图 15-7 所示。

（5）单击"确定"按钮，返回到"ODBC 数据源管理器"对话框，可以看到创建的数据源，如图 15-8 所示。

学用一册通：Dreamweaver CS6+ASP 动态网站开发

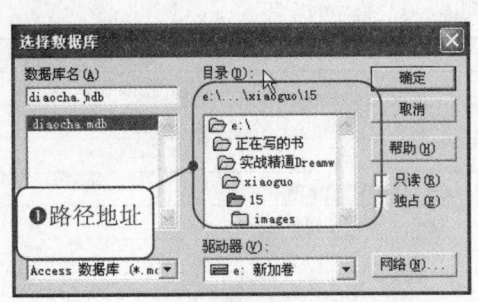 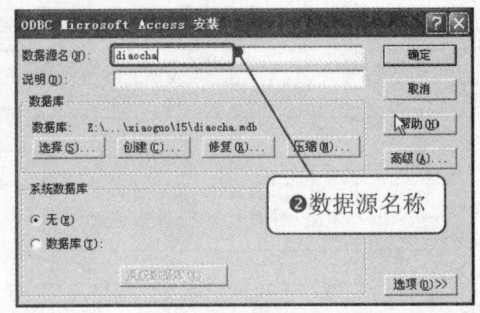

图 15-6　"选择数据库"对话框　　图 15-7　"ODBC Microsoft Access 安装"对话框

（6）单击"确定"按钮，关闭对话框。执行"窗口"|"数据库"命令，打开"数据库"面板，如图 15-9 所示。

（7）在"数据库"面板中单击"+"按钮，在弹出的菜单中选择"数据源名称（DSN）"选项，如图 15-10 所示。

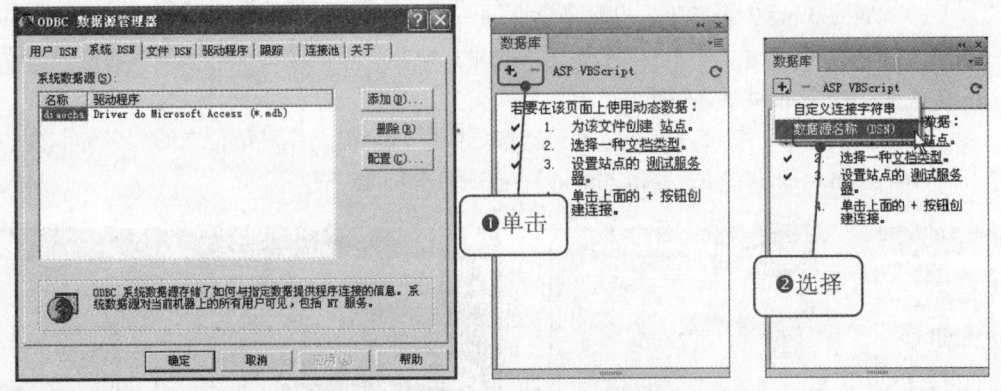

图 15-8　"ODBC 数据源管理器"对话框　图 15-9　"数据库"面板 图 15-10 "数据源名称（DSN）"

（8）打开"数据源名称（DSN）"对话框，在对话框中的"连接名称"文本框中输入"diaocha"，在"数据源名称（DSN）"下拉列表中选择"diaocha"，如图 15-11 所示。

（9）单击"确定"按钮，即可创建数据库连接。此时"数据库"面板中可以看到连接好的数据库表，如图 15-12 所示。

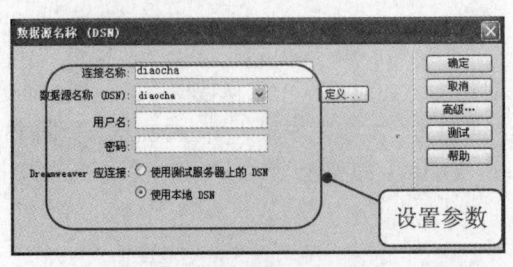 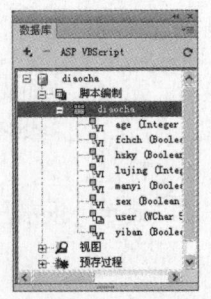

图 15-11　"数据源名称（DSN）"对话框　　图 15-12　"数据库"面板

292

15.4　创建调查页

> 调查页页面主要用来填写被调查对象的姓名、性别、年龄及对调查产品的详细意见等个人信息，一般由调查对象填写，对于调查的内容一般以单选按钮和复选框的形式出现。这个页面制作时主要利用插入几个表单对象，然后利用"插入记录"服务器行为来实现。

15.4.1　创建静态页面

调查内容主要由一些表单对象组成，如图 15-13 所示，制作时主要插入表单对象和添加"插入记录"服务器行为，具体操作步骤如下。

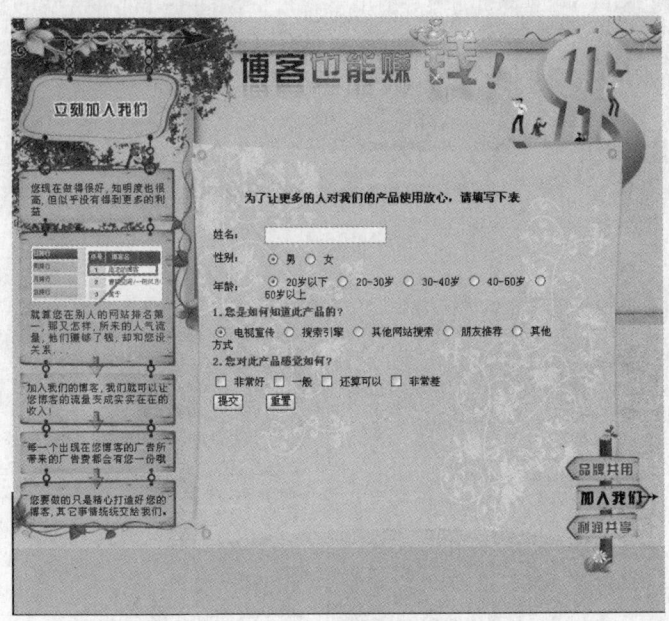

图 15-13　调查内容

练习文件　实例素材/练习文件/CH15/index.html

完成文件　实例素材/完成文件/CH15/diaocha.asp

（1）打开网页文档，如图 15-14 所示。

（2）将光标置于相应的位置，按"Enter"键换行，输入文字，在"属性"面板中将"大小"设置为 14 像素，单击 **B** 按钮，对文字加粗，并设置为"居中对齐"，如图 15-15 所示。

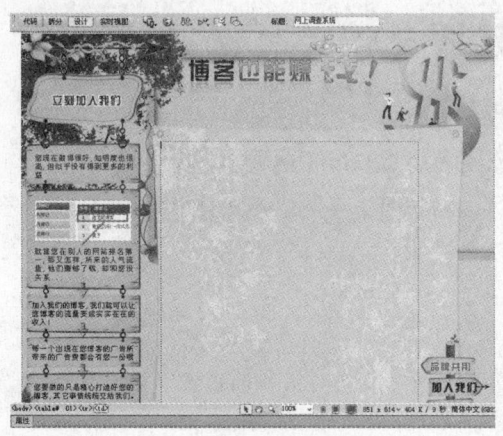

图 15-14　打开网页文档

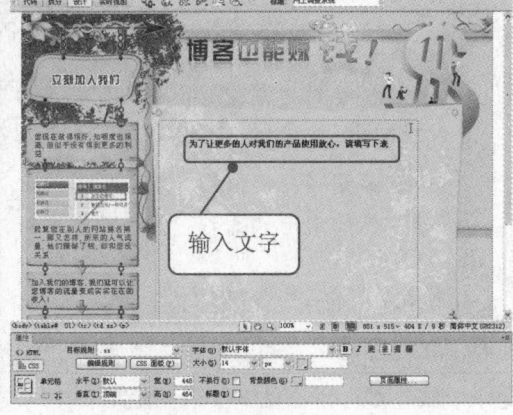

图 15-15　输入文字 1

（3）将光标置于文字的后面，执行"插入"|"表单"|"表单"命令，插入表单，如图 15-16 所示。

（4）将光标置于表单中，执行"插入"|"表格"命令，插入 3 行 2 列的表格，在"属性"面板中将"填充"设置为"2"，"间距"设置为"1"，"对齐"设置为"居中对齐"，如图 15-17 所示。

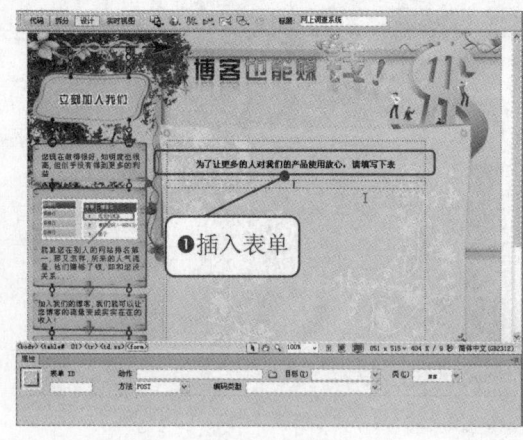

图 15-16　插入表单

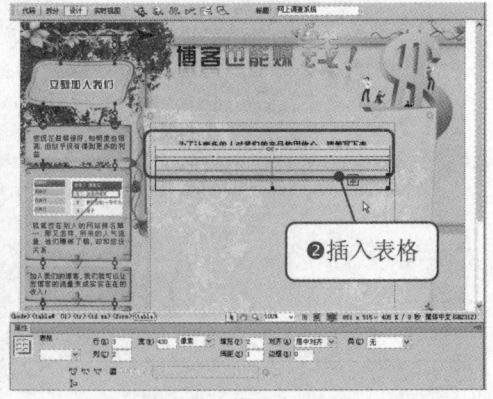

图 15-17　插入表格

（5）在第 1 列单元格中输入相应的文字，将"大小"设置为 13 像素，如图 15-18 所示。

（6）将光标置于第 1 行第 2 列单元格中，执行"插入"|"表单"|"文本域"命令，插入文本域；在"属性"面板中，在"文本域"的名称文本框中输入"user"，"字符宽度"设置"20"，"类型"设置为"单行"，如图 15-19 所示。

★　提示　★

在"表单"插入栏中单击"文本字段"按钮 ，也可以插入文本域。

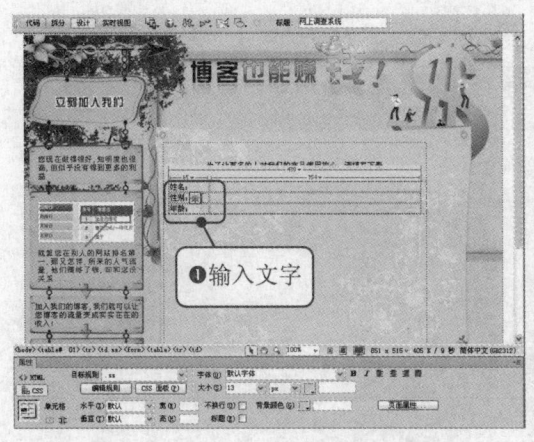

图 15-18　输入文字 2

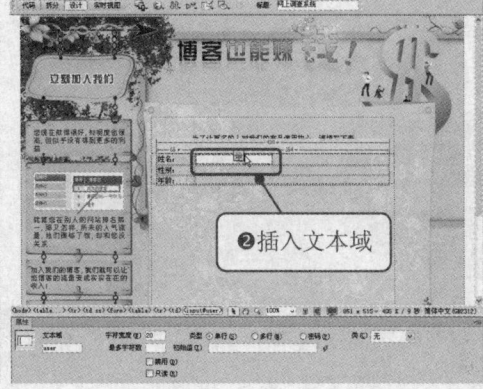

图 15-19　插入文本域

（7）将光标置于第 2 行第 2 列单元格中，执行"插入"|"表单"|"单选按钮"命令，插入单选按钮；在"属性"面板中，在"单选按钮"的名称文本框中输入"sex"，在"选定值"文本框中输入"true"，"初始状态"设置为"已勾选"，如图 15-20 所示。

（8）将光标置于单选按钮的后面，输入文字"男"，如图 15-21 所示。

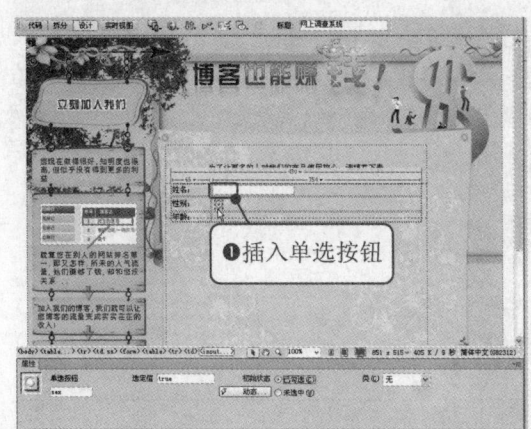

图 15-20　插入单选按钮 1

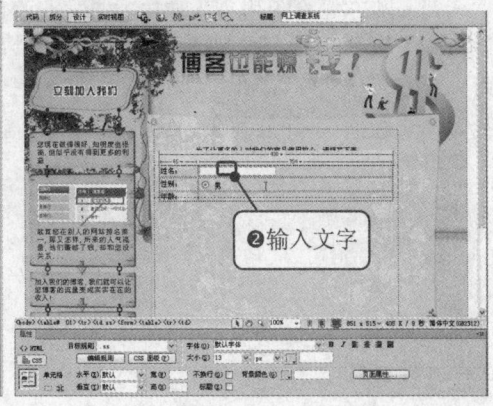

图 15-21　输入文字 3

★　提示　★

在"表单"插入栏中单击"单选按钮"按钮，也可以插入单选按钮。

（9）将光标置于文字的后面，插入单选按钮；在"属性"面板中，在"单选按钮"的名称文本框中输入"sex"；在"选定值"文本框中输入"false"，"初始状态"设置为"未选中"，在单选按钮的后面输入文字"女"，如图 15-22 所示。

（10）将光标置于第 3 行第 2 列单元格中，执行"插入"|"表单"|"单选按钮"命令，插入单选按钮；在"属性"面板中，在"单选按钮"的名称文本框中输入"age"，在"选定值"文本框中输入"1"，"初始状态"设置为"已勾选"，如图 15-23 所示。

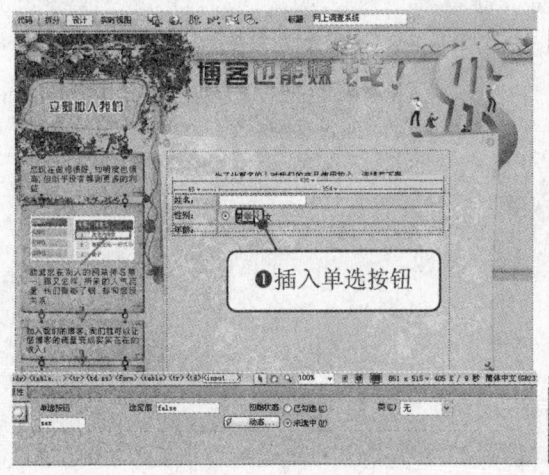

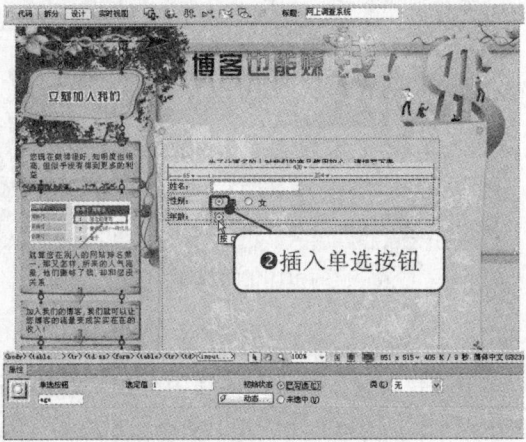

图 15-22　插入单选按钮 2　　　　　　　图 15-23　插入单选按钮 3

（11）将光标置于单选按钮的后面，输入文字"20 岁以下"，如图 15-24 所示。

（12）按照步骤（10）、步骤（11）的方法，插入单选按钮；在"属性"面板中，在"单选按钮"名称文本框中都输入"age"；在"选定值"文本框中分别输入 2、3、4、5，"初始状态"设置为"未选中"，并分别在单选按钮的后面输入相应的文字，如图 15-25 所示。

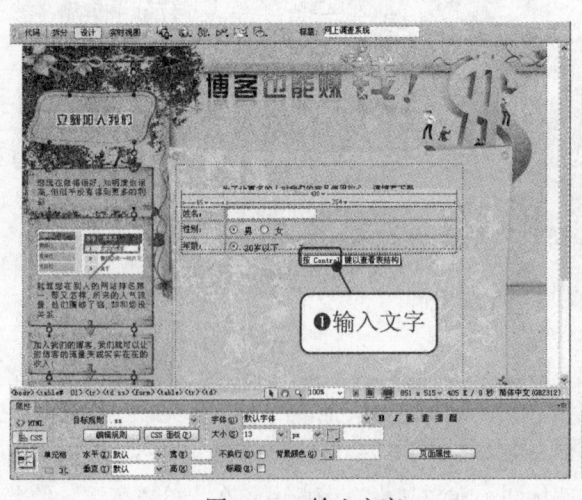
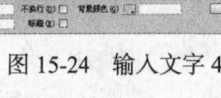

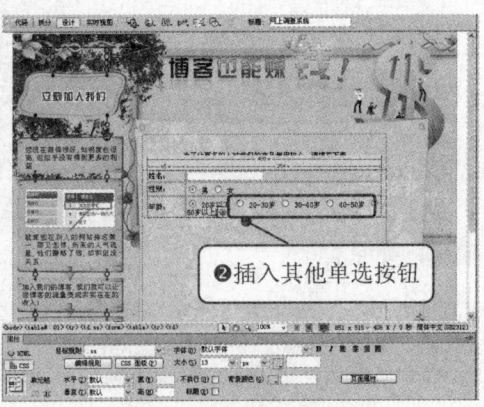

图 15-24　输入文字 4　　　　　　　　　图 15-25　输入文字 5

（13）将光标置于表格的后面，插入 5 行 1 列的表格；在"属性"面板中，将"填充"设置为"2"，"间距"设置为"1"，"对齐"设置为"居中对齐"，如图 15-26 所示。

（14）将光标置于第 1 行单元格中，输入文字"1.您是如何知道此产品的?"，在"属性"面板中将"大小"设置为 13 像素，"文本颜色"设置为"#0066FF"，如图 15-27 所示。

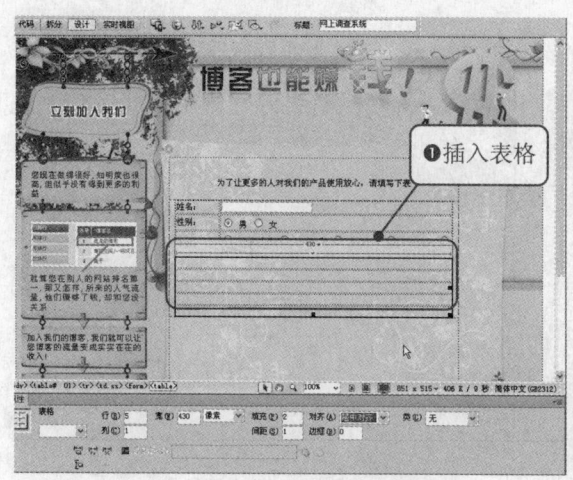

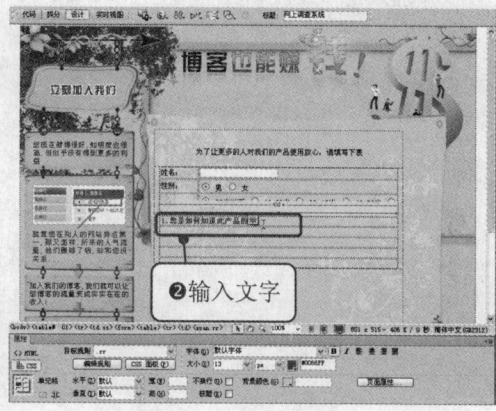

图 15-26　插入表格　　　　　　　　　　　图 15-27　输入文字 6

（15）将光标置于第 2 行单元格中，执行"插入"|"表单"|"单选按钮"命令，插入单选按钮；在"属性"面板中，在"单选按钮"的名称文本框中输入"lujing"，"选定值"文本框中输入"1"，"初始状态"设置为"已勾选"，如图 15-28 所示。

（16）将光标置于单选按钮的后面，输入文字"电视宣传"，如图 15-29 所示。

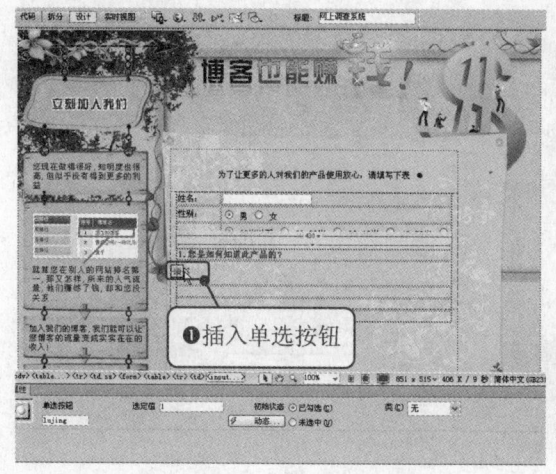

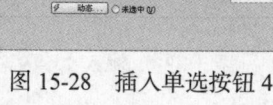

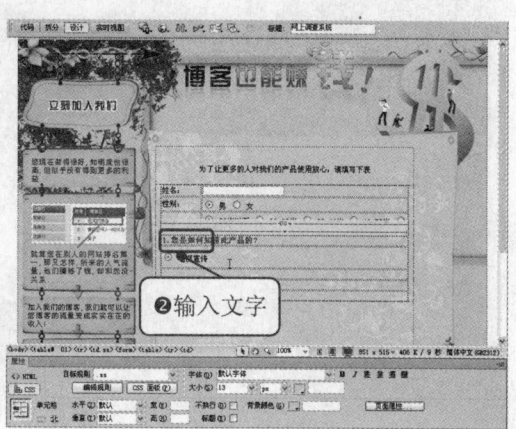

图 15-28　插入单选按钮 4　　　　　　　　图 15-29　输入文字 7

（17）按照步骤（15）、步骤（16）的方法，插入单选按钮；在"属性"面板中在"单选按钮"的名称文本框中都输入"lujing"，"选定值"文本框中分别输入 2、3、4、5，"初始状态"设置为"未选中"，并分别在单选按钮的后面输入相应的文字，如图 15-30 所示。

297

（18）将光标置于第 3 行单元格中，输入文字 "2.您对此产品感觉如何?"，并应用样式，如图 15-31 所示。

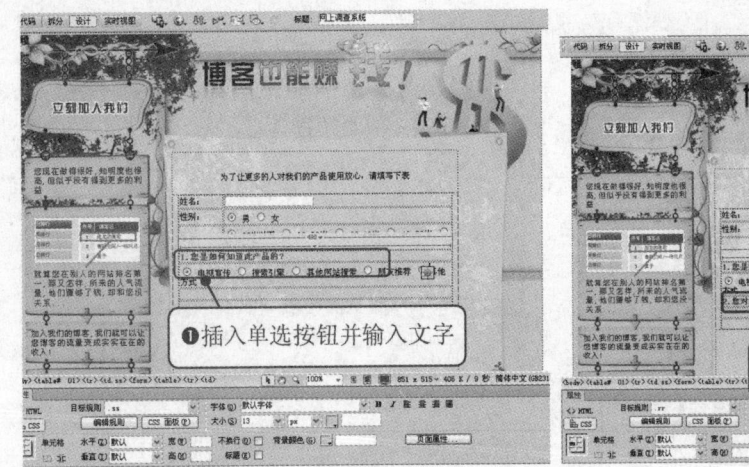

图 15-30　插入单选按钮并输入文字　　　　图 15-31　输入文字 8

（19）将光标置于第 4 行单元格中，执行 "插入" | "表单" | "复选框" 命令，插入复选框；在 "属性" 面板中，在 "复选框名称" 文本框中输入 "manyi"，"选定值" 文本框中输入 "true"，"初始状态" 设置为 "未选中"，如图 15-32 所示。

（20）将光标置于复选框的后面，输入文字 "非常好"，如图 15-33 所示。

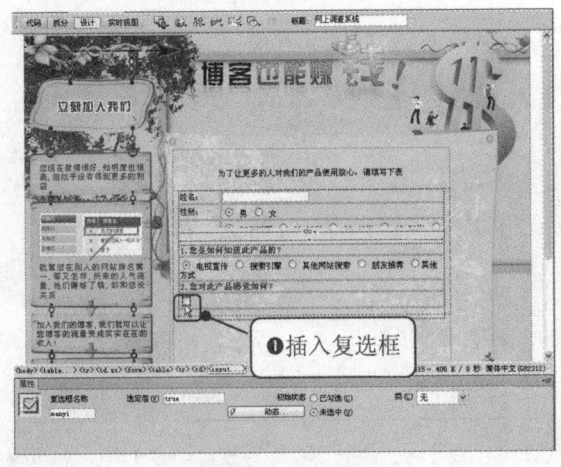
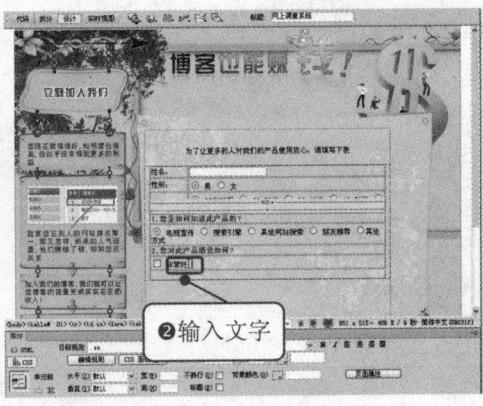

图 15-32　插入复选框　　　　图 15-33　输入文字 9

★ 提示 ★

在 "表单" 插入栏中单击 "复选框" 按钮 ☑，也可以插入复选框。

（21）按照步骤 19、步骤 20 的方法，插入复选框；在"属性"面板中，在"复选框名称"文本框中分别输入"yiban"、"hsky"、"fchch"；在"选定值"文本框中都输入"true"，"初始状态"设置为"未选中"，并在复选框的后面输入相应的文字，如图 15-34 所示。

（22）将光标置于第 5 行单元格中，执行"插入"|"表单"|"按钮"命令，插入按钮，在"属性"面板中"按钮名称"文本框中输入"Submit"，"值"文本框中输入"提交"，"动作"设置为"提交表单"，如图 15-35 所示。

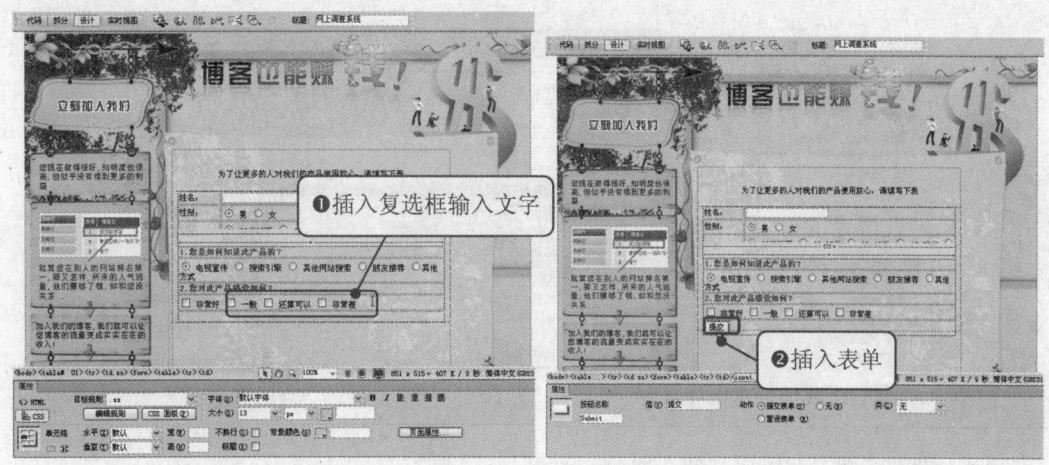

图 15-34　插入复选框输入文字　　　　　　　　图 15-35　插入按钮 1

★　提示　★

在"表单"插入栏中单击"按钮"按钮，也可以插入按钮。

（23）将光标置于按钮的后面，插入按钮，在"按钮名称"文本框中输入"Submit2"，在"值"文本框中输入"重置"，"动作"设置为"重设表单"，如图 15-36 所示。

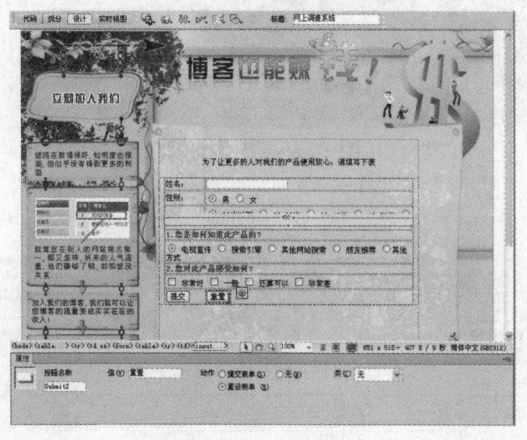

图 15-36　插入按钮 2

 15.4.2　制作调查内容

（1）执行"窗口"|"服务器行为"命令，打开"服务器行为"面板，在面板中单击 按钮，在弹出的菜单中选择"插入记录"选项，如图 15-37 所示。

（2）打开"插入记录"对话框，在对话框中的"连接"下拉列表中选择"diaocha"，在"插入到表格"下拉列表中选择"diaocha"，在"插入后，转到"文本框中输入"jieguo.asp"，如图 15-38 所示。

　　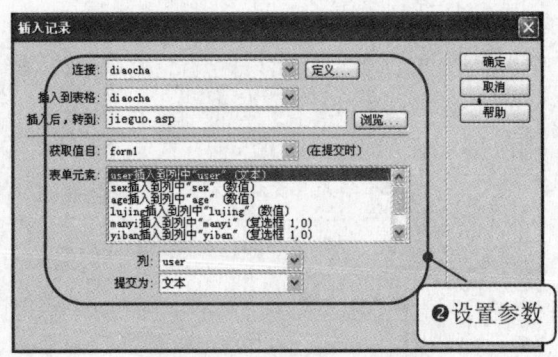

图 15-37　选择"插入记录"选项　　　　图 15-38　"插入记录"对话框

（3）单击"确定"按钮，插入记录，如图 15-39 所示。

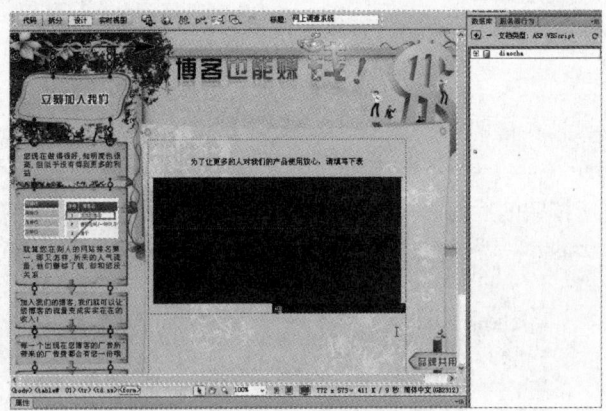

图 15-39　插入记录

★　提示　★

利用"插入记录"服务器行为可以将收集的调查数据提交到 diaocha 表中。

15.5　查看调查结果

当在调查页中填写完所有的信息后，单击"提交"按钮，进入如图 15-40 所示的页面，此页面显示用户在调查页中所选的信息，并统计每一项信息的人数。该页面的关键操作步骤就是分别为数据表中不同的字段在 Dreamweaver 中创建记录集。

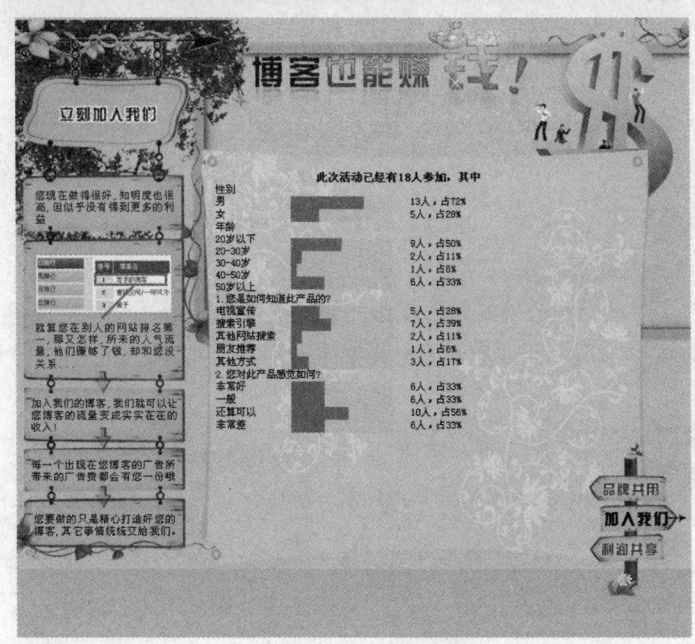

图 15-40　查看调查结果

练习文件　实例素材/练习文件/CH15/index.html

完成文件　实例素材/完成文件/CH15/jieguo.asp

15.5.1　建立记录集

动态网页在使用后台数据库时，必须首先创建一个存储检索数据的记录集。建立记录集的具体操作步骤如下。

（1）打开"index.html"，将其另存为"jieguo.asp"，如图 15-41 所示。

（2）将光标置于相应的位置，输入文字"此次活动已经有 X 人参加，其中"，在"属性"面板中，"大小"设置为 13 像素，单击 **B** 按钮，对文字加粗，如图 15-42 所示。

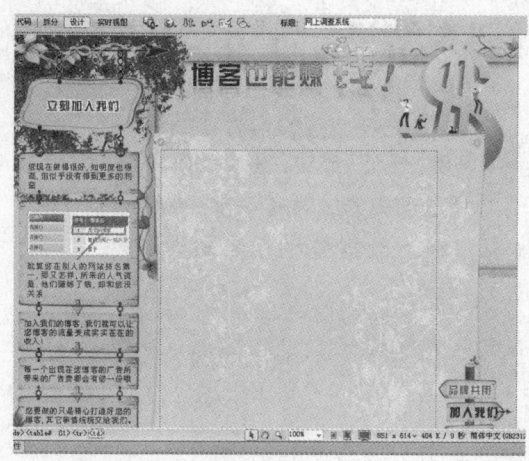

图 15-41　打开页面

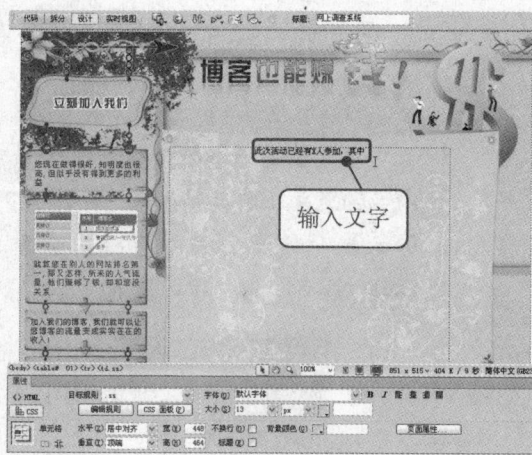

图 15-42　输入文字 1

（3）将光标置于相应的位置，执行"插入"|"表格"命令，插入 9 行 2 列的表格，在"属性"面板中将"对齐"设置"居中对齐"，如图 15-43 所示。

（4）选中第 1 行和第 4 行单元格，单击"属性"面板中的"合并所选单元格，使用跨度"按钮，合并所选单元格，在合并后的单元格中分别输入文字，如图 15-44 所示。

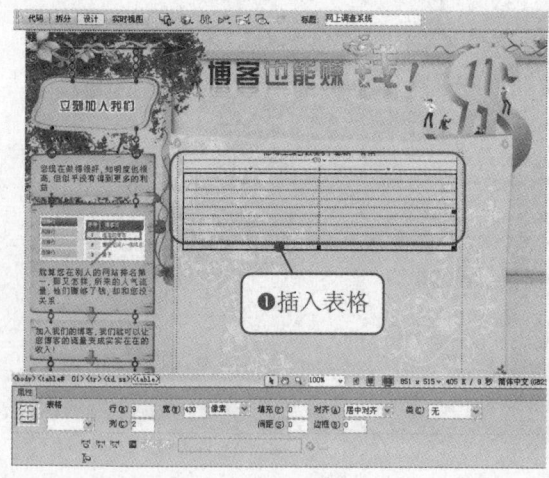

图 15-43　插入表格 1

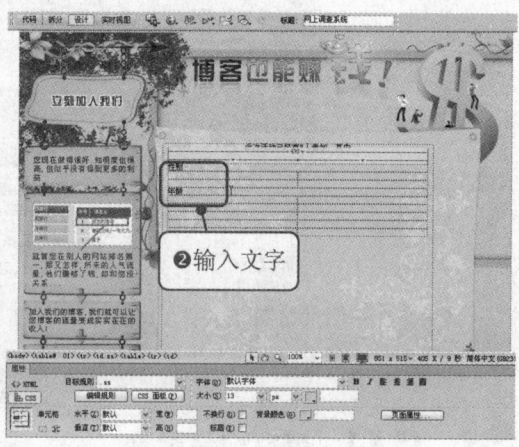

图 15-44　合并单元格并输入文字

（5）分别在第 1 列单元格中输入相应的文字，如图 15-45 所示。

（6）将光标置于第 2 行第 2 列单元格中，按住鼠标左键向下拖动至第 3 行第 2 列单元格，合并单元格。在合并后的单元格中插入 1 行 3 列的表格，将第 1 列单元格的"背景颜色"设置为"#FFCC99"，如图 15-46 所示。

（7）将光标置于第 1 列单元格中，执行"插入"|"表格"命令，插入 1 行 1 列的表格，将单元格的"背景颜色"设置为"#FF6600"，如图 15-47 所示。

（8）将光标置于第 3 列单元格中，输入文字"X 人，占 X"，并设置样式，如图 15-48 所示。

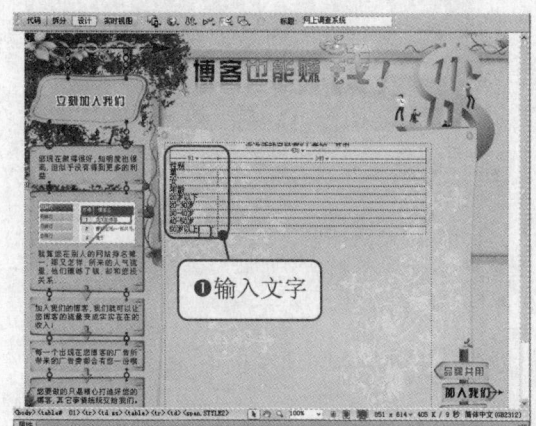

图 15-45　输入文字 2　　　　　　　　　　　　图 15-46　设置单元格属性 1

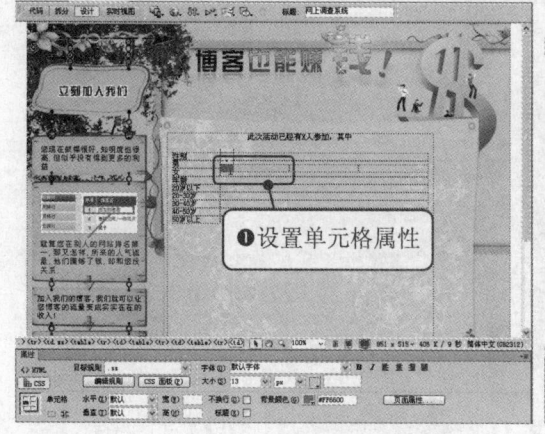
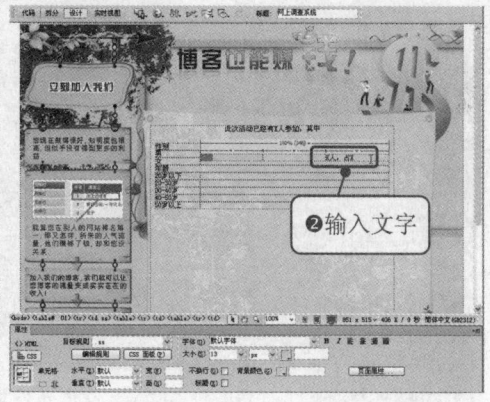

图 15-47　设置单元格属性 2　　　　　　　　　图 15-48　输入文字 3

（9）将光标置于第 5 行第 2 列单元格中，按住鼠标左键向下拖动至第 9 行第 2 列单元格中，合并所选单元格，如图 15-49 所示。

（10）将光标置于合并后的单元格中，按照步骤（6）~ 步骤（8）的方法插入表格，设置单元格属性，并输入文字，如图 15-50 所示。

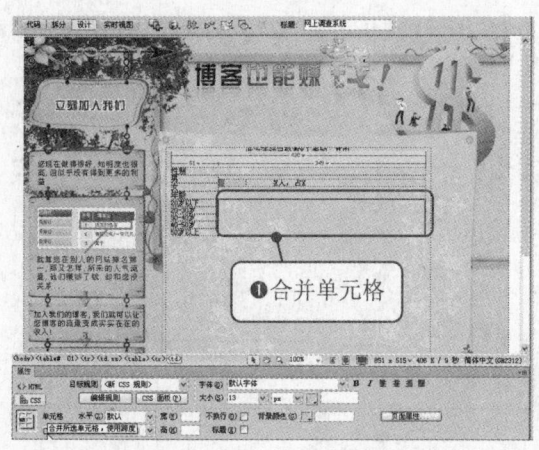

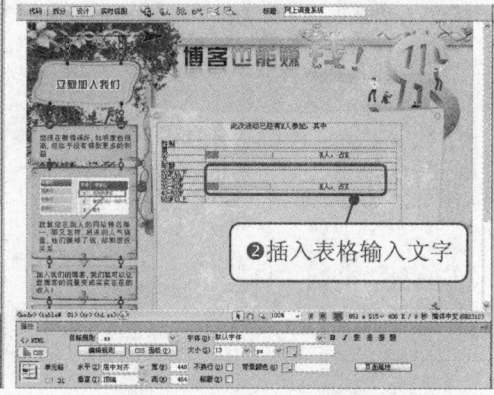

图 15-49　合并单元格　　　　　　　　　　　图 15-50　插入表格并输入文字 1

（11）将光标置于表格的后面，执行"插入"|"表格"命令，插入 11 行 2 列的表格，在"属性"面板中将"对齐"设置为"居中对齐"，如图 15-51 所示。

（12）选中第 1 行和第 7 行单元格，合并单元格，在合并后的单元格中分别输入文字，如图 15-52 所示。

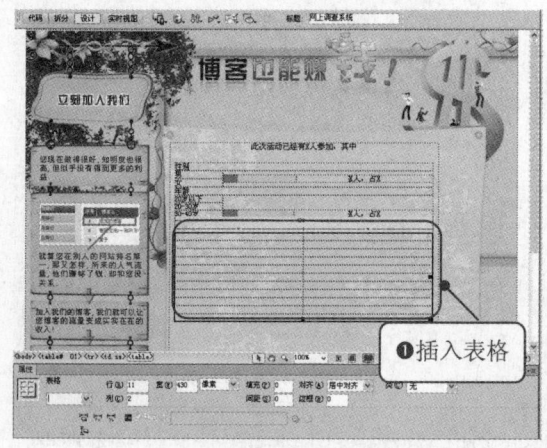

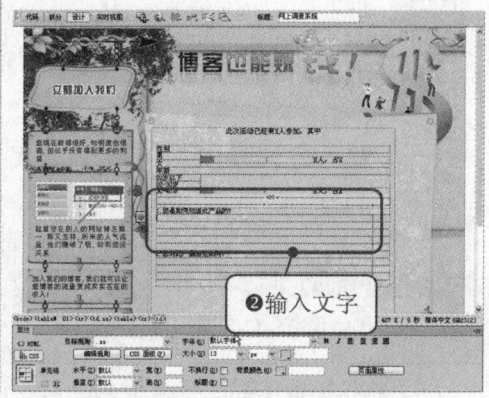

图 15-51　插入表格 2　　　　　　　　　　　图 15-52　合并单元格并输入文字

（13）分别在其他第 1 列单元格中输入相应的文字，如图 15-53 所示。

（14）将光标置于第 2 行第 2 列单元格中，按住鼠标左键向下拖动至第 6 行第 2 列单元格中，合并所选单元格，如图 15-54 所示。

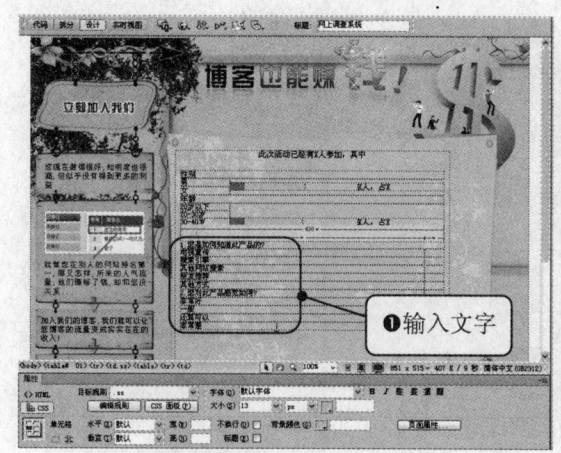

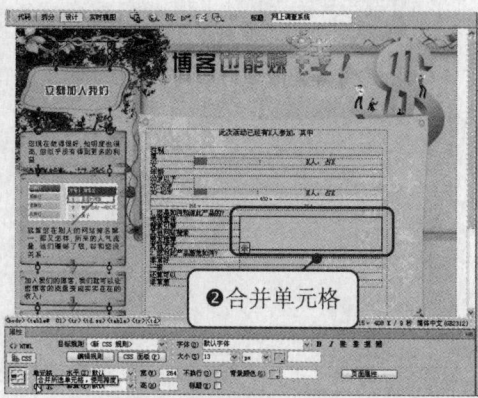

图 15-53　输入文字 4　　　　　　　　　图 15-54　合并单元格

（15）将光标置于合并后的单元格中，插入表格，设置单元格属性，并输入文字，如图 15-55 所示。

（16）将光标置于第 8 行第 2 列单元格中，按照步骤（6）～步骤（8）的方法插入表格，设置单元格属性，并输入文字，如图 15-56 所示。

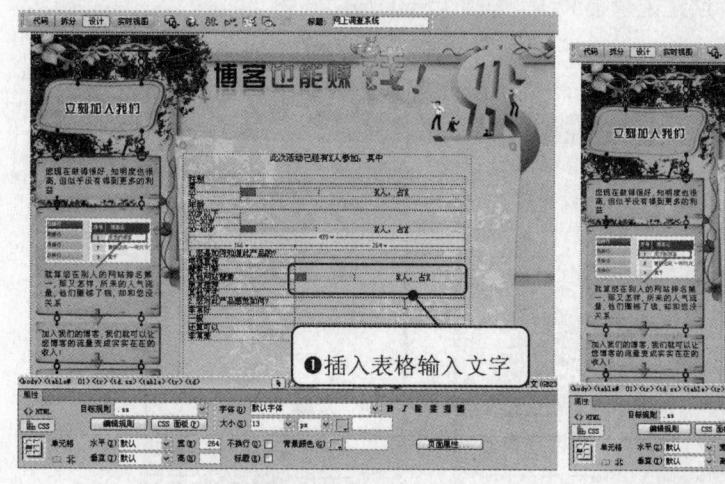

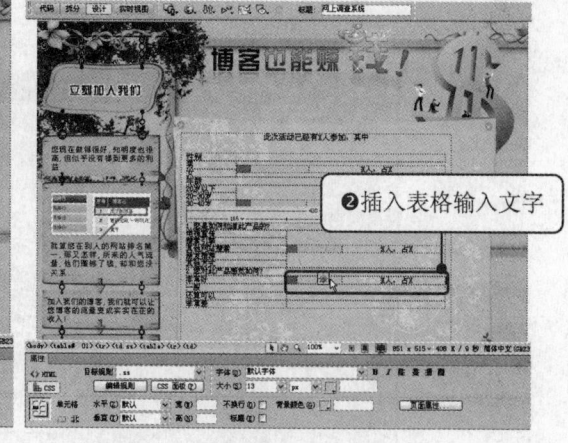

图 15-55　插入表格并输入文字 2　　　　　图 15-56　插入表格 2 并输入文字 3

（17）按照步骤（6）～步骤（8）的方法分别在其他单元格中插入表格，设置单元格属性，并输入文字，如图 15-57 所示。

（18）执行"窗口"|"绑定"命令，打开"绑定"面板，在面板中单击 按钮，在弹出的菜单中选择"记录集（查询）"选项，如图 15-58 所示。

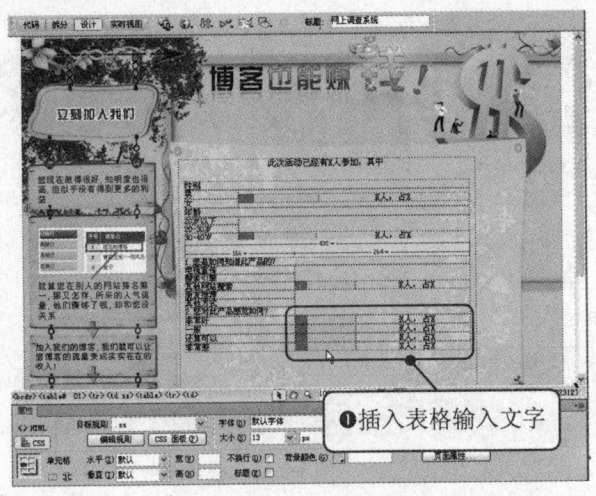

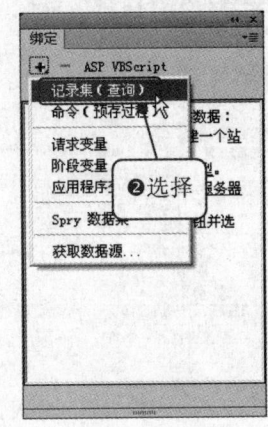

图 15-57　插入其他表格并输入文字　　　图 15-58　选择"记录集（查询）"选项

（19）打开"记录集"对话框，在对话框中的"名称"文本框中输入"Rs1"，在"连接"下拉列表中选择"diaocha"，在"表格"下拉列表中选择"diaocha"，"列"区域中选择"选定的"单选按钮，在列表框中选择"user"字段，如图 15-59 所示。

（20）单击"确定"按钮，创建记录集 Rs1，如图 15-60 所示。

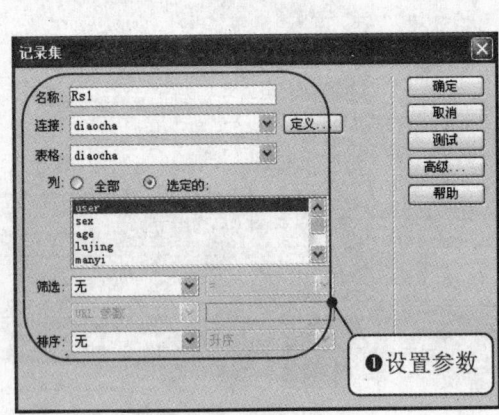

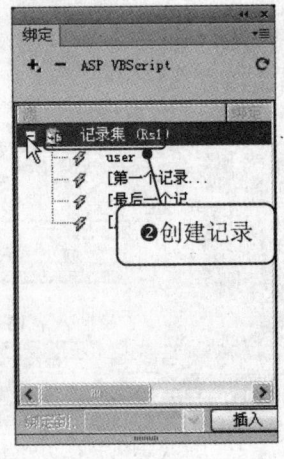

图 15-59　"记录集"对话框　　　　　　图 15-60　创建记录集

★　提示　★

创建的记录集 Rs1 用于从数据库表 diaocha 中读取会员信息。

（21）单击"绑定"面板中的＋按钮，在弹出的菜单中选择"记录集（查询）"选项，打开"记录集"对话框，在对话框中单击"高级"按钮，切换到"记录集"对话框的高级模式，如图 15-61 所示。

（22）在对话框中的"名称"文本框中输入"sex"，在"连接"下拉列表中选择"diaocha"，SQL 文本框中输入如下 SQL 语句，如图 15-62 所示。

```
SELECT count (sex) as sexNum, (sexNum/(SELECT count (user) FROM diaocha))
as myPercent  FROM diaocha group by sex  ORDER BY sex
```

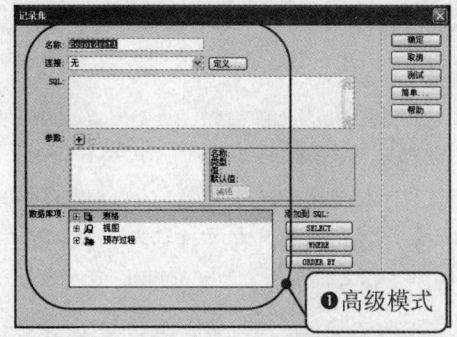
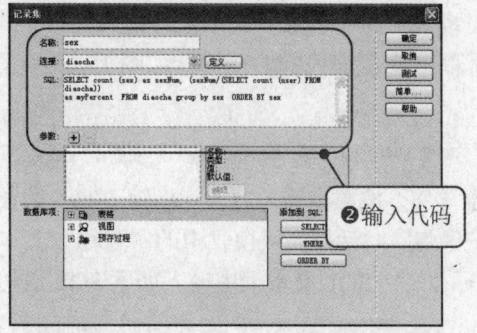

图 15-61　"记录集"对话框的高级模式　　　　图 15-62　"记录集"对话框的高级模式 1

（23）单击"确定"按钮，完成创建记录集，如图 15-63 所示。

★ 提示 ★

创建的记录集 sex 用于从数据库表 diaocha 中读取会员性别百分比。

（24）按照步骤（21）～步骤（23）的方法为"年龄"创建记录集，在"记录集"对话框高级模式中的"名称"文本框中输入"age"，在"连接"下拉列表中选择"diaocha"，SQL 文本框中输入如下 SQL 语句，如图 15-64 所示。

```
SELECT count (age) as ageNum, (ageNum/(SELECT count (user) FROM diaocha))
as
MyPercent  FROM diaocha group by age ORDER BY age
```

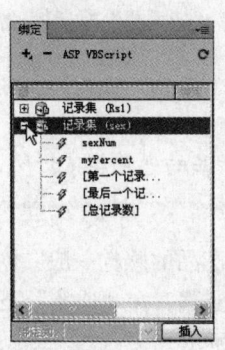
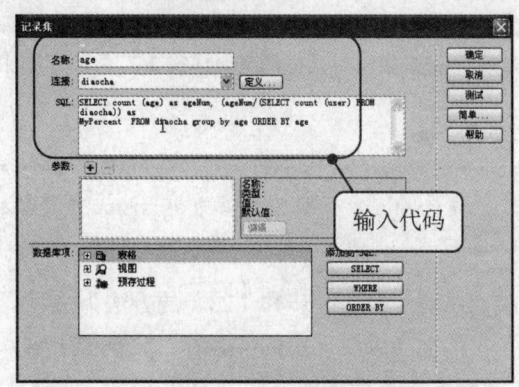

图 15-63　创建记录集　　　　图 15-64　"记录集"对话框的高级模式 2

307

★ 提示 ★

创建的记录集 age 用于从数据库表 diaocha 中读取会员各年龄段的百分比。

（25）按照步骤（21）~步骤（23）的方法为"路径"创建记录集，在"记录集"对话框高级模式中的"名称"文本框中输入"lujing"，在"连接"下拉列表中选择"diaocha"，SQL 文本框中输入如下 SQL 语句，如图 15-65 所示。

```
SELECT count (lujing) as lujingNum, (lujingNum/(SELECT count (user) FROM diaocha)) as myPercent FROM diaocha group by lujing ORDER BY lujing
```

（26）按照步骤（21）~步骤（23）的方法为"对本产品的感觉非常好"创建记录集，在"记录集"对话框高级模式中的"名称"文本框中输入"manyi"，在"连接"下拉列表中选择"diaocha"，SQL 文本框中输入如下 SQL 语句，如图 15-66 所示。

```
SELECT count (manyi) as myCount, (myCount/(SELECT count (user) from diaocha)) as myPercent FROM diaocha WHERE manyi=True
```

★ 提示 ★

创建的记录集 lujing 用于从数据库表 diaocha 中读取会员各种访问途径所占的百分比。

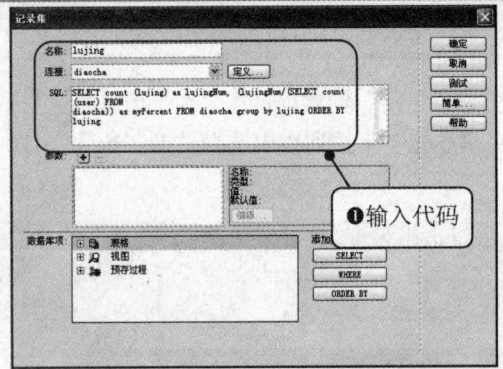
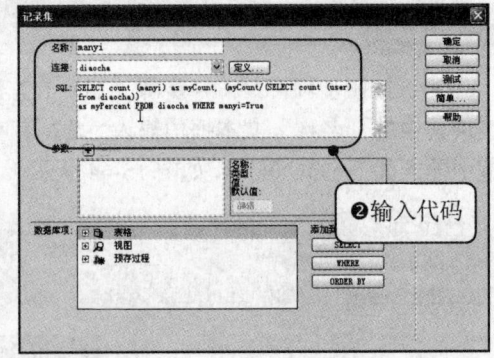

图 15-65　"记录集"对话框的高级模式 3　　　图 15-66　"记录集"对话框的高级模式 4

★ 提示 ★

创建的记录集 manyi 用于从数据库表 diaocha 中读取对本产品的感觉非常好所占的百分比。

（27）按照步骤（21）~步骤（23）的方法为文字"对本产品的感觉一般"创建记录集，在"记录集"对话框高级模式中的"名称"文本框中输入"yiban"，在"连接"下拉列表中选择"diaocha"，SQL 文本框中输入如下 SQL 语句，如图 15-67 所示。

```
SELECT count (yiban) as myCount, (myCount/(SELECT count (user) from diaocha)) as myPercent FROM diaocha WHERE yiban = True
```

★ 提示 ★

创建的记录集 yiban 用于从数据库表 diaocha 中读取对本产品的感觉一般所占的百分比。

（28）按照步骤（21）~步骤（23）的方法为"对本产品的感觉还算可以"创建记录集，在"记录集"对话框高级模式中的"名称"文本框中输入"hsky"，在"连接"下拉列表中选择"diaocha"，SQL 文本框中输入如下 SQL 语句，如图 15-68 所示。

```
SELECT count (hsky) as myCount, (myCount/(SELECT count (user) from diaocha)) as
MyPercent FROM diaocha WHERE hsky = True
```

★ 提示 ★

创建的记录集 hsky 用于从数据库表 diaocha 中读取对本产品的感觉还算可以所占的百分比。

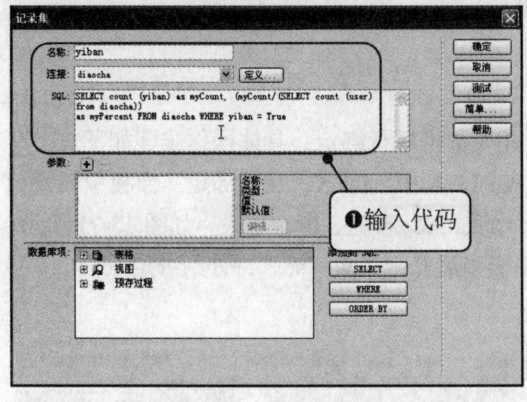

图 15-67 "记录集"对话框的高级模式 5

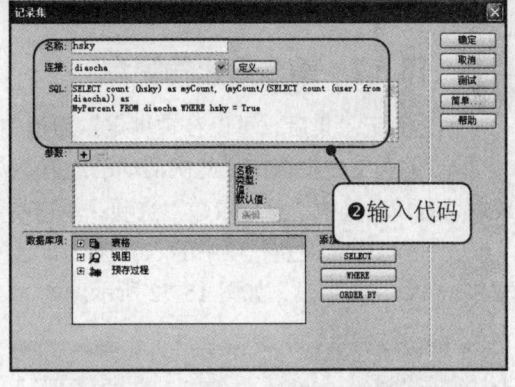

图 15-68 "记录集"对话框的高级模式 6

（29）按照步骤（21）~步骤（23）的方法为"对本产品的感觉非常差"创建记录集，在"记录集"对话框高级模式中的"名称"文本框中输入"fchch"，在"连接"下拉列表中选择"diaocha"，SQL 文本框中输入如下 SQL 语句，如图 15-69 所示。

```
SELECT count (fchch) as myCount, (myCount/(SELECT count (user) from diaocha))
as myPercent FROM diaocha WHERE fchch = True
```

（30）通过以上步骤，创建的记录集如图 15-70 所示。

学用一册通：Dreamweaver CS6+ASP 动态网站开发

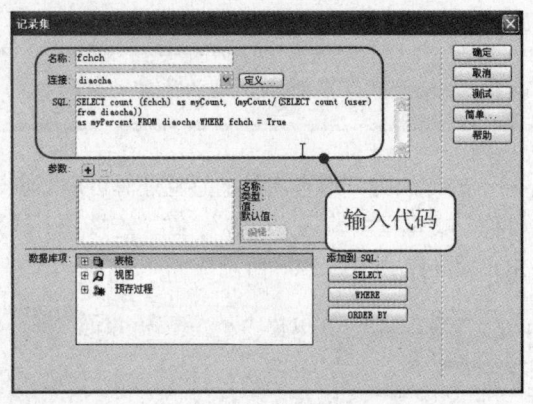

图 15-69 "记录集"对话框的高级模式

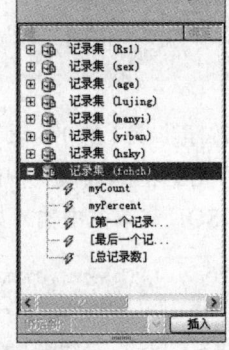

图 15-70 创建记录集

★ 提示 ★

创建的记录集 fchch 用于从数据库表 diaocha 中读取对本产品的感觉非常差所占的百分比。

15.5.2 动态数据的绑定

创建完记录集后，可以在"绑定"面板中对相关数据进行绑定，具体操作步骤如下。

（1）在文档中选中"此次活动已经有 X 人参加，其中"的 X，在"绑定"面板中展开记录集"Rs1"，选中"总记录数"选项，单击右下角的 插入 按钮，绑定字段，如图 15-71 所示。

（2）选中"性别"项中的 X，在"绑定"面板中展开记录集"sex"，分别绑定 sexNum 字段和 myPercent 字段，如图 15-72 所示。

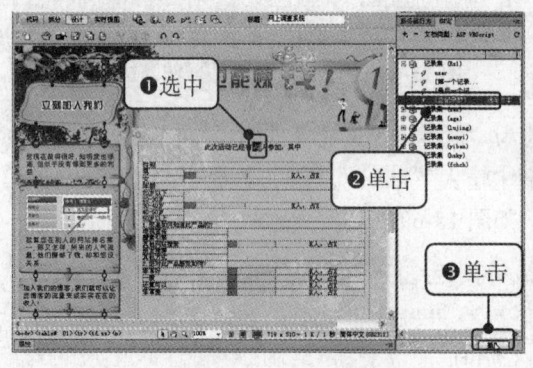

图 15-71 绑定字段 1

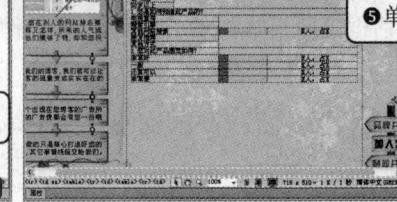

图 15-72 绑定字段 2

（3）按照步骤（2）的方法绑定"年龄"项中的 X，在"绑定"面板中展开记录集"age"，分别绑定 ageNum 字段和 myPercent 字段。

（4）按照步骤（2）的方法绑定"路径"项中的 X，在"绑定"面板中展开记录集"lujing"，分别绑定 lujingNum 字段和 myPercent 字段。

310

（13）单击此按钮，打开"动态数据"对话框，在对话框中的"域"列表框中展开记录集"sex"，选中 myPercent 字段，在"格式"下拉列表中选择"百分比|舍入为整数"选项，如图15-77所示。

（14）单击"确定"按钮，添加动态数据，如图15-78所示。

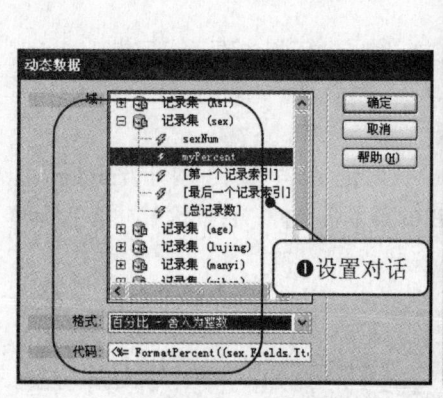

图15-77 "动态数据"对话框

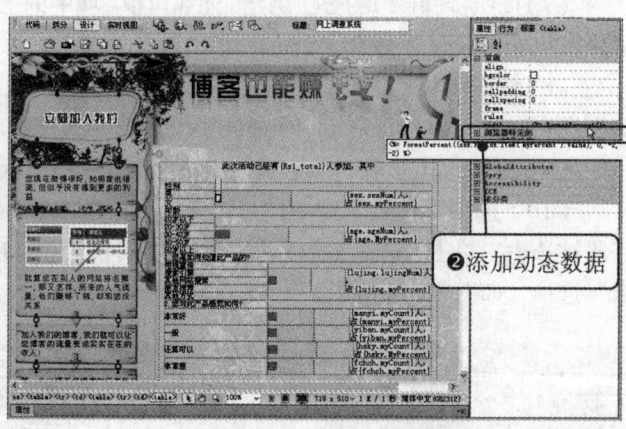

图15-78 添加动态数据

（15）按照步骤（12）~步骤（14）的方法，为其他单元格添加动态数据，如图15-79所示。

（16）选中"性别"项中的大表格，执行"窗口"|"服务器行为"命令，打开"服务器行为"面板，在面板中单击 按钮，在弹出的菜单中选择"重复区域"选项，如图15-80所示。

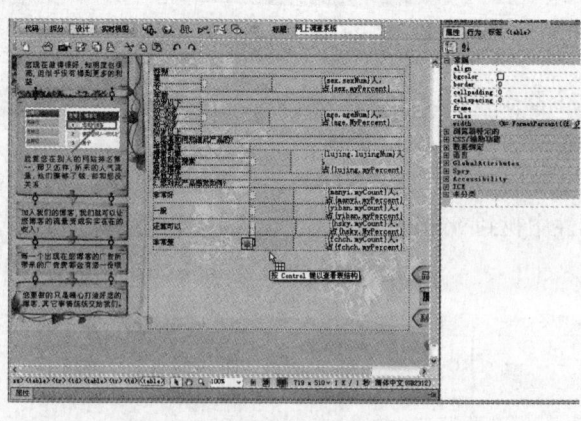

图15-79 添加其他动态数据

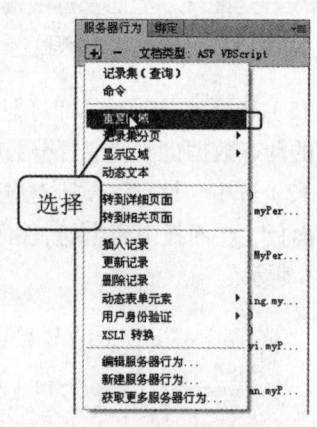

图15-80 选择"重复区域"选项

（17）打开"重复区域"对话框，在对话框中的"记录集"下拉列表中选择"sex"，"显示"区域中选择"所有记录"单选按钮，如图15-81所示。

（18）单击"确定"按钮，创建重复区域服务器行为，如图15-82所示。

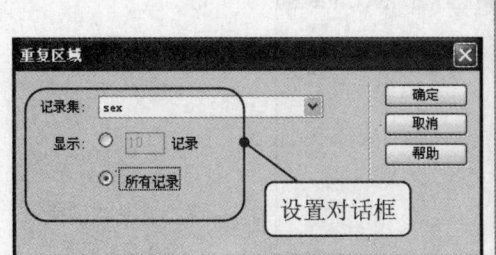

图 15-81　"重复区域"对话框

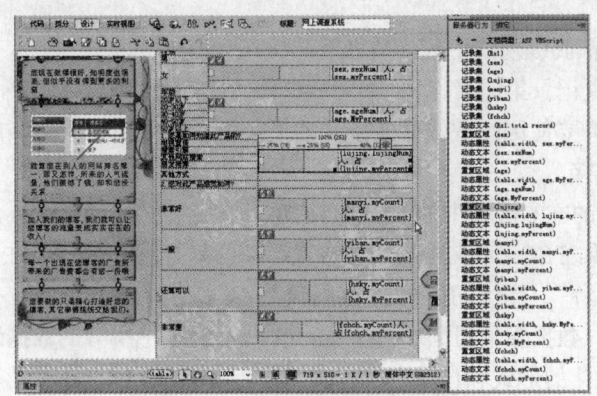

图 15-82　创建重复区域服务器行为

（19）按照步骤（16）~ 步骤（18）的方法，插入其他重复区域，在对话框中的"记录集"下拉列表中选择相应的记录集，"显示"区域都选择"所有记录"单选按钮，如图 15-83 所示。

图 15-83　创建其他服务器行为

15.6　知识要点总结

本章实例详细介绍了利用 Dreamweaver CS6 的一些动态应用程序的功能，设计开发网上调查系统，重点包括设置记录集对话框的高级模式、动态数据的使用、更新记录的使用等。下面就对这几个常用的功能进行详细介绍。

15.6.1　设置"记录集"对话框的高级模式

利用记录集对话框的高级模式，可以编写出随心所欲的代码，来实现自己想要的各种功能，具体操作步骤如下。

（1）单击"绑定"面板中的 按钮，在弹出的菜单中选择"记录集（查询）"选项，打开"记录集"对话框。

（2）在对话框中单击"高级"按钮，切换到"记录集"对话框的高级模式，如图 15-84 所示。

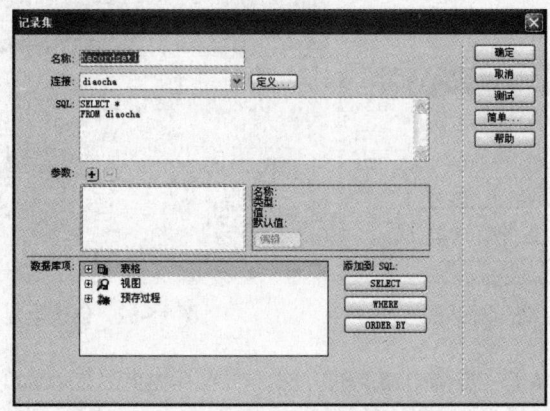

图 15-84   "记录集"对话框的高级模式

"记录集"对话框高级模式中的参数如下。

● "名称"：设置记录集的名称。
● "连接"：选择要使用的数据库连接。如果没有，则可单击其右侧的"定义"按钮定义一个数据库链接。
● SQL：在下面的文本区域中输入 SQL 语句。
● "参数"：如果在 SQL 语句中使用了参数，则可单击 ＋ 按钮，可在这里设置参数，即输入参数的"名称"、"默认值"和"运行值"。
● "数据库项"：数据库项目列表，Dreamweaver CS5 把所有的数据库项目都列在了这个表中，用可视化的形式和自动生成 SQL 语句的方法让用户在做动态网页时感到方便和轻松。

15.6.2 设置"动态数据"对话框

单击"服务器行为"面板中的 ＋ 按钮，在弹出的菜单中选择"动态文本"选项，打开"动态文本"对话框。对话框用于将 HTML 属性动态化，如图 15-85 所示的"动态文本"对话框。

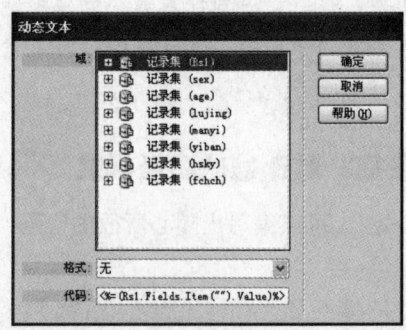

图 15-85   "动态文本"对话框

"动态文本"对话框中的参数如下。

- "域"：在列表框中选择一种数据源；
- "格式"：选择一种数据格式；
- "代码"：在"域"列表框中选择字段后，在代码文本框中就会显示代码，如果需要，可以修改文本框中的代码插入到页面中，以显示动态文本。

15.6.3　设置"更新记录"对话框

Web 应用程序中可能包含让用户在数据库中更新记录的页面，更新表单记录的具体操作步骤如下。

（1）单击"服务器行为"面板中的 ➕ 按钮，在弹出的菜单中选择"更新记录"选项，打开"更新记录"对话框，如图 15-86 所示。

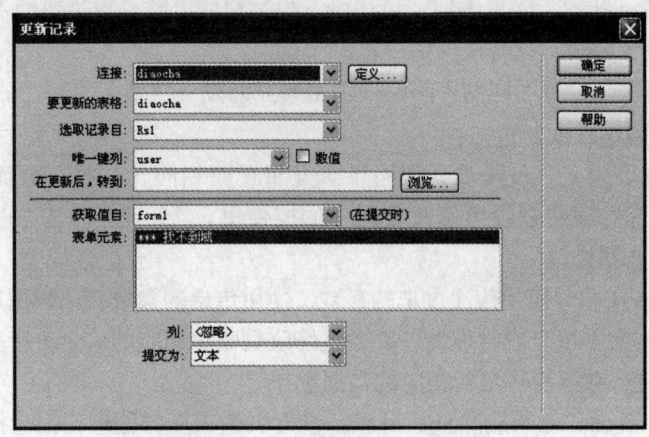

图 15-86　"更新记录"对话框

"更新记录"对话框中的参数如下。

- "连接"：选择要使用的数据库连接。如果没有，则可单击其右侧的"定义"按钮定义一个数据库链接。
- "要更新的表格"：选择要更新的表的名称。
- "选取记录自"：指定页面中绑定的记录集。
- "唯一键列"：选择关键列，以识别在数据库表单上的记录。如果值是数字，则应勾选"数值"复选框。
- "在更新后，转到"：在文本框中输入一个 URL，这样表单中的数据更新之后将转向这个 URL。
- "获取值自"：指定页面中表单的名称。
- "表单元素"：指定 HTML 表单中的各个字段域名称。
- "列"：选择与表单域对应的字段列名称，在"提交为"下拉列表中选择字段的类型。

（2）设置完毕后，单击"确定"按钮，即可创建更新记录服务器行为。

315

15.7 专家秘笈

1．网上调查系统有哪些优点？

作为一种新兴的调查技术，网上调查拥有众多的优点：

（1）速度快，成本低。

（2）调查不受地域的限制。

（3）调查形式丰富多样。

（4）有利于进行涉及个人隐私的调查。

（5）易找到发生率低或是用其他方法无法触及的人群。

（6）是组建固定样本组（Panel）的最有效形式。

2．网上调查防作弊有哪些方法？

（1）使用 cookie 技术，简单方便，可记录下投过票的电脑，投过票的不让其投票。

（2）为问卷设置密码，只有授权用户才可以投票。

（3）使用密码表，设置不同的密码，一个密码只能投一次票。

3．网上调查系统还有哪些页面？

（1）投票修改页面。投票修改页面同投票发布页面相同，在投票页面被加载时，投票的基本信息需要载入并存储在投票修改页面中的控件里，当管理员单击"修改投票"按钮时，就能够进行数据筛选和修改。

投票修改页面在加载时接受传递过来的参数，使用传递的参数获取数据库中投票的相应信息进行页面中控件的文本填充。管理员可以通过修改页面中相应的信息进行数据更改，当更改完毕后管理员可以进行数据操作更新相应的数据选项。

（2）投票删除页面。投票删除页面可以不进行页面布局的处理，因为投票删除页面主要作用为删除数据。当管理员在投票管理页面进行投票删除选择时，会跳转到投票删除页面，投票删除页面通过获取传递过来的参数进行投票的删除，删除完毕后再次返回投票管理页面。

4．系统测试有哪些步骤？

与开发过程类似，测试过程也必须分步骤进行，每个步骤在逻辑上是前一个步骤的继续。大型软件系统通常由若干个子系统组成，每个子系统又由若干个模块组成。因此，大型软件系统的测试基本上由下述几个步骤组成。

（1）模块测试：在这个测试步骤中所发现的往往是编码和详细设计中的错误。

（2）系统测试：在这个测试步骤中发现的往往是软件设计中的错误，也可能发现需求说明中的错误。

（3）验收测试：在这个测试步骤中发现的往往是系统需求说明书中的错误。

15.8　本章小结

本章讲述了一个网上调查系统的创建过程。在制作一个程序之前，应该先进行程序的功能设计。功能设计完毕之后，再根据需要进行数据库及动态网页文件的设计制作。程序可以实现用户在线选择调查内容，自动统计出结果并显示结果。本章的重点与难点是网上调查系统的分析与设计、插入表单对象、记录集对话框的高级模式、插入记录和更新记录等服务器行为的使用。

第16章 设计开发新闻发布管理系统

学前必读:

　　新闻发布管理系统是将某些需要经常变动的新闻或文章之类的图文信息发布到网站,以供浏览者阅读了解相关知识等。管理员可以在后台很方便地添加新闻内容,在前台可以自动生成新闻列表页面,同时产生新闻链接。

学习流程

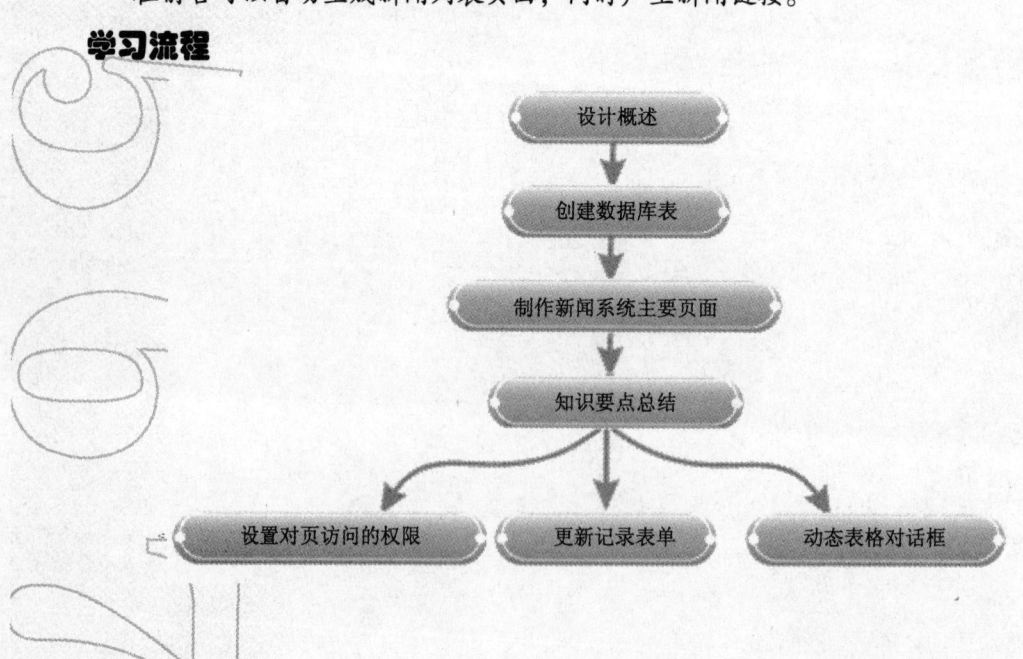

16.1　设计概述

> 新闻发布系统的做法大致有两种：一种是把录入的新闻内容自动由程序直接生成 HTML 文件；另一种是直接把新闻数据保存到数据库中，当用户阅读时，从数据库中调出数据，动态生成页面。

本章制作的新闻发布管理系统可以分为两个部分，如图 16-1 所示。一部分是前台新闻显示，此部分包括新闻列表页面和新闻详细页面；另一部分是后台新闻管理，管理员可以添加、修改及删除新闻记录。

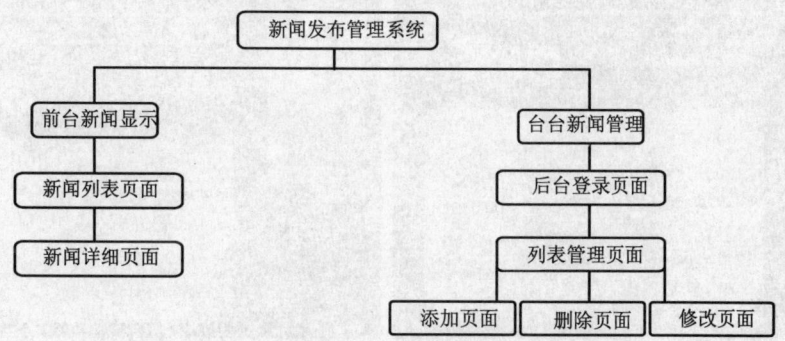

图 16-1　新闻发布管理系统页面结构图

后台登录页面（houtai.asp）如图 16-2 所示，管理员在这里输入账号和密码后就可以进入后台管理主页面，这样可以限制没有权限的用户登录后台，增加了系统的安全。

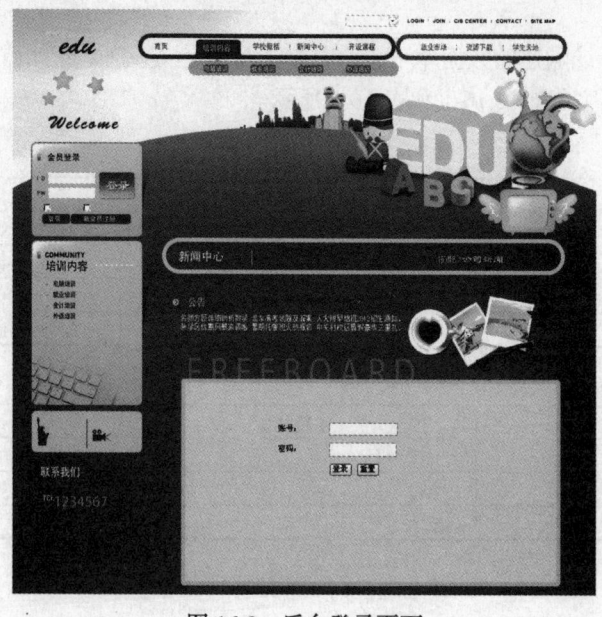

图 16-2　后台登录页面

319

学用一册通：Dreamweaver CS6+ASP 动态网站开发

新闻列表管理页面（guanli.asp）如图 16-3 所示，在这里可以选择添加、修改、删除新闻记录。

新闻列表页面（liebiao.asp）如图 16-4 所示，这是前台的新闻列表页面，访问者可以通过单击此页面的新闻标题进入新闻详细信息页面。

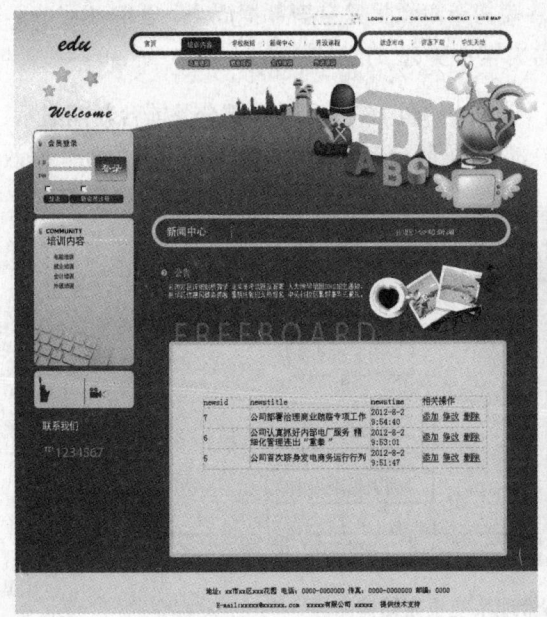

图 16-3　新闻列表管理页面　　　　　　图 16-4　新闻列表页面

16.2　创建数据库表

新闻发布管理系统创建的数据库 news 中包含两个表，分别是新闻信息表"news"和管理员表"admin"，表中字段如表 16-1 和表 16-2 所示。

表 16-1　表"news"中的字段

字段名称	字段类型	说　　明
newsid	自动编号	新闻记录编号
newstitle	文本	新闻记录标题
newscontent	备注	新闻正文详细内容
newstime	日期/时间	新闻添加时间

表 16-2　表"admin"中的字段

字段名称	字段类型	说　　明
id	自动编号	自动编号
name	文本	用户名
password	文本	用户密码

16.3　设计制作新闻系统主要页面

新闻系统主要页面有新闻列表管理页面、后台登录页面、添加新闻页面、删除页面、修改页面、新闻列表页面、新闻详细页面等，下面分别进行讲述。

★　提示　★

在具体制作页面前，首先要创建本地站点和创建数据库连接，关于创建数据库连接可参考7.4 节"创建数据库连接"，这里就不再详细讲述其创建过程了。

16.3.1　新闻列表管理页面

新闻列表管理页面如图 16-5 所示，在这里可以显示新闻列表记录，管理员可以任意添加、修改和删除新闻记录，具体操作步骤如下。

◎练习文件　实例素材/练习文件/CH16/index.html

◎完成文件　实例素材/完成文件/CH16/guanli.asp

（1）打开一个网页文档 "index.htm"，将其保存为 "guanli.asp"，如图 16-6 所示。

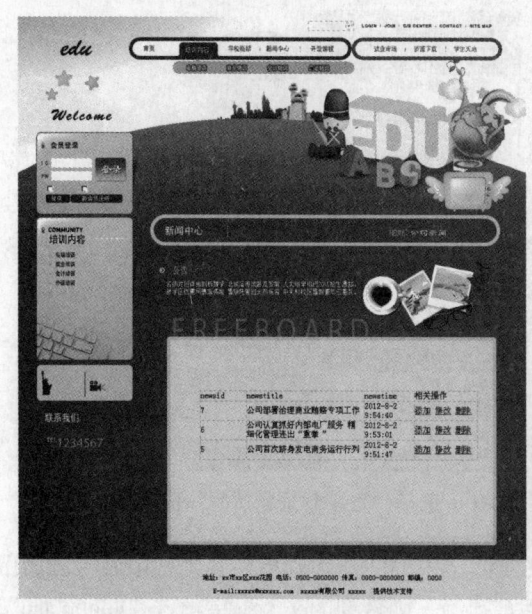

图 16-5　新闻列表管理页面

图 16-6　打开网页文档

（2）执行 "窗口" | "绑定" 命令，打开 "绑定" 面板，在面板中单击 ➕ 按钮，在弹出的菜单中选择 "记录集（查询）" 选项，如图 16-7 所示。

（3）打开"记录集"对话框，在对话框中的"名称"文本框中输入"Rs1"，在"连接"下拉列表中选择"news"，在"表格"下拉列表中选择"news"，在"列"区域中选择"全部"单选按钮，在"排序"下拉列表中分别选择"newsid"和"降序"，单击"确定"按钮，创建记录集，如图 16-8 所示。

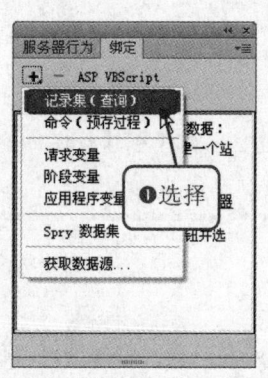
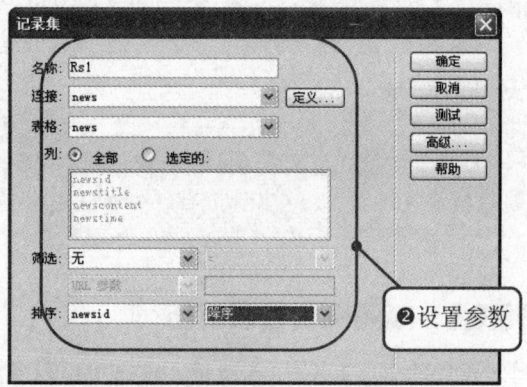

图 16-7　选择"记录集（查询）"选项　　　　图 16-8　"记录集"对话框

（4）执行"窗口"|"服务器行为"命令，打开"服务器行为"面板，在面板中单击➕按钮，如图 16-9 所示。

（5）在弹出的菜单中选择"用户身份验证"|"限制对页的访问"选项，如图 16-10 所示。

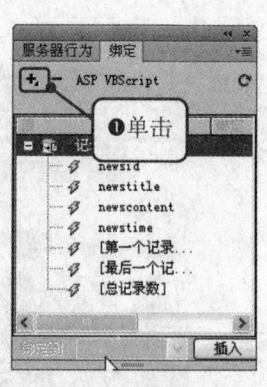
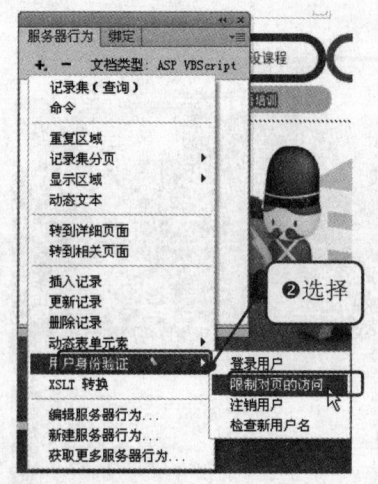

图 16-9　创建记录集　　　　图 16-10　选择"限制对页的访问"选项

（6）打开"限制对页的访问"对话框，在对话框中的"基于以下内容进行限制"区域中选择"用户名和密码"单选按钮，在"如果访问被拒绝，则转到"文本框中输入"houtai.asp"，单击"确定"按钮。如图 16-11 所示。

（7）在"数据"插入栏中单击"动态表格"按钮 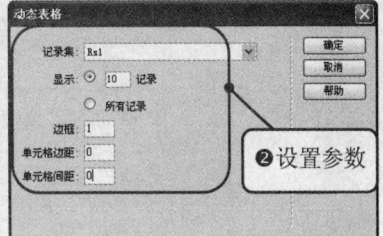，打开"动态表格"对话框，在"记录集"下拉列表中选择"Rs1"，"显示"设置为"10"记录，"边框"设置为"1"，如图 16-12 所示。

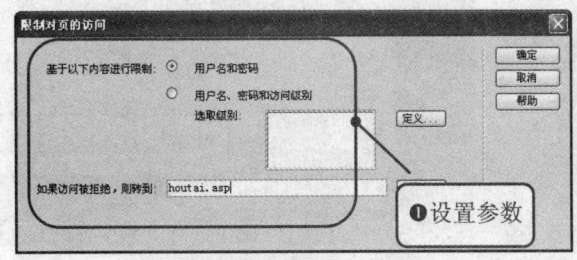

图 16-11　"限制对页的访问"对话框	图 16-12　"动态表格"对话框

（8）单击"确定"按钮，插入动态表格，如图 16-13 所示。

（9）在"数据"插入栏中单击"记录集导航条"按钮 ，打开"记录集导航条"对话框，在对话框中的"记录集"下拉列表中选择"Rs1"，"显示方式"区域中选择"文本"单选按钮，如图 16-14 所示。

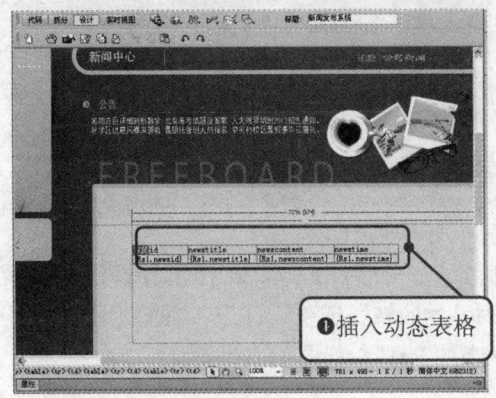

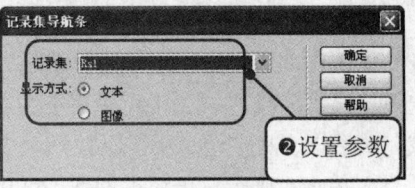

图 16-13　插入动态表格	图 16-14　"记录集导航条"对话框

（10）单击"确定"按钮，插入记录集导航条，如图 16-15 所示。

（11）将光标置于文档中相应的位置，输入文字"没有新闻，请添加！"，在"属性"面板中的"链接"文本框中输入"tianjia.asp"，如图 16-16 所示。

（12）选中文本，单击"服务器行为"面板中的 按钮，在弹出的菜单中选择"显示区域"|"如果记录集为空则显示区域"选项，打开"如果记录集为空则显示区域"对话框，在"记录集"下拉列表中选择"Rs1"，如图 16-17 所示。

（13）单击"确定"按钮，创建"如果记录集为空则显示区域"服务器行为，如图 16-18 所示。

图 16-15　插入记录集导航条

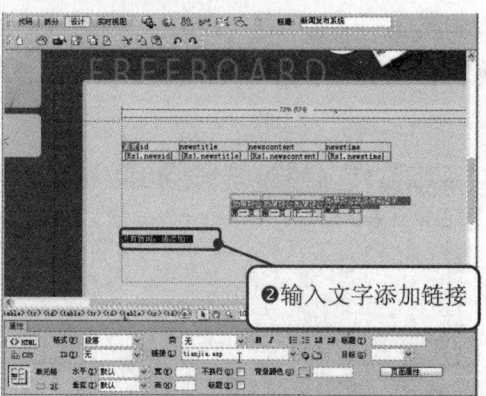

图 16-16　输入文字 1

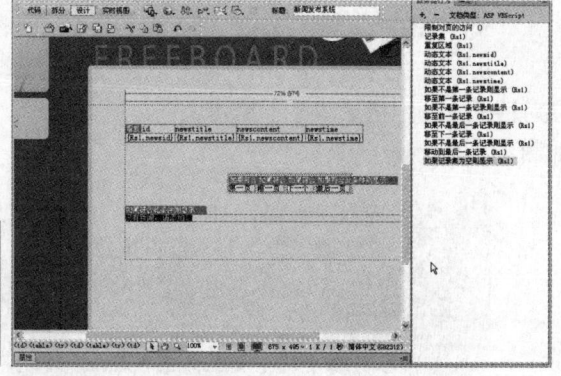

图 16-17　"如果记录集为空则显示区域"对话框　　　图 16-18　创建服务器行为 1

（14）选中动态表格和记录集导航条，单击"服务器行为"面板中的■按钮，在弹出的菜单中选择"显示区域"|"如果记录集不为空则显示区域"选项，打开"如果记录集不为空则显示区域"对话框，在"记录集"下拉列表中选择"Rs1"，如图 16-19 所示。

（15）单击"确定"按钮，如图 16-20 所示。

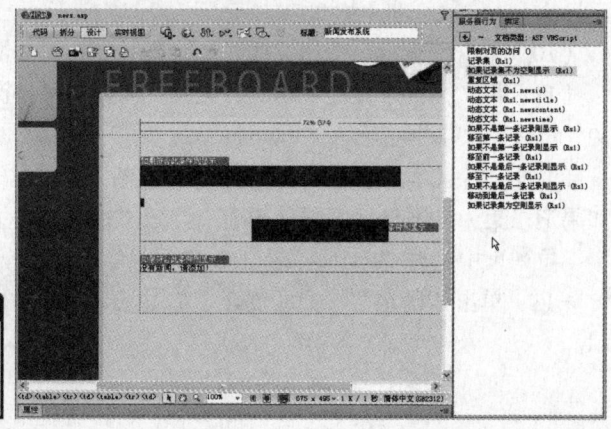

图 16-19　"如果记录集不为空则显示区域"对话框　　　图 16-20　创建服务器行为 2

（16）将动态表格的第 3 列删除，并在后面添加 1 列，输入相应的文字，如图 16-21 所示。

（17）在文档中选中文字"添加"，在"属性"面板中的"链接"文本框中输入"tianjia.asp"，如图 16-22 所示。

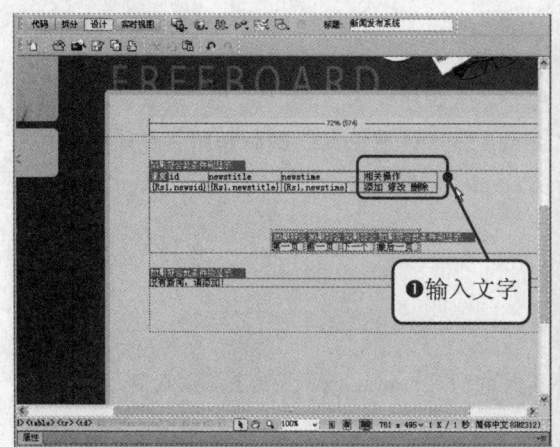

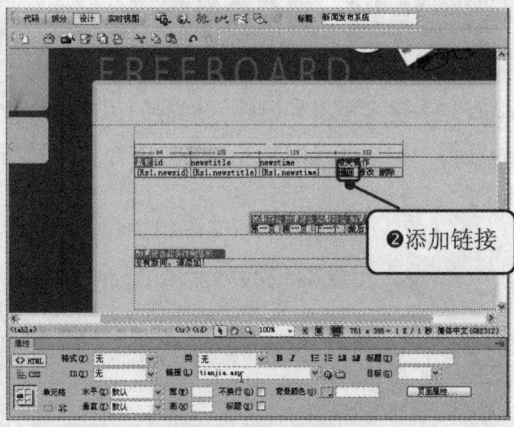

图 16-21　输入文字 2　　　　　　　　　图 16-22　设置链接

（18）在文档中选中文字"修改"，单击"服务器行为"面板中的 ➕ 按钮，在弹出的菜单中选择"转到详细页面"选项，打开"转到详细页面"对话框，在对话框中的"详细信息页"文本框中输入"xiugai.asp"，单击"确定"按钮，创建转到详细页面服务器的行为。如图 16-23 所示。

（19）按照步骤（18）的方法，为"删除"创建转到详细页面服务器行为，如图 16-24 所示。

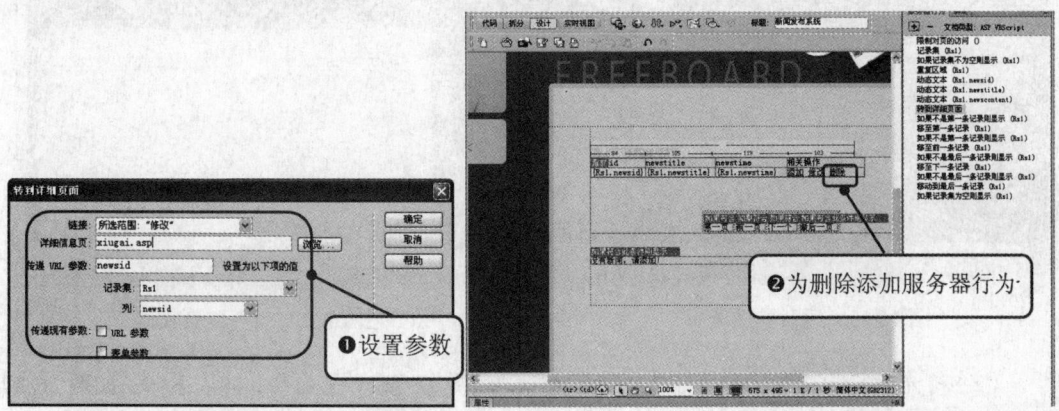

图 16-23　"转到详细页面"对话框　　　　　图 16-24　为删除添加服务器行为

"转到详细页面"对话框中参数如下。

● "链接"：表示添加跳转到详细页的超级链接对象，选择当前"已所选范围"。

● "详细信息页"：这里输入"xiangxi.asp"。

● "传递 URL 参数"：即从其下的项目中选择"记录集"，并从该"记录集"中选择"列"。一般该参数选择记录集中有唯一值的列。

● "传递现有参数"：因为不需要传递当前已有的参数，所以可以不选择任何一项。

 16.3.2 后台登录页面

后台登录页面如图 16-25 所示，制作时，首先插入表单对象，然后利用"检查表单"行为检查是否输入账号和密码，接着创建记录集从 admin 表中读取信息，最后利用"登录用户"服务器行为检查登录的账号和密码是否与管理员表 admin 中的一致，具体操作步骤如下。

练习文件 实例素材/练习文件/CH16/index.html

完成文件 实例素材/完成文件/CH16/houtai.asp

（1）打开一个网页文档"index.htm"，将其保存为"houtai.asp"，如图 16-26 所示。

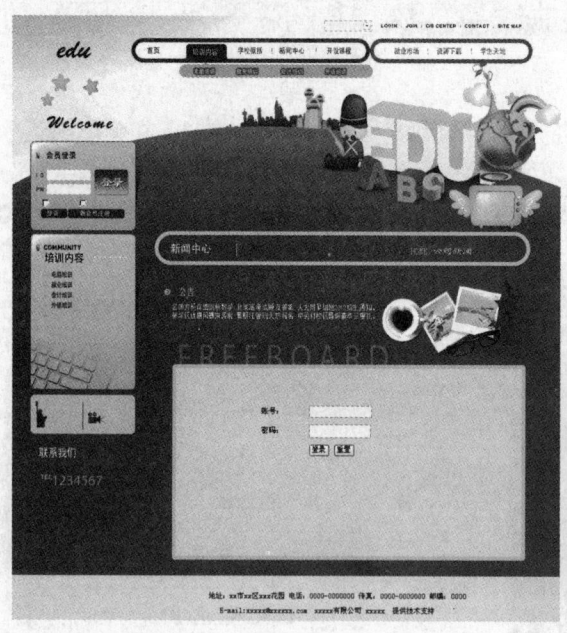

图 16-25　后台登录页面　　　　　　　　　图 16-26　打开网页文档

（2）将光标置于相应的位置，执行"插入"|"表单"|"表单"命令，插入表单，如图 16-27 所示。

（3）将光标置于表单中，插入 3 行 2 列的表格，在"属性"面板中，将"填充"设置为"4"，"间距"设置为"2"，"对齐"设置为"居中对齐"，如图 16-28 所示。

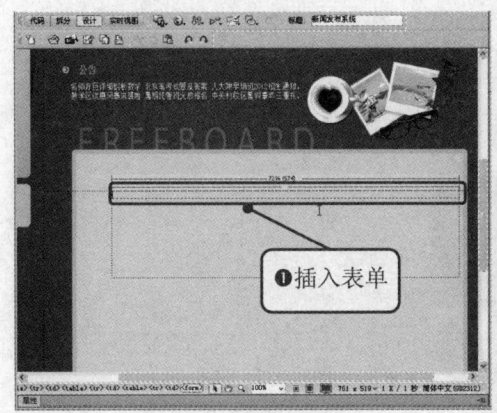

图 16-27　插入表单

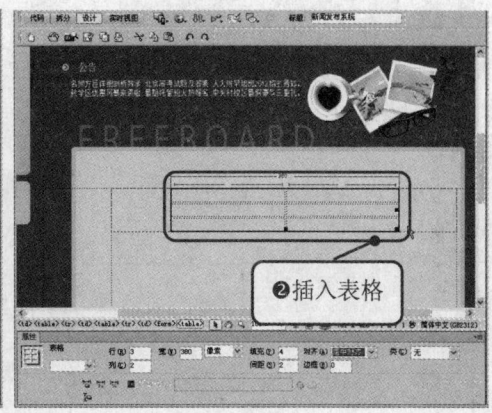

图 16-28　插入表格

（4）分别在第 1 列单元格中输入相应的文字，将"大小"设置为 13 像素，如图 16-29 所示。

（5）将光标置于第 1 行第 2 列单元格中，执行"插入"|"表单"|"文本域"命令，插入文本域；在"属性"面板中，在"文本域"的名称文本框中输入"name"，"字符宽度"设置为"15"，"类型"设置为"单行"，如图 16-30 所示。

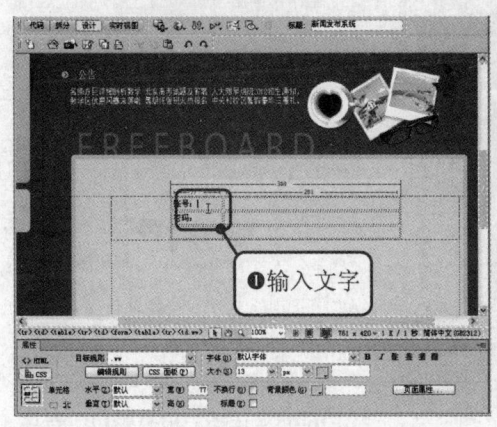

图 16-29　输入文字

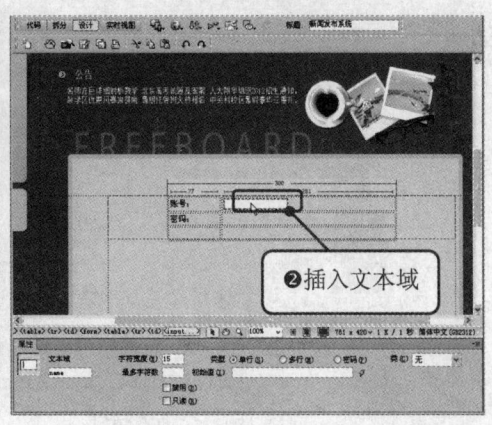

图 16-30　插入文本域 1

（6）将光标置于第 2 行第 2 列单元格中，执行"插入"|"表单"|"文本域"命令，插入文本域；在"属性"面板中，在"文本域"的名称文本框中输入"password"，"字符宽度"设置为"15"，"类型"设置为"密码"，如图 16-31 所示。

（7）选中第 3 行单元格，合并单元格，设置为"居中对齐"，执行"插入"|"表单"|"按钮"命令，插入按钮；在"属性"面板中，在"值"文本框中输入"登录"，"动作"设置为"提交表单"，如图 16-32 所示。

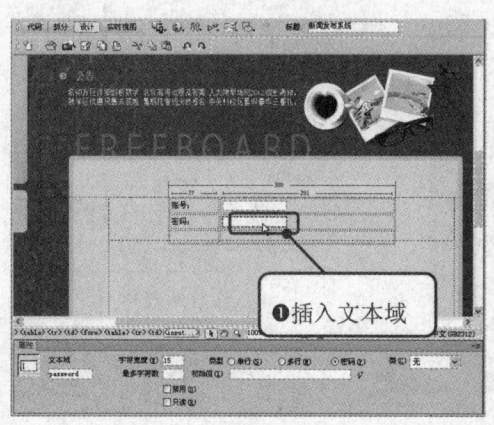

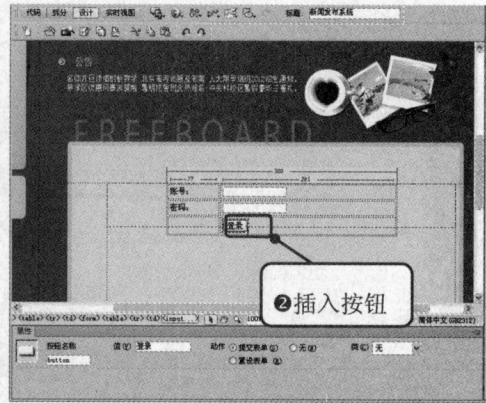

图 16-31　插入文本域 2　　　　　　　　　　图 16-32　插入按钮 1

（8）将光标置于按钮的后面，插入按钮；在"属性"面板中，在"值"文本框中输入"重置"，"动作"设置为"重设表单"，如图 16-33 所示。

（9）执行"窗口"|"行为"命令，打开"行为"面板，在面板中单击 ![+] 按钮，在弹出的菜单中选择"检查表单"选项，如图 16-34 所示。

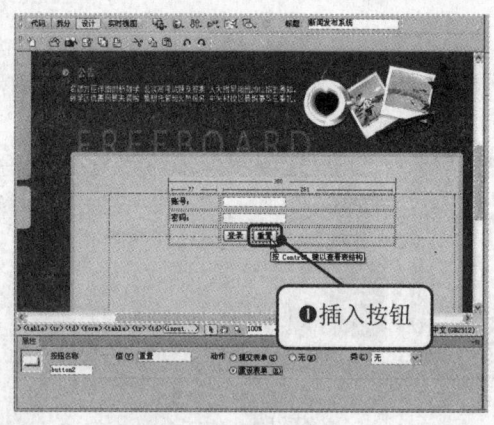

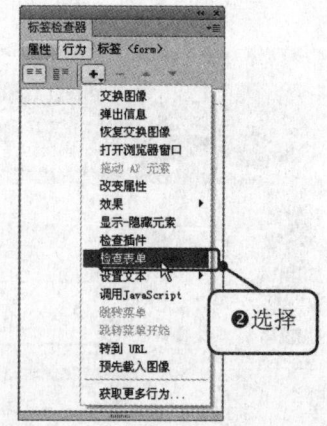

图 16-33　插入按钮 2　　　　　　　　图 16-34　选择"检查表单"选项

（10）打开"检查表单"对话框，在"值"处勾选"必需的"复选框，"可接受"区域中选择"任何东西"单选按钮，password 域的"值"勾选"必需的"复选框，"可接受"选择"任何东西"单选按钮，如图 16-35 所示。

（11）单击"确定"按钮，添加行为，将事件设置为 onSubmit，如图 16-36 所示。

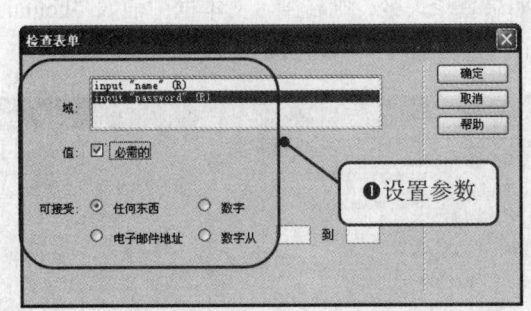

图 16-35　"检查表单"对话框

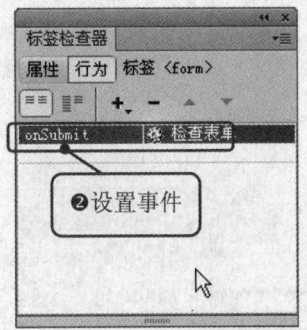

图 16-36　添加行为

（12）单击"绑定"面板中的➕按钮，在弹出的菜单中选择"记录集（查询）"选项，打开"记录集"对话框，在对话框中的"名称"文本框中输入"Rs1"，在"连接"下拉列表中选择"news"，"表格"下拉列表中选择"admin"，"列"区域中选择"全部"单选按钮，如图 16-37 所示。

（13）单击"确定"按钮，创建记录集，如图 16-38 所示。

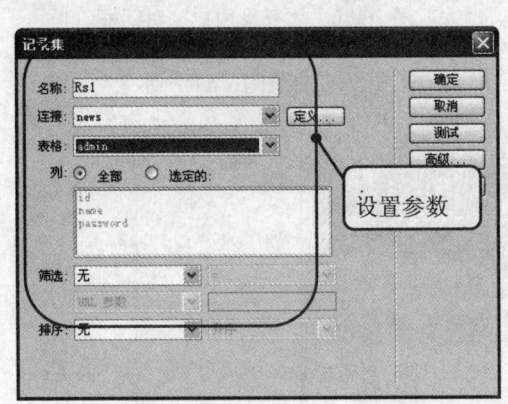

图 16-37　"记录集"对话框

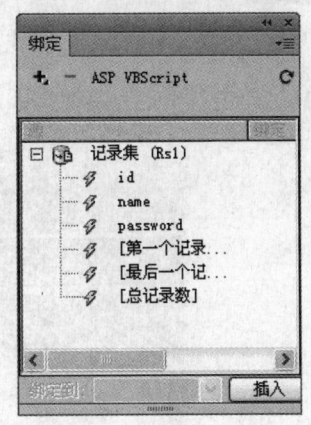

图 16-38　创建记录集

★ 提示 ★

如果只是用到数据表中的某几个字段，最好不要将全部的字段都选定。因为字段数越多，应用程序执行就越慢，虽然现在浏览时是感觉不到的，但是随着数据量的增大，就会体现得越明显。

（14）单击"服务器行为"面板中的➕按钮，在弹出的菜单中选择"用户身份验证"|"登录用户"选项，如图 16-39 所示。

（15）打开"登录用户"对话框，在对话框中的"从表单获取输入"下拉列表中选择"form1"，在"用户名字段"下拉列表中选择"name"，在"密码字段"下拉列表中选择"password"，在"使用连接验证"下拉列表中选择"news"，在"表格"下拉列表中选择"admin"，在"用户名列"下拉列表中选择"name"，在"密码列"下拉列表中选择"password"，在"如果登录成功，

329

则转到"文本框中输入"guanli.asp"，在"如果登录失败，则转到"文本框中输入"houtai.asp"，在"基于以下项限制访问"区域中选择"用户名和密码"单选按钮，如图 16-40 所示。

图 16-39　选择"登录用户"选项　　　　图 16-40　"登录用户"对话框

（16）单击"确定"按钮，添加登录用户服务器行为，如图 16-41 所示。

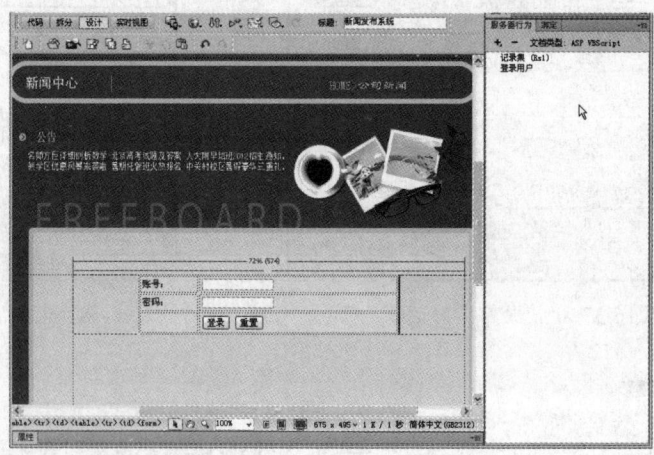

图 16-41　添加服务器行为

16.3.3　添加新闻页面

添加新闻页面如图 16-42 所示，通过此页面输入的资料提交到数据库表中，主要是通过插入表单对象和插入服务器行为中的"插入记录"来实现的，具体操作步骤如下。

练习文件　实例素材/练习文件/CH16/index.html

完成文件　实例素材/完成文件/CH16/tianjia.asp

（1）打开一个网页文档"index.htm"，将其保存为"tianjia.asp"，如图 16-43 所示。

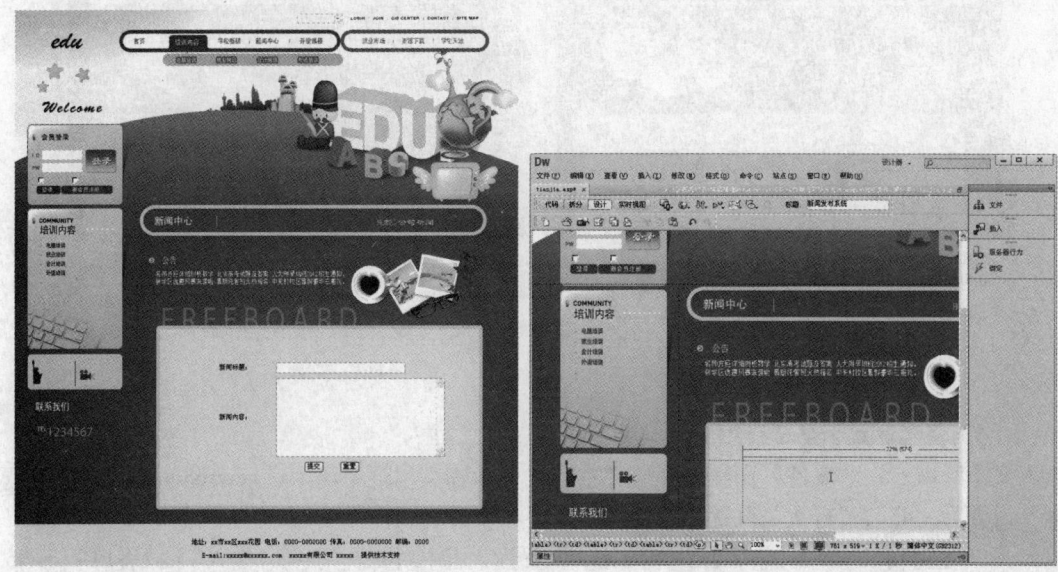

图 16-42　添加新闻页面　　　　　　　　图 16-43　打开网页文档

（2）将光标置于相应的位置，执行"插入"|"表单"|"表单"命令，插入表单，如图 16-44 所示。

（3）将光标置于表单中，插入 3 行 2 列的表格；在"属性"面板中将"填充"设置为"3"，"间距"设置为"2"，"对齐"设置为"居中对齐"，如图 16-45 所示。

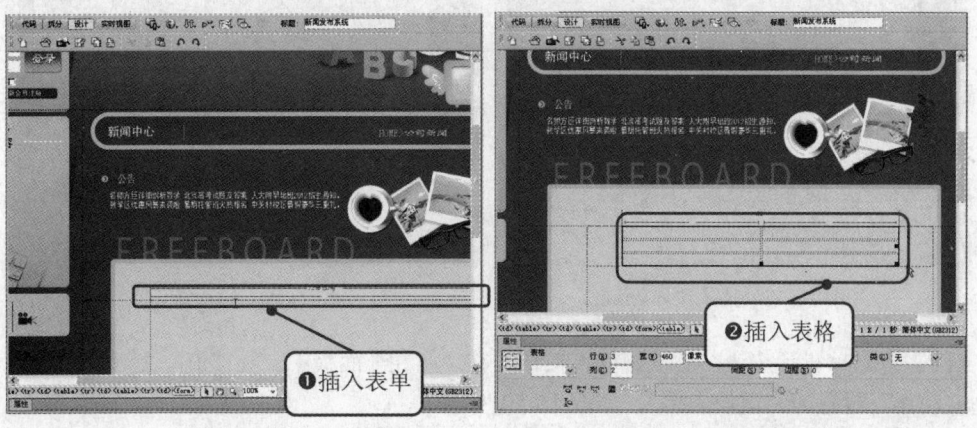

图 16-44　插入表单　　　　　　　　　　图 16-45　插入表格

（4）分别在第 1 列单元格中输入文字，将"大小"设置为 13 像素，如图 16-46 所示。

（5）将光标置于第 1 行第 2 列单元格中，执行"插入"|"表单"|"文本域"命令，插入文本域；在"属性"面板中，在"文本域"的名称文本框中输入"newstitle"，"字符宽度"设置为"35"，"类型"设置为"单行"，如图 16-47 所示。

331

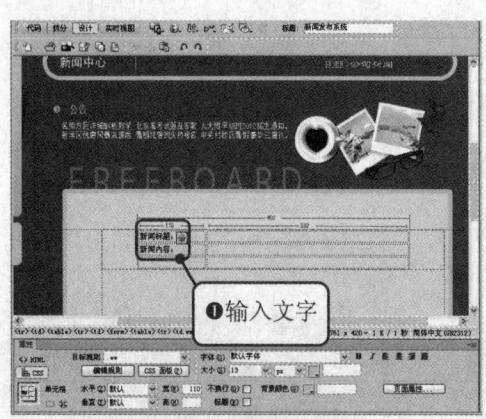

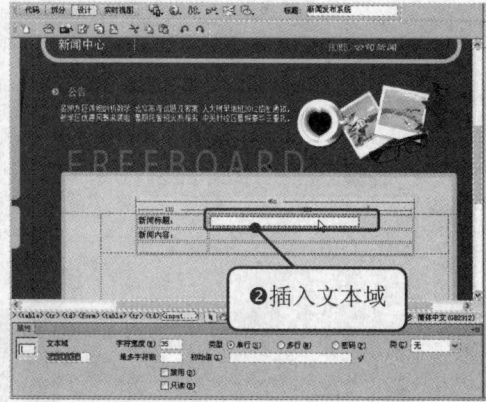

图 16-46　输入文字　　　　　　　图 16-47　插入文本域 1

（6）将光标置于第 2 行第 2 列单元格中，执行"插入"|"表单"|"文本区域"命令，插入文本区域；在"属性"面板，在"文本域"的名称文本框中输入"newscontent"，"字符宽度"设置为"45"，"行数"设置为"10"，"类型"设置为"多行"，如图 16-48 所示。

（7）选中第 3 行单元格，合并单元格，设置为"居中对齐"。执行"插入"|"表单"|"按钮"命令，插入按钮；在"属性"面板中，在"值"文本框中输入"提交"，"动作"设置为"提交表单"，如图 16-49 所示。

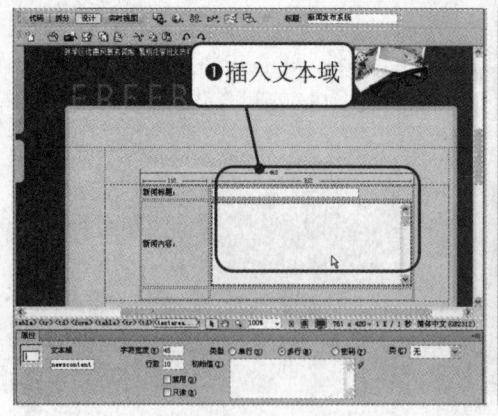

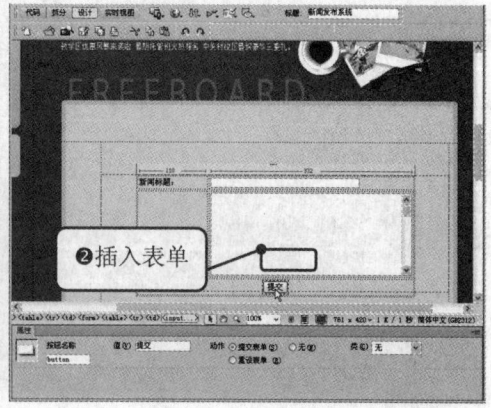

图 16-48　插入文本区域 2　　　　　图 16-49　插入按钮 1

（8）将光标置于按钮的后面，插入按钮，在"属性"面板中，在"值"文本框中输入"重置"，"动作"设置为"重设表单"，如图 16-50 所示。

（9）单击"服务器行为"面板中的按钮，在弹出的菜单中选择"插入记录"选项，打开"插入记录"对话框，在对话框中的"连接"下拉列表中选择"news"，在"插入到表格"下拉列表中选择"news"，在"插入后，转到"文本框中输入"liebiao.asp"，如图 16-51 所示。

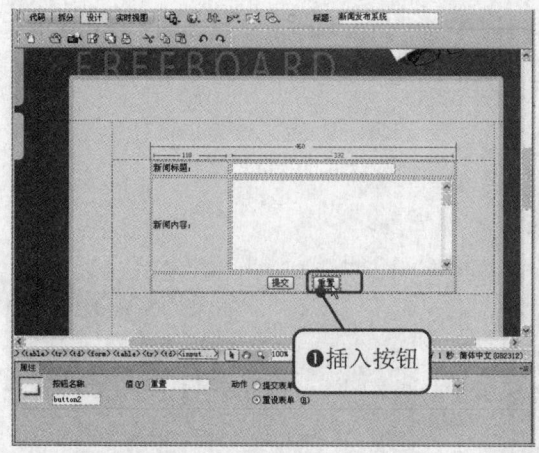

图 16-50 插入按钮 2

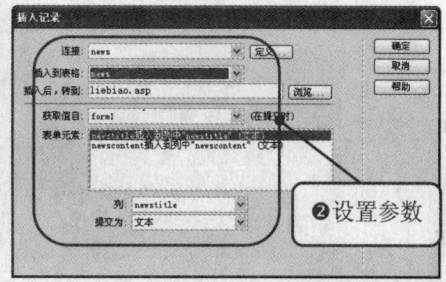

图 16-51 "插入记录"对话框

（10）单击"确定"按钮，插入记录，如图 16-52 所示。

（11）单击"服务器行为"面板中的 ➕ 按钮，在弹出的菜单中选择"用户身份验证"|"限制对页的访问"选项，打开"限制对页的访问"对话框，在对话框中的"基于以下内容进行限制"区域中选择"用户名和密码"单选按钮，"如果访问被拒绝，则转到"文本框中输入"houtai.asp"，如图 16-53 所示。

（12）单击"确定"按钮，创建"限制对页的访问"服务器行为。

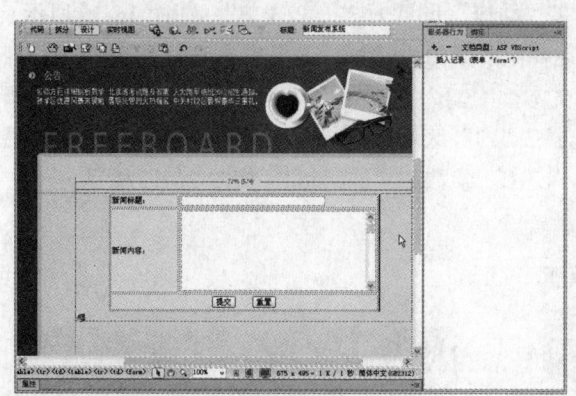

图 16-52 插入记录

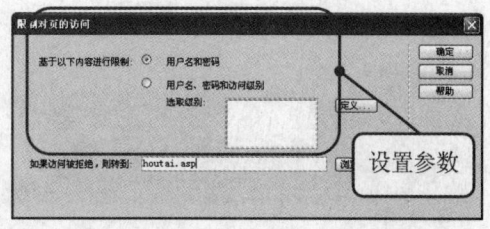

图 16-53 "限制对页的访问"对话框

 ### 16.3.4 删除新闻页面

删除新闻页面如图 16-54 所示，当添加的新闻不想要时，可以删除此条新闻。该功能主要是利用创建记录集和"删除记录"服务器行为来实现的，具体操作步骤如下。

 实例素材/练习文件/CH16/index.html

 实例素材/完成文件/CH16/shanchu.asp

（1）打开一个网页文档"index.htm"，将其保存为"shanchu.asp"，将光标置于相应的位置，执行"插入"|"表单"|"表单"命令，插入表单，如图 16-55 所示。

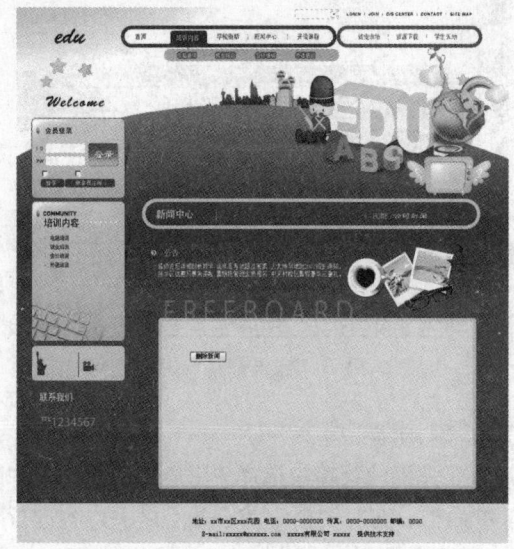

图 16-54　删除页面

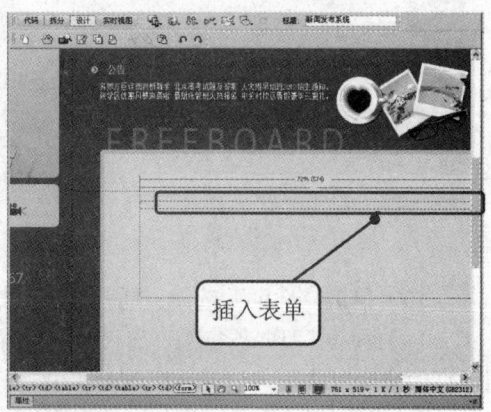

图 16-55　插入表单

（2）将光标置于表单中，执行"插入"|"表单"|"按钮"命令，插入按钮；在"属性"面板中，在"值"文本框中输入"删除新闻"，"动作"设置为"提交表单"，如图 16-56 所示。

（3）单击"绑定"面板中的 ⊞ 按钮，在弹出的菜单中选择"记录集（查询）"选项，打开"记录集"对话框，在对话框中的"名称"文本框中输入"Rs1"，在"连接"下拉列表中选择"news"，在"表格"下拉列表中选择"news"，"列"区域中选择"全部"单选按钮，在"筛选"下拉列表中分别选择"newsid"、"="、"URL"参数和"newsid"，如图 16-57 所示。

图 16-56　插入按钮

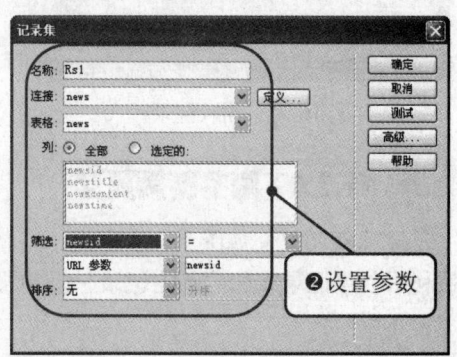

图 16-57　"记录集"对话框

（4）单击"确定"按钮，创建记录集，如图 16-58 所示。

（5）单击"服务器行为"面板中的 ![]+ 按钮，在弹出的菜单中选择"删除记录"选项，打开"删除记录"对话框，在对话框中的"连接"下拉列表中选择"news"，在"从表格中删除"下拉列表中选择"news"，在"选取记录自"下拉列表中选择"Rs1"，在"唯一键列"下拉列表中选择"newsid"，在"提交此表单以删除"下拉列表中选择"form1"，在"删除后，转到"文本框中输入"guanli.asp"，如图 16-59 所示。

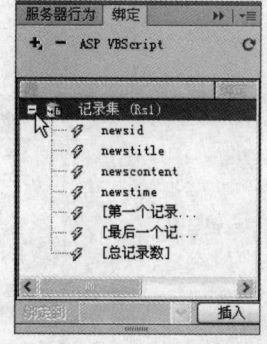
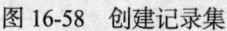

图 16-58　创建记录集

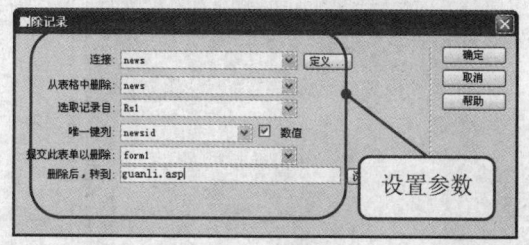

图 16-59　"删除记录"对话框

（6）单击"确定"按钮，创建删除记录服务器行为，如图 16-60 所示。

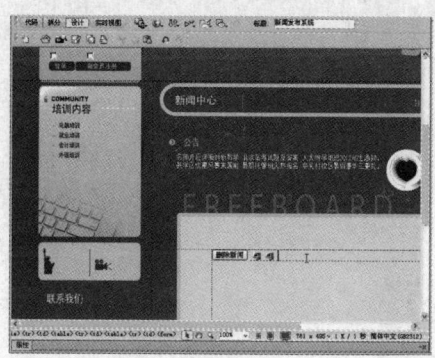

图 16-60　创建服务器行为

16.3.5　修改新闻页面

修改新闻页面如图 16-61 所示，当添加的新闻有错误时，就需要进行修改。该功能主要是利用创建记录集和"更新记录表单"服务器行为来实现的，具体操作步骤如下。

练习文件　实例素材/练习文件/CH16/index.html

完成文件　实例素材/完成文件/CH16/xiugai.asp

（1）打开一个网页文档"index.htm"，将其保存为"xiugai.asp"，单击"绑定"面板中的 ![]+ 按钮，在弹出的菜单中选择"记录集（查询）"选项，打开"记录集"对话框，在对话框中的"名称"文本框中输入"Rs1"，在"连接"下拉列表中选择"news"，在"表格"下拉列表中选择

"news"，在"列"区域中选择"全部"单选按钮，在"筛选"下拉列表中分别选择"newsid"、
"="、"URL 参数"和"newsid"，如图 16-62 所示。

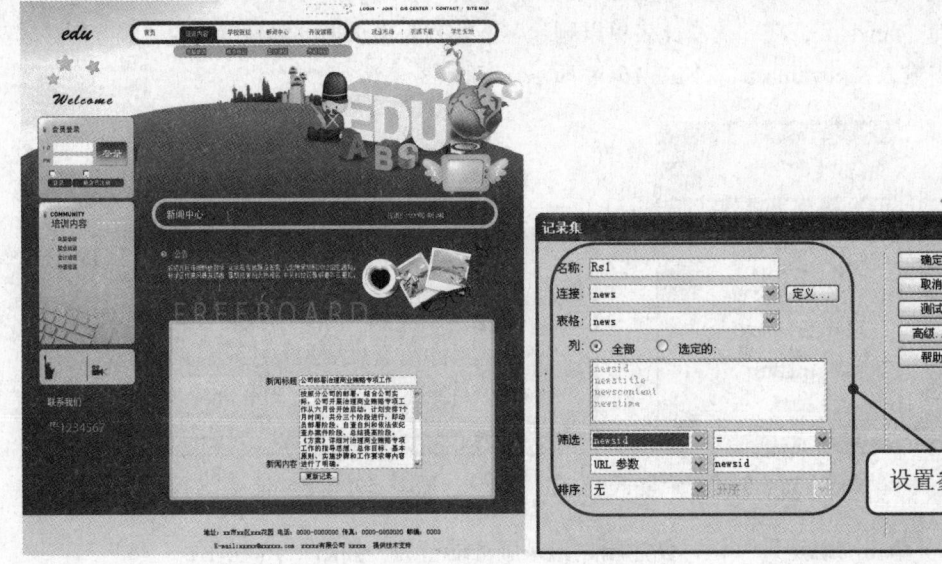

图 16-61　修改页面　　　　　　图 16-62　"记录集"对话框

　　（2）单击"确定"按钮，创建记录集，如图 16-63 所示。
　　（3）单击"服务器行为"面板中的按钮，在弹出的菜单中选择"用户身份验证"→"限
制对页的访问"选项，打开"限制对页的访问"对话框，在"基于以下内容进行限制"区域中
选择"用户和密码"单选按钮，在"如果访问被拒绝，则转到"文本框中输入"houtai.asp"，如
图 16-64 所示。

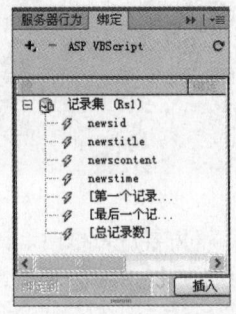 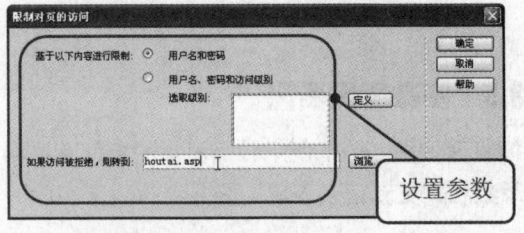

图 16-63　创建记录集　　图 16-64　"限制对页的访问"对话框

　　（4）单击"确定"按钮。单击"数据"插入栏中的"更新记录表单向导"按钮，打开
"更新记录表单"对话框，在对话框中的"连接"下拉列表中选择"news"，在"要更新的表格"
下拉列表中选择"news"，在"选取记录自"下拉列表中选择"Rs1"，在"唯一键列"下拉列
表中选择"newsid"，在"在更新后，转到"文本框中输入"guanli.asp"，在"表单字段"列表
框中进行相应的设置，如图 16-65 所示。

（5）单击"确定"按钮，选中文本域；在"属性"面板中，在"字符宽度"文本框中输入"32"，"行数"设置为"10"，"类型"设置为"多行"，如图 16-66 所示。

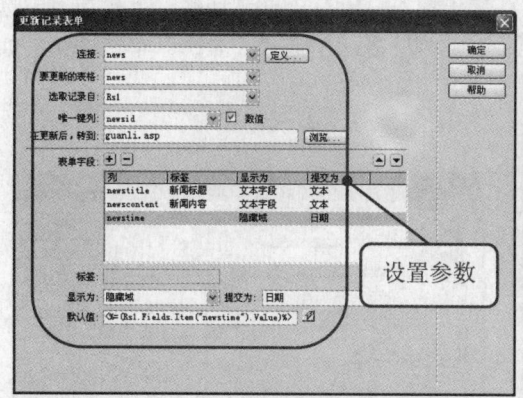

<table>
<tr><td>图 16-65　"更新记录表单"对话框</td><td>图 16-66　设置文本域属性</td></tr>
</table>

 ### 16.3.6　新闻列表页面

新闻列表页面如图 16-67 所示，显示新闻的列表信息。该功能主要是利用创建记录集、绑定相关字段和转到详细信息页来实现的，具体操作步骤如下。

练习文件　实例素材/练习文件/CH16/index.html

完成文件　实例素材/完成文件/CH16/liebiao.asp

（1）打开一个网页文档"index.htm"，将其保存为"liebiao.asp"，将光标置于相应的位置，执行"插入"|"表格"命令，插入 1 行 2 列的表格，在"属性"面板中将"填充"设置为"3"，"间距"设置为"2"，如图 16-68 所示。

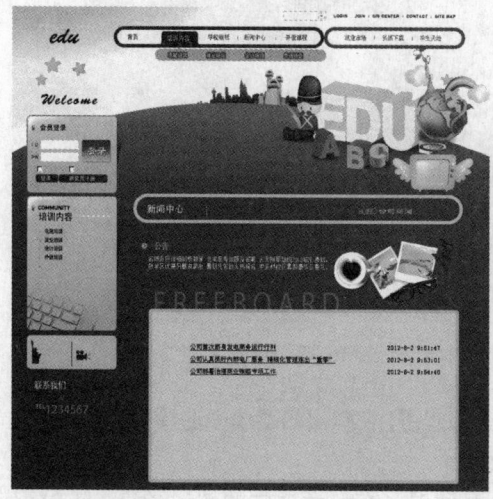
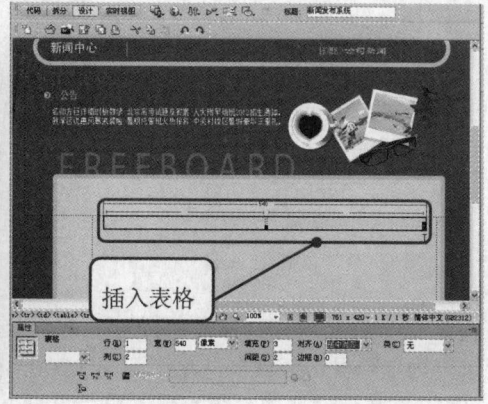

<table>
<tr><td>图 16-67　新闻列表页面</td><td>图 16-68　插入表格</td></tr>
</table>

（2）分别在单元格中输入相应的文字，将"大小"设置为 13 像素，如图 16-69 所示。

（3）单击"绑定"面板中的 ![+] 按钮，在弹出的菜单中选择"记录集（查询）"选项，打开"记录集"对话框，在对话框中的"名称"文本框中输入"Rs1"，在"连接"下拉列表中选择"news"，在"表格"下拉列表中选择"news"，在"列"区域中选择"全部"单选按钮，如图 16-70 所示。

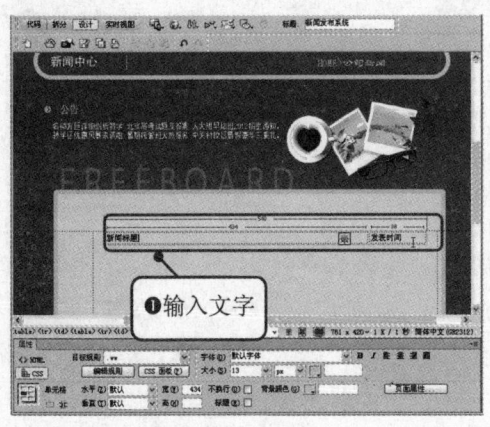
图 16-69　输入文字 1

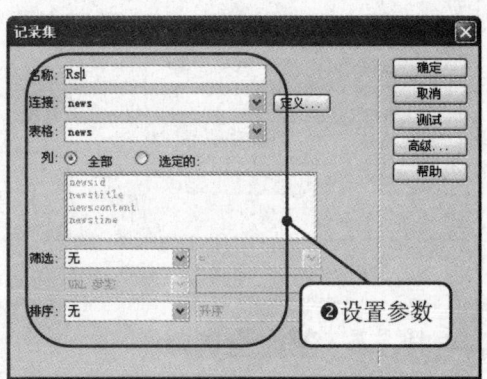
图 16-70　"记录集"对话框

（4）单击"确定"按钮，创建记录集，如图 16-71 所示。

（5）将光标置于表格的后面，按"Enter"键换行，执行"插入"｜"表格"命令，插入 1 行 1 列的表格，在单元格中输入文字"对不起，暂时无内容！"，如图 16-72 所示。

图 16-71　创建记录集

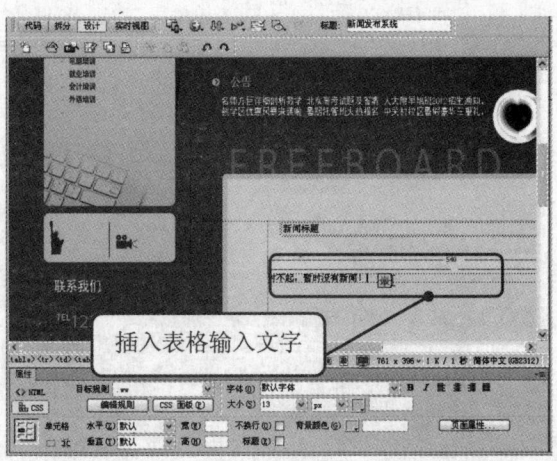
图 16-72　输入文字 2

（6）选中表格，单击"服务器行为"面板中的 ![+] 按钮，在弹出的菜单中选择"显示区域"｜"如果记录集为空则显示区域"选项，如图 16-73 所示。

（7）打开"如果记录集为空则显示区域"对话框，在对话框中的"记录集"下拉列表中选择"Rs1"，如图 16-74 所示。

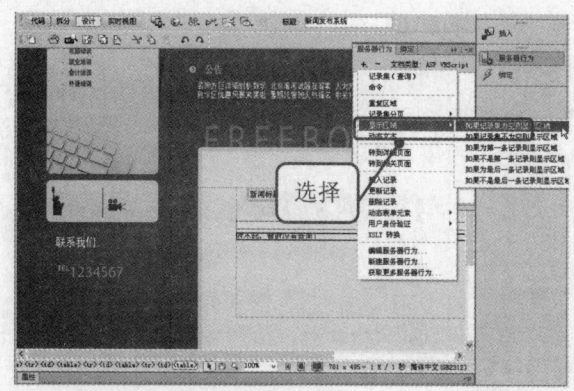

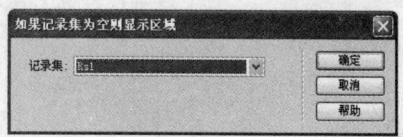

图 16-73 选择"如果记录集为空则显示区域"选项　图 16-74 "如果记录集为空则显示区域"对话框

（8）单击"确定"按钮，创建"如果记录集为空则显示区域"服务器行为，如图 16-75 所示。

（9）在文档中选中文字"新闻标题"，在"绑定"面板中展开记录集"Rs1"，选中 newstitle 字段，单击右下角的 插入 按钮，绑定字段，如图 16-76 所示。

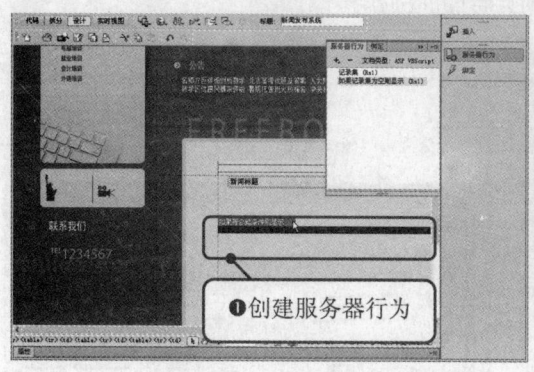

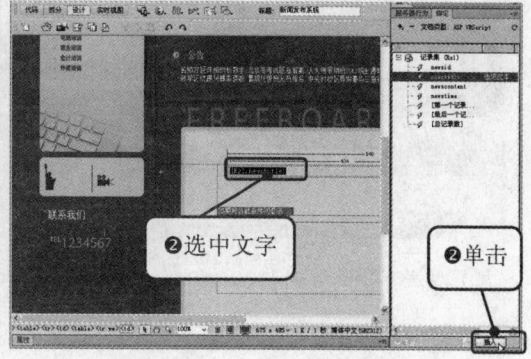

图 16-75 创建服务器行为　　　　　　图 16-76 绑定字段 1

（10）在文档中选中文字"发布时间"，在"绑定"面板中展开记录集"Rs1"，选中 newstime 字段，单击右下角的 插入 按钮，绑定字段，如图 16-77 所示。

（11）选中表格，单击"服务器行为"面板中的 按钮，在弹出的菜单中选择"重复区域"选项，打开"重复区域"对话框，在对话框中的"记录集"下拉列表中选择"Rs1"，在"显示"中的文本框中输入"10"记录，如图 16-78 所示。

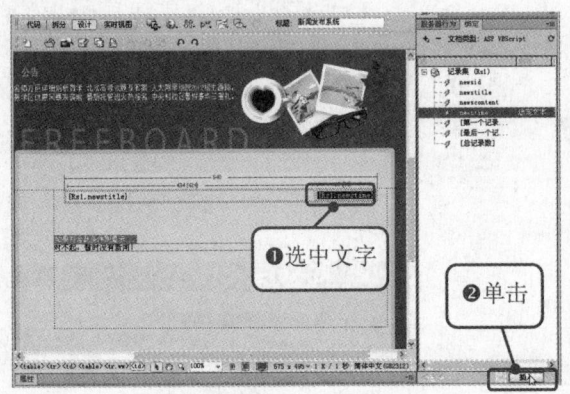

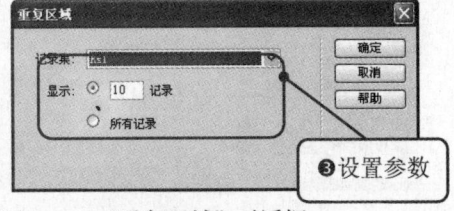

图 16-77 绑定字段 2   图 16-78 "重复区域"对话框

（12）单击"确定"按钮，创建重复区域，如图 16-79 所示。

（13）在文档中选中{Rs1.newstitle}占位符，单击"服务器行为"面板中的按钮，在弹出的菜单中选择"转到详细页面"选项，打开"转到详细页面"对话框，在对话框中的"详细信息页"文本框中输入"xiangxi.asp"，如图 16-80 所示。

（14）单击"确定"按钮，即可完成新闻列表页面的创建。

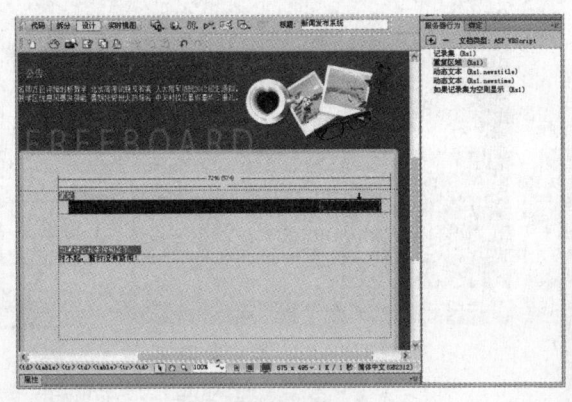

图 16-79 创建重复区域   图 16-80 "转到详细页面"对话框

16.3.7 新闻详细页面

新闻详细页面显示新闻的详细信息，是将新闻信息的详细内容显示出来，主要使用动态文本绑定相关字段来显示数据记录，如图 16-81 所示，具体操作步骤如下。

练习文件 实例素材/练习文件/CH16/index.html

完成文件 实例素材/完成文件/CH16/xiangxi.asp

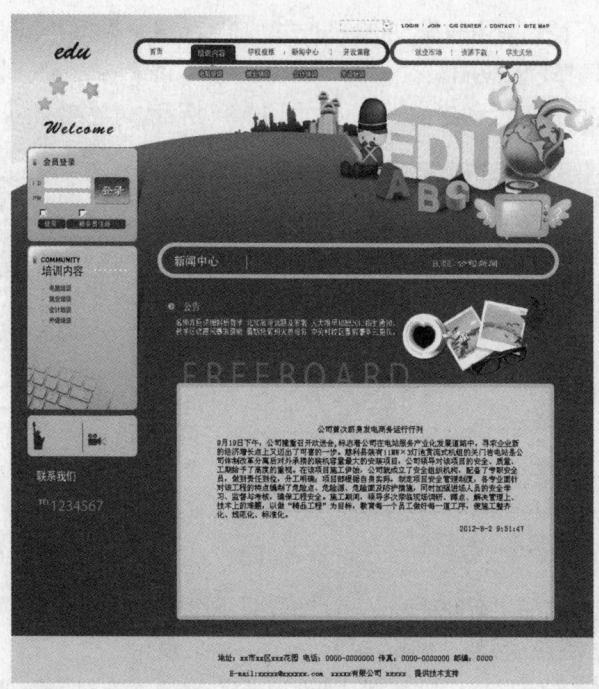

图 16-81 新闻详细页面

（1）打开一个网页文档"index.htm"，将其保存为"xiangxi.asp"，将光标置于相应的位置，执行"插入"｜"表格"命令，插入 3 行 1 列的表格，在"属性"面板中将"填充"设置为"3"，"间距"设置为"2"，如图 16-82 所示。

（2）分别在单元格中输入相应的文字，并设置对齐方式，如图 16-83 所示。

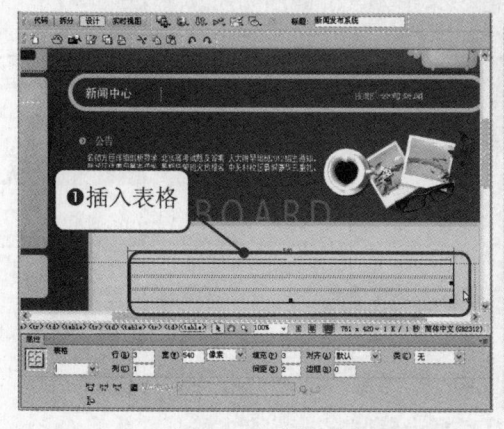

图 16-82 插入表格

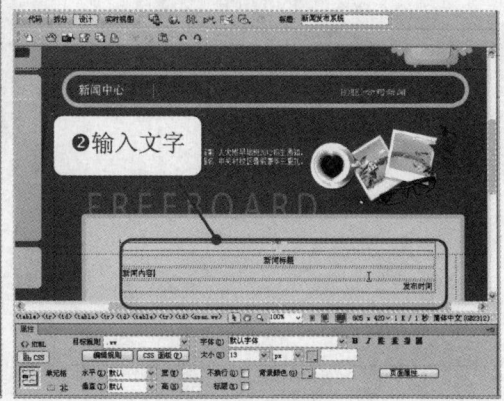

图 16-83 输入文字

（3）单击"绑定"面板中的![按钮]按钮，在弹出的菜单中选择"记录集（查询）"选项，打开"记录集"对话框，在对话框中的"名称"文本框中输入"Rs1"，在"连接"下拉列表中选择

"news"，在"表格"下拉列表中选择"news"，在"列"区域中选择"全部"单选按钮，在"筛选"下拉列表中分别选择"newsid"、"＝"、"URL 参数"和"newsid"，如图 16-84 所示。

（4）单击"确定"按钮，创建记录集，如图 16-85 所示。

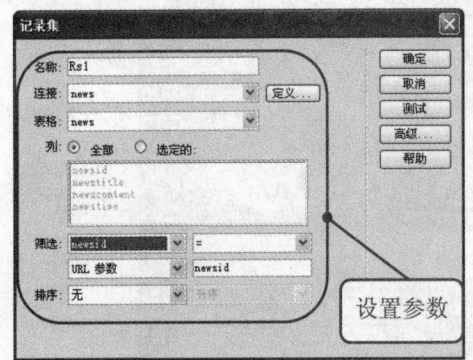
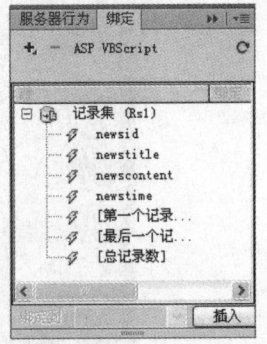

图 16-84 "记录集"对话框　　　　　　　　　图 16-85 创建记录集

（5）在文档中选中文字"新闻标题"，在"绑定"面板中展开记录集"Rs1"，选中 newstitle 字段，单击右下角的 插入 按钮，绑定字段，如图 16-86 所示。

（6）按照步骤（5）的方法，对文字"新闻内容"和"发布时间"分别绑定 newscontent 和 newstime 字段，如图 16-87 所示。

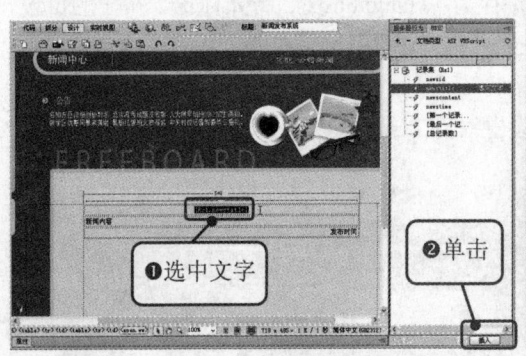
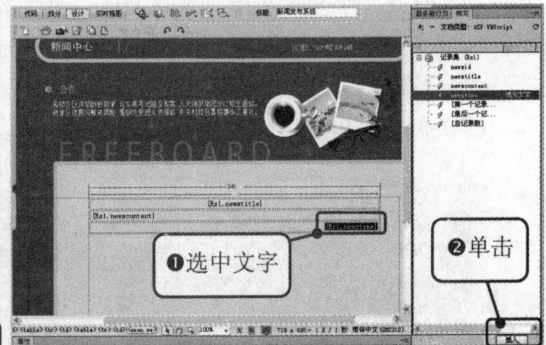

图 16-86 绑定字段 1　　　　　　　　　图 16-87 绑定字段 2

16.4　知识要点总结

本章实例详细介绍了利用 Dreamweaver CS6 的一些动态应用程序的功能，设计制作新闻发布管理系统，重点包括设置限制对页的访问、更新记录表单的使用、动态表格的使用等。下面就对这几个常用的功能进行详细介绍。

 16.4.1 设置限制对页的访问

如果某个页面需要通过登录验证才能被访问，那么对这个页面就可以创建"限制对页的访问"服务器行为，具体操作步骤如下。

（1）单击"服务器行为"面板中的 ⊞ 按钮，在弹出的下拉列表中选择"用户身份验证"|"限制对页的访问"选项，打开"限制对页的访问"对话框，如图 16-88 所示。

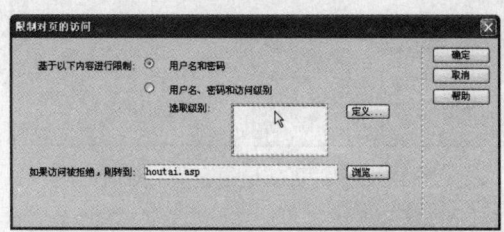

图 16-88 "限制对页的访问"对话框

如果没有经过验证，那么就将用户引导至"如果访问被拒绝，则转到"文本框所指定的页面。如果需要进行经过验证，则可以单击"定义"按钮，打开如图 16-89 所示的"定义访问级别"对话框，其中按钮 ⊞ 用来添加级别，按钮 ⊟ 用来删除级别，"名称"文本框用来指定级别的名称。

图 16-89 "定义访问级别"对话框

（2）设置完毕后，单击"确定"按钮，创建限制对页的访问服务器行为。

 16.4.2 "更新记录表单"对话框

一个更新界面，一个更新过程，就构成了一个基本的更新行为的应用。利用数据库管理系统提供的更新语句（Update），就可以方便地实现各种从简单到复杂的更新过程。

（1）在"更新记录表单"之前，需要先定义一个记录集。

（2）单击"数据"插入栏中的 🔧 （更新记录表单向导）按钮，打开"更新记录表单"对话框，如图 16-90 所示。

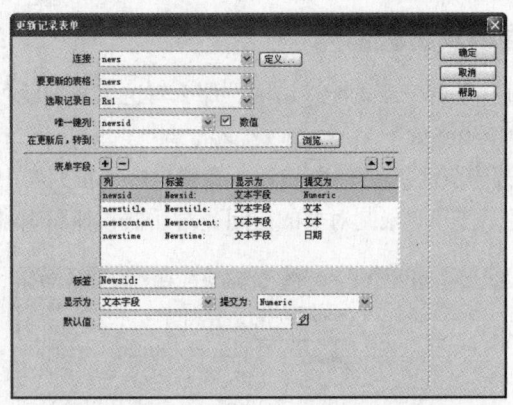

图 16-90   "更新记录表单"对话框

"更新记录表单"对话框中的参数如下。

● "连接"：选择要使用的数据库连接。如果没有，则可单击其右侧的"定义"按钮，定义一个数据库链接。

● "要更新的表格"：选择要更新的表的名称。

● "选取记录自"：指定页面中绑定的记录集。

● "唯一键列"：选择关键列，以识别在数据库表单上的记录。如果值是数字，则应勾选"数值"复选框。

● "在更新后，转到"：在文本框中输入一个 URL，这样表单中的数据更新之后将转向这个 URL。

● "表单字段"：在列表框中单击按钮 ➕ 或按钮 ➖，添加或删除项目。

● 在"表单字段"列表框中选中一个项目，可以在"标签"文本框中修改该项目在网页中的提示；可以在"显示为"下拉列表中选择该项目以何种形式出现在网页中；在"提交为"下拉列表中选择该项目所提交的数据类型。

16.4.3   "动态表格"对话框

（1）打开网页文档，将光标放置在要插入动态表格的位置。

（2）单击"数据"插入栏中的 按钮，打开"动态表格"对话框，如图 16-91 所示。

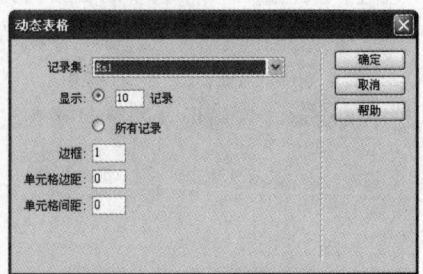

图 16-91   "动态表格"对话框

"动态表格"对话框中的参数如下。

● "记录集"：在下拉列表中选择需要重复的记录集的名称。
● "显示"：设置可重复显示的记录的条数。可选择输入显示的条数，或选择"所有记录"单选按钮。
● "边框"：设置所插入的动态表格的边框。
● "单元格边距"：设置所插入的动态表格的单元格内容和单元格边界之间的像素数。
● "单元格间距"：设置所插入的动态表格的单元格之间的像素数。

（3）在对话框中根据需要进行设置，单击"确定"按钮，即可插入动态表格。

16.5　专家秘笈

1．我的机器上安装有以前版本的 ASP，在原来版本的 ASP 的基础上安装新版本是否正确，或者我应该先将以前版本卸载。

虽然可以在以前版本基础上简单安装，但是最好还是在安装新版本之前用控制面板里面的添加/删除程序卸载以前安装的版本。

2．新闻发布系统还有哪些功能？

本章讲述的新闻发布系统主要是由新闻发布和新闻浏览组成，还可以添加新闻检索、新闻评论、新闻审核功能。

3．怎样调试新闻系统？

在设计系统的过程中，存在一些错误是必然的。对于语句的语法错误，在程序运行时自动提示，并请求立即纠正，因此，这类错误比较容易发现和纠正。但另一类错误是在程序执行时由于不正确的操作或对某些数据的计算公式的逻辑错误导致的错误结果。这类错误隐蔽性强，有时会出现，有时又不出现，因此，对这一类动态发生的错误的排查是耗时费力的。

4．怎样注意网站安全性问题？

Web 开发中安全性是必须考虑的一个很重要的方面，特别是在诸如个信息等敏感数据的模块中更是关键，所以这也是后期开发需要引起重视的。下面就这方面的技术和解决方案加以讨论。

（1）安装防火墙：安装防火墙并且屏蔽数据库端口能有效地阻止了来自 Internet 上对数据的攻击。

（2）输入检查和输出过滤：用户在请求中会嵌入恶意 HTML 标记来进行攻击破坏，防止出现这种问题要靠输入检查和输出过滤来实现，而这类检查必须在服务器端进行，一旦校验代码发现有可疑的请求信息，就将这些可疑代码替换并将其过滤掉。

16.6　本章小结

本章详细介绍了新闻发布系统的设计制作，包括后台登录管理页面、添加新闻页面、删除页面、修改页面、新闻列表页面和新闻详细页面的制作。本章的重点与难点是新闻发布管理系

统的分析与设计、限制对页的访问、动态表格和更新记录表单等服务器行为的使用。不过，该系统还存在一些局限，有兴趣的读者可以尝试解决。

（1）新闻分类。实际应用中的新闻网站对于数据库表进行了更详细的设计，例如，对于新闻进行分类（国际、国内、军事、娱乐等），这样在管理新闻或者发布新闻时将新闻按照不同的类别进行处理，例如，www.sohu.com（搜狐）网站的新闻网页就对新闻进行了很详细的分类，如图 16-92 所示。

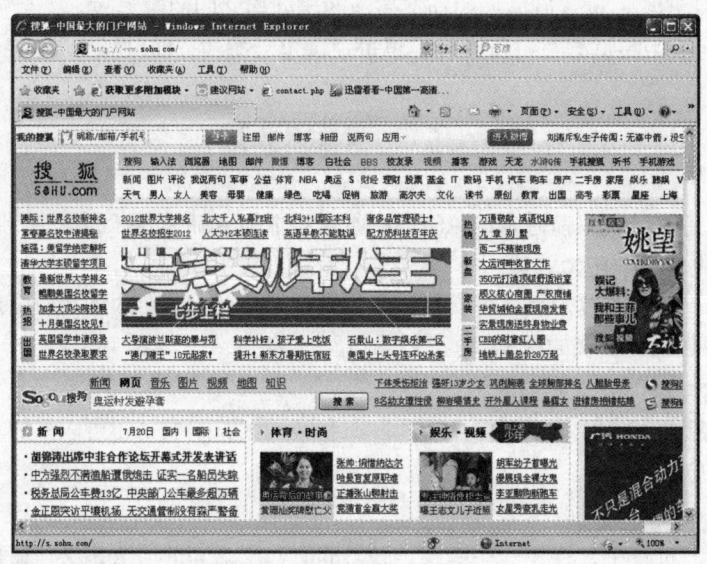

图 16-92　搜狐网站的新闻网页

（2）新闻页面的静态生成。由于该系统的新闻详细页面都是在数据库中读取显示的，如果网站的访问量比较大，读取速度就会非常慢。可以考虑在新闻发布的时候，利用 FSO 组件将新闻内容直接生成 HTML 静态网页，这样可以大大减少读取服务器上数据库的频率，也就大大提高了浏览网页的速度。

第17章 设计制作搜索查询系统

学前必读：

　　互联网经过近几年的高速发展，网上的信息量已经极其庞大。如果用户想快速地查询到自己需要的信息，应该怎么做呢？这时就需要使用搜索查询系统。在本章我们将学习如何制作搜索查询系统。

学习流程

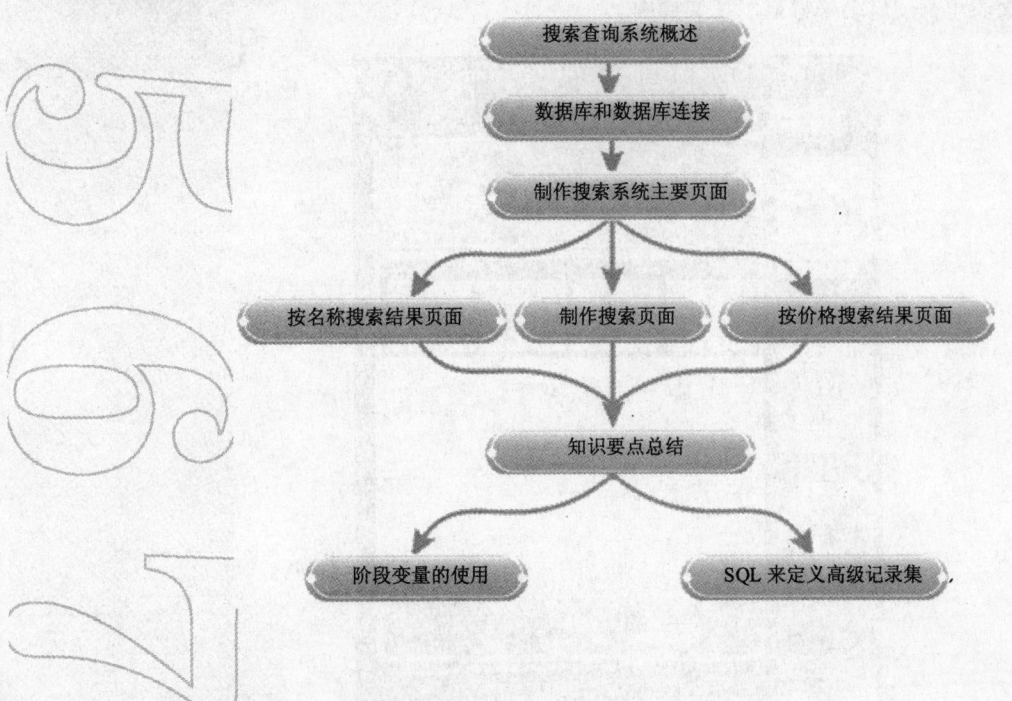

17.1 搜索查询系统概述

> 现在的网站上存储的数据非常多，如在一个大型网站中，数据库存储的信息可能有几十万条记录。如何在这些记录中找到用户想要的信息，这就需要网站提供查询系统来供用户使用。

查询系统的设计思路其实很简单，可以编写合适的 SQL 语言来查询数据库，然后将查询到的结果以网页的形式返回到客户端。如图 17-1 所示是搜索查询系统页面的结构图。

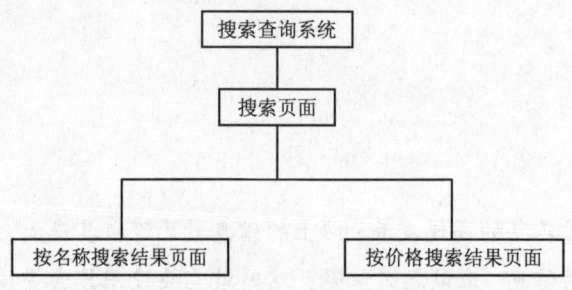

图 17-1 搜索查询系统页面结构图

搜索页面"sousuo.asp"，如图 17-2 所示，在此页面中输入要查询的关键字，然后单击"查询"按钮提交表单，搜索结果将显示在文档中。

图 17-2 搜索页面

按名称搜索结果页面"jieguo.asp"，如图 17-3 所示，在此页面中显示按商品名称查询的一些信息。

按价格搜索结果页面"jiage.asp"，如图 17-4 所示，在此页面中显示按商品价格查询的一些信息。

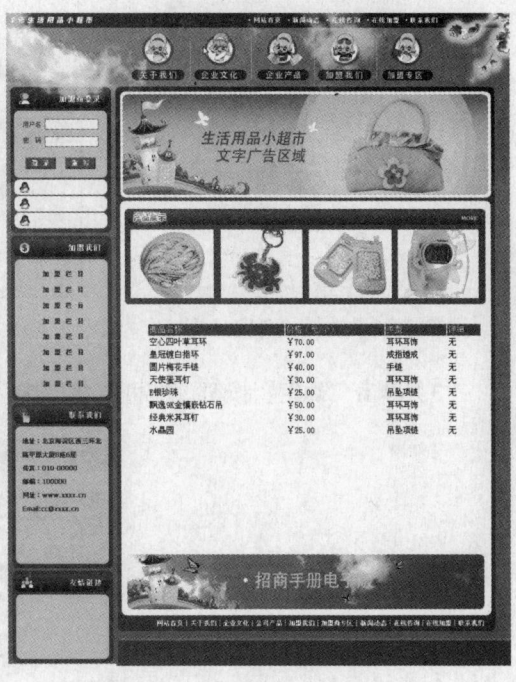

图 17-3　按名称搜索结果页面　　　　　　图 17-4　按价格搜索结果页面

17.2　创建数据库和数据库连接

本章讲述的是搜索查询系统数据库 sousuo，其中有一个搜索查询表，其中的字段名称、数据类型和说明如表 17-1 所示。

表 17-1　搜索查询表 sousuo

字段名称	数据类型	说明
sousuo_id	自动编号	自动编号
sousuo_name	文本	商品名称
jiage	货币	商品价格
leixing	文本	商品类型
content	备注	商品简介

创建数据库连接的具体操作步骤如下。

（1）打开要创建数据库连接的文档，执行"窗口"|"数据库"命令，打开"数据库"面板，在面板中单击 按钮，在弹出的菜单中选择"自定义连接字符串"选项，如图 17-5 所示。

（2）弹出"自定义连接字符串"对话框，在对话框中的"连接名称"文本框中输入"sousuo"，"连接字符串"文本框中输入以下代码，如图 17-6 所示。

```
"Provider=Microsoft.JET.Oledb.4.0;Data
Source="&Server.Mappath("/sousuo.mdb")
```

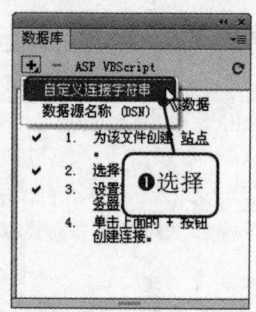

图 17-5　选择"自定义连接字符串"选项　　　　图 17-6　　"自定义连接字符串"对话框

（3）单击"确定"按钮，即可成功连接，此时"数据库"面板如图 17-7 所示。

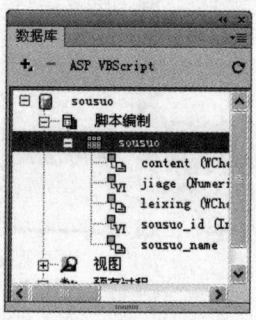

图 17-7　　"数据库"面板

17.3　制作搜索系统主要页面

互联网信息具有更新速度快、信息量大和信息覆盖全面的特点，本节将介绍搜索系统主要页面的制作。

17.3.1　制作搜索页面

搜索页面效果如图 17-8 所示，设计的要点是插入表单对象，具体操作步骤如下。

　练习
文件　实例素材/练习文件/CH17/index.html

完成
文件　实例素材/完成文件/CH17/sousuo.asp

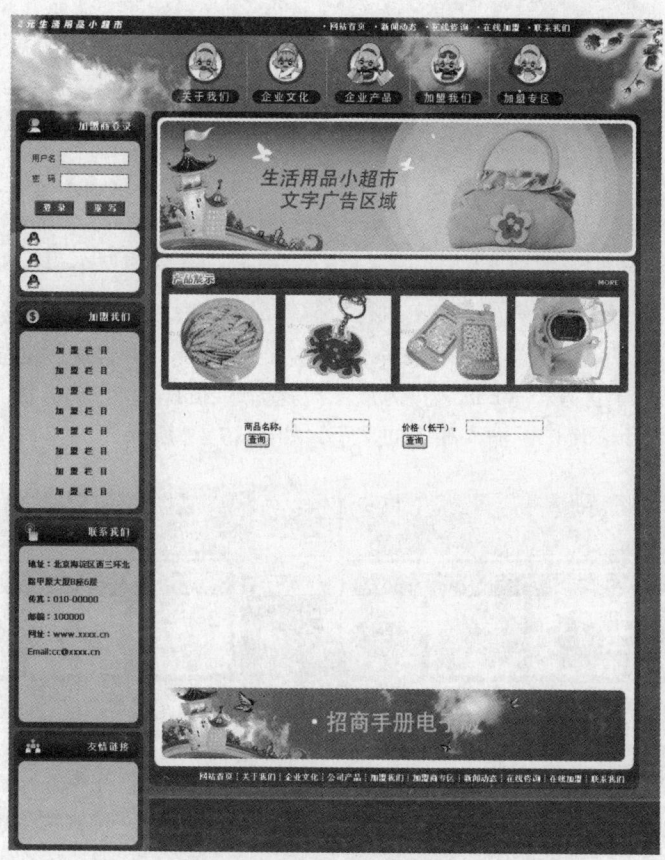

图 17-8　搜索页面效果

（1）打开网页文档"index.htm"，将其另存为"sousuo.asp"，如图 17-9 所示。

（2）将光标置于相应的位置，执行"插入记录"｜"表格"命令，插入 1 行 2 列的表格；在"属性"面板中将"填充"和"间距"分别设置为"2"，"对齐"设置为"居中对齐"，如图 17-10 所示。

图 17-9　另存为"sousuo.asp"

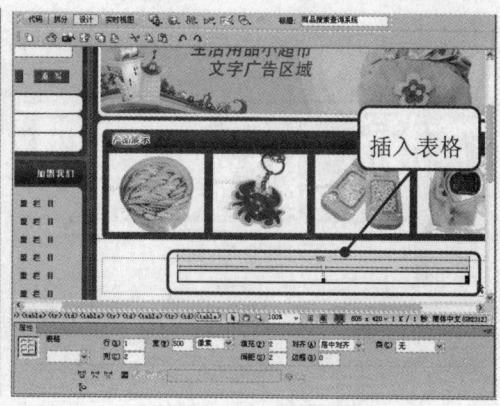

图 17-10　插入表格

★ 提示 ★

从表格属性面板"宽度"后面的下拉列表里选择单位时，选择"像素"或"百分比"有什么区别呢？

按照像素定义的表格宽度是固定的，而按照百分比定义的表格则会根据浏览器的大小而变化。

（3）将光标置于第 1 列单元格中，执行"插入记录"｜"表单"｜"表单"命令，插入表单；在"属性"面板中的"表单名称"文本框中输入"form1"，"动作"设置为"jieguo.asp"，在"目标"下拉列表中选择"_blank"，"方法"设置为"GET"，如图 17-11 所示。

（4）将光标置于表单中，输入相应的文字，如图 17-12 所示。

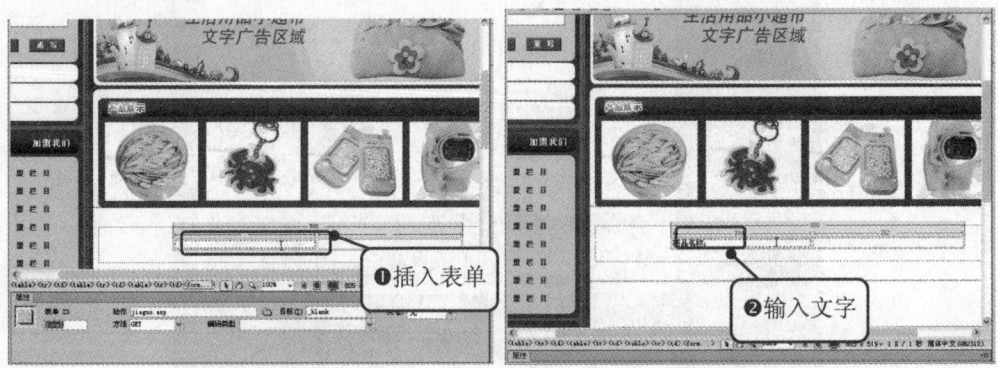

图 17-11　插入表单　　　　　　　图 17-12　输入文字 1

（5）将光标置于文字的右边，执行"插入记录"｜"表单"｜"文本域"命令，插入文本域；在"属性"面板的"文本域名称"文本框中输入"sousuo_name"，"字符宽度"设置为"15"，"最多字符数"设置为"25"，"类型"设置为"单行"，如图 17-13 所示。

（6）将光标置于文本域的后面，执行"插入记录"｜"表单"｜"按钮"命令，插入按钮，在"属性"面板中的"值"文本框中输入"查询"，"动作"设置为"提交表单"，如图 17-14 所示。

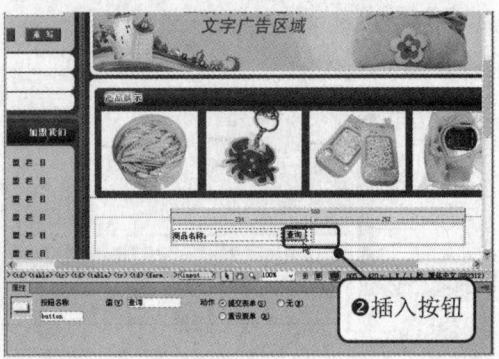

图 17-13　插入文本域 1　　　　　　图 17-14　插入按钮 1

（7）将光标置于第 2 列单元格中，执行"插入记录"｜"表单"｜"表单"命令，插入表单；在"属性"面板中的"表单名称"文本框中输入"form2"，"动作"设置为"jiage.asp"，在"目标"下拉列表中选择"_blank"，"方法"设置为"GET"，如图 17-15 所示。

（8）将光标置于表单中，输入相应的文字，如图 17-16 所示。

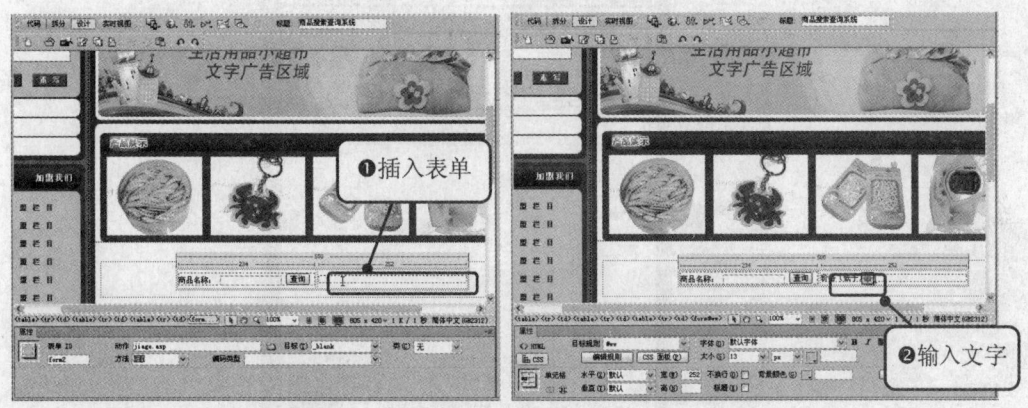

图 17-15　插入表单　　　　　　　　　　　图 17-16　输入文字 2

（9）将光标置于文字的右边，插入文本域；在"属性"面板中的"文本域名称"文本框中输入"jiage"，"字符宽度"设置为"15"，"最多字符数"设置为"25"，"类型"设置为"单行"，如图 17-17 所示。

（10）将光标置于文本域的右边，执行"插入记录"｜"表单"｜"按钮"命令，插入按钮；在"属性"面板中的"值"文本框中输入"查询"，"动作"设置为"提交表单"，如图 17-18 所示。

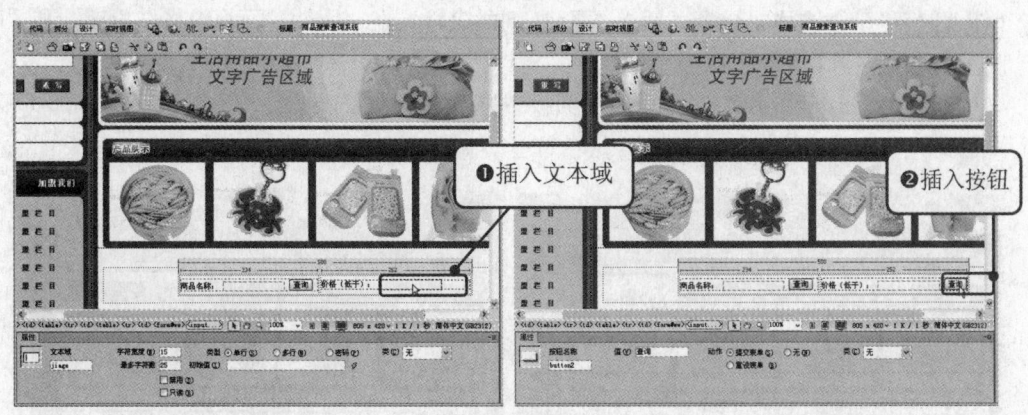

图 17-17　插入文本域 2　　　　　　　　　图 17-18　插入按钮 2

17.3.2　制作按名称搜索结果页面

按名称搜索结果页面效果如图 17-19 所示，设计的要点是创建记录集、绑定字段和创建重复区域服务器行为，具体操作步骤如下。

学用一册通：Dreamweaver CS6+ASP 动态网站开发

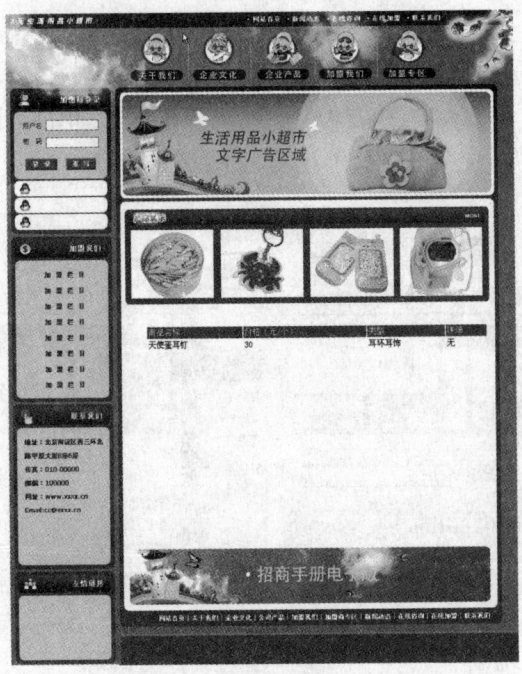

图 17-19　按名称搜索结果页面效果

◎练习文件　实例素材/练习文件/CH17/index.html

◎完成文件　实例素材/完成文件/CH17/ jieguo.asp

（1）打开网页文档"index.htm"，将其另存为"jieguo.asp"。将光标置于相应的位置，执行"插入记录"|"表格"命令，插入 2 行 4 列的表格；在"属性"面板中将"填充"和"间距"分别设置为"2"，如图 17-20 所示。

（2）选中第 1 行单元格；在"属性"面板中将"背景颜色"设置为"#C92432"，如图 17-21 所示。

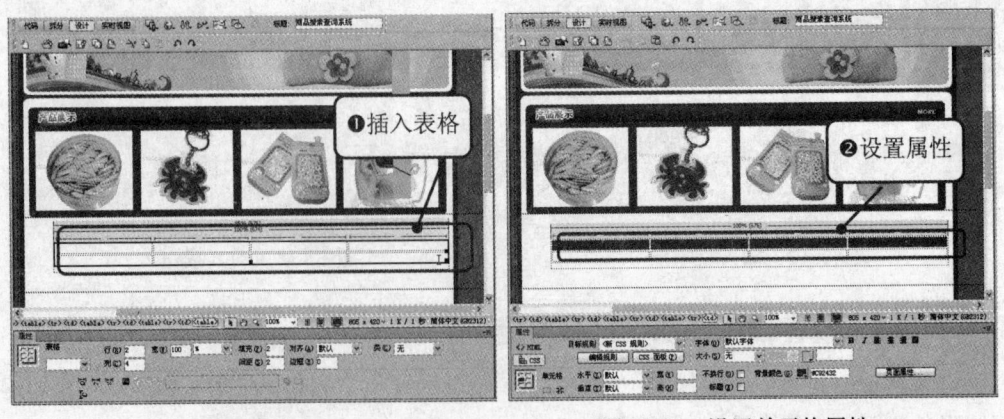

图 17-20　插入表格　　　　　　　　　　　图 17-21　设置单元格属性

354

（3）分别在第 1 行单元格中输入相应的文字，将"文本颜色"设置为"#FFFFFF"，如图 17-22 所示。

（4）单击"绑定"面板中的 按钮，在弹出的菜单中选择"记录集（查询）"选项，弹出"记录集"对话框，在对话框中的"名称"文本框中输入"Rs1"，在"连接"下拉列表中选择"sousuo"，在"表格"下拉列表中选择"sousuo"，在"列"区域中选择"全部"单选按钮，在"筛选"下拉列表中选择"sousuo_name"、"="、"URL 参数"和"sousuo_name"，在"排序"下拉列表中选择"sousuo_id"和"降序"，如图 17-23 所示。

图 17-22　输入文字

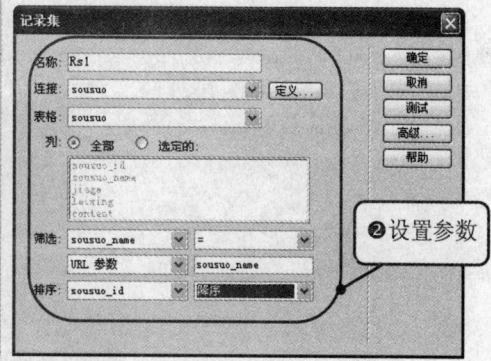

图 17-23　"记录集"对话框

（5）在"记录集"对话框中单击右边的"测试"按钮，弹出"请提供一个测试值"对话框，在对话框的文本框中输入一个商品的名称，如图 17-24 所示。

（6）单击"确定"按钮，弹出"测试 SQL 指令"对话框，说明记录集已设置成功，如图 17-25 所示。

图 17-24　"请提供一个测试值"对话框

图 17-25　"测试 SQL 指令"对话框

（7）单击"确定"按钮，返回到"记录集"对话框，单击"确定"按钮，创建记录集，如图 17-26 所示，其代码如下所示。

学用一册通：Dreamweaver CS6+ASP 动态网站开发

（8）将光标置于第 2 行第 1 列单元格中，在"绑定"面板中展开记录集"Rs1"，选中 sousuo_name 字段，单击右下角的 [插入] 按钮，绑定字段，如图 17-27 所示。

```asp
<%
Dim Rs1
Dim Rs1_cmd
Dim Rs1_numRows
Set Rs1_cmd = Server.CreateObject ("ADODB.Command")
Rs1_cmd.ActiveConnection = MM_sousuo_STRING
' 按照名称搜索'
Rs1_cmd.CommandText = "SELECT * FROM sousuo
WHERE sousuo_name = ? ORDER BY sousuo_id DESC"
Rs1_cmd.Prepared = true
Rs1_cmd.Parameters.Append
Rs1_cmd.CreateParameter("param1", 200, 1, 50, Rs1__MMColParam)
Set Rs1 = Rs1_cmd.Execute
Rs1_numRows = 0
%>
```

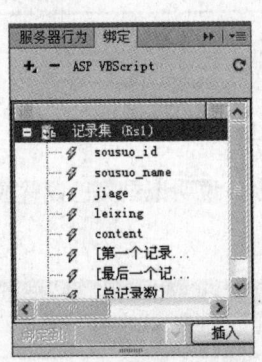

图 17-26　创建记录集

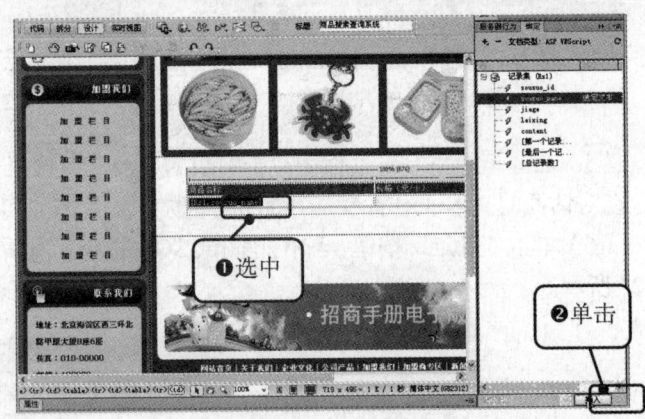

图 17-27　绑定字段 1

（9）按照步骤（8）的方法，分别将 jiage、leixing 和 content 字段绑定到相应的位置，如图 17-28 所示。

★ 提示 ★

在绑定字段时，由于记录集的名称和字段名称都比较长，在同一个表格中又有好多内容要绑定，结果把界面撑得很大，怎样解决这个问题呢？

这个非常容易，执行"编辑"|"首选参数"命令，在弹出的"首选参数"对话框左侧的"分类"列表中选中"不可见元素"选项，在右侧的"显示动态文本于"下拉列表中选择{}即可，如果要恢复，同样在这里选择{Recordest.Field}就可以了。

356

（10）选中第 2 行单元格，单击"服务器行为"面板中的⊞按钮，在弹出的菜单中选中"重复区域"选项，弹出"重复区域"对话框，在对话框中的"记录集"下拉列表中选中"Rs1"，在"显示"区域中选择"所有记录"单选按钮，如图 17-29 所示。

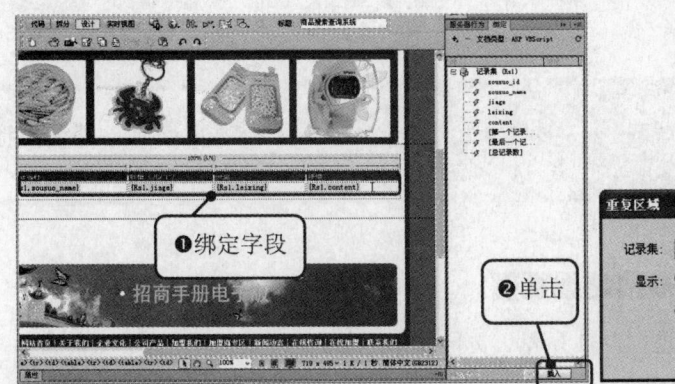

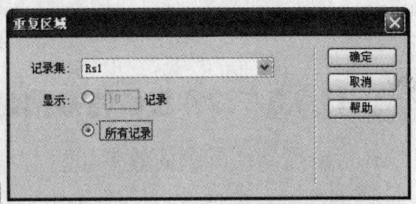

图 17-28　绑定字段 2　　　　　　　　　　图 17-29　"重复区域"对话框

（11）单击"确定"按钮，创建重复区域服务器行为，如图 17-30 所示，插入的重复区域代码如下所示。

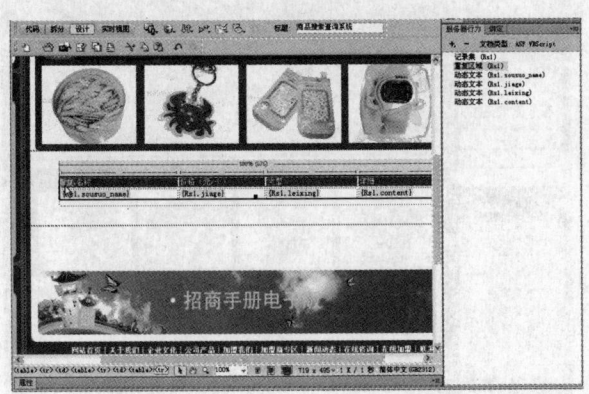

图 17-30　创建服务器行为

```
<%
While ((Repeat1__numRows <> 0) AND (NOT Rs1.EOF))
%>
        <tr>
        <td><%=(Rs1.Fields.Item("sousuo_name").Value)%></td>
        <td><%=(Rs1.Fields.Item("jiage").Value)%></td>
        <td><%=(Rs1.Fields.Item("leixing").Value)%></td>
        <td><%=(Rs1.Fields.Item("content").Value)%></td>
        </tr>
<%
  Repeat1__index=Repeat1__index+1
```

```
    Repeat1__numRows=Repeat1__numRows-1
    Rs1.MoveNext()
Wend
%>
```

★ 提示 ★

在创建重复区域服务器行为时，如果创建的重复区域代码在<tr>与</tr>之间，那么要将代码移动到<tr>与</tr>外。

 ### 17.3.3　制作按价格搜索结果页面

按价格搜索结果页面效果如图 17-31 所示，具体操作步骤如下。

◎练习文件　实例素材/练习文件/CH17/index.html
◎完成文件　实例素材/完成文件/CH17/ jiage.asp

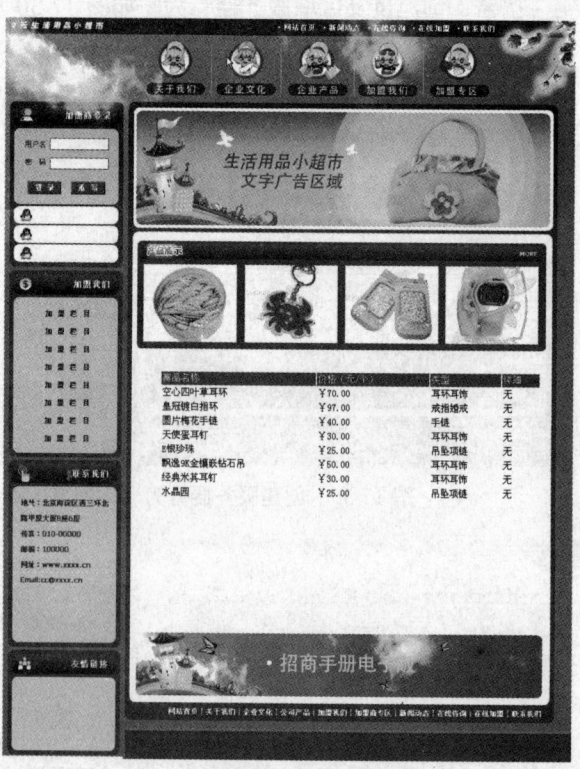

图 17-31　按价格搜索结果页面效果

（1）打开网页文档"index.htm"，将其另存为"jiage.asp"。将光标置于相应的位置，插入2 行 4 列的表格；在"属性"面板中将"填充"和"间距"分别设置为"2"，如图 17-32 所示。

（2）选中第 1 行单元格；在"属性"面板中将"背景颜色"设置为"#C92432"，如图 17-33
所示。

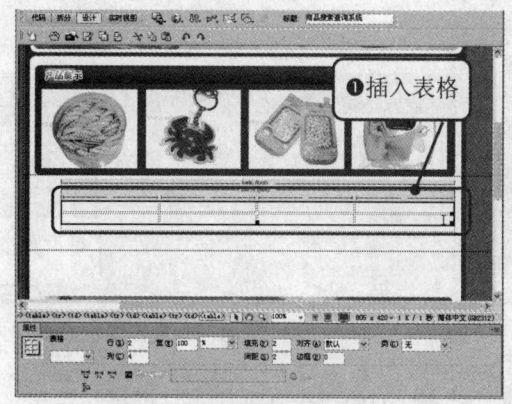

図 17-32　插入表格　　　　　　　　　　　　図 17-33　设置单元格属性

（3）分别在第 1 行单元格中输入相应的文字，将"文本颜色"设置为"#FFFFFF"，如图
17-34 所示。

（4）单击"绑定"面板中的 ⊞ 按钮，在弹出的菜单中选择"记录集（查询）"选项，弹出
"记录集"对话框，在对话框中的"名称"文本框中输入"Rs1"，在"连接"下拉列表中选择
"sousuo"，在"表格"下拉列表中选择"sousuo"，在"列"区域中选择"全部"单选按钮，在
"筛选"下拉列表中选择"jiage"、"<="、"URL 参数"和"jiage"，在"排序"下拉列表中选
择"sousuo_id"和"降序"，如图 17-35 所示。

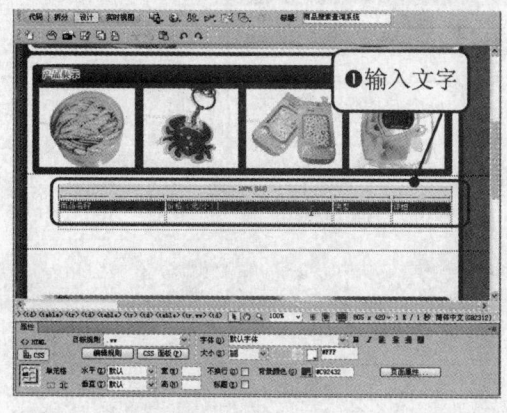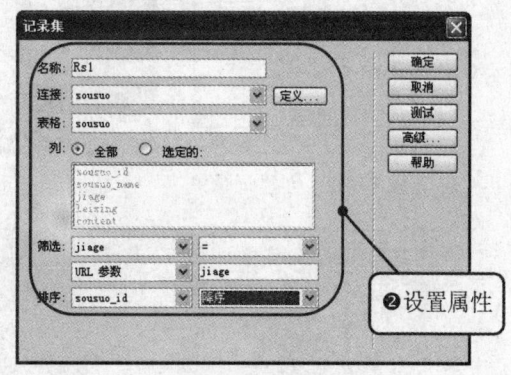

図 17-34　输入文字　　　　　　　　　　図 17-35　"记录集"对话框

（5）在"记录集"对话框中单击右边的"高级"按钮，切换到"记录集"对话框的高级
模式，如图 17-36 所示。

（6）在对话框中单击"编辑"按钮，弹出"编辑参数"对话框，在对话框中的"默认值"
文本框中输入"1"，如图 17-37 所示。

359

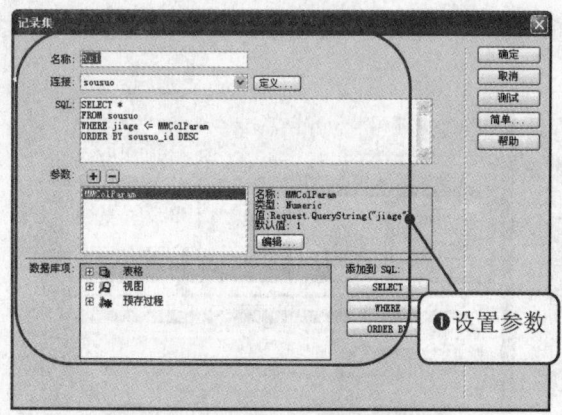

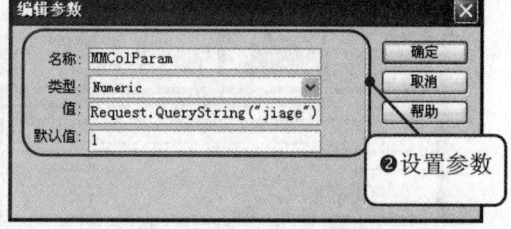

图 17-36 "记录集"对话框的高级模式   图 17-37 "编辑参数"对话框

（7）单击"确定"按钮，返回到"记录集"对话框的高级模式，单击"确定"按钮，创建记录集，如图 17-38 所示，其代码如下所示。

（8）将光标置于第 2 行第 1 列单元格中，在"绑定"面板中展开记录集"Rs1"，选中 sousuo_name 字段，单击右下角的 插入 按钮，绑定字段，如图 17-39 所示。

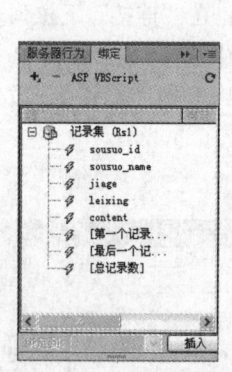

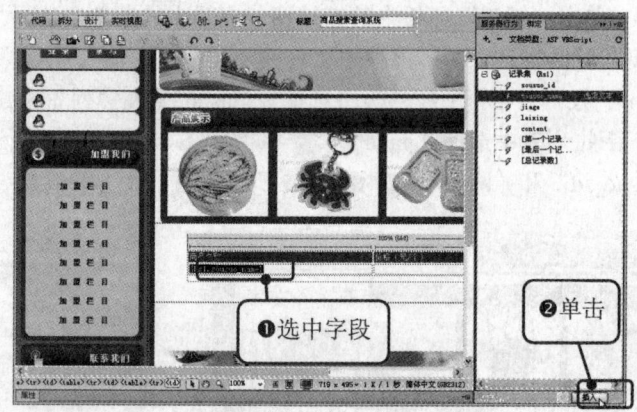

图 17-38 创建记录集   图 17-39 绑定字段 1

```asp
<%
Dim Rs1
Dim Rs1_cmd
Dim Rs1_numRows
Set Rs1_cmd = Server.CreateObject ("ADODB.Command")
Rs1_cmd.ActiveConnection = MM_sousuo_STRING
' 按价格搜索'
Rs1_cmd.CommandText = "SELECT * FROM sousuo
WHERE jiage <= ? ORDER BY sousuo_id DESC"
Rs1_cmd.Prepared = true
Rs1_cmd.Parameters.Append
Rs1_cmd.CreateParameter("param1", 5, 1, -1, Rs1__MMColParam)
```

```
Set Rs1 = Rs1_cmd.Execute
Rs1_numRows = 0
%>
```

（9）按照步骤（8）的方法，分别将 jiage、leixing 和 content 字段绑定到相应的位置，如图 17-40 所示。

（10）选中第 2 行单元格，单击"服务器行为"面板中的 ⊞ 按钮，在弹出的菜单中选中"重复区域"选项，弹出"重复区域"对话框，在对话框中的"记录集"下拉列表中选中"Rs1"，在"显示"区域中选择"所有记录"单选按钮，如图 17-41 所示。

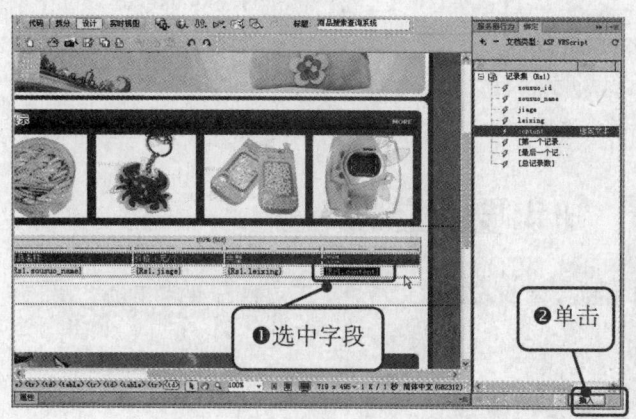

图 17-40　绑定字段 2 　　　　　　　　　　　　　　　图 17-41　"重复区域"对话框

（11）单击"确定"按钮，创建重复区域服务器行为，如图 17-42 所示。

图 17-42　创建服务器行为

（12）选中占位符{Rs1.jiage}，在"绑定"面板中单击 ▽ 按钮，在弹出的菜单中选择"货币"|"默认值"选项，如图 17-43 所示。选择选项后，效果如图 17-44 所示。

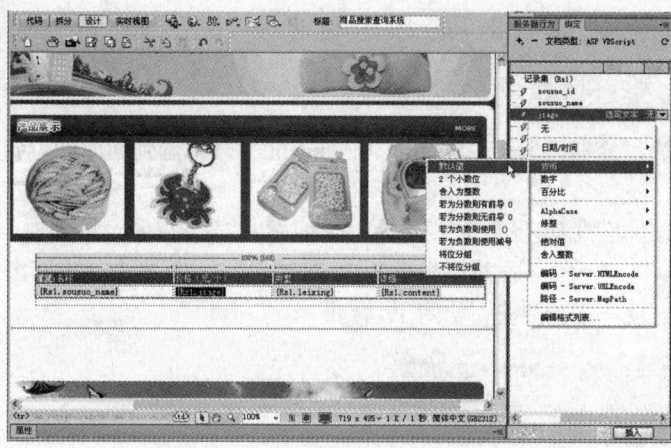

图 17-43　选择"默认值"选项

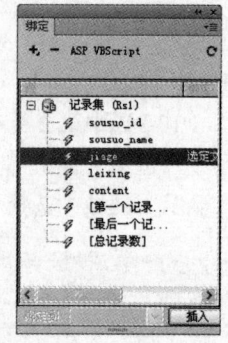

图 17-44　设置默认值

17.4　知识要点总结

本章详细介绍了设计制作搜索查询系统的过程，下面就对一些常用的动态知识进行详细讲解。

17.4.1　通过 SQL 来定义高级记录集

使用高级"记录集"对话框编写自己的 SQL 语句，或使用图形化"数据库项"树来创建 SQL 语句。

（1）在"文档"窗口中打开要使用记录集的页面。

（2）执行"窗口"|"绑定"命令，显示"绑定"面板。

（3）在"绑定"面板中，单击按钮并从弹出菜单中选择"记录集（查询）"。出现高级"记录集"对话框，如图 17-45 所示。

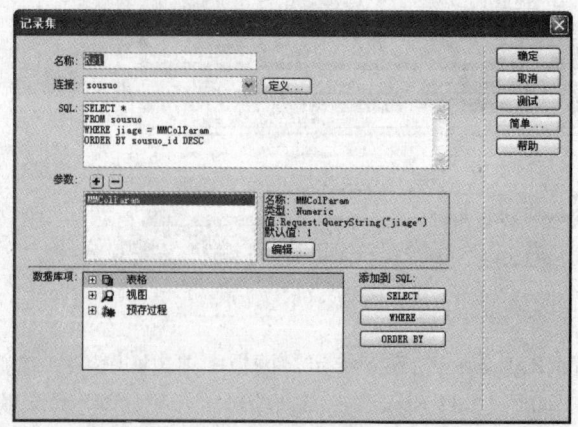

图 17-45　高级"记录集"对话框

- 在"名称"框中，输入记录集的名称。通常的做法是在记录集名称前添加前缀 rs，以将其与代码中的其他对象名称区分开。记录集名称只能包含字母、数字和下画线"_"。不能使用特殊字符或空格。
- 从"连接"弹出菜单中选择一个连接。
- 在 SQL 文本区域中输入一个 SQL 语句。
- 如果 SQL 语句包含变量，在"变量"区域中定义它们的值，方法是单击 ⊞ 按钮并输入变量名称、默认值和运行时值。
- 单击"测试"连接到数据库并创建一个记录集实例。如果 SQL 语句包含变量，则在单击"测试"前，请确保"变量"框的"默认值"列包含有效的测试值。如果成功，将出现一个显示记录集中数据的表格。每行包含一条记录，而每列表示该记录中的一个域，单击"确定"清除该记录集。

 17.4.2　阶段变量的使用

当客户端浏览器在网络中浏览某个 ASP 网页时，该网页在开始执行 Web 应用程序时，在 Web 站点上将会产生代表此会话的 Session 对象。每个 Session 对象都有用于唯一识别一次会话的 SessionID，以供 Web 识别该对象。SessionID 和 Session 对象产生时写在客户端计算机的 Cookie 中，因此使用 Session 对象时，客户端浏览器应启用 Cookie 功能。

（1）单击"绑定"面板中的 ⊞ 按钮，在弹出的菜单中选择"阶段变量"选项，打开"阶段变量"对话框，在对话框中的"名称"文本框中输入变量的名称，如图 17-46 所示。

（2）单击"确定"按钮，即可创建阶段变量。

图 17-46　"阶段变量"对话框

17.5　专家秘笈

1. SQL 查询语句怎么使用？

Select 语句是 SQL 的核心，从数据库中检索行，并允许从一个或多个表中选择一个或多个行或列。

语法：Select [Top（数值）] 字段列表　from　表　[where　条件] [order by　字段　（ASC/DESC）] [group by]

例句：Select top 3 * form users Where user_name= "tutu " And data<#2003-1-1#

Top（数值）——数值是需要选取的记录数目，Top 表示选取表中前面的记录。例如，Top 5，选取前面 5 条记录。

字段列表——需要查询的字段列表，字段之间用逗号隔开。如果需要查询所有字段，则用"＊"替代。

表——列出需要查询的记录表名，可以同时查询多张表，表名之间用逗号隔开。

条件——查询需要满足的条件。

order by——查询出的记录按某个字段排序。ASC 升序，DESC 降序。

group by——按字段分类汇总。

提示：[ ]中的内容可以默认。例如，默认[Top（数值）]，则选取表中所有记录。

2．关系数据库有哪些属性？
- 表：表是数据库的主要结构，每个表所代表的主题可以是一个对象或者一个事件。
- 字段：表示所属的表的主题的一个特征。
- 记录：表示表的主题的一个独特的实例。
- 键：键是一种特殊字段，分为主键与外键。

主键唯一的标识了表中的每条记录的一个字段或者多个字段（符合主键）。

外键：其他表的主键，作为两个表之间链接的纽带。

- 视图：由来自数据库中的一个或者多个表的字段组成的一个虚拟的表，通常都是作为一个保存的查询来实现和引用。
- 关系：一对一、一对多、多对多。

3．Select 语句有哪些关键字？
SELECT：必选，用来指定想要的结果中的列。

FROM：必选，用来指定从哪些地方提取要求的列。

WHERE：可选，用来过滤从 FROM 返回的行。

GROUP BY：可选，用来把信息分组。

HAVING：可选，用来过滤聚合函数的结果。

17.6　本章小结

在很多网站里，使用的数据库是非常庞大的。这时，如果要在最短的时间内寻找符合需要的数据，就必须具有强大的搜索引擎。本章主要介绍了最简单的搜索查询系统的制作，本章的重点与难点是搜索查询系统的分析与设计。在实际应用中，功能更加完善，如可以多种条件查询等。这里限于篇幅就不再详细讲述了。

第4篇

商业网站综合案例

第*18*章　制作企业网站

学前必读：

　　企业网站主要针对传统行业，企业网站的范围很广，涉及各个领域，但它们的共同特点都是以宣传为主。企业网站建设的目的是为了提高企业形象，希望越来越多的人能关注本公司，以获得更大的发展。制作企业网站通常需要根据企业所处的行业、企业自身的特点、企业的主要客户群，以及企业最全的资讯等信息，才能制作出适合企业特点的网站。

学习流程

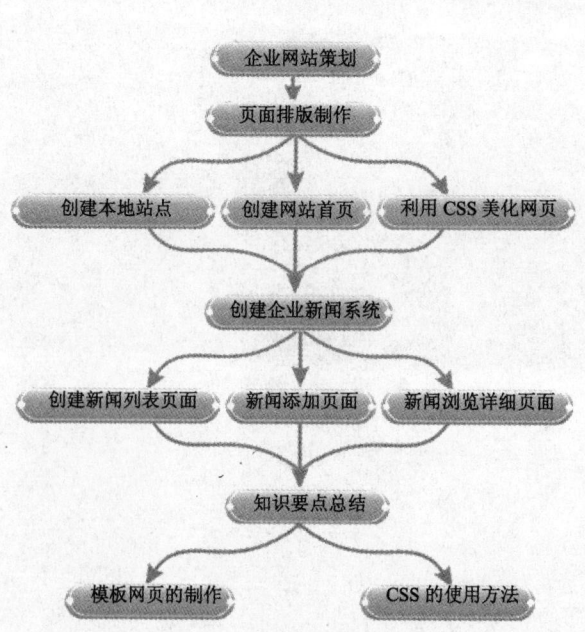

18.1 企业网站策划

> 网站是企业向用户和浏览者提供信息（包括产品和服务）的一种方式，是企业开展电子商务的基础设施和信息平台，离开网站去谈电子商务是不可能的。企业的网址被称为"网络商标"，也是企业无形资产的组成部分，而网站是 Internet 上宣传和反映企业形象和文化的重要窗口。

企业网站的设计没有固定的模式，可以有政府网站的庄重严谨，也可以有个人网站的浓烈个性。根据不同企业的企业文化而有不同的特点，由于企业网站的性质主要定位在宣传企业形象和推广企业，因此其设计风格通常具有商业化特征。

如图 18-1 所示的是企业网站的总体页面结构图。可以看出，这个企业网站以介绍宣传企业服务为主，主要包括"公司简介"、"服务范围"、"收费标准"、"保修服务"、"使用常识"、"联系我们"。

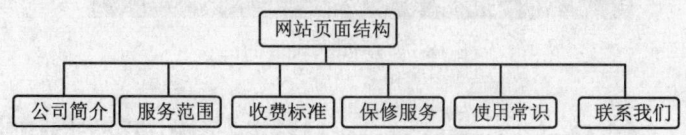

图 18-1 总体页面结构图

一个网站的首页是一个文档，当一个网站服务器收到一台计算机上网络浏览器的消息链接请求时，便会向这台计算机发送这个文档。当在浏览器的地址栏输入域名，而未指向特定目录或文件时，通常浏览器也会打开网站的首页。网站首页是一个网站的入口网页，并引导互联网用户浏览网站其他部分的内容。网站首页如图 18-2 所示。

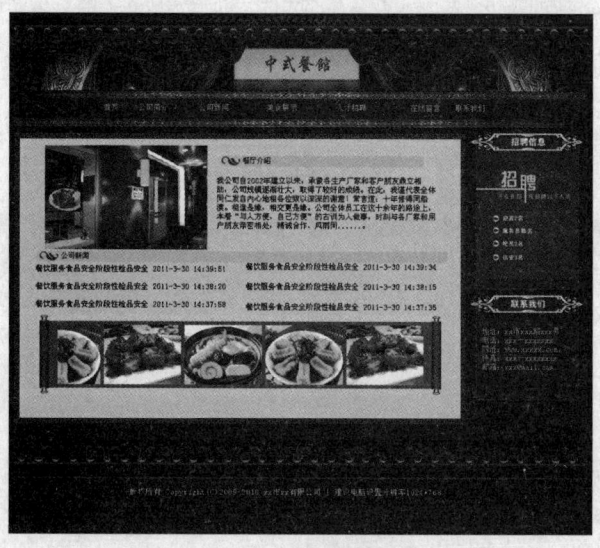

图 18-2 网站首页面

另外本章制作了一个新闻系统，便于维护更新企业新闻信息，新闻列表页面如图 18-3 所示。

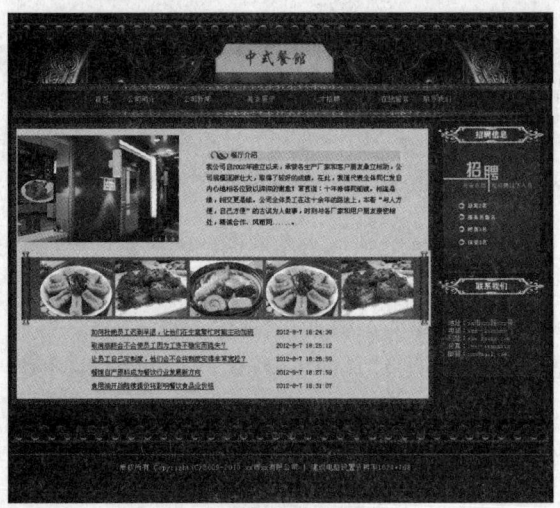

图 18-3　新闻列表页面

18.2　在 Dreamweaver 中进行页面排版制作

网站策划完毕，即可在 Dreamweaver 中进行页面排版制作，从而制作网站的各个页面。

18.2.1　创建本地站点

在制作网页之前，先要创建一个本地站点来存放文件。创建本地站点的具体操作步骤如下。

（1）执行"站点"|"管理站点"命令，打开"管理站点"对话框，在对话框中单击"新建"按钮，如图 18-4 所示。

（2）打开"站点设置对象 Dreamweaver"对话框，在对话框中的"站点名称"文本框中输入"Dreamweaver"，单击"本地站点文件夹"右边的"浏览文件夹"按钮，如图 18-5 所示。

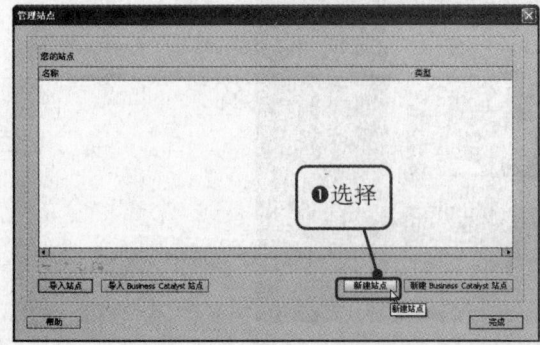

图 18-4　单击"新建"按钮

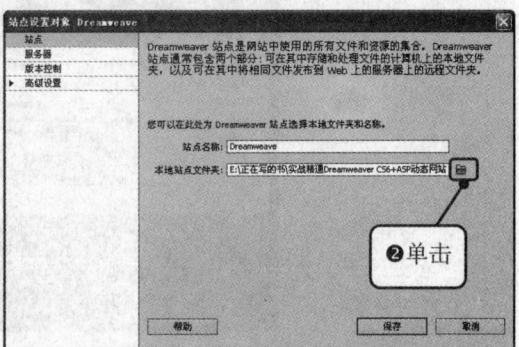

图 18-5　"选择根文件夹"对话框

（3）弹出"选择根文件夹"对话框，选择站点所在的位置，单击"选择"按钮，如图 18-6 所示。

（4）返回到"站点设置对象"对话框，单击"保存"按钮，返回到"管理站点"对话框，在对话框中显示新建的站点，如图 18-7 所示。单击"完成"按钮，即可将站点设置成功。

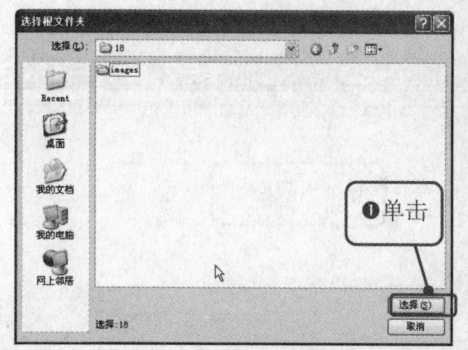

图 18-6 "站点设置对象"对话框

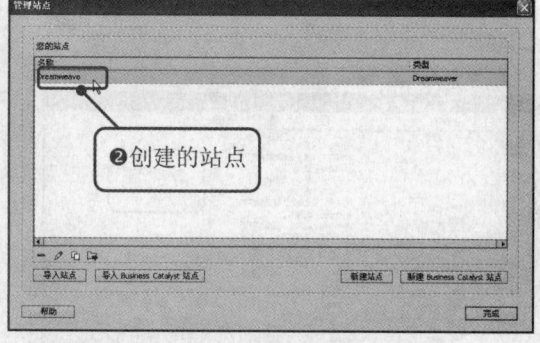

图 18-7 显示新建的站点

 18.2.2 创建首页页面

下面创建如图 18-8 所示的网站首页页面，具体操作步骤如下。

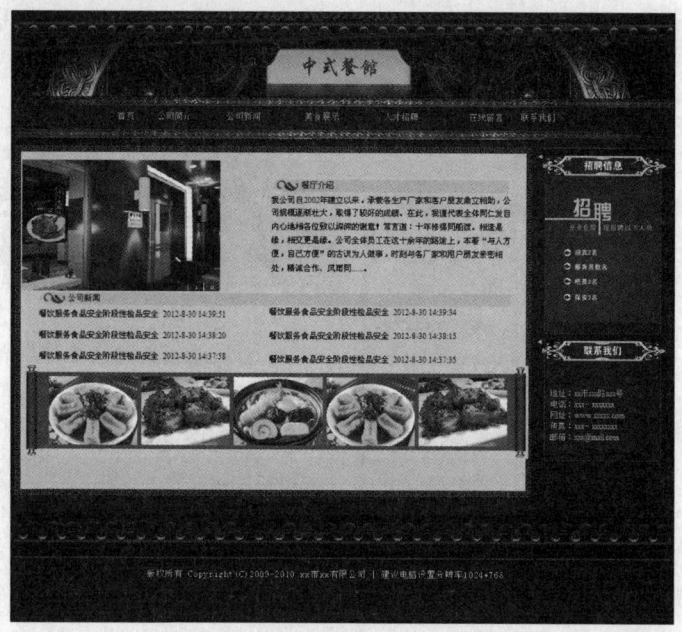

图 18-8 创建首页模板页面

 实例素材/练习文件/CH18/images
 实例素材/完成文件/CH18/index.html

（1）执行"文件"｜"新建"命令，打开"新建文档"对话框，选择左侧的"空白页"选项，在"页面类型"下选择"HTML"选项，如图 18-9 所示。

（2）单击"创建"按钮，创建一空白文档，执行"插入"｜"表格"命令，插入 1 行 1 列的表格；在"属性"面板中将"对齐"设置为"居中对齐"，此表格记为表格 1，如图 18-10 所示。

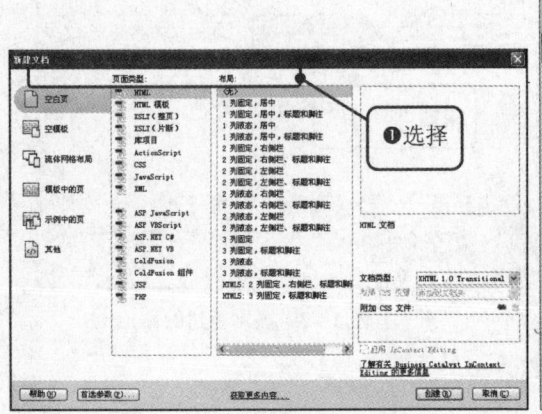

图 18-9 "新建文档"对话框

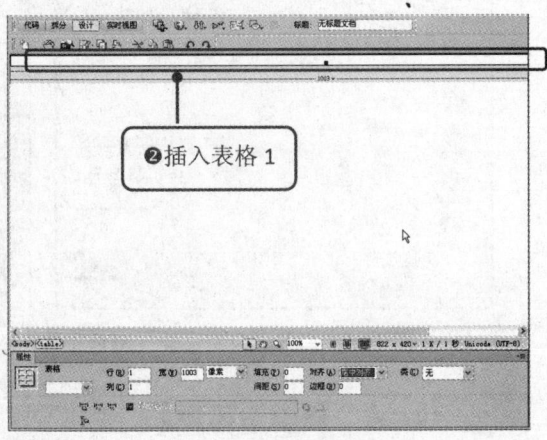

图 18-10 插入表格 1

（3）将光标置于表格 1 中，执行"插入"｜"图像"命令，弹出"选择图像源文件"对话框，在对话框中选择图像"images/index_01.jpg"，如图 18-11 所示。

（4）单击"确定"按钮，插入图像，如图 18-12 所示。

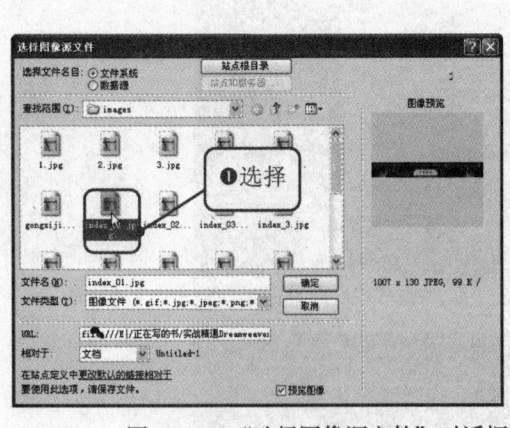

图 18-11 "选择图像源文件"对话框

图 18-12 插入图像 1

（5）将光标置于表格 1 的右边，执行"插入"｜"表格"命令，插入 1 行 1 列的表格；在"属性"面板中将"对齐"设置为"居中对齐"，此表格记为表格 2，如图 18-13 所示。

（6）将光标置于表格 2 中，切换至代码视图，输入代码"images/index_02.jpg"，并将"高"设置为 59，如图 18-14 所示。

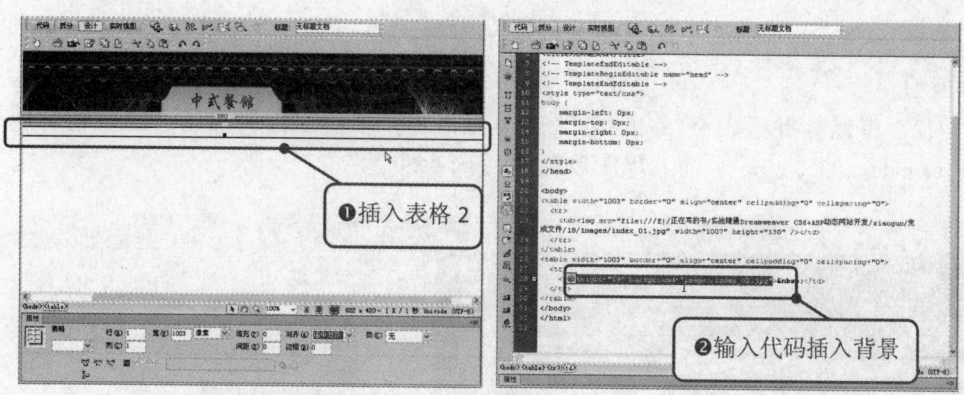

图 18-13　插入表格 2　　　　　　　　　图 18-14　输入代码

（7）将光标置于表格 2 的背景图像上，插入 1 行 6 列的表格，此表格记为表格 3，如图 18-15 所示。

（8）在表格 3 中输入相应的文字；在属性面板中将"大小"设置为 13 像素，"颜色"设置为#FF0，如图 18-16 所示。

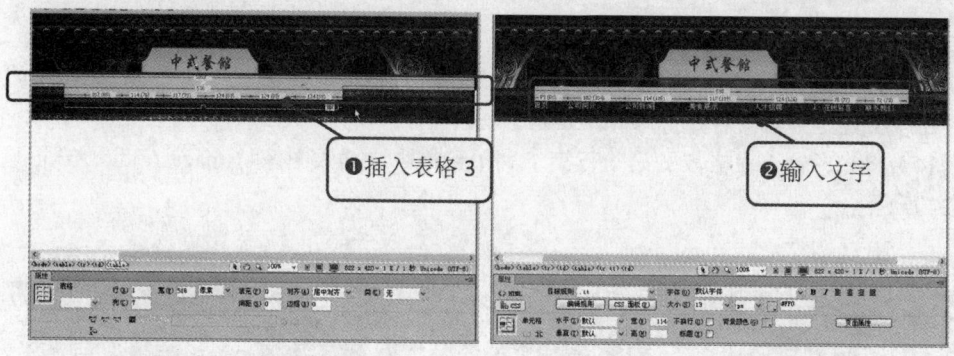

图 18-15　插入表格 3　　　　　　　　　图 18-16　输入文字 1

（9）将光标置于表格 2 的右边，插入 1 行 2 列的表格，比表格记为表格 4，如图 18-17 所示。

（10）将光标置于表格 4 的第 1 列单元格中，插入 3 行 1 列的表格，此表格记为表格 5，如图 18-18 所示。

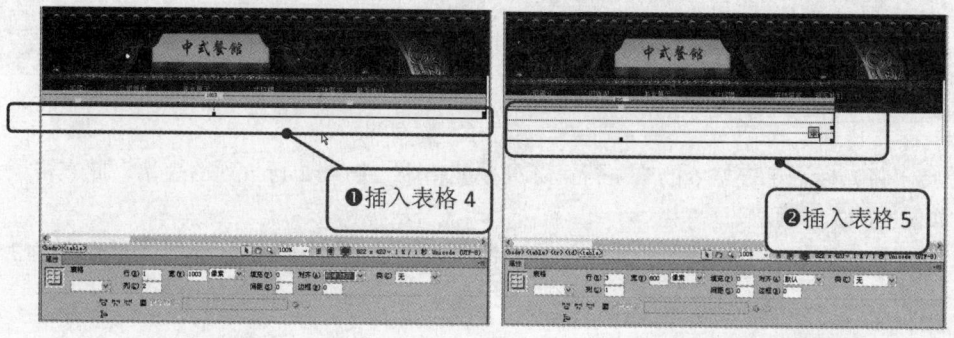

图 18-17　插入表格 4　　　　　　　　　图 18-18　插入表格 5

（11）将光标置于表格 5 的第 1 行单元格中，插入图像 "images/index_03_01.jpg"，如图 18-19 所示。

（12）将光标置于表格 5 的第 2 行单元格中，切换至代码视图，输入相应的代码 "images/index_03_02.jpg"，插入背景图像，如图 18-20 所示。

图 18-19　插入图像 2

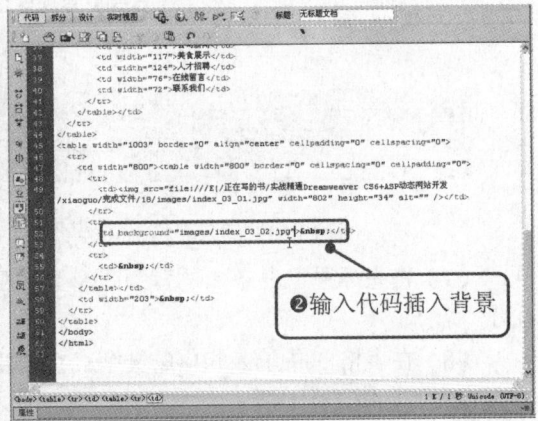

图 18-20　输入代码

（13）将光标置于背景图像上，插入 3 行 2 列的表格，此表格记为表格 6；在属性面板中将"对齐"设置为"居中对齐"，如图 18-21 所示。

（14）将光标置于表格 6 的第 1 行第 1 列单元格中，插入图像 "images/index_03.jpg"，如图 18-22 所示。

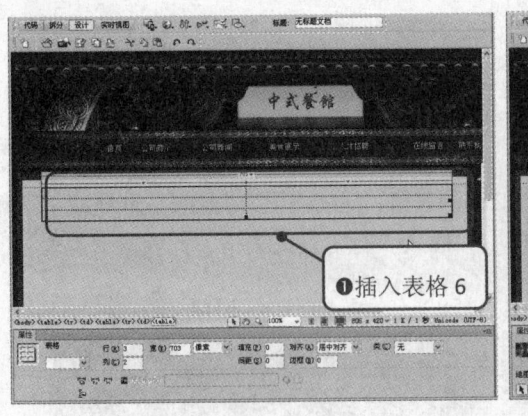

图 18-21　插入表格 6

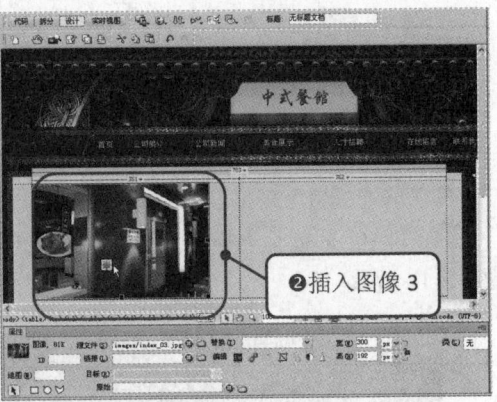

图 18-22　插入图像 3

（15）将光标置于表格 6 的第 1 行第 2 列单元格中，插入 2 行 1 列的表格，此表格记为表格 7，如图 18-23 所示。

（16）在表格 6 的第 1 行单元格中插入图像 "images/cantingjieshao.jpg"，如图 18-24 所示。

第 18 章 制作企业网站

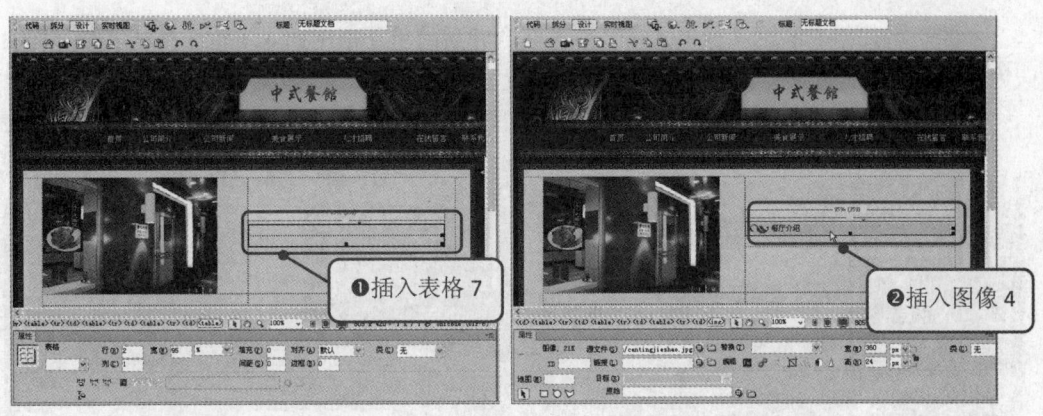

图 18-23 插入表格 7   图 18-24 插入图像 4

（17）在表格 6 的第 2 行单元格中输入相应的文字，如图 18-25 所示。

（18）将表格 5 的第 2 行单元格合并，插入 2 行 2 列的表格，此表格记为表格 8；在属性面板中将"对齐"设置为"居住对齐"，如图 18-26 所示。

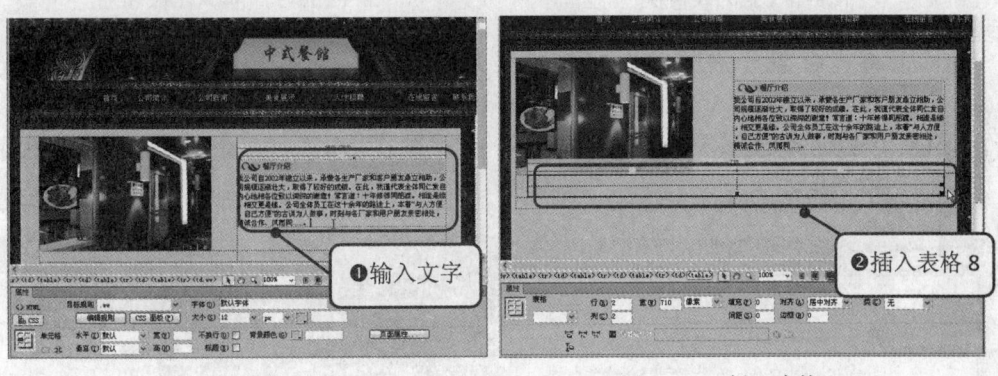

图 18-25 输入文字 2   图 18-26 插入表格 8

（19）将表格 8 的第 1 行合并，在合并后的单元格中插入图像"images/gongsijieshao.jpg"，如图 18-27 所示。

（20）在表格 8 的第 2 行单元格中分别输入相应的文字，如图 18-28 所示。

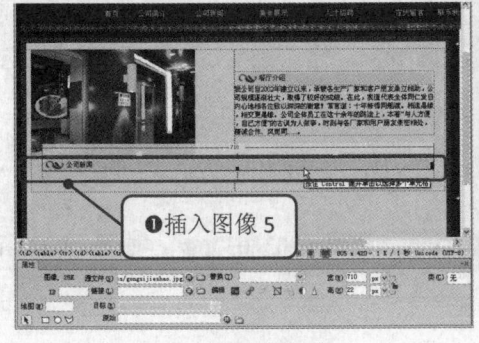

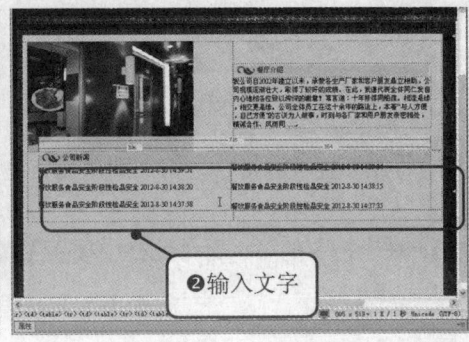

图 18-27 插入图像 5   图 18-28 输入文字 3

373

（21）将表格 5 的第 3 行单元格合并，在合并后的单元格中插入 1 行 3 列的表格，此表格记为表格 9；在"属性"面板中将"对齐"设置为"居中对齐"，如图 18-29 所示。

（22）将光标置于表格 9 的第 1 列中，插入图像"images/index_3_01.jpg"，如图 18-30 所示。

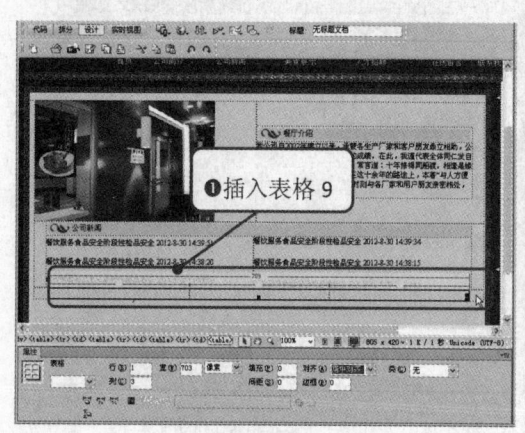
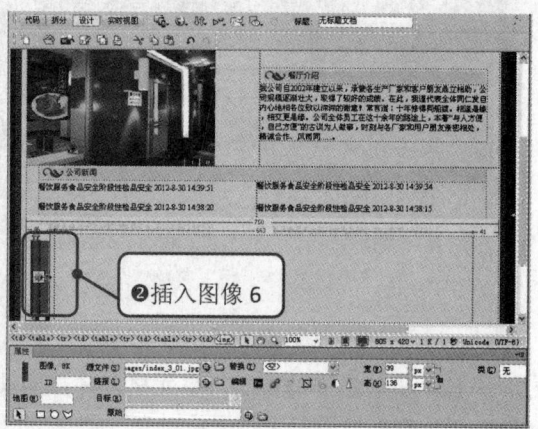

图 18-29　插入表格 9　　　　　　　　　图 18-30　插入图像 6

（23）将光标置于表格 9 的第 2 列单元格中，切换至代码视图，输入代码"background="images/index_3_02.jpg"，插入背景图像，如图 18-31 所示。

（24）在背景图像上插入 1 行 5 列的表格，此表格记为表格 10，在表格 10 中插入相应图像，如图 18-32 所示。

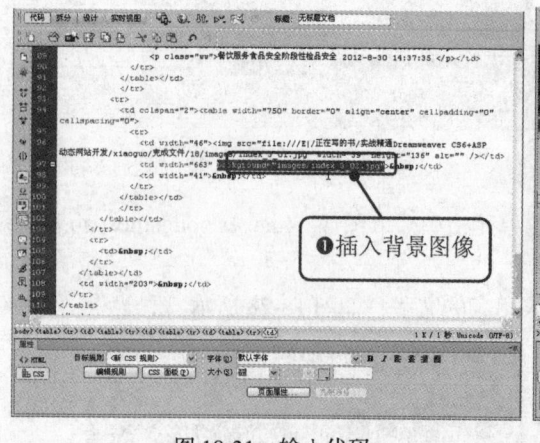
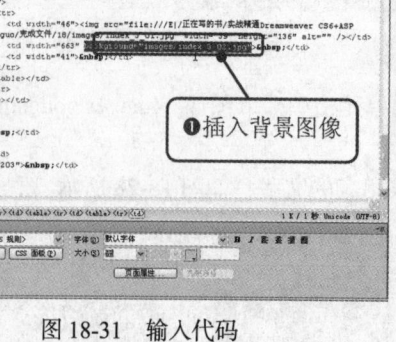

图 18-31　输入代码　　　　　　　　　　图 18-32　插入图像 7

（25）将光标置于表格 9 的第 3 列单元格中，插入图像"images/index_3_03.jpg"，如图 18-33 所示。

（26）在表格 5 的第 3 行单元格中插入图像"images/index_03_03.jpg"，如图 18-34 所示。

图 18-33　插入图像 8　　　　　　　　　　　图 18-34　插入图像 9

（27）在表格 4 的第 2 列单元格中插入 3 行 1 列的表格，此表格记为表格 11，如图 18-35 所示。

（28）在表格 11 的第 1 行中插入图像 "images/index_04.jpg"，如图 18-36 所示。

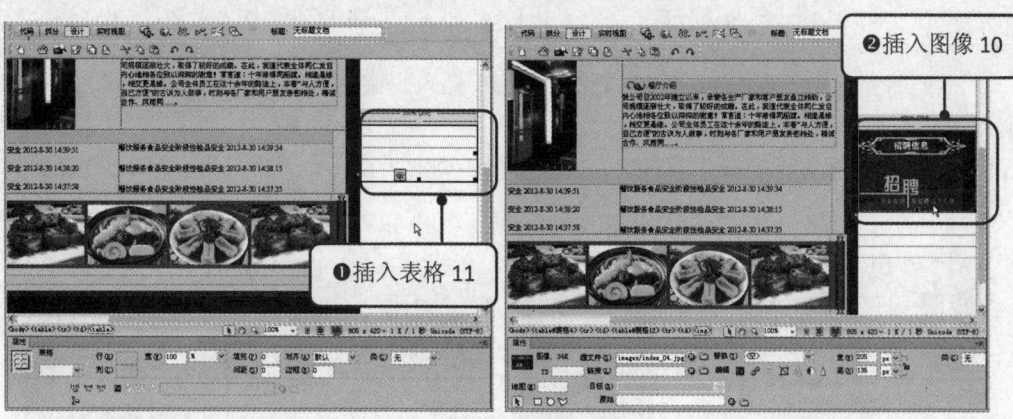

图 18-35　插入表格 11　　　　　　　　　　图 18-36　插入图像 10

（29）在表格 11 的第 2 行中插入图像 "images/index_05.jpg"，如图 18-37 所示。

（30）在表格 11 的第 3 行中插入图像 "images/index_06.jpg"，如图 18-38 所示。

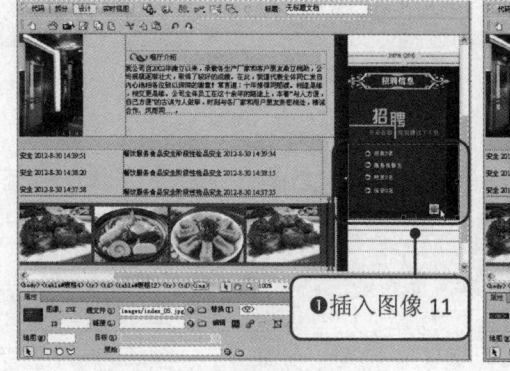
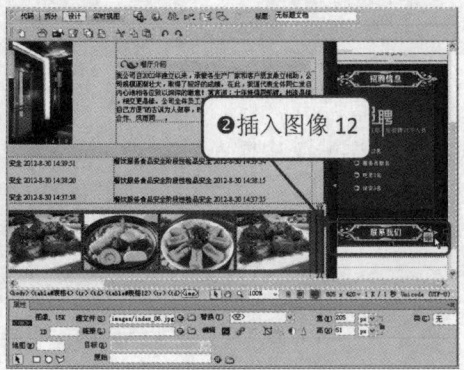

图 18-37　插入图像 11　　　　　　　　　　图 18-38　插入图像 12

（31）将光标置于表格 11 的第 3 行单元格中，切换至拆分视图，输入代码"images/index_07.jpg"，插入背景图像，如图 18-39 所示。

（32）在背景图像上输入相应的文字，并将"高"设置为 126，如图 18-40 所示。

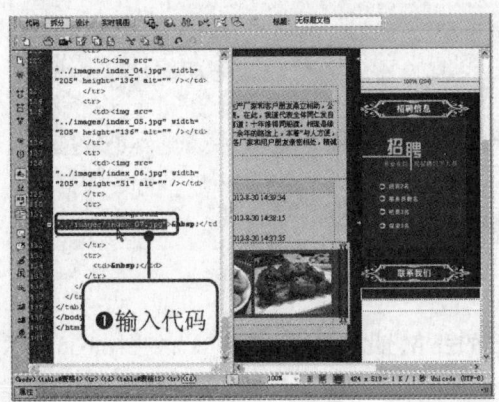

图 18-39　输入代码

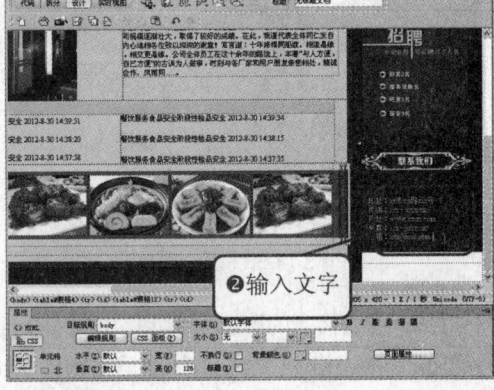

图 18-40　输入文字 4

（33）将光标置于表格 11 的第 4 行单元格中，插入图像，"images/index_08.jpg"，如图 18-41 所示。

（34）将光标置于表格 4 的右边，插入 1 行 1 列的表格，此表格记为表格 12，如图 18-42 所示。

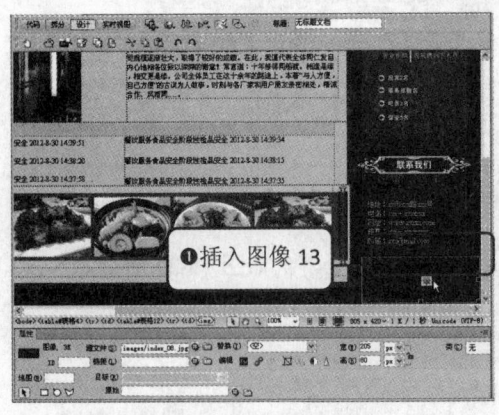

图 18-41　插入图像 13

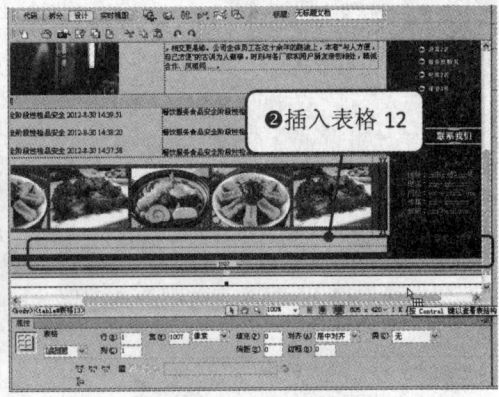

图 18-42　插入表格 12

（35）在表格 12 中插入图像，"images/index_09.jpg"，如图 18-43 所示。

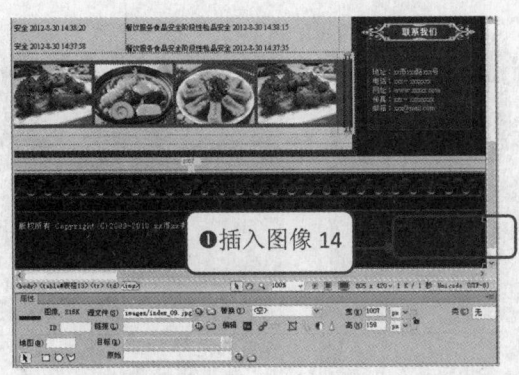

图 18-43　插入图像 14

 18.2.3　利用 CSS 美化网页

利用 CSS 美化网页可以更轻松、有效地对页面的整体布局、颜色、字体、链接及页面的不同部分、不同页面的外观和格式等效果实现更加精确的控制。如图 18-44 所示的是利用 CSS 美化的网页，具体操作步骤如下。

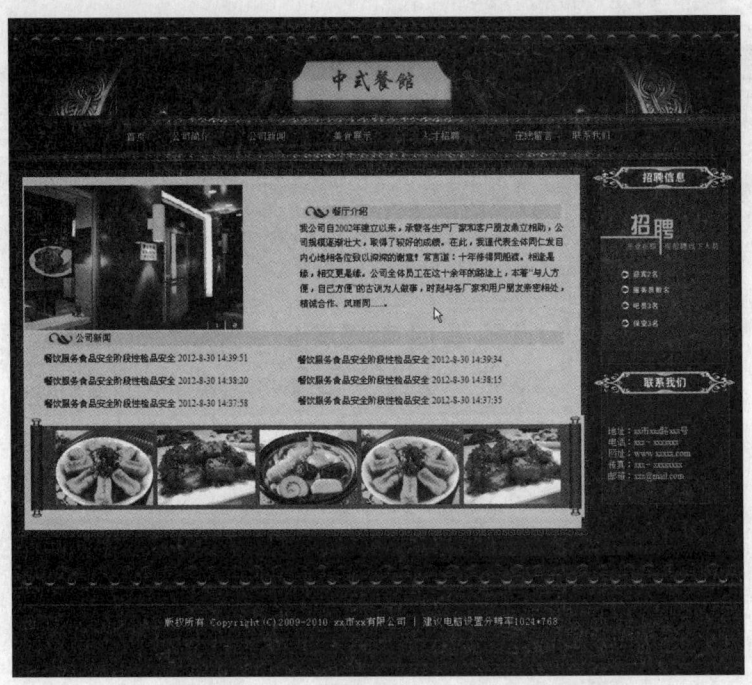

图 18-44　利用 CSS 美化网页

（1）打开网页文档，如图 18-45 所示。

（2）执行"窗口"｜"CSS 样式"命令，打开"CSS 样式"面板，在面板中单击鼠标右键，在弹出的菜单中选择"新建"选项，如图 18-46 所示。

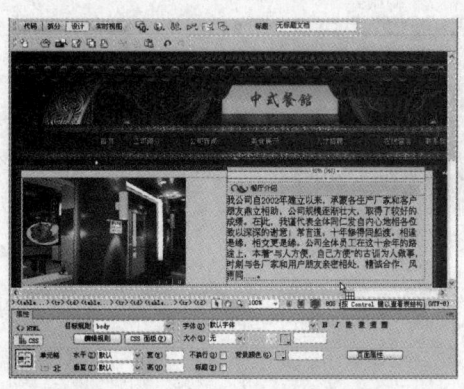 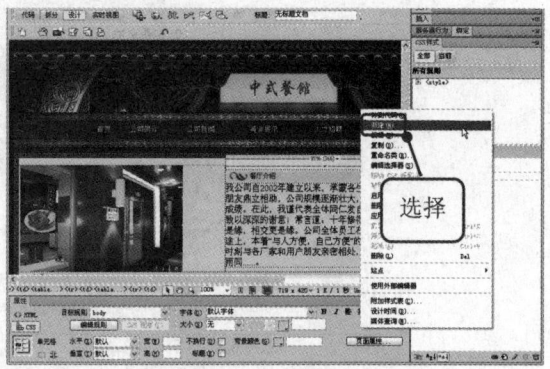

图 18-45　打开网页文档　　　　　　　　　图 18-46　选择"新建"选项

（3）打开"新建 CSS 规则"对话框，在对话框中将"选择器类型"设置为"类"，在"选择器名称"文本框中输入".ziti"，"规则定义"设置为"仅对该文档"，如图 18-47 所示。

（4）单击"确定"按钮，打开".ziti 的 CSS 规则定义"对话框，在对话框中选择"分类"列表框中的"类型"选项，将"Font-size"设置为"12px"，"Line-height"设置为"20px"，如图 18-48 所示。单击"确定"按钮，新建样式。

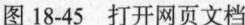

图 18-47　"新建 CSS 规则"对话框　　　　图 18-48　".ziti 的 CSS 规则定义"对话框

（5）选中要应用样式的文字，在面板中选中创建的样式，单击鼠标右键，在弹出的菜单中选择"应用"选项，如图 18-49 所示，即可应用样式。

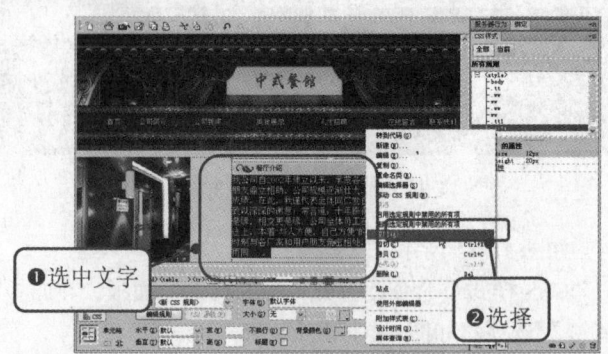

图 18-49　选择"应用"选项

（6）保存文档，按 F12 键在浏览器中预览效果，如图 18-44 所示。

★ 提示 ★

选中要应用样式的文字，在"属性"面板中的"样式"下拉列表中选择新建的样式，也可以应用样式。

18.3 创建企业新闻系统

在创建新闻发布具体功能页面前首先需要创建数据库表，本章需要一个新闻表"news"，表中的字段如表 18-1 所示。

表 18-1 表"news"中的字段

字段名称	字段类型	内容说明
Newsid	自动编号	新闻记录编号
Newstitle	文本	新闻记录标题
Newscontent	备注	新闻正文详细内容
Newsauthor	文本	新闻作者
Newsaddtime	日期/时间	新闻添加时间

★ 提示 ★

关于数据库表的具体创建，这里就不再详细介绍了。在创建完数据库后需要创建数据库连接和定义本地站点，然后在 IIS 信息服务器中发布本地站点，这样才能更好地测试与设计动态网站。前面的章节已经讲过，这里就不再详细讲述了。

18.3.1 创建新闻列表页面

新闻列表页面如图 18-50 所示，显示新闻标题和新闻发布时间，单击"新闻标题"可以进入新闻的详细页面，具体操作步骤如下。

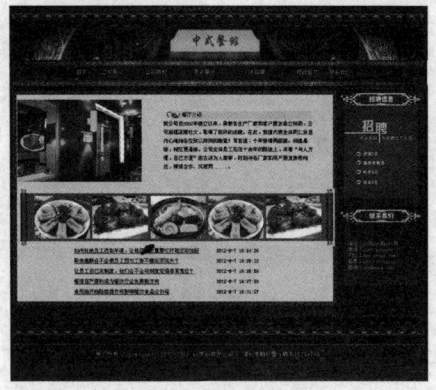

图 18-50 新闻列表页面

学用一册通：Dreamweaver CS6+ASP 动态网站开发

◎练习文件 实例素材/练习文件/CH18/index.html

◎完成文件 实例素材/完成文件/CH18/liebiao.asp

（1）打开 index.html，将其保存为"liebiao.asp"，如图 18-51 所示。

（2）将光标置于可编辑区域中，执行"插入"|"表格"命令，插入 1 行 2 列的表格；在"属性"面板中，将"填充"设置为"2"，"间距"设置为"1"，"对齐"设置为"居中对齐"，如图 18-52 所示。

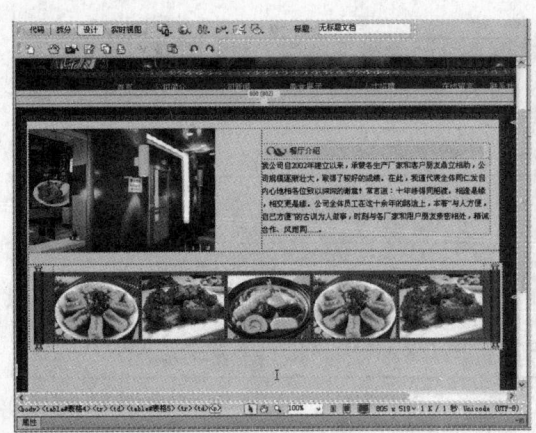

图 18-51 新建网页　　　　　　　　　　图 18-52 插入表格

（3）在单元格中分别输入相应的文字，如图 18-53 所示。

（4）执行"窗口"|"数据库"命令，打开"数据库"面板，在面板中单击按钮，在弹出的菜单中选择"数据源名称（DSN）"选项，如图 18-54 所示。

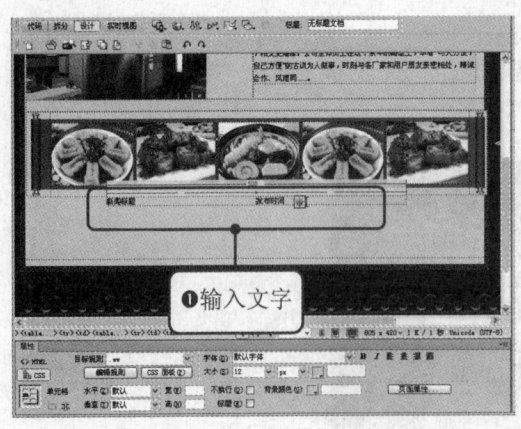
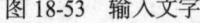
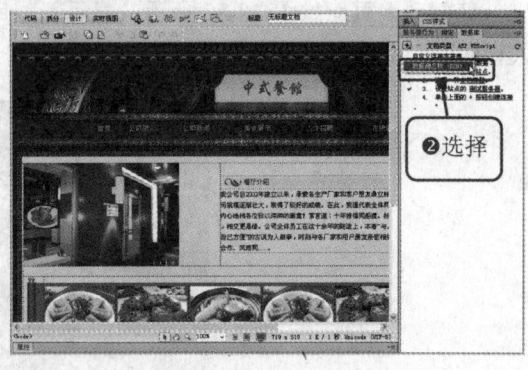

图 18-53 输入文字　　　　　　　　图 18-54 选择"数据源名称（DSN）"选项

（5）打开"数据源名称（DSN）"对话框，在对话框中单击"定义"按钮，打开"ODBC数据源管理器"对话框，切换到"系统 DSN"选项卡，如图 18-55 所示。

380

（6）单击"添加"按钮，打开"创建新数据源"对话框，在对话框的"名称"列表框中选择"Driver do Microsoft Access(*.mdb)"选项，如图 18-56 所示。

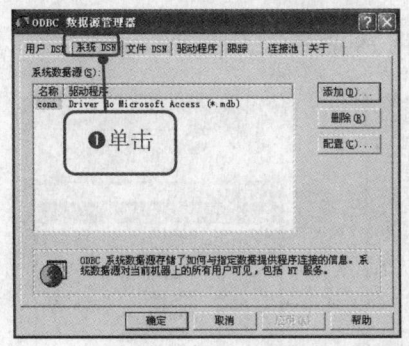
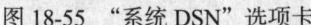

图 18-55 "系统 DSN"选项卡   图 18-56 "创建新数据源"对话框

（7）单击"完成"按钮，打开"ODBC Microsoft Access 安装"对话框，如图 18-57 所示。在该对话框中的"数据源名"文本框中输入"xinwen"，单击"选择"按钮，选择数据库路径。

（8）单击"确定"按钮，在"数据源名称（DSN）"对话框中可以看到创建的数据源，单击"确定"按钮，在"数据源名称（DSN）"对话框中的"连接名称"文本框中输入"xinwen"，"数据源名称（DSN）"下拉列表中选择"xinwen"，如图 18-58 所示。

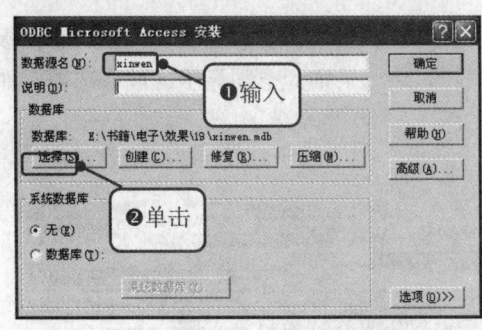

图 18-57 "ODBC Microsoft Access 安装"对话框   图 18-58 "数据源名称（DSN）"对话框

（9）单击"确定"按钮，即可成功连接，此时"数据库"面板如图 18-59 所示。

（10）执行"窗口"|"绑定"命令，打开"绑定"面板，在面板中单击 按钮，在弹出的菜单中选择"记录集（查询）"选项，如图 18-60 所示。

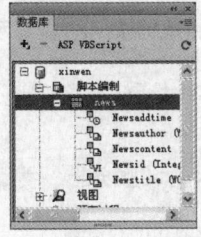

图 18-59 "数据库"面板   图 18-60 选择"记录集（查询）"选项

（11）打开"记录集"对话框，在对话框中的"名称"文本框中输入"Rs1"，在"连接"下拉列表中选择"xinwen"，在"表格"下拉列表中选择"news"，"列"区域中选择"全部"单选按钮，如图 18-61 所示。

（12）单击"确定"按钮，创建记录集，如图 18-62 所示。

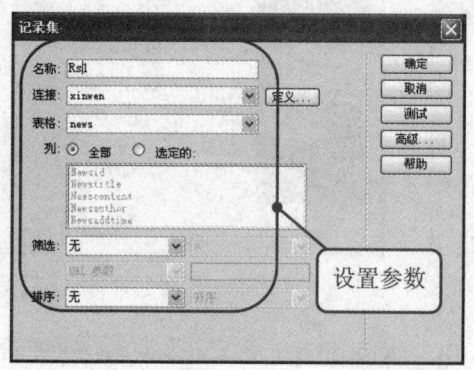

图 18-61　"记录集"对话框

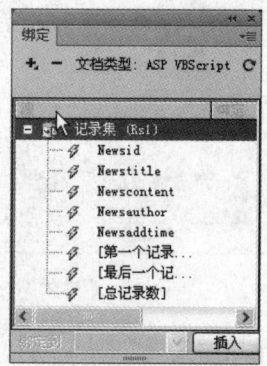

图 18-62　创建记录集

（13）将光标置于表格的后面，按 Enter 键换行，执行"插入"|"表格"命令，插入 1 行 1 列的表格；在"属性"面板中将"对齐"设置为"居中对齐"，在单元格中输入文字"对不起，暂时无内容！"，如图 18-63 所示。

（14）选中表格，执行"窗口"|"服务器行为"命令，打开"服务器行为"面板，在面板中单击 ➕ 按钮，在弹出的菜单中选择"显示区域"|"如果记录集为空则显示区域"选项，如图 18-64 所示。

图 18-63　输入文字

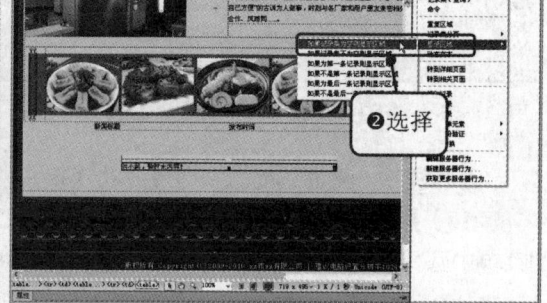

图 18-64　选择"如果记录集为空则显示区域"选项

（15）打开"如果记录集为空则显示区域"对话框，在对话框中的"记录集"下拉列表中选择"Rs1"，如图 18-65 所示。

（16）单击"确定"按钮，创建如果记录集为空则显示区域服务器行为，如图 18-66 所示。

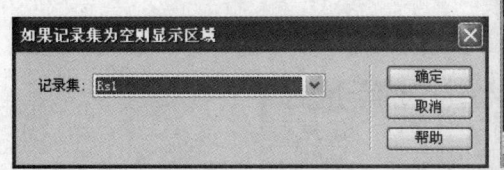

图 18-65　"如果记录集为空则显示区域"对话框　　　　图 18-66　创建服务器行为

（17）在文档中选中文字"新闻标题"，在"绑定"面板中展开记录集"Rs1"，选中 Newstitle 字段，单击右下角的 插入 按钮，绑定字段，如图 18-67 所示。

（18）在文档中选中文字"发布时间"，在"绑定"面板中展开记录集"Rs1"，选中 Newsaddtime 字段，单击右下角的 插入 按钮，绑定字段，如图 18-68 所示。

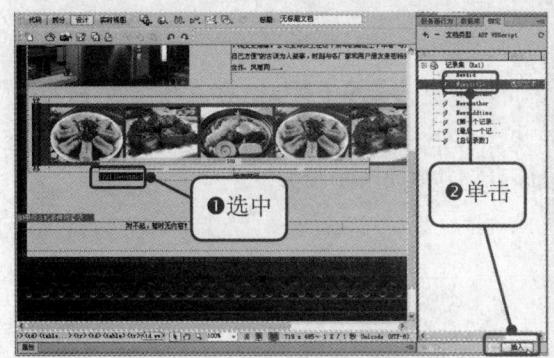

图 18-67　绑定新闻标题 Newstitle 字段　　　　图 18-68　绑定发布时间 Newsaddtime 字段

（19）选中表格，单击"服务器行为"面板中的 ✚ 按钮，在弹出的菜单中选择"重复区域"选项，打开"重复区域"对话框，如图 18-69 所示。在对话框中的"记录集"下拉列表中选择"Rs1"，在"显示"中的文本框中输入"10"记录。

（20）单击"确定"按钮，创建重复区域，如图 18-70 所示。

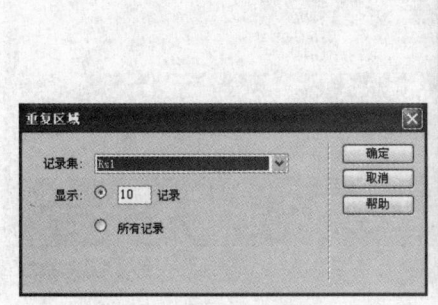

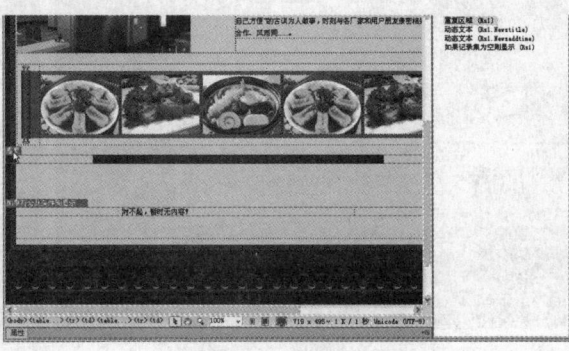

图 18-69　"重复区域"对话框　　　　图 18-70　创建重复区域

（21）在文档中选择{Rs1.Newstitle}占位符，单击"服务器行为"面板中的➕按钮，在弹出的菜单中选择"转到详细页面"选项，打开"转到详细页面"对话框，如图 18-71 所示。在对话框中的"详细信息页"文本框中输入"xiangxi.asp"。

（22）单击"确定"按钮，即可完成新闻列表页面的创建。

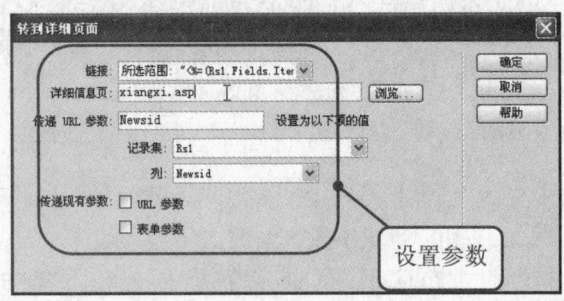

图 18-71　"转到详细页面"对话框

18.3.2　创建新闻浏览详细页面

新闻浏览详细页面显示新闻的详细信息，本页主要以绿色为主色调，采用"厂"字型布局，如图 18-72 所示。制作时主要利用创建记录集，然后绑定新闻标题 Newstitle、正文内容 Newscontent 和新闻发布时间 Newsaddtime 字段即可，具体操作步骤如下。

◎练习文件　实例素材/练习文件/CH18/index.html
◎完成文件　实例素材/完成文件/CH18/xiangxi.asp

（1）新建一个网页，将其保存为"xiangxi.asp"，如图 18-73 所示。

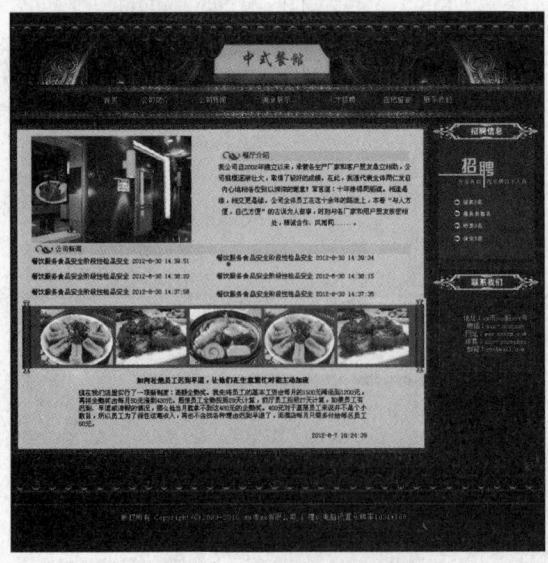

图 18-72　新闻浏览详细页面

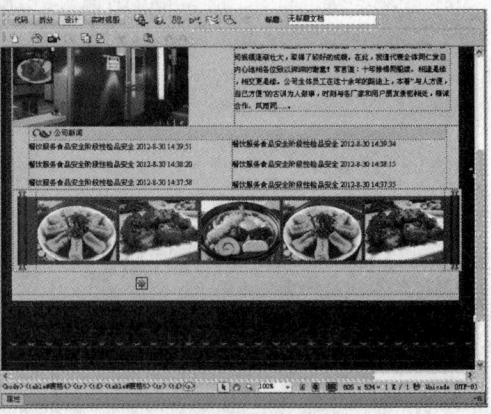

图 18-73　新建网页

（2）将光标置于文档中，插入 3 行 1 列的表格；在"属性"面板中将"填充"设置为"3"，"间距"设置为"2"，"对齐"设置为"居中对齐"，如图 18-74 所示。

（3）在单元格中分别输入相应的文字，并设置对齐方式，如图 18-75 所示。

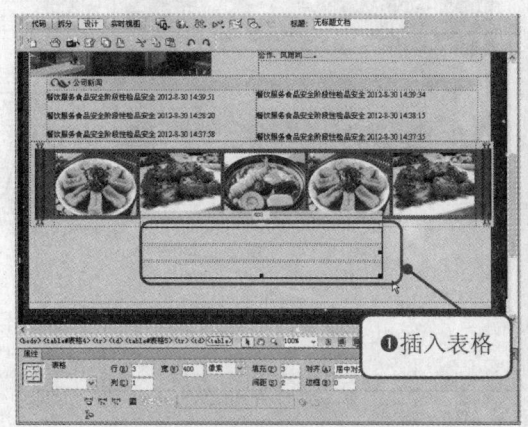

图 18-74　插入表格

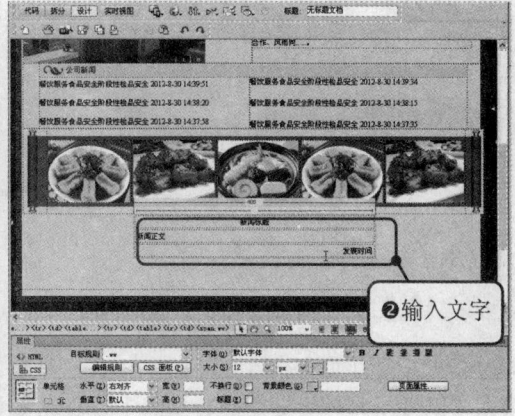

图 18-75　输入文字

（4）单击"绑定"面板中的 <kbd>+</kbd> 按钮，在弹出的菜单中选择"记录集（查询）"选项，打开"记录集"对话框，在对话框中的"名称"文本框中输入"Rs1"，在"连接"下拉列表中选择"xinwen"，在"表格"下拉列表中选择"news"，"在列"区域中选择"全部"单选按钮，在"筛选"下拉列表中分别选择"Newsid"、"＝"、"URL 参数"和"Newsid"，在"排序"下拉列表中分别选择"Newsid"和"降序"，如图 18-76 所示。

（5）单击"确定"按钮，创建记录集，如图 18-77 所示。

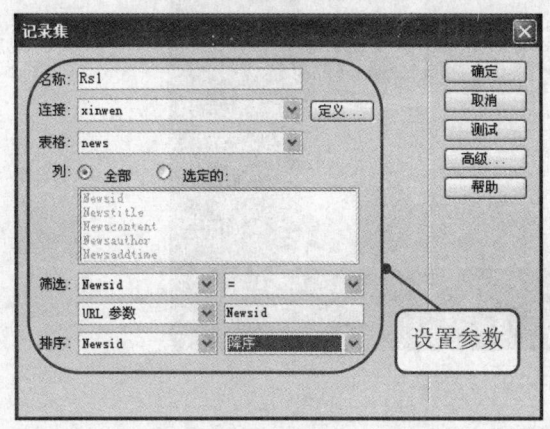

图 18-76　"记录集"对话框

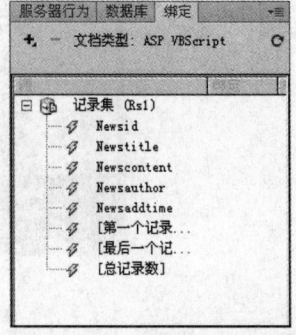

图 18-77　创建记录集

（6）在文档中选中文字"新闻标题"，在"绑定"面板中展开记录集"Rs1"，选中 Newstitle 字段，单击右下角的 <kbd>插入</kbd> 按钮，绑定字段，如图 18-78 所示。

（7）按照步骤（6）的方法，对文字"新闻正文"和"发布时间"绑定 Newscontent 和 Newsaddtime 字段，如图 18-79 所示。

学用一册通：Dreamweaver CS6+ASP 动态网站开发

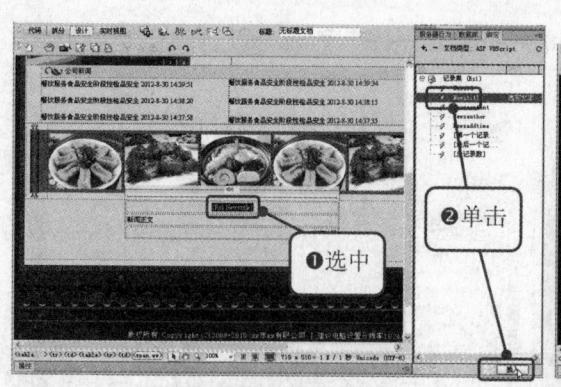 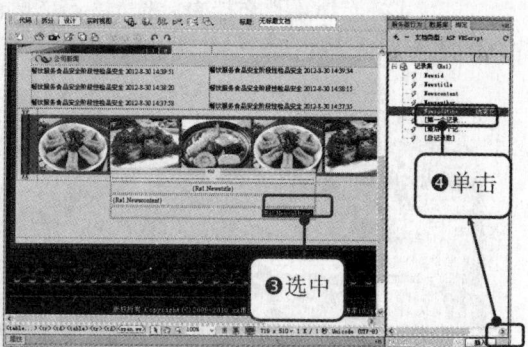

图 18-78　绑定新闻标题 Newstitle 字段　　　图 18-79　绑定其他字段

18.3.3　创建新闻添加页面

新闻添加页面如图 18-80 所示，在这里输入新闻标题、新闻内容和作者后，单击"提交"按钮可以将新闻内容提交到数据库中，具体操作步骤如下。

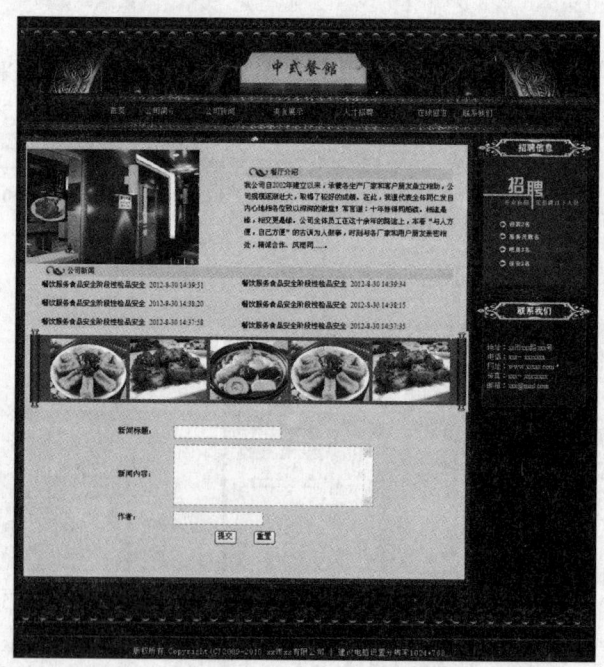

图 18-80　新闻添加页面

◎练习文件　实例素材/练习文件/CH18/index.html
◎完成文件　实例素材/完成文件/CH18/tianjia.asp

（1）新建网页文档，将其保存为"tianjia.asp"，如图 18-81 所示。
（2）将光标置于可编辑区域中，执行"插入"|"表单"|"表单"命令，插入表单，如图 18-82 所示。

386

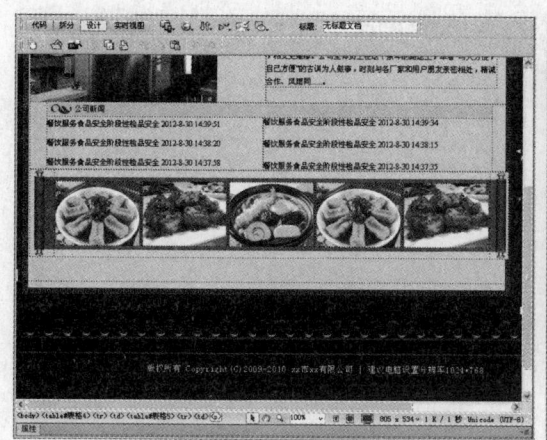

图 18-81　新建网页

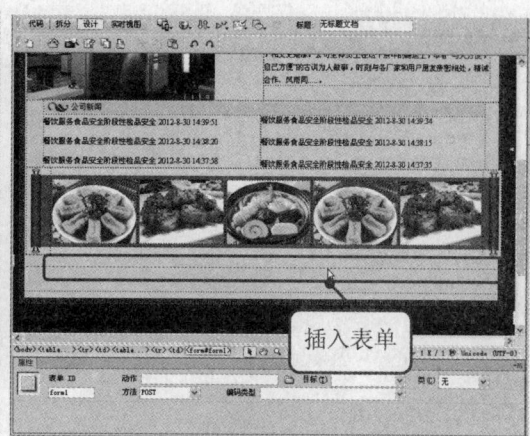

图 18-82　插入表单

（3）将光标置于表单中，插入 4 行 2 列的表格；在"属性"面板中将"填充"设置为"3"，"间距"设置为"2"，"对齐"设置为"居中对齐"，如图 18-83 所示。

（4）分别在第 1 列单元格中输入相应的文字，将"大小"设置为 13 像素，如图 18-84 所示。

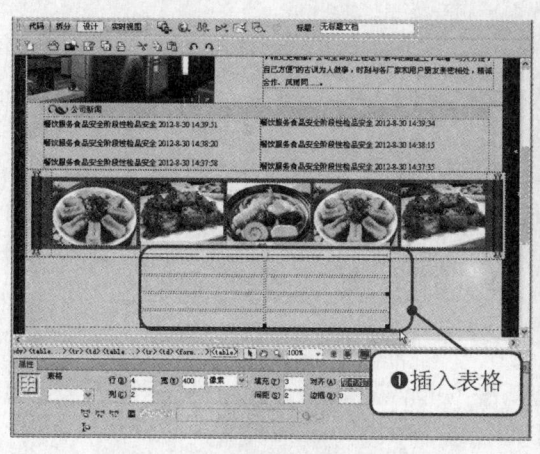

图 18-83　插入表格

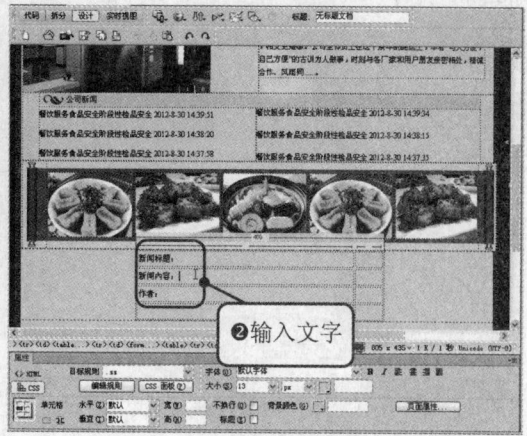

图 18-84　输入文字

（5）将光标置于第 1 行第 2 列单元格中，执行"插入"|"表单"|"文本域"命令，插入文本域；在"属性"面板中，在"文本域"的名称文本框中输入"newstitle"，"字符宽度"设置为"25"，"类型"设置为"单行"，如图 18-85 所示。

（6）将光标置于第 2 行第 2 列单元格中，执行"插入"|"表单"|"文本区域"命令，插入文本区域；在"属性"面板中，在"文本域"的名称文本框中输入"newscontent"，"字符宽度"设置为"40"，"行数"设置为"6"，"类型"设置为"多行"，如图 18-86 所示。

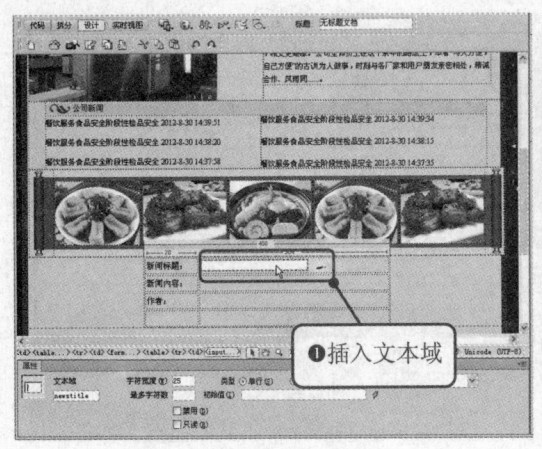

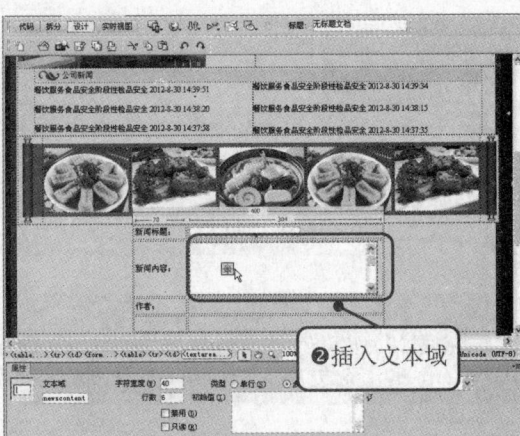

图 18-85　插入文本域 1　　　　　　　　　　　　图 18-86　插入文本区域 2

（7）将光标置于第 3 行第 2 列单元格中，执行"插入"|"表单"|"文本域"命令，插入文本域；在"属性"面板中，在"文本域"的名称文本框中输入"newsauthor"，"字符宽度"设置为"20"，"类型"设置为"单行"，如图 18-87 所示。

（8）选中第 4 行单元格，合并单元格；在"属性"面板中设置为"居中对齐"，如图 18-88 所示。

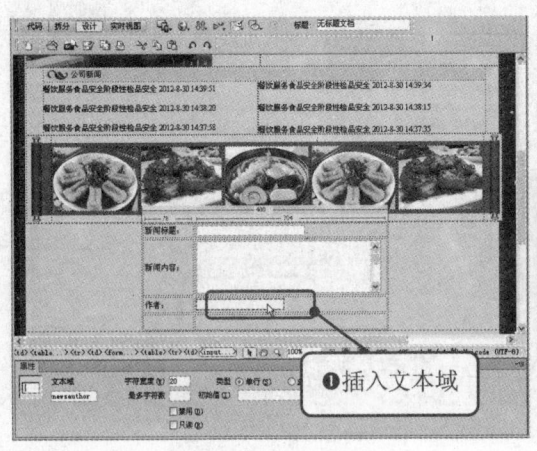

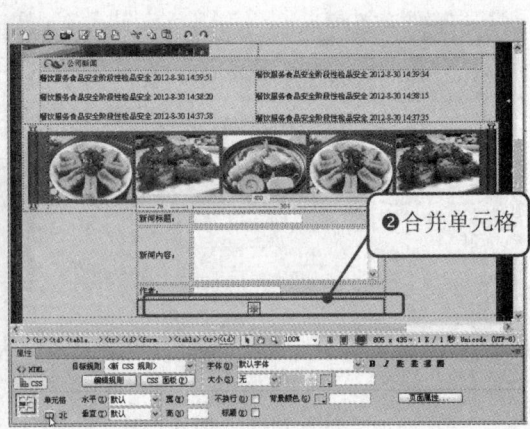

图 18-87　插入文本域 3　　　　　　　　　　　　图 18-88　合并单元格

（9）将光标置于合并后的单元格中，执行"插入"|"表单"|"按钮"命令，插入按钮 1；在"属性"面板的"值"文本框中输入文字"提交"，"动作"设置为"提交表单"，如图 18-89 所示。

（10）将光标置于按钮 1 的后面，再次插入按钮 2；在"属性"面板的"值"文本框中输入文字"重置"，"动作"设置为"重设表单"，如图 18-90 所示。

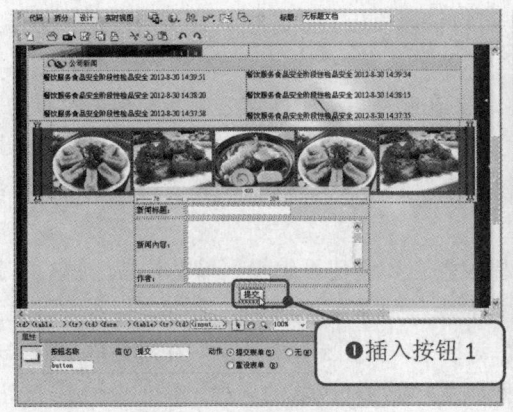

图 18-89　插入按钮 1

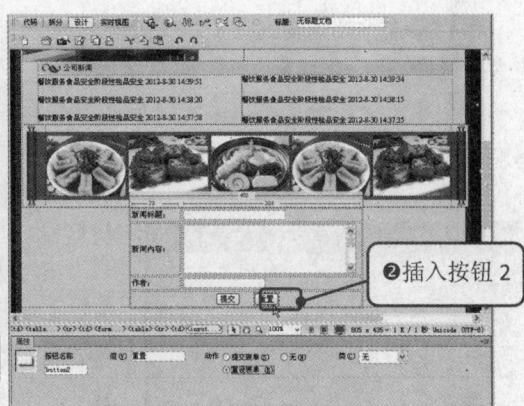

图 18-90　插入按钮 2

（11）单击"服务器行为"面板中的 ![+] 按钮，在弹出的菜单中选择"插入记录"选项，打开"插入记录"对话框，在对话框中的"连接"下拉列表中选择"xinwen"，"插入后，转到"文本框中输入"liebiao.asp"，如图 18-91 所示。

（12）单击"确定"按钮，插入记录，如图 18-92 所示。

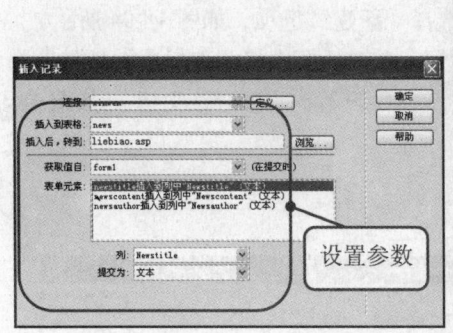

图 18-91　"插入记录"对话框　　　　　图 18-92　插入记录

18.4　知识要点总结

　　　本章实例详细介绍了企业网站的设计与开发，Dreamweaver CS6 的模板网页的制作，CSS 的使用方法，以及新闻发布系统的设计。下面就对这几个常用的功能进行详细介绍。

18.4.1　模板网页的制作

　　Dreamweaver CS6 模板是一种特殊类型的文档，用于设计固定的页面布局。可以基于模板创建文档，从而使创建的文档继承模板的页面布局。设计模板时，可以指定在基于模板的文档中用户可以编辑文档的哪些区域。

模板最强大的用途在于一次更新多个页面，可以修改模板并立即更新基于该模板的所有文档中的设计。

模板中的区域分为不可编辑区域和可编辑区域。在定义可编辑区域之前，模板中所有的区域都默认为不可编辑区域。编辑基于模板的网页文件时，不可编辑区域中的内容不可修改，所以要应用模板来新建网页文件，必须首先为模板设置可编辑区域。

图 19-93　"新建可编辑区域"对话框

将光标放置在要创建可编辑区域的位置，执行"插入"|"模板对象"|"可编辑区域"命令，打开"新建可编辑区域"对话框，如图 18-93 所示。在对话框中的"名称"文本框中输入可编辑区域的名称，单击"确定"按钮，即可插入可编辑区域。

18.4.2　CSS 的使用方法

CSS 是英文 Cascading Style Sheet 的缩写，称为"层叠样式表"或"级联样式表"。样式表是对以前的 HTML 语法的一次重大革新。如今网页的排版格式越来越复杂，很多效果需要通过 CSS 来实现，Dreamweaver 在 CSS 功能设计上做了很大的改进。

（1）执行"窗口"|"CSS 样式"命令，打开"CSS 样式"面板。

（2）在面板中单击鼠标右键，在弹出的菜单中选择"新建"选项，如图 18-94 所示。

（3）选择选项后，打开"新建 CSS 规则"对话框，在对话框中将"选择器类型"设置为"类"，在"选择器名称"文本框中输入".ziti"，"规则定义"设置为"仅对该文档"，如图 18-95 所示。

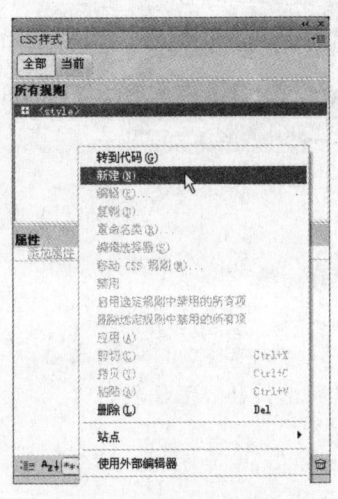
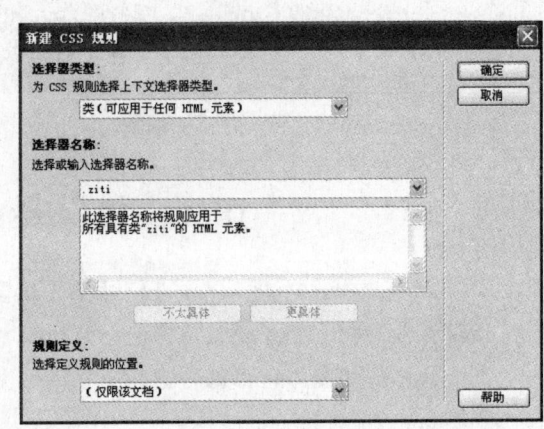

图 18-94　选择"新建"选项　　　　　　　　图 18-95　"新建 CSS 规则"对话框

"新建 CSS 规则"对话框中的参数如下。

● "选择器类型"：指定要创建的 CSS 规则的选择器类型。

- "选择器名称"：输入新建样式的名称。
- "规则定义"：选择要定义规则的位置。

（4）单击"确定"按钮，打开".ziti 的 CSS 规则定义"对话框，在对话框中根据需要进行设置，如图 18-96 所示。

（5）单击"确定"按钮，即可新建样式。

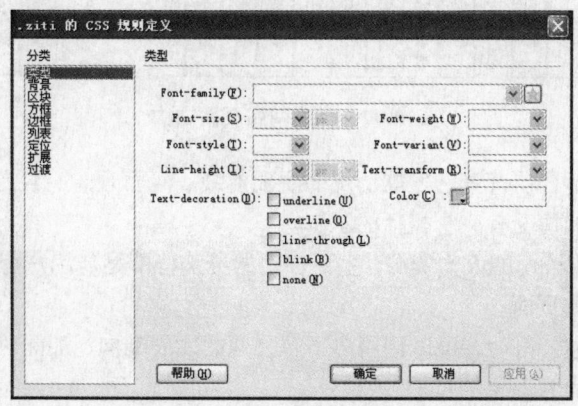

图 18-96　".ziti 的 CSS 规则定义"对话框

18.5　专家秘笈

1．关于表格布局网页时的一些技巧

大型的网站主页制作，先分成几大部分，采取从上到下，从左到右的制作顺序逐步制作。

一般情况下最外部的表格宽度最好采用 770 像素，表格设置为居中对齐，这样设置，无论采用 800×600 的分辨率还是采用采用 1024×768 的分辨率网页都不会改变。在插入表格时，如果没有明确的指定"填充"，则浏览器默认"填充"为 1。

2．企业网站色彩搭配指南

企业网站给人的第一印象是网站的色彩，因此确定网站的色彩搭配是相当重要的一步。一般来说，一个网站的标准色彩不应超过 3 种，太多则让人眼花缭乱。标准色彩用于网站的标志、标题、导航栏和主色块，给人以整体统一的感觉。至于其他色彩在网站中也可以使用，但只能作为点缀和衬托，决不能喧宾夺主。

企业网站的色彩可以选择蓝色、绿色、红色等，在此基础上再搭配其他色彩。另外可以使用灰色和白色，这是企业网站中最常见的颜色。因为这两种颜色比较中庸，能和任何色彩搭配，使对比更强烈，突出网站品质和形象。

3．一般企业网站有哪些栏目？

一般企业网站页面结构如图 18-97 所示，主要包括公司信息、产品信息、服务信息和其他信息等几个栏目。

学用一册通：Dreamweaver CS6+ASP 动态网站开发

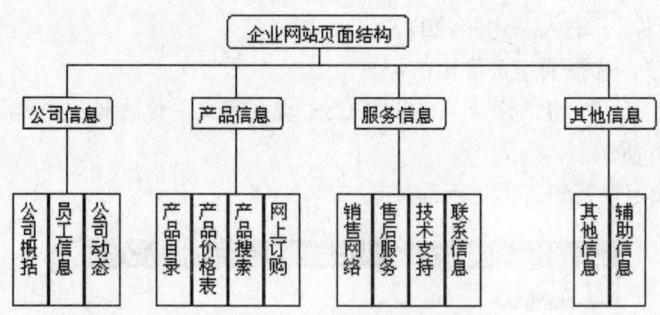

图 18-97　企业网站页面结构

● 公司概况：包括公司背景、发展历史、主要业绩、经营理念、经营目标及组织结构等，让用户对公司的情况有一个概括的了解。

● 员工信息：介绍公司的人力资源，主要部门的员工特别是与用户有直接或间接联系的员工都应有自己的页面。

● 公司动态：通过公司动态可以让用户了解公司的发展动向，加深对公司的印象，从而达到展示企业实力和形象的目的。

● 产品目录：提供公司产品和服务，方便用户查看。

● 产品价格表：用户浏览网站的部分目的是希望了解产品的价格信息，对于一些通用产品及可以定价的产品，应该留下产品价格；对于一些不方便报价或价格波动较大的产品，也应尽可能地为用户了解相关信息提供方便，如设计一个标准格式的询问表单，用户只要填写简单的联系信息，"提交"就可以了。

● 产品搜索：如果公司产品比较多，无法在简单的目录中全部列出，而且经常有产品升级换代，为了让用户能够方便地找到所需要的产品，除了设计详细的分级目录之外，增加关键词搜索功能不失为有效的措施。

● 网上订购：客户可以从网上直接购买公司的产品。

● 销售网络：目前用户直接在网站订货的并不多，尤其是价格比较贵重或销售渠道比较少的商品，用户通常喜欢通过网络获取足够信息后在本地的实体商场购买。因此尽可能详尽地告诉用户在什么地方可以买到所需要的产品。

● 售后服务：有关质量保证条款、售后服务措施、以及各地售后服务的联系方式等都是用户比较关心的信息，而且，是否可以在本地获得售后服务往往是影响用户购买决策的重要因素，对于这些信息应该尽可能详细地提供。

● 技术支持：这一点对于生产或销售高科技产品的公司尤为重要，网站上除了产品说明书之外，企业还应该将用户关心的技术问题及其答案公布在网上，如一些常见故障处理、产品的驱动程序、软件工具的版本等信息资料，可以以在线提问和常见问题回答的方式体现。

● 联系信息：网站上应该提供足够详尽的联系信息，除了公司的地址、电话、传真、邮政编码、网管 E-mail 地址等基本信息之外，最好能详细地列出客户或者业务伙伴可能需

要联系的具体部门的联系方式。对于有分支机构的企业，同时还应当有各地分支机构的联系方式，在为用户提供方便的同时，也起到了对各地业务的支持作用。

● 其他信息：如反馈表、公司人才招聘信息、到其他相关站点的链接，但千万不要将直接竞争对手的网站链接到网页中，还可以提供一些娱乐信息、有关专家或权威部门对产品和服务的证明、公司具体位置的地图、站点内容最近更新的日期及网页版权信息等。

● 辅助信息：有时由于一个企业产品品种比较少，网页内容显得有些单调，可以通过增加一些辅助信息来弥补这种不足。辅助信息的内容比较广泛，可以是本公司、合作伙伴、经销商或用户的一些相关新闻、趣事，或者产品保养/维修常识、产品发展趋势等。

4. 企业网站域名选择的技巧

作为网站站长，注册域名是一件很普通的事情。每时每刻都有大量的域名被注册，也有大量的域名到期没有续费。没有续费的域名当中很大一部分都是因为当初注册的域名不符合现在网站的需要，而已经重新注册域名更换导致的。那我们能否在注册域名之前考虑好网站的布局、规划，然后再去购买域名，这样可以很大程度上降低我们的时间成本和经济成本。

（1）品牌。作为企业来讲，品牌是一个非常重要的因素，我们做任何事情都需要有品牌意识。不管是平面的宣传策划，还是网络的宣传，我们的最终目的是把我们生产或者服务的品牌烙印在每一个用户或潜在用户身上。在注册域名的时候也是一样的，在域名字符中需要包括我们品牌的名字。从营销角度讲，即便我们可能会做多个网站推广自己的产品，但作为我们品牌宣传的网站域名也只能是唯一一个品牌名称。这点在国外做的尤为重视，很多时候都是先注册域名，然后再申请品牌。

（2）域名扩展名。我们都清楚，最为流行的域名扩展名是 COM、NET、ORG 域名，不同的扩展名代表不同的意思。如果作为企业或者品牌来说，这三种扩展名的域名都必须注册，即便我们只做一个网站使用 COM 网站，其他两个域名扩展名也可以作为保护品牌的注册保护。

对于还有其他扩展名的域名很多，每年都会出现几种新的扩展名域名，但我们不要太在意。只要守着我们的三个主要扩展名就可以了。

（3）关于国别域名的使用。一般我们都有 COM 域名的网站，作为主要网站。如果我们的业务范围是针对不同的国家和地区的，我们为了进一步营销，突出本地的特点，我们需要注册本地区的国别域名单独建立网站。或者统一转接解析到主网站上来。这样的做法可以深入地进入本地区的市场，也可以利于本地区的营销手段。

（4）选择注册商。网站建设开始流行的时候，域名注册商也不是太多，信息也比较闭塞，我们也不知道去哪里注册域名。尤其是现在很多公司，个人的注册代理很多，信誉层次不齐。选择好的域名注册商尤为关键。我们在注册域名的时候，一定要选择良好的域名注册商。需要选择信誉度较好的商家，不管是个人还是公司，都有好口碑的。

选择注册域名看似一个简单的事情，其实关系到我们网站的发展和以后的运行。一个好的域名有利于用户的体验，容易记住我们的域名，也有利于搜索引擎对我们网站或者品牌的收录。

18.6　本章小结

　　制作一个完整的网站，首先要考虑的是对网站的整体策划，然后再收集材料、创建本地站点、制作网页。在制作网页过程中，最好还是学习一些图像软件，如 Flash、Photoshop 等，这样，在需要图像或动画处理时，可以美化网页，增加动画效果。在设计一个综合性的网站时，为了减少工作时间，提高工作效率，应尽量避免一些重复性的劳动，特别是要好好掌握模板的创建和应用，读者在学习本章过程中要在这方面多下些工夫。通过对本书实例的学习，希望读者可以熟练地掌握不同类型网站的制作过程。

第 *19* 章　设计制作购物网站

学前必读：

　　随着 Internet 的飞速发展，越来越多的企业有了自己的网站。特别是以网上购物为代表的电子商务网站获得了蓬勃的发展。很多网上购物的营业额增长率在短短的时间内，已经超过有多年历史的大商店。利用网上购物系统，人们足不出户就可以体验到便利、快捷的购物乐趣。

学习流程

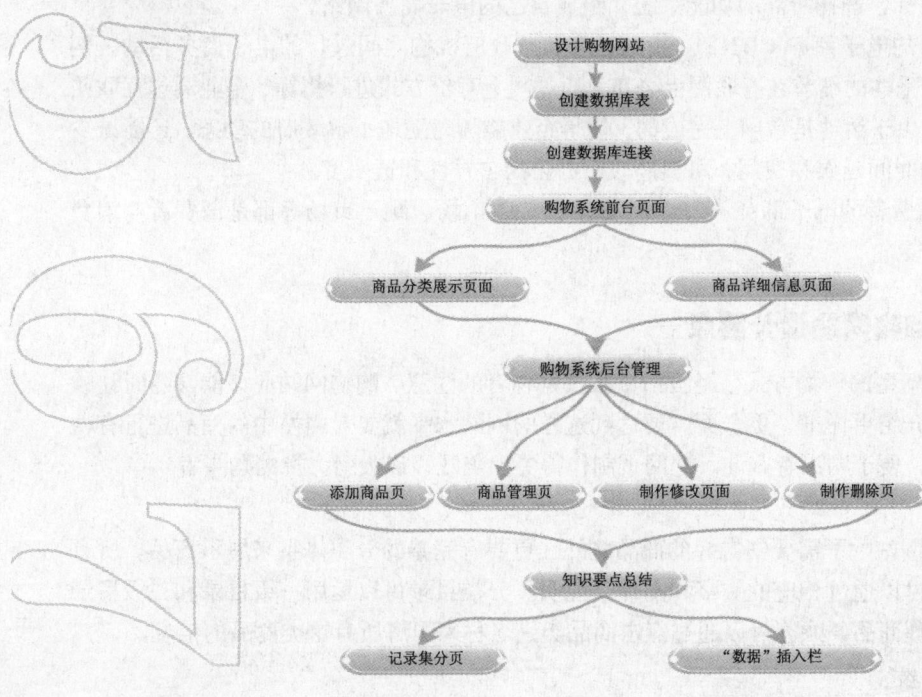

19.1 购物网站设计策划

> 网上购物系统是在网络上建立一个虚拟的购物商场，避免了挑选商品的烦琐过程，使购物过程变得轻松、快捷、方便，很适合现代人快节奏的生活。同时又能有效地控制"商场"运营的成本，开辟了一个新的销售渠道。

 ## 19.1.1 基本概念

购物网站是电子商务网站的一种基本形式。电子商务在我国一开始出现的概念是电子贸易。电子贸易的出现，简化了交易手续，提高了交易效率，降低了交易成本，很多企业竞相效仿。电子贸易按电子商务的交易对象可以分为 4 类。

- 企业对消费者的电子商务（B2C）。一般以网络零售业为主，例如，经营各种书籍、鲜花、计算机等商品。B2C 就是商家与顾客之间的商务活动，它是电子商务的一种主要商务形式，商家可以根据自己的实际情况，根据自己发展电子商务的目标。选择所需的功能系统，组成自己的电子商务网站。
- 企业对企业的电子商务（B2B）。一般以信息发布为主，主要是建立商家之间的桥梁。B2B 就是商家与商家之间的商务活动，它也是电子商务的一种主要商务形式，B2B 商务网站是实现这种商务活动的电子平台。商家可以根据自己的实际情况，根据自己发展电子商务的目标，选择所需的功能系统，组成自己的电子商务网站。
- 企业对政府的电子商务（B2G）。指的是企业与政府机构之间进行的电子商务活动。例如，政府将采购的细节在互联网上公布，通过网上竞价方式进行招标，企业通过互联网进行投标。由于活动是在网上完成的，使得企业能随时随地了解政府的动态，还能减少中间环节的时间延误和费用，可提高政府办公的公开性和透明度。
- 消费者对消费者的电子商务（C2C）。如一些二手市场、跳蚤市场等都是消费者对消费者个人的交易。

 ## 19.1.2 购物网站设计要点

网上购物这种新型的购物方式已经吸引了很多购物者的注意。购物网站应该能够随时让顾客参与购买，商品介绍更详细、更全面。要达到这样的网站水平就要对网站中的商品进行有秩序、科学化的分类，便于购买者查询。把网页制作得更加美观，以吸引大批的购买者。

1．分类体系

一个好的购物网站除了需要销售好的商品之外，更要有完善的分类体系来展示商品。所有需要销售的商品都可以通过相应的文字和图片来说明。分类目录可以运用一级目录和二级目录相配合的形式来管理商品，顾客可以通过点击商品类别名称来了解所有这类商品的信息。

2．商品展示系统

商品展示是购物网站最重要的功能，商品展示系统是一套基于数据库平台的即时发布系统，可用于各类商品的展示、添加、修改和删除等。网站管理员可以管理商品简介、价格、图

片等多类信息。浏览者在前台可以浏览到商品的所有资料，如商品的图片、市场价、会员价和详细介绍等商品信息。

3．购物车

对于很多顾客来讲，当他们从众多的商品信息中结束采购时，恐怕已经不清楚自己采购的东西了。所以他们更需要能够在网上商店中的某个页面来存放所采购的商品，并能够计算出所有商品的总价格。购物车就能够帮助顾客通过存放购买商品的信息，将它们列在一起，并提供商品的总共数目和价格等功能，更方便顾客进行统一的管理和结算。

4．网上支付

既然购物网站面向全国或全球的客户，在商品交易的同时，给客户一个方便、快捷的支付方式，是网络技术的一种展现，也是购物网站的一个主要特点。网上付款是指通过信用卡实现用户、商家与银行之间的结算。只有实现了网上付款，才标志着真正意义上的电子商务活动。

国外最流行的网上支付方式是信用卡支付，它具有方便、快捷、安全、可靠的优点。很多网站都是利用自动的电子转账来管理信用卡支付。从国内购物网站的现状来看，存在着多种支付方式并存的形式。包括信用卡支付、银行转账、银行汇票、邮局汇票等多种方式。

5．安全问题

网上购物需要涉及很多安全性问题，如密码、信用卡号码及个人信息等。如何将这些问题处理得当是十分必要的。目前有许多公司或机构能够提供安全认证，如 SSL 证书。通过这样的认证过程，可以使顾客认为比较敏感的信息得到保护。

6．顾客跟踪

在传统的商品销售体系中，对于顾客的跟踪是比较困难的。如果希望得到比较准确的跟踪报告，则需要投入大量的精力。网上购物网站解决这些问题就比较容易了。通过顾客对网站的访问情况和提交表单中的信息，可以得到很多更加清晰的顾客情况报告。

7．商品促销

在现实购物过程中，人们更关心的是正在销售的商品，尤其是价格。通过网上购物网站将商品进行管理和促销，使顾客很容易了解商品的信息。对于一些复杂的商品就可以采用交叉式的促销策略，针对不同的客户群采用不同的服务方式。

 ## 19.1.3　主要功能页面

购物类网站是一个功能复杂、花样繁多、制作烦琐的商业网站，但也是企业或个人推广和展示商品的一种非常好的销售方式。本章所制作的网站页面结构如图 19-1 所示，主要包括前台页面和后台管理页面。在前台显示浏览商品，在后台可以添加、修改和删除商品，也可以添加商品类别。

商品分类展示页面如图 19-2 所示，按照商品类别显示商品信息，顾客可以通过页面分类浏览商品，如商品名称、商品价格、商品图片等信息。

商品详细信息页面如图 19-3 所示。浏览者可以通过商品详细信息页了解商品的介绍、价格、图片等信息。

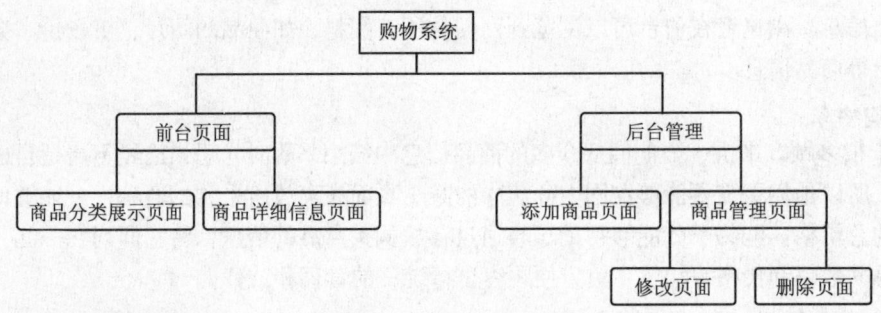

图 19-1　网站页面结构图

图 19-2　商品分类展示页面　　　　　图 19-3　商品详细信息页面

　　添加商品分类页面，如图 19-4 所示，在这里可以增加商品类别。

　　添加商品页面，如图 19-5 所示，在这里输入商品的详细信息后，单击"插入记录"按钮可以将商品资料添加到数据库中。

图 19-4　添加商品分类页面　　　　　　　图 19-5　添加商品页面

商品管理页面如图 19-6 所示，在这里可以选择修改和删除商品记录。

图 19-6　商品管理页面

19.2 创建数据库表

> 数据库是有组织、有系统地整理数据的地方，是保存数据的文件或信息库，它可以根据外部的要求来改变或变更数据，并且还能够完成保存新数据、改变或删除原有数据的操作。

本章所创建的购物网站数据库需要两个表，一个是商品类别表 Catalog，一个商品详细信息表 Products。下面讲述商品详细信息表 Products 的创建，具体操作步骤如下。

（1）启动 Access，执行"文件"|"新建"命令，打开"新建文件"面板，如图 19-7 所示。

（2）在面板中单击"空数据库"按钮，打开"文件新建数据库"对话框，在对话框中的"文件名"文本框中输入"db.mdb"，如图 19-8 所示。

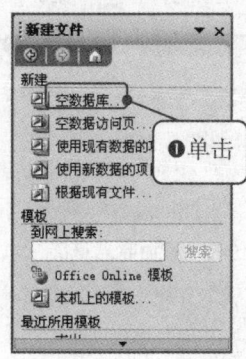
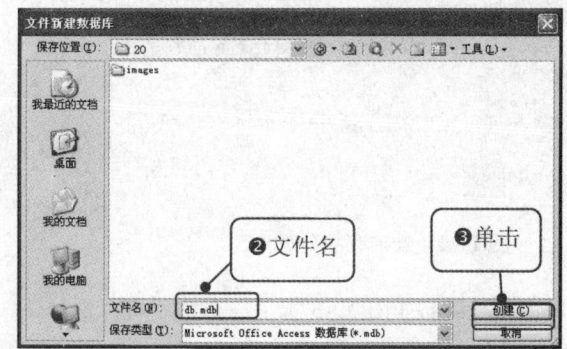

图 19-7 "新建文件"面板　　　　　　图 19-8 "文件新建数据库"对话框

（3）单击"创建"按钮，创建一个空数据库，双击"使用设计器创建表"选项，如图 19-9 所示。

（4）打开"表"窗口，在窗口中输入"字段名称"和字段所对应的"数据类型"，如图 19-10 所示。

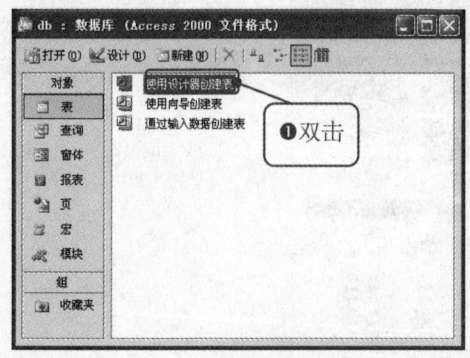
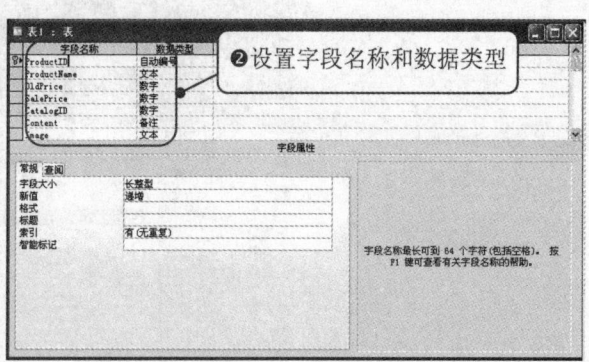

图 19-9 双击"使用设计器创建表"选项　　　　图 19-10 设置"字段名称"和"数据类型"

（5）执行"文件"|"保存"命令，打开"另存为"对话框，如图 19-11 所示。在"表名称"下面的文本框中输入"Products"，单击"确定"按钮，保存创建的数据库表。

（6）使用同样的方法创建表"Catalog"，如图 19-12 所示。

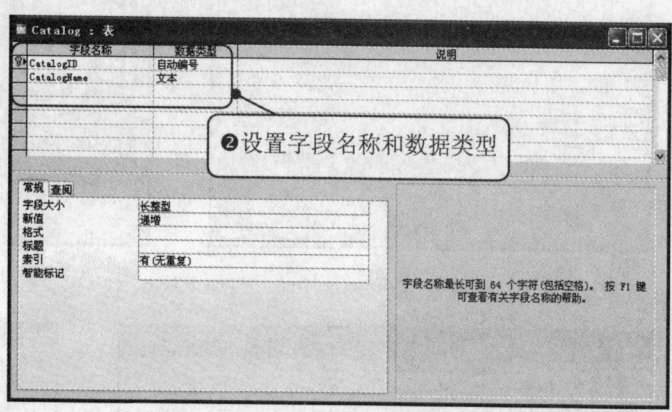

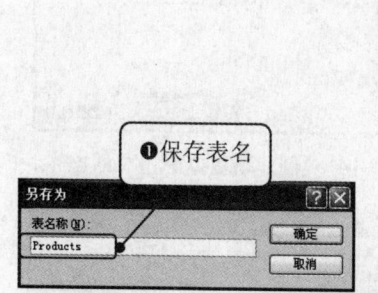

图 19-11　"另存为"对话框　　　　　图 19-12　创建表"Catalog"

商品详细信息表"Products"的主要字段如表 19-1 所示。

表 19-1　商品详细信息表"Products"中的字段

字段名称	数据类型	说　明
ProductID	自动编号	商品编号
ProductName	文本	商品名称
OldPrice	数字	市场价格
SalePrice	数字	销售价格
CatalogID	数字	类别编号
Content	备注	商品详细内容
Image	文本	商品图片

19.3　创建数据库连接

数据库建立好之后，就要把网页和数据库连接起来，因为只有这样，才能让网页知道把数据存在什么地方。创建数据库连接的具体操作步骤如下。

（1）执行"开始"|"控制面板"|"性能和维护"|"管理工具"|"数据源（ODBC）"命令，打开"ODBC 数据源管理器"对话框，切换到"系统 DSN"选项卡，如图 19-13 所示。

（2）单击右侧的"添加"按钮，打开"创建新数据源"对话框，在对话框中的"名称"列表框中选择"Driver do Microsoft Access（*.mdb）"选项，如图 19-14 所示。

（3）单击"完成"按钮，打开"ODBC Microsoft Access 安装"对话框，在对话框中的"数据源名"文本框中输入"db"，单击"选择"按钮，选择数据库所在的位置，如图 19-15 所示。

（4）单击"确定"按钮，返回到"ODBC 数据源管理器"对话框，如图 19-16 所示。

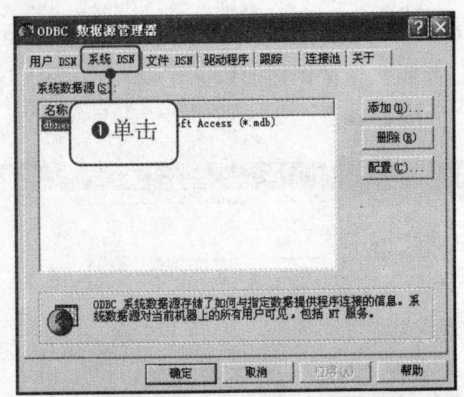

图 19-13　"ODBC 数据源管理器"对话框

图 19-14　"创建新数据源"对话框

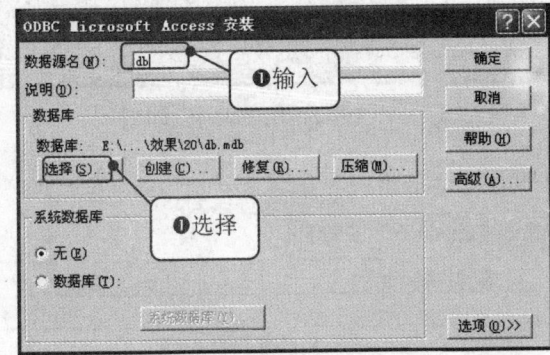

图 19-15　"ODBC Microsoft Access 安装"对话框

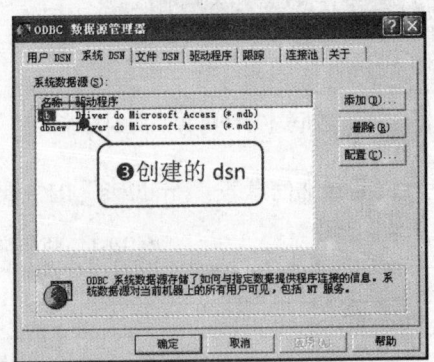

图 19-16　"ODBC 数据源管理器"对话框

（5）执行"窗口"|"数据库"命令，打开"数据库"面板，在面板中单击 按钮，在弹出的菜单中选择"数据源名称（DSN）"选项，如图 19-17 所示。

（6）打开"数据源名称（DSN）"对话框，在对话框中的"连接名称"文本框中输入"db"，"数据源名称（DSN）"下拉列表中选择"db"，如图 19-18 所示。

（7）单击"确定"按钮，即可创建数据库连接，此时"数据库"面板如图 19-19 所示。

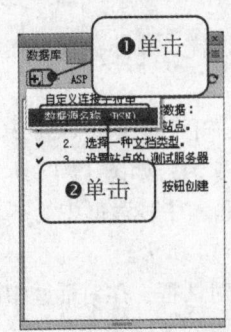

图 19-17　选择"数据源名称（DSN）"选项

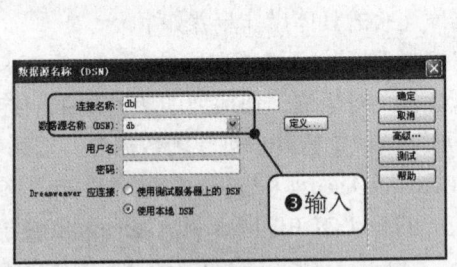

图 19-18　"数据源名称（DSN）"对话框

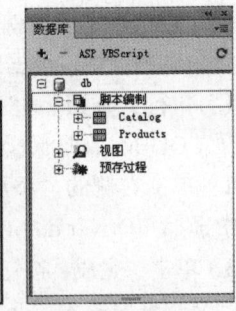

图 19-19　"数据库"面板

19.4　制作购物系统前台页面

本节讲述购物系统前台页面的制作，浏览者通过商品分类页面单击商品名称，可以进入商品的详细信息页面。

19.4.1　制作商品分类展示页面

商品分类展示也就是列出网站中的商品，目的是让浏览者查看商品的价格、商品图像等。商品分类展示页面，如图 19-20 所示。制作时，首先创建商品记录集和商品类别记录集，然后绑定相关字段，最后通过插入记录集分页来实现商品的分页显示，具体操作步骤如下。

◎练习文件　实例素材/练习文件/CH19/index.html

◎完成文件　实例素材/完成文件/CH19/class.asp

（1）打开"index.htm"网页文档，将其另存为"class.asp"，将左边的商品删除，将"高"设置为"100"，将右边的商品展示删除，如图 19-21 所示。

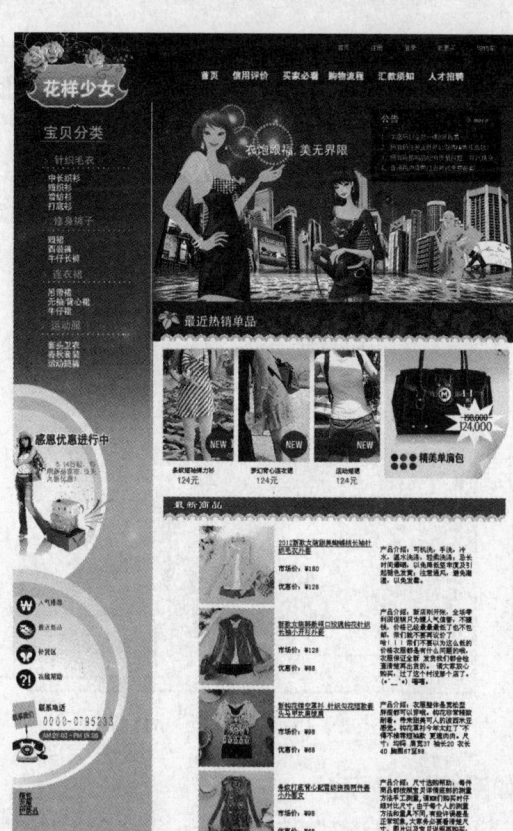

图 19-20　商品分类展示页面

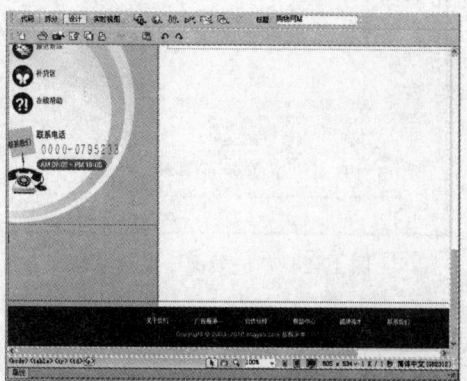

图 19-21　新建网页

403

（2）将光标放置在相应的位置，执行"插入"|"表格"命令，插入 2 行 3 列的表格，在第 1 行第 1 列的单元格中插入图像"images/bao.jpg"，如图 19-22 所示。

（3）分别在相应的单元格中输入文字，如图 19-23 所示。

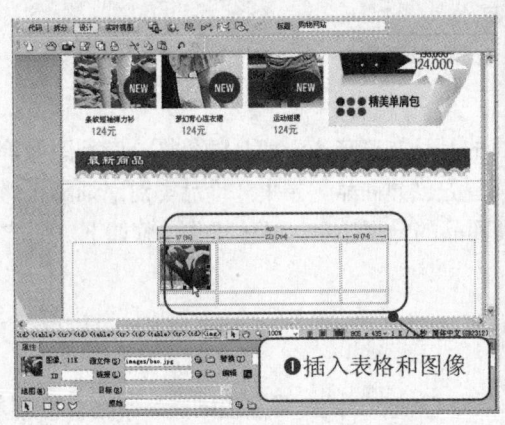

图 19-22　插入图像

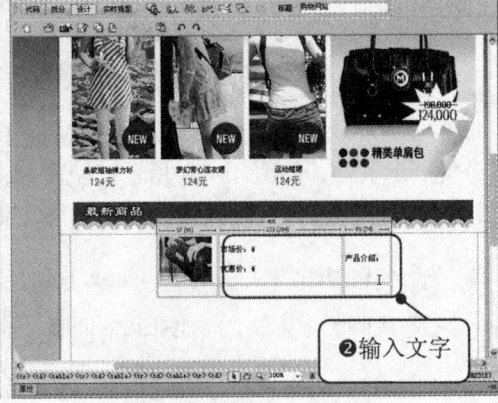

图 19-23　输入文字

（4）执行"窗口"|"绑定"命令，打开"绑定"面板，在面板中单击 ➕ 按钮，在弹出的菜单中选择"记录集（查询）"选项，打开"记录集"对话框。在该对话框的"名称"文本框中输入"Rs1"，在"连接"下拉列表中选择"db"，在"表格"下拉列表中选择"Products"，在"列"区域中选择"全部"单选按钮，在"筛选"下拉列表中分别选择"CatalogID"、" = "、"URL 参数"和"CatalogID"，在"排序"下拉列表中分别选择"ProductID"和"降序"，单击"确定"按钮，创建记录集。如图 19-24 所示。

（5）按照步骤（4）的方法，创建记录集"Rs2"，如图 19-25 所示。

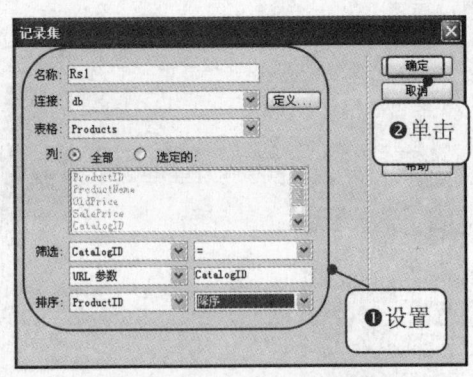

图 19-24　"记录集"对话框

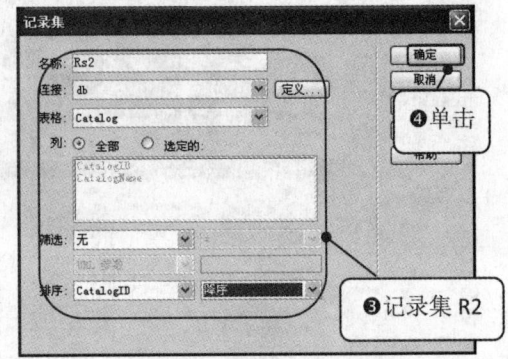

图 19-25　"记录集"对话框

（6）单击"确定"按钮，创建记录集，如图 19-26 所示。

（7）在文档中选中图片，在"绑定"面板中展开记录集"Rs1"，选中 Image 字段，单击 绑定 按钮，绑定字段，如图 19-27 所示。

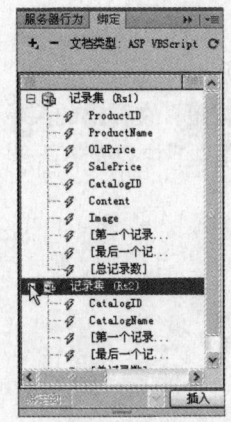

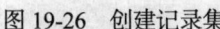

图 19-26　创建记录集

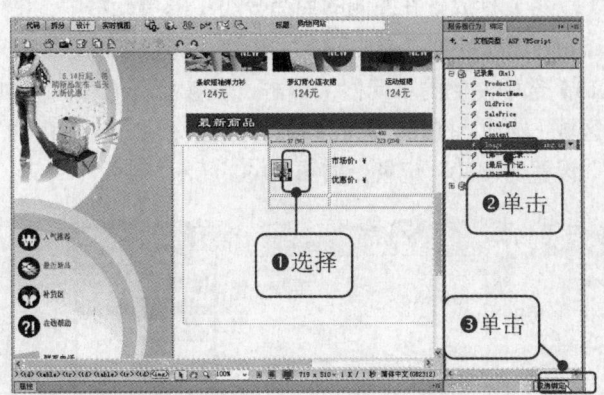

图 19-27　绑定字段

（8）按照步骤（7）的方法在相应的位置绑定相应的字段，如图 19-28 所示。

（9）选中第 1 行单元格，执行"窗口"|"服务器行为"命令，打开"服务器行为"面板，在面板中单击 ![] 按钮，在弹出的菜单中选择"重复区域"选项，如图 19-29 所示。

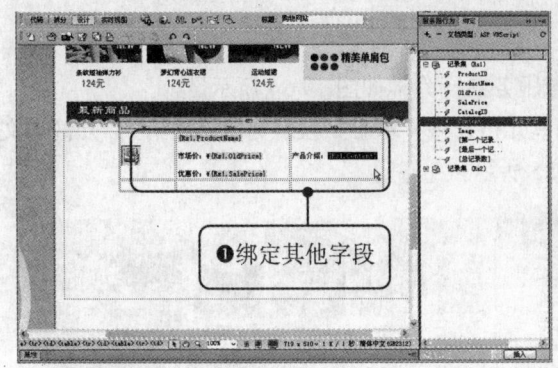

图 19-28　绑定其他字段

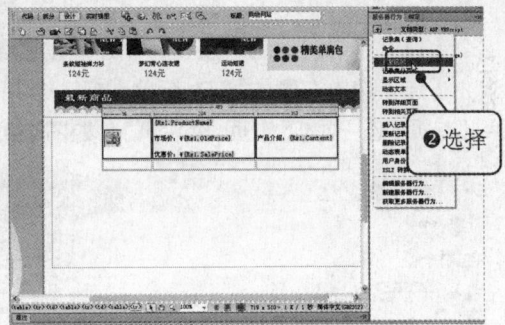

图 19-29　选择"重复区域"选项

（10）打开"重复区域"对话框，在对话框中的"记录集"下拉列表中选择"Rs1"，"显示"设置为"5"记录，如图 19-30 所示。

（11）单击"确定"按钮，创建重复区域服务器行为，如图 19-31 所示。

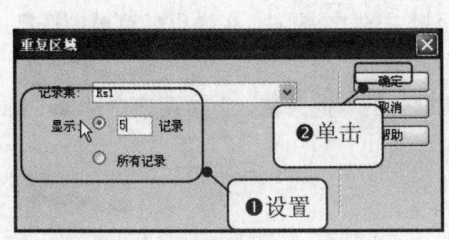

图 19-30　"重复区域"对话框

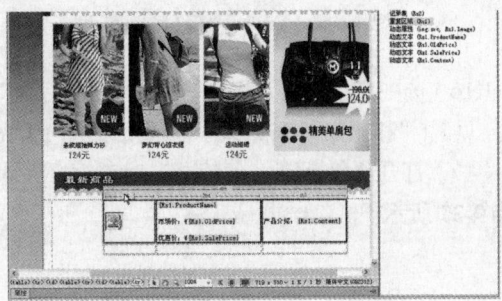

图 19-31　创建重复区域服务器行为

（12）将光标放置在左侧的商品分类中的单元格中，在"绑定"面板中展开记录集"Rs2"，选中 CatalogName 字段，单击 ⬚插入⬚ 按钮，绑定字段，如图 19-32 所示。

（13）选中左侧的单元格，单击"服务器行为"面板中的 ➕ 按钮，在弹出的菜单中选择"重复区域"选项，打开"重复区域"对话框，在对话框中的"记录集"下拉列表中选择"Rs2"，"显示"设置为"30"记录，如图 19-33 所示。

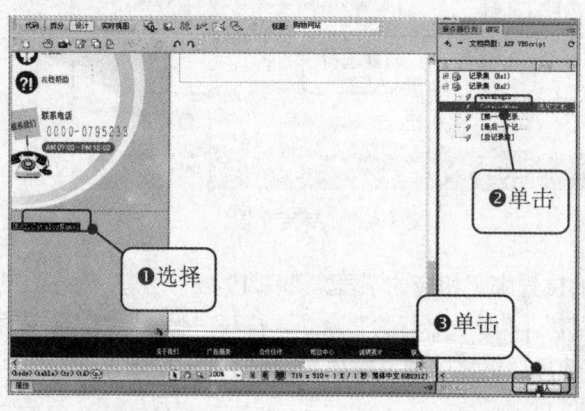

图 19-32　绑定字段

图 19-33　"重复区域"对话框

（14）单击"确定"按钮，创建重复区域服务器行为，如图 19-34 所示。

（15）选中右侧的第 2 行单元格，合并单元格，将"水平"设置为"右对齐"，并输入文字"首页 上一页 下一页 最后页"，如图 19-35 所示。

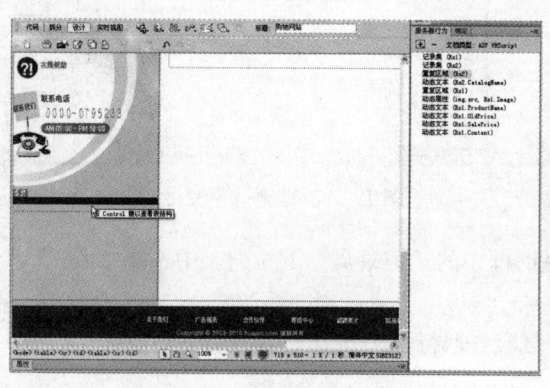

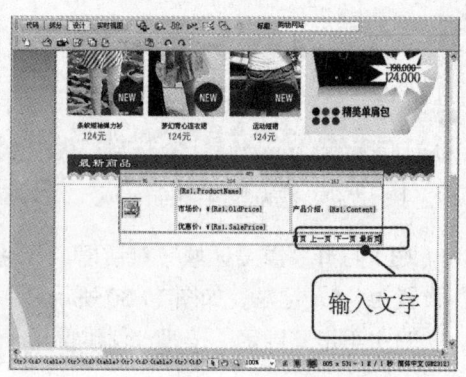

图 19-34　创建重复区域服务器行为

图 19-35　输入文字

（16）选中文字"首页"，单击"服务器行为"面板中的 ➕ 按钮，在弹出的菜单中选择"记录集分页"|"移至第一条记录"选项，如图 19-36 所示。

（17）打开"移至第一条记录"对话框，在对话框中的"记录集"下拉列表中选择"Rs1"，如图 19-37 所示。

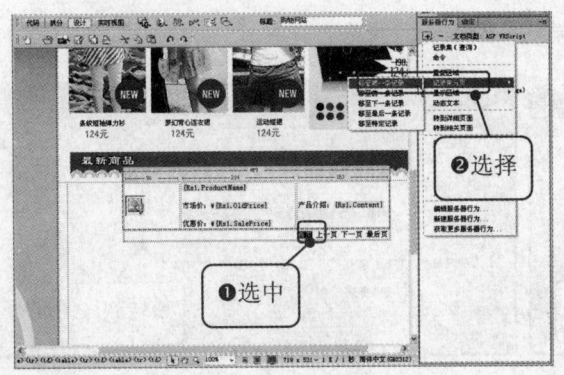

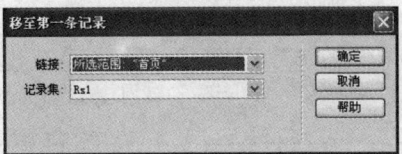

图 19-36 选择"移至第一条记录"选项　　　　图 19-37 "移至第一条记录"对话框

（18）单击"确定"按钮，创建服务器行为，如图 19-38 所示。

（19）按照步骤（15）～步骤（17）的方法分别对其他文字创建相应的服务器行为，如图 19-39 所示。

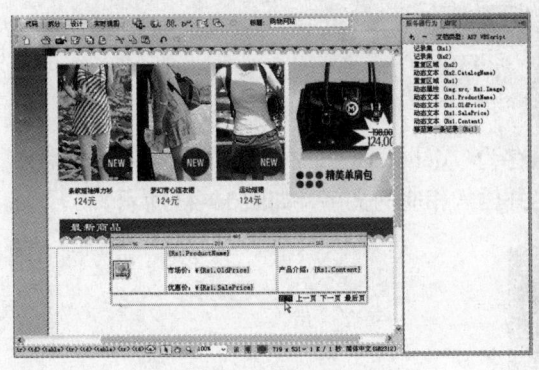

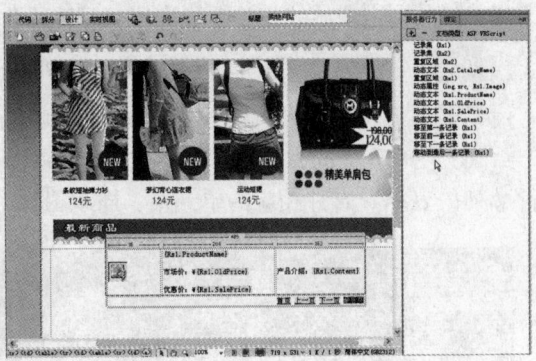

图 19-38 创建服务器行为　　　　　　　　图 19-39 创建其他服务器行为

★ 提示 ★

"上一页"添加服务器行为"移至前一条记录"，"下一页"添加服务器行为"移至下一条记录"，"最后页"添加服务器行为"移至最后一条记录"。

（20）选中{Rs1.ProductName}，单击"服务器行为"面板中的 ➕ 按钮，在弹出的菜单中选择"转到详细页面"选项，打开"转到详细页面"对话框，如图 19-40 所示。在该对话框的在"详细信息页"文本框中输入"detail.asp"，在"记录集"下拉列表中选择"Rs1"，"列"下拉列表中选择"ProductID"。单击"确定"按钮，创建转到详细页面服务器行为。

（21）选中{Rs2.CatalogName}，单击"服务器行为"面板中的 ➕ 按钮，在弹出的菜单中选择"转到详细页面"选项，打开"转到详细页面"对话框，如图 19-41 所示。在该对话框的"详细信息页"文本框中输入"class.asp"，在"记录集"下拉列表中选择"Rs2"，在"列"下拉列表中选择"CatalogID"。

（22）单击"确定"按钮，创建转到详细页面服务器行为。

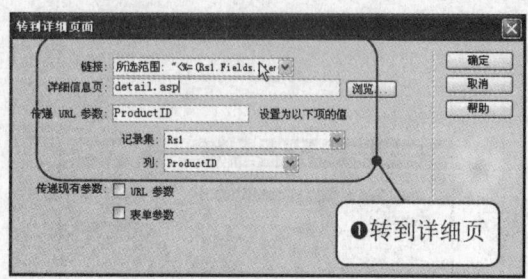

图 19-40 "转到详细页面"对话框 1

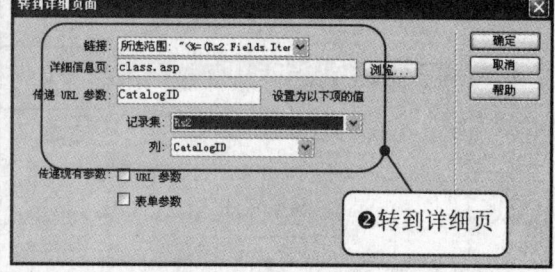

图 19-41 "转到详细页面"对话框 2

19.4.2 制作商品详细信息页面

在商品分类展示页面中，单击商品的名称会转到另一个页面，也就是商品详细信息页面，如图 19-42 所示。这个页面制作时比较简单，主要是利用从商品详细信息表 Products 中创建记录集，然后绑定商品的相关字段即可。具体操作步骤如下。

◎练习文件 实例素材/练习文件/CH19/index.html

◎完成文件 实例素材/完成文件/CH19/detail.asp

（1）打开"index.htm"网页文档，将其另存为"detail.asp"，在网页的右半部分插入 5 行 2 列的表格，合并相应的单元格，插入图像，并输入相应的文字，如图 19-43 所示。

图 19-42 商品详细信息页面

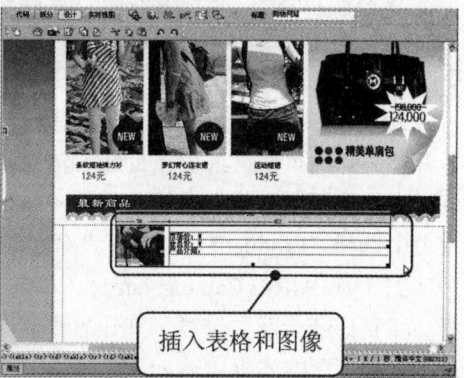

插入表格和图像

图 19-43 新建网页

（2）单击"绑定"面板中的![+]按钮，在弹出的菜单中选择"记录集（查询）"选项，打开"记录集"对话框，在对话框中的"名称"文本框中输入"Rs2"，在"连接"下拉列表中选择"db"，在"表格"下拉列表中选择"Products"，在"列"区域中选择"全部"单选按钮，在"筛选"下拉列表中分别选择"ProductID"、"＝"、"URL 参数"和"ProductID"，如图 19-44 所示。

（3）单击"确定"按钮，创建记录集，如图 19-45 所示。

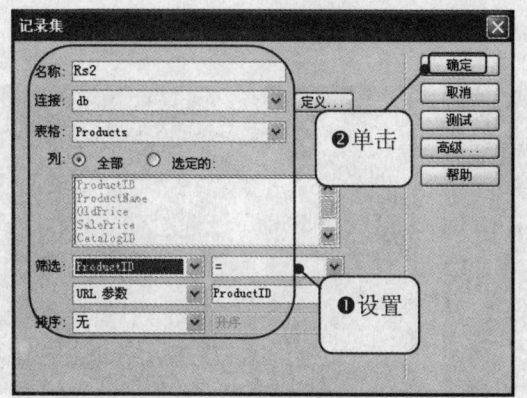

图 19-44 "记录集"对话框

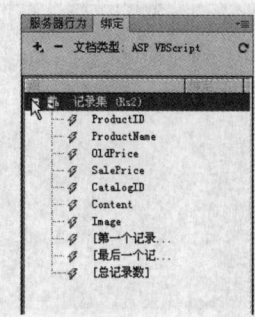

图 19-45 创建记录集

（4）选中图像，在"绑定"面板中展开记录集"Rs2"，选中 Image 字段，单击 [绑定] 按钮，绑定字段，如图 19-46 所示。

（5）按照步骤（4）的方法，将其他字段绑定到相应的位置，如图 19-47 所示。

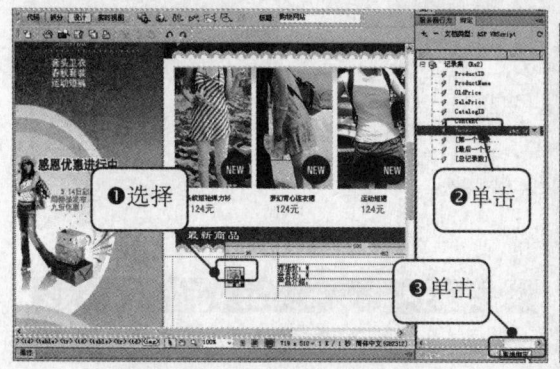

图 19-46 绑定字段

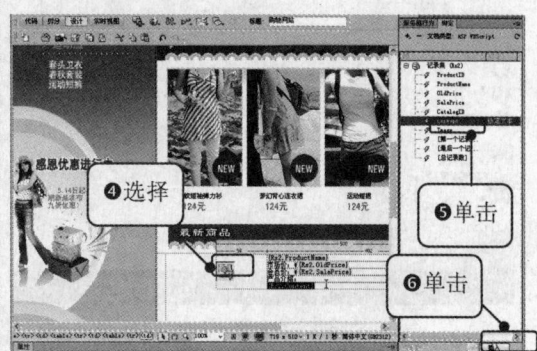

图 19-47 绑定其他字段

19.5 制作购物系统后台管理页面

本节将讲述购物系统后台管理页面的制作。后台管理页面主要包括添加商品类别页面、添加商品页面、修改商品信息页面、删除商品页面和商品管理页面。

 19.5.1 制作添加商品页面

前台页面已经制作好，但要经常更新或添加新商品数据，必须要往数据库里输入新内容，所以，下面将制作一个新增商品分类页面和新增商品内容页面，制作这两个页面没有什么差别，都是建立好表单，然后插入使用记录服务器行为。新增商品分类页面如图 19-48 所示，新增商品内容页面如图 19-49 所示，具体操作步骤如下。

◎练习文件 实例素材/练习文件/CH19/index.html

◎完成文件 实例素材/完成文件/CH19/ add-catalog.asp，add-Products.asp

图 19-48 添加商品分类页面

图 19-49 添加商品内容页面

（1）打开"index.htm"网页文档，将其分别保存为"add-catalog.asp"和"add-Products.asp"，如图 19-50 所示。

（2）下面先制作"add-catalog.asp"网页，将光标放置在相应的位置，执行"插入"|"表单"|"表单"命令，插入表单，并在表单中输入文字，设置为"居中对齐"，如图 19-51 所示。

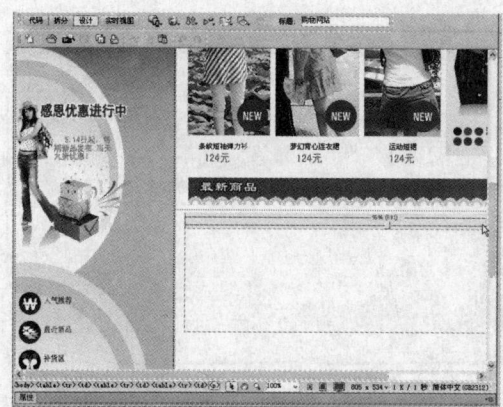 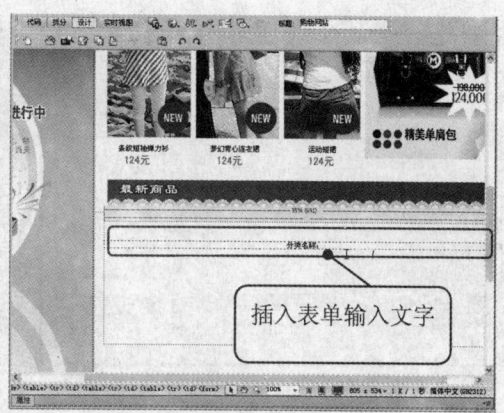

图 19-50　新建网页　　　　　　　　　　　图 19-51　输入文字

（3）将光标放置在文字的右边，执行"插入"|"表单"|"文本域"命令，插入文本域；在"属性"面板中，在"文本域"的名称文本框中输入"catalogname"，"字符宽度"设置为"20"，"类型"设置为"单行"，如图 19-52 所示。

（4）将光标放置在文本域的右边，按"Shift+Enter"组合键换行，分别插入提交按钮和重置按钮，如图 19-53 所示。

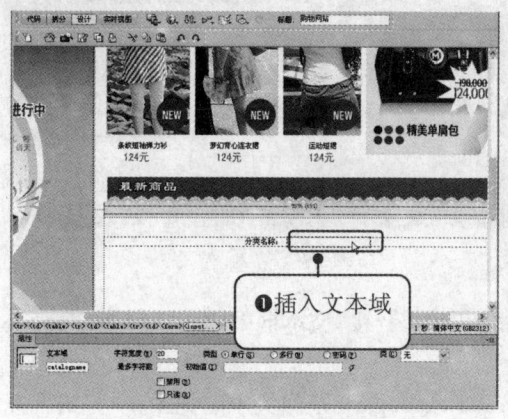 

图 19-52　插入文本域　　　　　　　　　　图 19-53　插入按钮

（5）单击"绑定"面板中的 按钮，在弹出的菜单中选择"记录集（查询）"选项，打开"记录集"对话框。在该对话框中的"名称"文本框中输入"Rs1"，在"连接"下拉列表中选择"db"，在"表格"下拉列表中选择"Catalog"，在"列"区域中选择"全部"单选按钮，在"排序"下拉列表中分别选择"CatalogID"和"升序"，如图 19-54 所示。

（6）单击"确定"按钮，插入记录。

（7）单击"服务器行为"面板中的 按钮，在弹出的菜单中选择"插入记录"选项，打开"插入记录"对话框。在该对话框中的"连接"下拉列表中选择"db"，在"插入到表格"下拉列表中选择"Catalog"，在"插入后，转到"文本框中输入"ok-1.htm"，如图 19-55 所示。

411

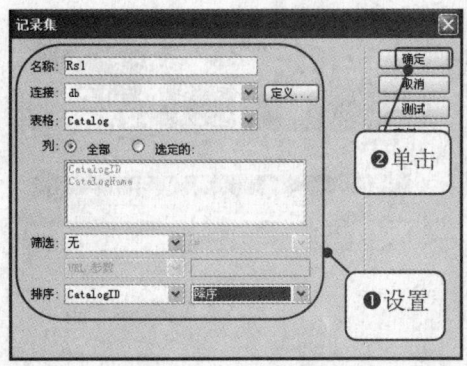

图 19-54 "记录集"对话框

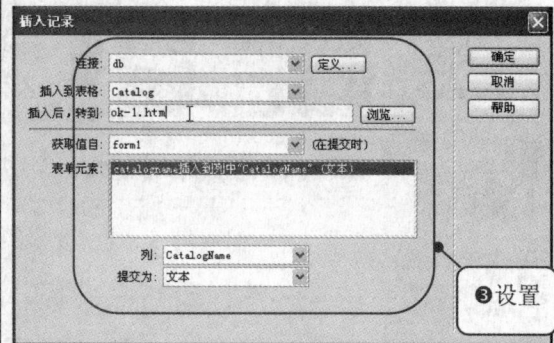

图 19-55 "插入记录"对话框

（8）单击"确定"按钮，插入记录，如图 19-56 所示，保存网页。

（9）将"add-catalog.asp"另存为"ok-1.htm"，删除整个表单，按 Enter 键换行，输入文字"提交成功，返回添加商品页面!"，对齐方式设置为"居中对齐"，如图 19-57 所示。

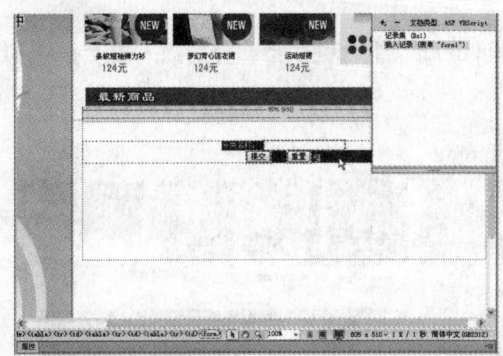

图 19-56 插入记录

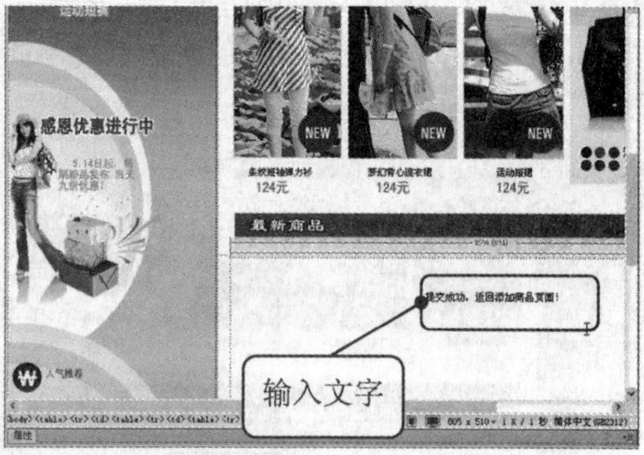

图 19-57 输入文字

（10）选中文字"添加商品页面"；在"属性"面板中的"链接"文本框中输入"add-catalog.asp"，设置链接，如图 19-58 所示。

（11）打开"add-Products.asp"页面，将"add-catalog.asp"网页中的记录集"Rs1"复制到"add-Products.asp"页面中，如图 19-59 所示。

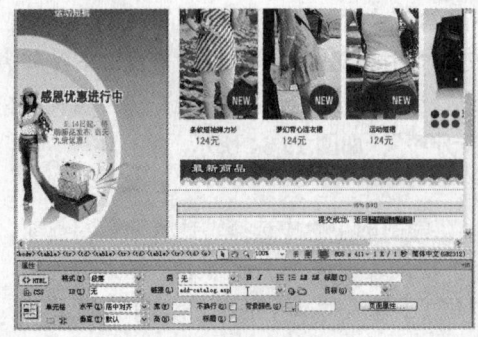

图 19-58 设置链接

图 19-59 复制记录集

（12）单击"数据"插入栏中的"插入记录表单"按钮 ，打开"插入记录表单"对话框。在该对话框中的"连接"下拉列表中选择"db"，在"插入到表格"下拉列表中选择"Products"，在"插入后，转到"文本框中输入"ok-2.htm"，在"表单字段"中的部分选中 ProductID，单击按钮删除，选中 ProductName，在"标签"文本框中输入"产品名称:"，选中 OldPrice，在"标签"文本框中输入"市场价:"，选中 SalePrice，在"标签"文本框中输入"优惠价:"选中 CatalogID，在"标签"文本框中输入"所属分类:"，"显示为"下拉列表中选择"菜单"，单击下面的 菜单属性 按钮，打开"菜单属性"对话框。在该对话框中，在"填充菜单项"区域选择"来自数据库"单选按钮，如图 19-60 所示。选中"Content"，在"标签"文本框中输入"产品介绍:"，选中"Image"，在"标签"文本框中输入"图片路径:"，如图 19-61 所示。

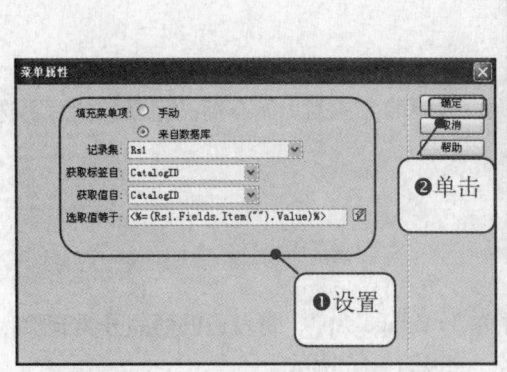

图 19-60　"菜单属性"对话框

图 19-61　"插入记录表单向导"对话框

（13）单击"确定"按钮，此时在页面中插入了一个完成的表单项，如图 19-62 所示。

（14）选中"产品介绍:"后面的文本域；在"属性"面板中将"类型"设置为"多行"，"字符宽度"设置为"30"，"行数"设置为"6"，如图 19-63 所示。

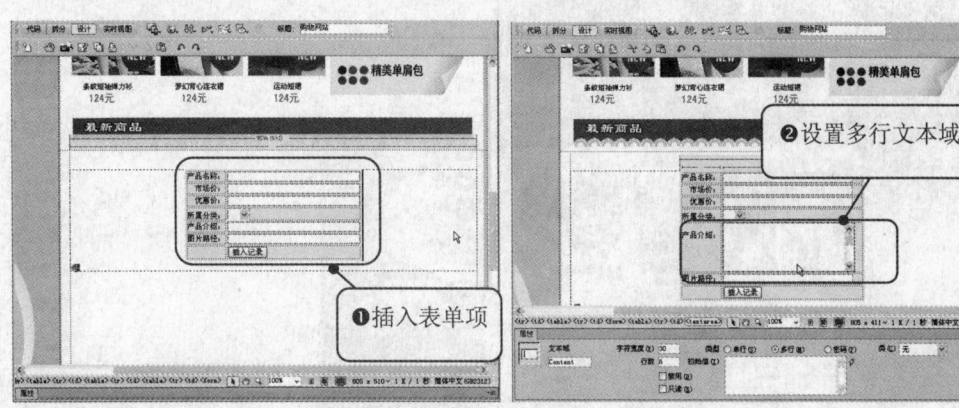

图 19-62　插入表单项

图 19-63　设置属性

（15）打开"ok-1.htm"网页，将其另存为"ok-2.htm"网页，将文字"添加商品页面"的链接换为"add-Products.asp"，如图 19-64 所示。

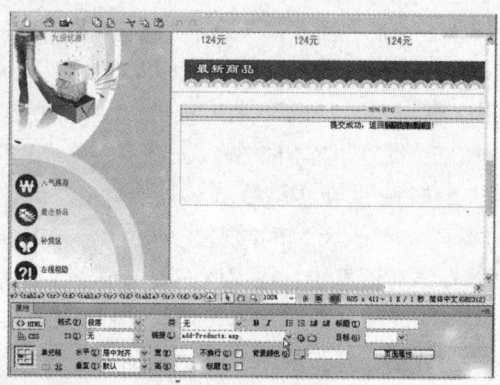

图 19-64　设置链接

 ### 19.5.2　制作商品管理页面

商品管理页面如图 19-65 所示，商品管理页面以表格的方式列出所有商品记录，然后再选择要修改或删除哪一条记录。具体操作步骤如下。

练习文件　实例素材/练习文件/CH19/index.html

完成文件　实例素材/完成文件/CH19/manage.asp

（1）打开"index.htm"网页文档，将其另存为"manage.asp"，将左边的商品分类删除，将"高"设置为"100"，并将右边的商品展示删除，如图 19-66 所示。

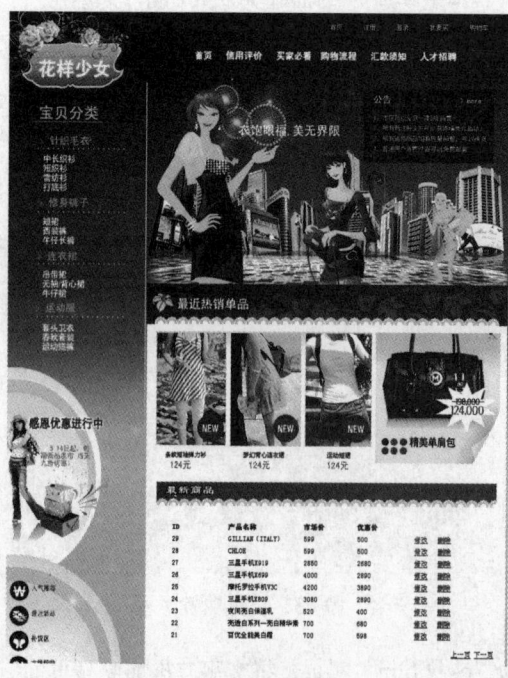

图 19-65　商品管理页面

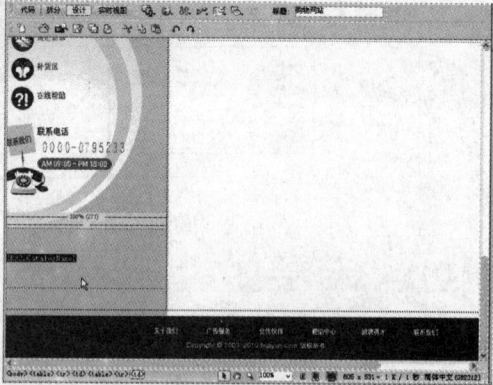

图 19-66　新建网页

（2）将光标放置在相应的位置，执行"插入"|"表格"命令，插入 2 行 6 列的表格，在相应的单元格中输入文字，如图 19-67 所示。

（3）单击"绑定"面板中的　按钮，在弹出的菜单中选择"记录集（查询）"选项，打开"记录集"对话框。在该对话框中的"名称"文本框中输入"Rs1"，在"连接"下拉列表中选择"db"，在"表格"下拉列表中选择"Products"，在"列"区域中选择"全部"单选按钮，在"排序"下拉列表中分别选择"ProductsID"和"降序"，如图 19-68 所示。

（4）单击"确定"按钮，创建记录集。

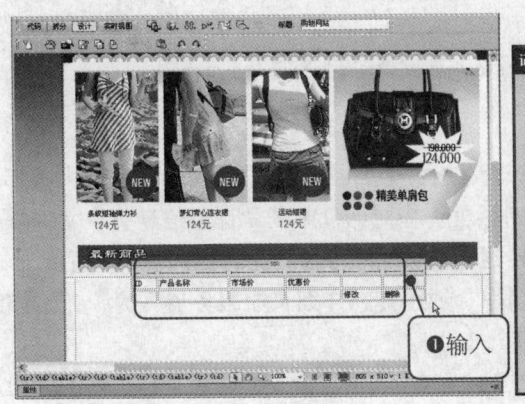

图 19-67　输入文字　　　　　　　　　图 19-68　"记录集"对话框

（5）将光标放置在第 2 行第 1 列的单元格中，在"绑定"面板中展开记录集"Rs1"，选中 ProductID 字段，单击　插入　按钮，绑定字段，如图 19-69 所示。

（6）按照步骤（5）的方法，分别在第 2 行其他单元格中绑定相应的字段，如图 19-70 所示。

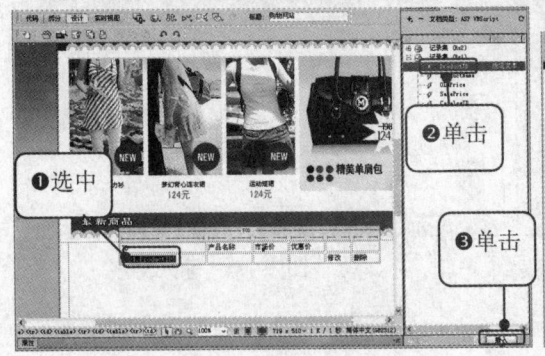
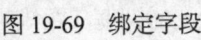
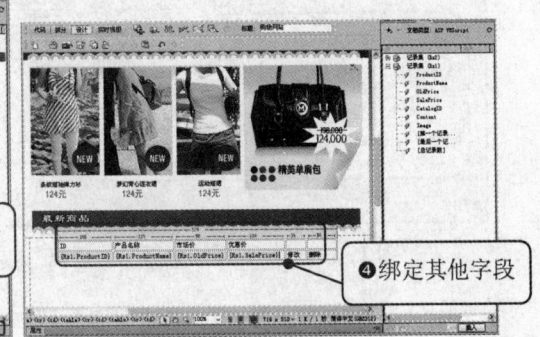

图 19-69　绑定字段　　　　　　　　　图 19-70　绑定其他字段

（7）选中第 2 行单元格，单击"服务器行为"面板中的　按钮，在弹出的菜单中选择"重复区域"选项，打开"重复区域"对话框。在该对话框中"记录集"下拉列表中选择"Rs1"，"显示"设置为"10"记录，如图 19-71 所示。

（8）单击"确定"按钮，创建重复区域服务器行为，如图 19-72 所示。

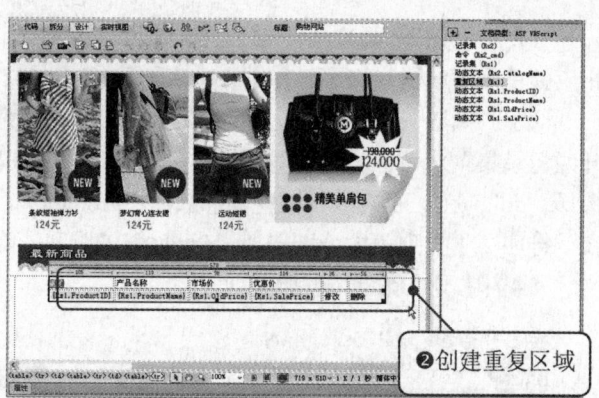

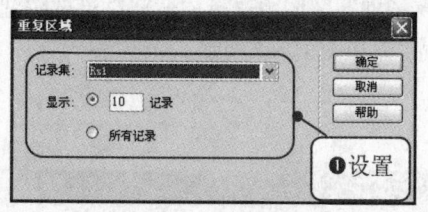

图 19-71 "重复区域"对话框　　　　　图 19-72 创建重复区域服务器行为

（9）选中文字"修改"，单击"服务器行为"面板中的➕按钮，在弹出的菜单中选择"转到详细页面"选项，打开"转到详细页面"对话框。在对话框中的"详细信息页"文本框中输入"modify.asp"，单击"确定"按钮，创建转到详细页面服务器行为，如图 19-73 所示。

（10）按照步骤（9）的方法为文字"删除"创建转到详细页面服务器行为，在"详细信息页"文本框中输入"del.asp"。

（11）将光标放置在相应的位置，执行"插入"|"表格"命令，插入 1 行 1 列的表格，在单元格中将"水平"设置为"右对齐"，输入文字，如图 19-74 所示。

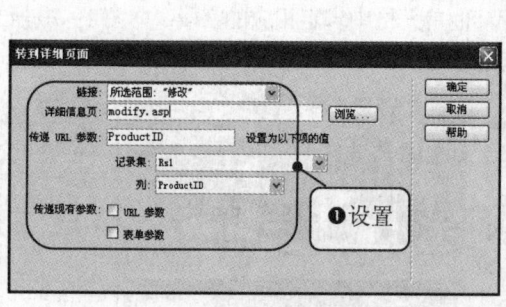

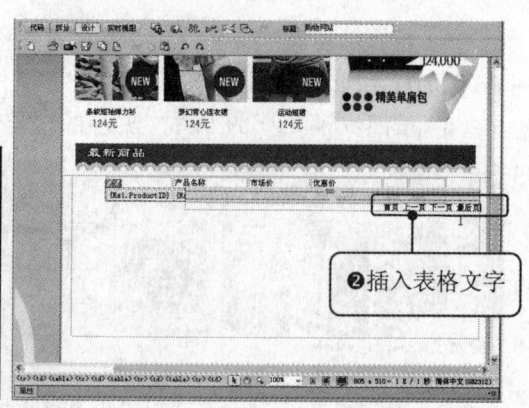

图 19-73 "转到详细页面"对话框　　　　图 19-74 输入文字

（12）选中文字"首页"，单击"服务器行为"面板中的➕按钮，在弹出的菜单中选择"记录集分页"|"移至第一条记录"选项，打开"移至第一条记录"对话框。在该对话框中的"记录集"下拉列表中选择"Rs1"，如图 19-75 所示。

（13）单击"确定"按钮，创建移至第一条记录服务器行为。按照步骤（12）的方法分别为文字"上一页"添加"移至前一条记录"服务器行为、"下一页"添加"移至下一条记录"服务器行为，"最后页"添加"移至最后一条记录"服务器行为。选中文字"首页"，单击"服务器行为"面板中的➕按钮，在弹出的菜单中选择"显示区域"|"如果不是第一条记录则显示区域"选项，如图 19-76 所示。

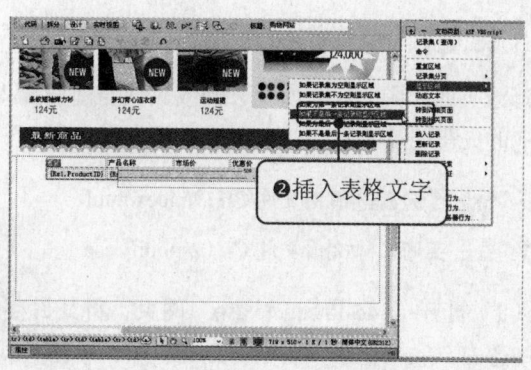

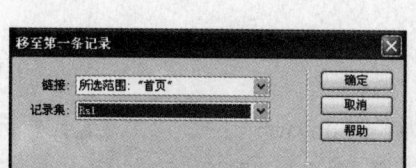

图 19-75 "移至第一条记录"对话框 图 19-76 选择"如果不是第一条记录则显示区域"选项

（14）打开"如果不是第一条记录则显示区域"对话框，在对话框中的"记录集"下拉列表中选择"Rs1"，如图 19-77 所示。

（15）单击"确定"按钮，创建"如果不是第一条记录则显示区域"服务器行为，如图 19-78 所示。

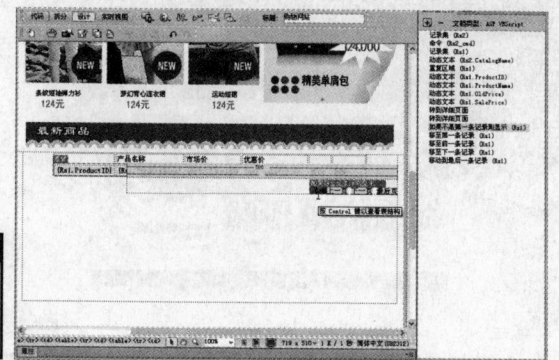

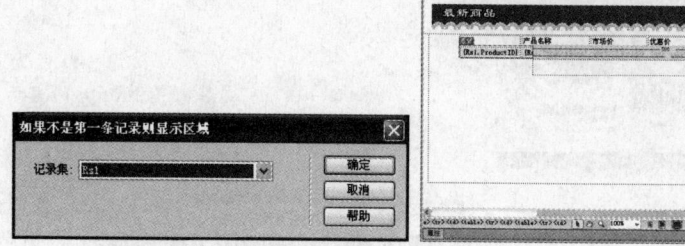

图 19-77 "如果不是第一条记录则显示区域"对话框 图 19-78 创建服务器行为 1

（16）按照步骤（13）~步骤（15）的方法，为文字"上一页"添加"如果为最后一条记录则显示区域"服务器行为，"下一页"添加"如果为第一条记录则显示区域"服务器行为，"最后页"添加"如果不是最后一条记录则显示区域"服务器行为，如图 19-79 所示。

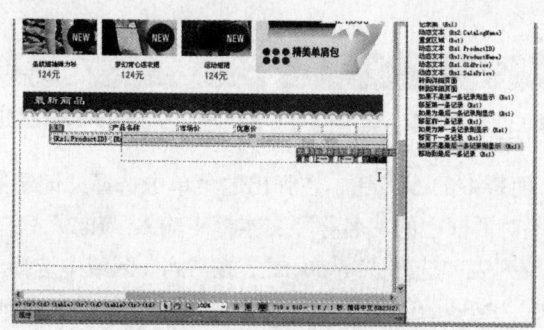

图 19-79 创建服务器行为 2

417

19.5.3　制作修改页面

修改页面如图 19-80 所示，修改页面与前面插入记录基本类似，制作时主要是利用服务器行为中的更新记录来实现的。具体操作步骤如下。

练习文件　实例素材/练习文件/CH19/index.html

完成文件　实例素材/完成文件/CH19/modify.asp

（1）打开 "add-Products.asp" 网页，将其另存为 "modify.asp" 网页，在 "服务器行为" 面板中选中 "插入记录（表单 "form1"）"，单击 ⊟ 按钮删除，如图 19-81 所示。

图 19-80　修改页面　　　　　　　　　　图 19-81　新建网页

（2）单击 "绑定" 面板中的 ⊞ 按钮，在弹出的菜单中选择 "记录集（查询）" 选项，打开 "记录集" 对话框。在该对话框中的 "名称" 文本框中输入 "Rs2"，在 "连接" 下拉列表中选择 "db"，在 "表格" 下拉列表中选择 "Products"，在 "列" 区域中选择 "全部" 单选按钮，"筛选" 下拉列表中分别选择 "ProductID"、" = "、"URL 参数" 和 "ProductID"，如图 19-82 所示。

（3）单击 "确定" 按钮，创建记录集。

第 19 章 设计制作购物网站

（4）选中表单中"产品名称"文本域，在"绑定"面板中展开记录集"Rs2"，选中 ProductName 字段，单击 绑定 按钮，绑定字段，如图 19-83 所示。

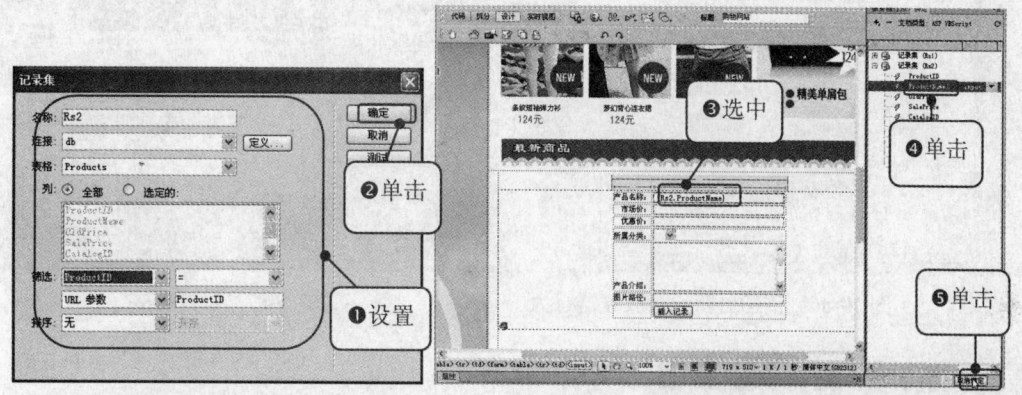

图 19-82 "记录集"对话框   图 19-83 绑定字段

（5）按照步骤（4）的方法，在相应的位置绑定相应的字段，如图 19-84 所示。

（6）单击"服务器行为"面板中的 按钮，在弹出的菜单中选择"更新记录"选项，打开"更新记录"对话框。在该对话框中"连接"下拉列表中选择"db"，在"要更新的表格"下拉列表中选择"Products"，在"选取记录自"下拉列表中选择"Rs2"，在"在更新后，转到"文本框中输入"ok-3.htm"，如图 19-85 所示。

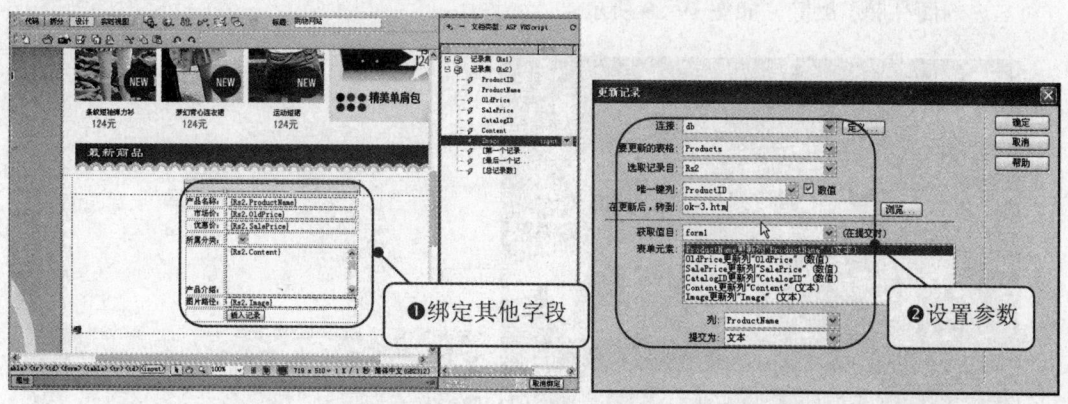

图 19-84 绑定其他字段   图 19-85 "更新记录"对话框

（7）单击"确定"按钮，创建更新记录服务器行为，如图 19-86 所示。

（8）打开"ok-1.htm"网页，将其另存为"ok-3.htm"网页，将右边的文字删除，输入"修改成功，返回到商品管理页面！"，选中文字"商品管理页面"；在"属性"面板中的"链接"文本框中输入"manage.asp"，如图 19-87 所示。

419

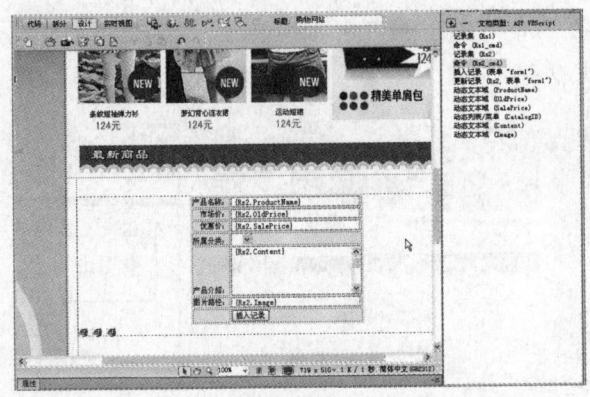

图 19-86　创建更新记录服务器行为　　　　图 19-87　设置链接

19.5.4　制作删除页面

删除页面把重复、多余和不再有效的数据从数据库中删除，以免占用数据库中的资源。删除页面如图 19-88 所示，具体操作步骤如下。

练习文件　实例素材/练习文件/CH19/index.html

完成文件　实例素材/完成文件/CH19/del.asp

（1）打开"index.htm"网页文档，将其另存为"del.asp"网页，将左边的商品分类删除，并将右边的商品展示删除，如图 19-89 所示。

图 19-88　删除页面

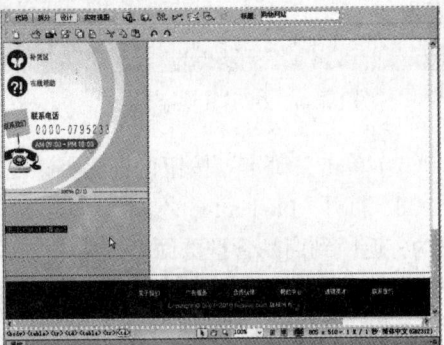

图 19-89　新建网页

（2）在"服务器行为"面板中双击记录集"Rs1"，打开"记录集"对话框。在对话框中在"筛选"下拉列表中分别选择"ProductID"、"＝"、"URL 参数"和"ProductID"选项，其他不变，如图 19-90 所示。

（3）将光标放置在相应的位置，设置为"居中对齐"，在"绑定"面板中展开记录集"Rs1"，选中 ProductName 字段，单击 插入 按钮，绑定字段，如图 19-91 所示。

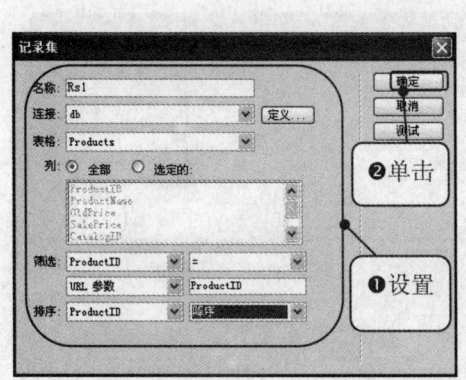
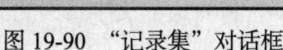
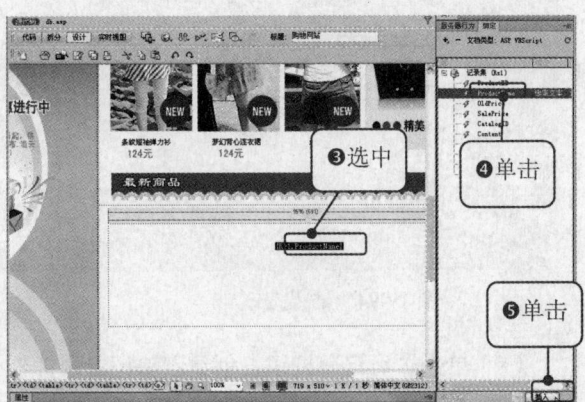

图 19-90　"记录集"对话框　　　　　　　　图 19-91　绑定字段

（4）按照步骤（2）的方法，将字段绑定到相应的位置，如图 19-92 所示。

（5）将光标放置在相应的位置，执行"插入"|"表单"|"表单"命令，插入表单，如图 19-93 所示。

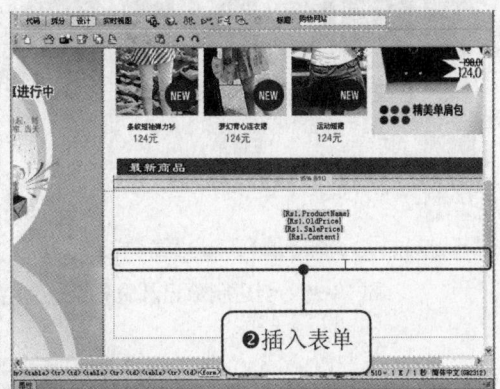

图 19-92　绑定字段　　　　　　　　　图 19-93　插入表单

（6）将光标放置在表单中，执行"插入"|"表单"|"按钮"命令，插入按钮；在"属性"面板的"值"文本框中输入文字"确定删除"，"动作"设置为"提交表单"，对齐方式设置为"居中对齐"，如图 19-94 所示。

（7）单击"服务器行为"面板中的 按钮，在弹出的菜单中选择"删除记录"选项，打开"删除记录"对话框。在该对话框中的"连接"下拉列表中选择"db"，在"从表格中删除"

下拉列表中选择"Products"，在"选取记录自"下拉列表中选择"Rs1"，"在删除后，转到"文本框中输入"ok-4.htm"，如图 19-95 所示。

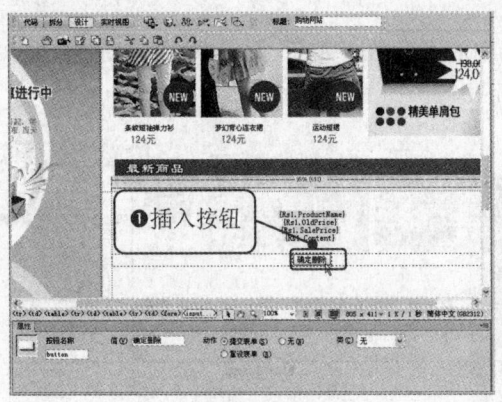

图 19-94　插入按钮　　　　　　　　　　图 19-95　"删除记录"对话框

（8）单击"确定"按钮，创建删除记录服务器行为，如图 19-96 所示。

（9）打开"ok-3.htm"网页，将其另存为"ok-4.htm"，将右边的文字修改为"删除成功，返回到商品管理页面！"，如图 19-97 所示。

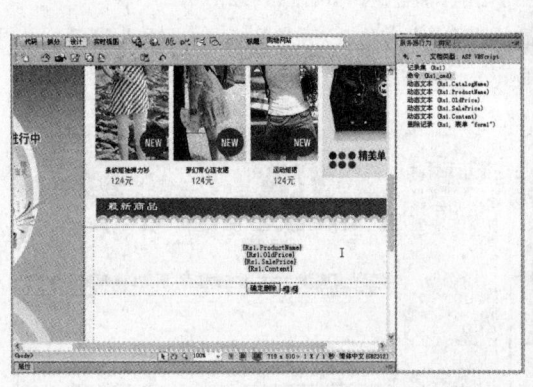
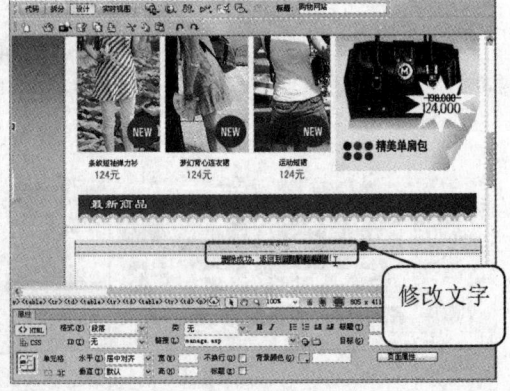

图 19-96　创建删除记录服务器行为　　　　　　图 19-97　修改文字

19.6　知识要点总结

19.6.1　记录集分页

Dreamweaver CS6 提供的"记录集分页"服务器行为，实际上是一组将当前页面和目标页面的记录集信息整理成 URL 地址参数的程序段。

（1）选择要添加记录集分页服务器行为的文字。

（2）执行"窗口"|"服务器行为"命令，打开"服务器行为"面板，在面板中单击按钮，在弹出的菜单中选择"记录集分页"选项，在弹出的子菜单中可以根据需要选择，如图 19-98 所示。

- "移至第一条记录"：在页面中创建可以跳转到第一条记录页面上的链接。
- "移至前一条记录"：在页面中创建可以跳转到前一条记录页面上的链接。
- "移至下一条记录"：在页面中创建可以跳转到下一条记录页面上的链接。
- "移至最后一条记录"：在页面中创建可以跳转到最后一条记录页面上的链接。
- "移至特定记录"：在细节页中创建直接跳转到特定记录页面上的链接。

（3）在选择了某个菜单项后即会出现一个设置对话框，提示用户选择链接目标和记录集。如图 19-99 所示的是选择"移至第一条记录"菜单项时显示的对话框，选择其他菜单项时的对话框与该对话框的结构类似。

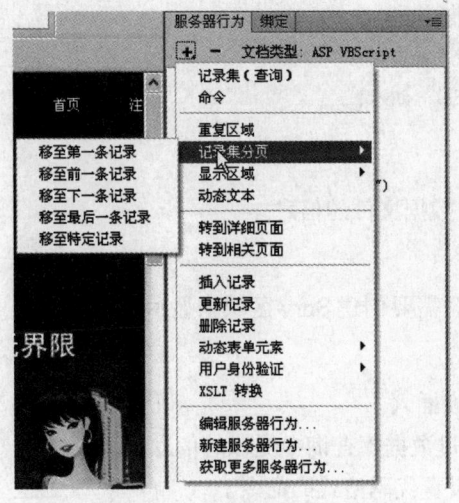

图 19-98　选择"记录集分页"选项

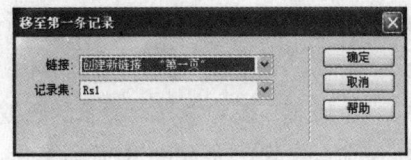

图 19-99　"移至第一条记录"对话框

移至第一条记录对话框中的参数如下。

- "链接"：显示文档中现有的所有链接文本名称，选择某个现有的链接就会将该服务器行为应用到该链接上。
- "记录集"：在下拉列表中选择记录集的名称。

（4）设置完毕后，单击"确定"按钮，即可创建服务器行为。

19.6.2　"数据"插入栏

在开发动态网页数据的时候，利用"服务器行为"面板上的菜单，是比较直接方便的一种方式，但对熟悉 Dreamweaver CS6 的用户来说，利用"应用程序"插入栏更快捷、有效，可以节约很多开发精力和时间，"数据"插入栏如图 19-100 所示。

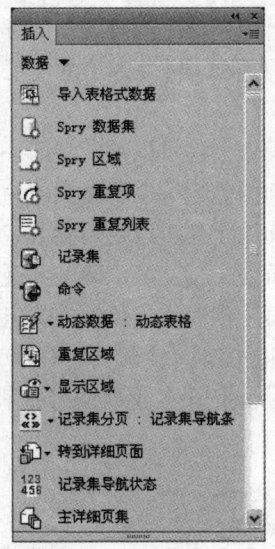

图 19-100　"数据"插入栏

"数据"插入栏中各参数如下。

- "导入表格式数据" ![图标]：选择有关表格式数据文件的信息。
- "Spry 数据集" ![图标]：选择 Spry 数据集插入。
- "Spry 区域" ![图标]：定义了 Spry 数据集后，需要创建 Spry 区域来显示数据。
- "Spry 重复项" ![图标]：选择 Spry 重复项插入。
- "Spry 重复列表" ![图标]：选择 Spry 重复列表插入。
- "记录集" ![图标]：选择要显示的数据，是通过数据库查询中提取的信息集。
- "命令" ![图标]：创建 SQL 代码变量、参数设置代码格式的命令。
- "动态数据" ![图标]：动态 Web 站点要求有一个可从中检索和显示动态数据的数据源。Dreamweaver CS6 允许使用数据库、请求参数、URL 参数、服务器参数、表单参数、预存过程以及其他动态数据。根据数据源的不同，可检索新数据以满足某个请求，也可以修改页面以满足用户需要。
- "重复区域" ![图标]：重复区域服务器行为允许在页面中显示记录集中的多条记录。任何动态数据选择都可以转变成重复的区域。然而，最常见的区域是表格、表格行或一系列表格行。
- "显示区域" ![图标]：显示区域服务器行为可以根据当前显示的记录的相关性，选择显示或隐藏页面上的项目。
- "记录集分页" ![图标]：记录集分页可以定义为记录集导航栏，是具备分页导航功能的动态链接。
- "转到详细页面" ![图标]：Dreamweaver 在所选文本周围放置一个特殊链接。当用户单击该链接时，"转到详细页面"服务器行为将一个包含记录 ID 的 URL 参数传递到详细页。

- "记录集导航状态" ：显示数据记录从首条到末条的数据库 ID 数，并记录所有记录的总数。
- "主详细页集" ：使用 Dreamweaver 可以创建两个明细级别表示的页面集。主页列出记录，详细页显示有关各记录的更多详细信息。
- "插入记录" ：用于生成一个使用户在数据库中插入新记录的页，Dreamweaver 将服务器行为添加到页，该页允许用户通过填写 HTML 表单并单击"提交"按钮在数据表中插入记录。
- "更新记录" ：用于生成一个使用户在数据库中修改新记录的页。
- "删除记录" ：可以删除数据库数据记录的表单行为。
- "用户身份验证" ：用于验证用户是否登录、是否注册，以及限制用户对页的访问。
- "XSL 转换" ：用于创建可执行服务器端 XSL 转换的 XSLT 页面。当应用程序服务器执行 XSL 转换时，包含 XML 数据的文件可以驻留在服务器上，也可驻留在 Web 上的任何地方。

19.7 专家秘笈

本章主要介绍了购物网站的设计制作，重点与难点是数据库创建和连接、建立记录集、绑定记录集中的字段、更新记录、删除记录、重复区域设置、分页显示和应用程序插入栏的使用等。

1．如何给网站增加购物车和在线支付功能？

本章详细讲述了购物网站的制作，但是在实际的购物网站中还有以下功能，本课限于篇幅就不再讲述了，有兴趣的读者可以尝试解决。

（1）增加购物车功能：增加购物车的功能是一个复杂而又繁琐的过程，可以利用购物车插件为网站增加一个功能完整的购物车系统。读者可以去网上下载一个购物车插件安装即可使用。

（2）在线支付功能：这就需要使用动态开发语言，如 ASP、PHP、JSP 等来实现。当然现在也有专门的第三方在线支付平台。

2．根据用户对登录网站的第一感受，对网站进行优化

（1）域名是否简洁易记：www.alibaba.com 与 www.exacineonea.cn，朗朗上口的 alibaba.com 会让更多人乐意去登录。

（2）网页打开速度：影响网页打开的速度有很多方面的原因，要全力避免自我可控的情况造成网页打开速度过慢。如保证服务器的稳定，页面图片的大小和数量不要太大太多，可用背景色的尽量避免使用图片，减少 Flash 的数量，网页代码尽量用简洁语句，清理注释和无用的换行空格等。

（3）页面宽度：目前用户显示器从 17 英寸到 22 英寸以上的不等，宽度的设计需要根据目前主流的显示器尺寸制定。设计过窄用户会感觉页面空挡，设计过宽用户会浏览不全网页内容。

（4）网站的整体设计风格：当页面打开后，能给用户最直观的印象的是网站的色彩，在网站的色彩上，保持与企业品牌形象的统一；在色彩的使用上无特殊需求不要超过三种颜色，如有三种颜色要尽量不将红、黄、蓝三色进行搭配；另一方面设计风格上要符合用户的浏览习惯，如导航部分位置和展示样式的设计，页脚内容的设计等，需要按照大多数用户一贯的浏览习惯来设计。

（5）网站品牌的标注：网站需要在用户打开页面的第一时间让用户了解"我是谁"，以保证提醒用户是否进入了用户需要的正确的网站。一般的做法就是在网站的合适位置添加网站Logo 和在浏览器标题栏添加 Logo。

（6）网站导航栏目的架构：当用户知道"我是谁"之后，用户的需求是要了解"我能帮你做什么"，那么制作一个清晰的网站导航和功能鲜明的栏目架构是一个回答这个问题的最好方式。

（7）广告位优化：广告位的设计一方面要避免与网站主要内容和功能冲突，影响用户对网站的正常使用，如目前几个大型网站中覆盖大半屏的层广告，直接挡住了用户要选择的链接和内容，不得不等广告自动消失后才能正常使用。另一方面不宜设置过多的广告位，商业广告过于浓厚会使用户对网站产生烦感。

3. 购物网站建设需要注意什么？

购物网站如今是互联网上最火的网站建设行业之一，但是一般人对于购物网站建设的架构并不是很了解。其实购物网站建设是最普及的网站赢利模式之一，而购物网站是构建在网络营销基础之上的，由于其更深入地利用互联网去解决我们在交易中的中间环节，所以我们在建设此类网站的时候应该按照营销型网站建设的规则，甚至更高的去要求每一个细节。我们发现大量的 B2C 购物网站是无法为网站投资者创造效益的，原因很简单，没有真正的了解用户，也无法取得用户信任，也就无法取得成功，所以这个购物网站建设肯定是失败的。

在这里可以和大家交流一下购物网站建设的经验，可以肯定的是网络营销离大众越来越近，在线购物才越来越受到关注，那么做好网络营销和购物网站建设之间，需要注意什么呢？

（1）分析你的产品用户人群，如果你的产品是通过网上购物平台卖给最终使用的用户，一定要分析他们的网上购物习惯，及你同行业建的网上购物平台效果，如果你的用户群体有网上购物习惯，并且你的产品从物流、电子支付等方面也适合网上销售，才能说明你的购物网站建设有价值。

（2）分析好用户群及同行业网上市场情况，开始选择网站应具备什么功能，要结合实际去开发功能，不要跟风，功能虽好，如果对你没大用不要去做，避免浪费建设费用及日后维护问题。确定好你的功能、栏目，要进行网站信息框架的构建，如网站信息分几类，每类应发挥什么作用?购物流程怎么才能达到最好效果？

（3）功能、栏目、信息框架分析透彻后，才能开始进行开发。在确立了客户购物网站的目标后，要考虑在开发过程中会遇到的问题，并且相应的解决，因为很多客户对于购物网站建设的理解不是很深刻。网站信息架构、网站内容的质量、用户体验的好坏等都会影响网站排名及流量，不同行业的网站流量的大小是有区别的，对于购物网站建设尤为关键，因此那些所谓的通用、常用的方法不一定适合你。

　　总结一下，购物网站建设对于技术要求方面不是很高，结合网络营销的理念才是最重要的。追求先进技术未必是好事。网站就像一个人，不同年龄段的人吃的食物不同，婴儿不能出生就吃米饭，老人不能吃硬食品，难消化。购物网站建设也是一个道理，适合自己的才是最好的。

　　4．购物网站做好购物车设计的基本点

　　购物网站要完成购买转化率，除了要有丰富而且切合消费者需求的产品外，对于购物车的设计也要做到操作简便、流程清晰、付款方便等特点。购物车设计的好与坏，直接决定了用户购买的积极性，对于网站转化率而言具有举足轻重的意义，站长应当予以重视。下面，我们就来看看购物车设计中应当遵循的基本点。

　　（1）"放入购物车"按钮应足够明显。购物车按钮应当让用户一眼就能看见。当用户浏览产品详细页面时，在不破坏页面均衡美观的前提下，尽量用颜色突出的大按钮，如果是白底黑字，按钮就用红色、黄色等视觉冲击力很强的颜色，让客户想购买时完全不必寻找购物车按钮，增强用户购物的流畅度。

　　（2）随时放入购物车。除了产品详细介绍页面的最上端，如产品名称、型号、价格旁边就有"购物车"按钮外，在介绍的底部，例如"同类产品推荐"等区域下面显示"放入购物车"按钮，让用户在全部浏览结束后能直接点击购物而无需重新回到顶部，增强用户体验。

　　（3）让购物车可编辑。购物车系统应允许用户在选择完毕需要购买的产品列表时，能够修改已放入购物车的产品数量，甚至颜色、尺寸等规格，而无须删除当前产品，再重新选择。减少用户不必要的重复工作能够大大缩短用户的购买时间，避免出现用户因失去耐性而选择放弃的结果。

　　（4）先购物还是先登录。有些购物网站设计是让用户先注册登录了才能查看产品详情，或者是在产品价格显示上做文章，非登录用户看不到具体价格。这种变相强迫用户进行注册登录的做法损害了用户体验。

　　（5）允许非注册会员购买。许多购物网站强迫用户需要先注册再购买产品，虽然这有助于站长对用户行为进行数据分析，以及提高用户黏度，加强网站的二次购买率。但是对于不喜欢透露个人信息，也不喜欢在购买上花费过多时间的用户而言，此举有可能招致用户反感，放弃购买。因此，站长可以在从购物车到付款页面的环节中设置一个单独的页面，让用户自己选择是匿名购买，或者注册登录后再购买。

　　（6）显示付款进程。从购物车到付款页面的过程中，网站设计应当充分考虑付款步骤，如检查购物车内容、收货付款信息、物流选择、支付方式等，每一个步骤都应当以进程的形式告诉用户当前的步骤和接下来要完成的步骤，让用户对购物时间有充分的心理准备，避免用户在购买过程中产生焦虑情绪。

19.8　本章小结

　　本章主要介绍了购物网站的设计制作，重点与难点是数据库创建和连接、建立记录集、绑定记录集中的字段、更新记录、删除记录、重复区域设置、分页显示和应用程序插入栏的使用等。

通过对本章的学习，读者对购物网站的制作开发过程已经有了一个深刻的认识。在实践中多练习，进一步了解购物网站的功能及特点，就可以很好地制作出动态网页。

但是在实际的购物网站中还有以下功能，限于篇幅本章就不再讲述了，有兴趣的读者可以尝试解决。

（1）增加购物车功能：增加购物车的功能是一个复杂而又烦琐的过程，可以利用购物车插件为网站增加一个功能完整的购物车系统。读者可以去网上搜索相关的插件，下载安装后即可使用。

（2）在线支付功能：这就需要借助其他语言，如 ASP、PHP、JSP 等来实现。当然现在也有专门的第三方在线支付平台。

（3）会员的注册与管理功能：这是购物网站的基本功能之一，读者可以参考本书第 14 章"设计制作会员注册管理系统"，以给本系统增加会员功能。

第 5 篇

附录

附录A HTML 常用标记手册

1. 跑马灯

标　　记	功　　能
\<marquee>...\</marquee>	普通卷动
\<marquee behavior=slide>...\</marquee>	滑动
\<marquee behavior=scroll>...\</marquee>	预设卷动
\<marquee behavior=alternate>...\</marquee>	来回卷动
\<marquee direction=down>...\</marquee>	向下卷动
\<marquee direction=up>...\</marquee>	向上卷动
\<marquee direction=right>\</marquee>	向右卷动
\<marquee direction=left>\</marquee>	向左卷动
\<marquee loop=2>...\</marquee>	卷动次数
\<marquee width=180>...\</marquee>	设定宽度
\<marquee height=30>...\</marquee>	设定高度
\<marquee bgcolor=FF0000>...\</marquee>	设定背景颜色
\<marquee scrollamount=30>...\</marquee>	设定卷动距离
\<marquee scrolldelay=300>...\</marquee>	设定卷动时间

2. 字体效果

标　　记	功　　能
\<h1>...\</h1>	标题字（最大）
\<h6>...\</h6>	标题字（最小）
\...\	粗体字
\...\	粗体字（强调）
\<i>...\</i>	斜体字
\...\	斜体字（强调）
\<dfn>...\</dfn>	斜体字（表示定义）
\<u>...\</u>	底线
\<ins>...\</ins>	底线（表示插入文字）
\<strike>...\</strike>	横线
\<s>...\</s>	删除线
\<del>...\</del>	删除线（表示删除）
\<kbd>...\</kbd>	键盘文字
\<tt>...\</tt>	打字体
\<xmp>...\</xmp>	固定宽度字体（在文件中空白、换行、定位功能有效）

续表

标　记	功　能
<plaintext>...</plaintext>	固定宽度字体（不执行标记符号）
<listing>...</listing>	固定宽度小字体
<font color=00ff00>...</font>	字体颜色
<font size=1>...</font>	最小字体
<font style =font-size:100 px>...</font>	无限增大

3. 区断标记

标　记	功　能
<hr>	水平线
<hr size=9>	水平线（设定大小）
<hr width=80%>	水平线（设定宽度）
<hr color=ff0000>	水平线（设定颜色）

	（换行）
<nobr>...</nobr>	水域（不换行）
<p>...</p>	水域（段落）
<center>...</center>	置中

4. 链接

标　记	功　能
<base href=地址>	（预设好链接路径）
<a href=地址></a>	外部链接
<a href=地址 target=_blank></a>	外部链接（另开新窗口）
<a href=地址 target=_top></a>	外部链接（全窗口链接）
<a href=地址 target=页框名></a>	外部链接（在指定页框链接）

5. 图像/音乐

标　记	功　能
<img src=图片地址>	贴图
<img src=图片地址 width=180>	设定图片宽度
<img src=图片地址 height=30>	设定图片高度
<img src=图片地址 alt=提示文字>	设定图片提示文字
<img src=图片地址 border=1>	设定图片边框
<bgsound src=MID 音乐文件地址>	背景音乐设定

6. 表格

标　记	功　能
<table aling=left>...</table>	表格位置，置左
<table aling=center>...</table>	表格位置，置中
<table background=图片路径>...</table>	背景图片的 URL=就是路径网址
<table border=边框大小>...</table>	设定表格边框大小（使用数字）
<table bgcolor=颜色码>...</table>	设定表格的背景颜色
<table borderclor=颜色码>...</table>	设定表格边框的颜色
<table borderclordark=颜色码>...</table>	设定表格暗边框的颜色
<table borderclorlight=颜色码>...</table>	设定表格亮边框的颜色
<table cellpadding=参数>...</table>	指定内容与网格线之间的间距（使用数字）
<table cellspacing=参数>...</table>	指定网格线与网格线之间的距离（使用数字）

续表

标　记	功　能
<table cols=参数>...</table>	指定表格的栏数
<table frame=参数>...</table>	设定表格外框线的显示方式
<table width=宽度>...</table>	指定表格的宽度大小（使用数字）
<table height=高度>...</table>	指定表格的高度大小（使用数字）
<td colspan=参数>...</td>	指定储存格合并栏的栏数（使用数字）
<td rowspan=参数>...</td>	指定储存格合并列的列数（使用数字）

7. 分隔窗口

标　记	功　能
<frameset cols="20%,*">	左右分隔，将左边框架分割大小为 20%右边框架的大小浏览器会自动调整
<frameset rows="20%,*">	上下分隔，将上面框架分割大小为 20%下面框架的大小浏览器会自动调整
<frameset cols="20%,*">	分隔左右两个框架
<frameset cols="20%,*,20%">	分隔左中右三个框架
<frameset rows="20%,*,20%">	分隔上中下三个框架
<! - - ... - ->	批注
<A HREF TARGET>	指定超级链接的分割窗口
<A HREF=#锚的名称>	指定锚名称的超级链接
<A HREF>	指定超级链接
<A NAME=锚的名称>	被链接点的名称
<ADDRESS>....</ADDRESS>	用来显示电子邮箱地址
<B>	粗体字
<BASE TARGET>	指定超级链接的分割窗口
<BASEFONT SIZE>	更改预设字形大小
<BGSOUND SRC>	加入背景音乐
<BIG>	显示大字体
<BLINK>	闪烁的文字
<BODY TEXT LINK VLINK>	设定文字颜色
<BODY>	显示本文
 	换行
<CAPTION ALIGN>	设定表格标题位置
<CAPTION>...</CAPTION>	为表格加上标题
<CENTER>	向中对齐
<CITE>...<CITE>	用于引经据典的文字
<CODE>...</CODE>	用于列出一段程序代码
<COMMENT>...</COMMENT>	加上批注
<DD>	设定定义列表的项目解说
<DFN>...</DFN>	显示“定义”文字
<DIR>...</DIR>	列表文字卷标
<DL>...</DL>	设定定义列表的卷标
<DT>	设定定义列表的项目
<EM>	强调
<FONT FACE>	任意指定所用的字形
<FONT SIZE>	设定字体大小
<FORM ACTION>	设定互动式窗体的处理方式

续表

标 记	功 能
<FORM METHOD>	设定互动式窗体的资料传送方式
<FRAME MARGINHEIGHT>	设定窗口的上下边界
<FRAME MARGINWIDTH>	设定窗口的左右边界
<FRAME NAME>	为分隔窗口命名
<FRAME NORESIZE>	锁住分隔窗口的大小
<FRAME SCROLLING>	设定分隔窗口的滚动条
<FRAME SRC>	将 HTML 文件加入窗口
<FRAMESET COLS>	将窗口分隔成左右的子窗口
<FRAMESET ROWS>	将窗口分隔成上下的子窗口
<FRAMESET>...</FRAMESET>	划分分隔窗口
<H1>~<H6>	设定文字大小
<HEAD>	标示文件信息
<HR>	加上分网格线
<HTML>	文件的开始与结束
<I>	斜体字
<IMG ALIGN>	调整图形影像的位置
<IMG ALT>	为图形影像加注
<IMG DYNSRC LOOP>	加入影片
<IMG HEIGHT WIDTH>	插入图片并预设图形大小
<IMG HSPACE>	插入图片并预设图形的左右边界
<IMG LOWSRC>	预载图片功能
<IMG SRC BORDER>	设定图片边界
<IMG SRC>	插入图片
<IMG VSPACE>	插入图片并预设图形的上下边界
<INPUT TYPE NAME value>	在窗体中加入输入字段
<ISINDEX>	定义查询用窗体
<KBD>...</KBD>	表示使用者输入文字
<LI TYPE>...</LI>	列表的项目（可指定符号）
<MARQUEE>	跑马灯效果
<MENU>...</MENU>	条列文字卷标
<META NAME="REFRESH" CONTENT URL>	自动更新文件内容
<MULTIPLE>	可同时选择多项的列表栏
<NOFRAME>	定义不出现分隔窗口的文字
<OL>...</OL>	有序号的列表
<OPTION>	定义窗体中列表栏的项目
<P ALIGN>	设定对齐方向
<P>	分段
<PERSON>...</PERSON>	显示人名
<PRE>	使用原有排列
<SAMP>...</SAMP>	用于引用字
<SELECT>...</SELECT>	在窗体中定义列表栏
<SMALL>	显示小字体
<STRIKE>	文字加横线

续表

标　记	功　能
<STRONG>	用于加强语气
<SUB>	下标字
<SUP>	上标字
<TABLE BORDER=n>	调整表格的宽线高度
<TABLE CELLPADDING>	调整数据域位边界
<TABLE CELLSPACING>	调整表格线的宽度
<TABLE HEIGHT>	调整表格的高度
<TABLE WIDTH>	调整表格的宽度
<TABLE>...</TABLE>	产生表格的卷标
<TD ALIGN>	调整表格字段使左右对齐
<TD BGCOLOR>	设定表格字段的背景颜色
<TD COLSPAN ROWSPAN>	表格字段的合并
<TD NOWRAP>	设定表格字段不换行
<TD VALIGN>	调整表格字段使上下对齐
<TD WIDTH>	调整表格字段宽度
<TD>...</TD>	定义表格的数据域位
<TEXTAREA NAME ROWS COLS>	窗体中加入多少列的文字输入栏
<TEXTAREA WRAP>	决定文字输入栏是否自动换行
<TH>...</TH>	定义表格的表头字段
<TITLE>	文件标题
<TR>...</TR>	定义表格每一行
<TT>	打字机字体
<U>	文字加底线
<UL TYPE>...</UL>	无序号的列表（可指定符号）
<VAR>...</VAR>	用于显示变量

附录  JavaScript 语法手册

1. JavaScript 函数

描　　述	语言要素
返回文件中的 Automation 对象的引用	GetObject 函数
返回代表所使用的脚本语言的字符串	ScriptEngine 函数
返回所使用的脚本引擎的编译版本号	ScriptEngineBuildVersion 函数
返回所使用的脚本引擎的主版本号	ScriptEngineMajorVersion 函数
返回所使用的脚本引擎的次版本号	ScriptEngineMinorVersion 函数

2. JavaScript 方法

描　　述	语言要素
返回一个数的绝对值	abs 方法
返回一个数的反余弦	acos 方法
在对象的指定文本两端加上一个带 name 属性的 HTML 锚点	anchor 方法
返回一个数的反正弦	asin 方法
返回一个数的反正切	atan 方法
返回从 X 轴到点（y, x）的角度（以弧度为单位）	atan2 方法
返回一个表明枚举算子是否处于集合结束处的 Boolean 值	atEnd 方法
在 String 对象的文本两端加入 HTML 的\<big\>标识	big 方法
将 HTML 的\<blink\>标识添加到 String 对象中的文本两端	blink 方法
将 HTML 的\<B\>标识添加到 String 对象中的文本两端	bold 方法
返回大于或等于其数值参数的最小整数	ceil 方法
返回位于指定索引位置的字符	charAt 方法
返回指定字符的 Unicode 编码	charCodeAt 方法
将一个正则表达式编译为内部格式	compile 方法
返回一个由两个数组合并组成的新数组	concat 方法（Array）
返回一个包含给定的两个字符串的连接的 String 对象	concat 方法（String）
返回一个数的余弦	cos 方法
返回 VBArray 的维数	dimensions 方法
对 String 对象编码，以便在所有计算机上都能阅读	escape 方法
对 JavaScript 代码求值然后执行它	eval 方法
在指定字符串中执行一个匹配查找	exec 方法
返回 e（自然对数的底）的幂	exp 方法
将 HTML 的\<TT\>标识添加到 String 对象中的文本两端	fixed 方法
返回小于或等于其数值参数的最大整数	floor 方法

学用一册通：Dreamweaver CS6+ASP 动态网站开发

续表

描　述	语言要素
将 HTML 带 Color 属性的<Font>标识添加到 String 对象中的文本两端	fontcolor 方法
将 HTML 带 Size 属性的<Font>标识添加到 String 对象中的文本两端	fontsize 方法
返回 Unicode 字符值的字符串	fromCharCode 方法
使用当地时间返回 Date 对象的月份日期值	getDate 方法
使用当地时间返回 Date 对象的星期几	getDay 方法
使用当地时间返回 Date 对象的年份	getFullYear 方法
使用当地时间返回 Date 对象的小时值	getHours 方法
返回位于指定位置的项	getItem 方法
使用当地时间返回 Date 对象的毫秒值	getMilliseconds 方法
使用当地时间返回 Date 对象的分钟值	getMinutes 方法
使用当地时间返回 Date 对象的月份	getMonth 方法
使用当地时间返回 Date 对象的秒数	getSeconds 方法
返回 Date 对象中的时间	getTime 方法
返回主机的时间和全球标准时间（UTC）之间的差（以分钟为单位）	getTimezoneOffset 方法
使用全球标准时间（UTC）返回 Date 对象的日期值	getUTCDate 方法
使用全球标准时间（UTC）返回 Date 对象的星期几	getUTCDay 方法
使用全球标准时间（UTC）返回 Date 对象的年份	getUTCFullYear 方法
使用全球标准时间（UTC）返回 Date 对象的小时数	getUTCHours 方法
使用全球标准时间（UTC）返回 Date 对象的毫秒数	getUTCMilliseconds 方法
使用全球标准时间（UTC）返回 Date 对象的分钟数	getUTCMinutes 方法
使用全球标准时间（UTC）返回 Date 对象的月份值	getUTCMonth 方法
使用全球标准时间（UTC）返回 Date 对象的秒数	getUTCSeconds 方法
返回 Date 对象中的 VT_DATE	getVarDate 方法
返回 Date 对象中的年份	getYear 方法
返回在 String 对象中第一次出现子字符串的字符位置	indexOf 方法
返回一个 Boolean 值，表明某个给定的数是否是有穷的	isFinite 方法
返回一个 Boolean 值，表明某个值是否为保留值 NaN（不是一个数）	isNaN 方法
将 HTML 的<I>标识添加到 String 对象中的文本两端	italics 方法
返回集合中的当前项	item 方法
返回一个由数组中的所有元素连接在一起的 String 对象	join 方法
返回在 String 对象中子字符串最后出现的位置	lastIndexOf 方法
返回在 VBArray 中指定维数所用的最小索引值	lbound 方法
将带 HREF 属性的 HTML 锚点添加到 String 对象中的文本两端	link 方法
返回某个数的自然对数	log 方法
使用给定的正则表达式对象对字符串进行查找，并将结果作为数组返回	match 方法
返回给定的两个表达式中的较大者	max 方法
返回给定的两个数中的较小者	min 方法
将集合中的当前项设置为第一项	moveFirst 方法
将当前项设置为集合中的下一项	moveNext 方法
对包含日期的字符串进行分析，并返回该日期与 1970 年 1 月 1 日零点之间相差的毫秒数	parse 方法
返回从字符串转换而来的浮点数	parseFloat 方法
返回从字符串转换而来的整数	parseInt 方法
返回一个指定幂次的底表达式的值	pow 方法

436

描　　述	语言要素
返回一个 0 和 1 之间的伪随机数	random 方法
返回根据正则表达式进行文字替换后的字符串的复制	replace 方法
返回一个元素反序的 Array 对象	reverse 方法
将一个指定的数值表达式舍入到最近的整数并将其返回	round 方法
返回与正则表达式查找内容匹配的第一个子字符串的位置	search 方法
使用当地时间设置 Date 对象的数值日期	setDate 方法
使用当地时间设置 Date 对象的年份	setFullYear 方法
使用当地时间设置 Date 对象的小时值	setHours 方法
使用当地时间设置 Date 对象的毫秒值	setMilliseconds 方法
使用当地时间设置 Date 对象的分钟值	setMinutes 方法
使用当地时间设置 Date 对象的月份	setMonth 方法
使用当地时间设置 Date 对象的秒值	setSeconds 方法
设置 Date 对象的日期和时间	setTime 方法
使用全球标准时间（UTC）设置 Date 对象的数值日期	setUTCDate 方法
使用全球标准时间（UTC）设置 Date 对象的年份	setUTCFullYear 方法
使用全球标准时间（UTC）设置 Date 对象的小时值	setUTCHours 方法
使用全球标准时间（UTC）设置 Date 对象的毫秒值	setUTCMilliseconds 方法
使用全球标准时间（UTC）设置 Date 对象的分钟值	setUTCMinutes 方法
使用全球标准时间（UTC）设置 Date 对象的月份	setUTCMonth 方法
使用全球标准时间（UTC）设置 Date 对象的秒值	setUTCSeconds 方法
使用 Date 对象的年份	setYear 方法
返回一个数的正弦	sin 方法
返回数组的一个片段	slice 方法（Array）
返回字符串的一个片段	Slice 方法（String）
将 HTML 的 <SMALL> 标识添加到 String 对象中的文本两端	small 方法
返回一个元素被排序了的 Array 对象	sort 方法
将一个字符串分隔为子字符串，然后将结果作为字符串数组返回	split 方法
返回一个数的平方根	sqrt 方法
将 HTML 的 <STRIKE> 标识添加到 String 对象中的文本两端	strike 方法
将 HTML 的 <SUB> 标识放置到 String 对象中的文本两端	Sub 方法
返回一个从指定位置开始并具有指定长度的子字符串	substr 方法
返回位于 String 对象中指定位置的子字符串	substring 方法
将 HTML 的 <SUP> 标识放置到 String 对象中的文本两端	sup 方法
返回一个数的正切	tan 方法
返回一个 Boolean 值，表明在被查找的字符串中是否存在某个模式	test 方法
返回一个从 VBArray 转换而来的标准 JavaScript 数组	toArray 方法
返回一个转换为使用格林威治标准时间（GMT）的字符串的日期	toGMTString 方法
返回一个转换为使用当地时间的字符串的日期	toLocaleString 方法
返回一个所有的字母字符都被转换为小写字母的字符串	toLowerCase 方法
返回一个对象的字符串表示	toString 方法
返回一个所有的字母字符都被转换为大写字母的字符串	toUpperCase 方法
返回一个转换为使用全球标准时间（UTC）的字符串的日期	toUTCString 方法
返回在 VBArray 的指定维中所使用的最大索引值	ubound 方法
对用 escape 方法编码的 String 对象进行解码	unescape 方法

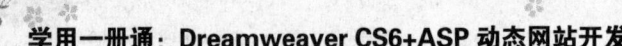

描　述	语言要素
返回 1970 年 1 月 1 日零点的全球标准时间（UTC）（或 GMT）与指定日期之间的毫秒数	UTC 方法
返回指定对象的原始值	valueOf 方法

3．JavaScript 对象

描　述	语言要素
启用并返回一个 Automation 对象的引用	ActiveXObject 对象
提供对创建任何数据类型的数组的支持	Array 对象
创建一个新的 Boolean 值	Boolean 对象
提供日期和时间的基本存储和检索	Date 对象
存储数据键、项对的对象	Dictionary 对象
提供集合中的项的枚举	Enumerator 对象
包含在运行 JavaScript 代码时发生的错误的有关信息	Error 对象
提供对计算机文件系统的访问	FileSystemObject 对象
创建一个新的函数	Function 对象
一个内部对象，目的是将全局方法集中在一个对象中	Global 对象
一个内部对象，提供基本的数学函数和常数	Math 对象
表示数值数据类型和提供数值常数的对象	Number 对象
提供所有的 JavaScript 对象的公共功能	Object 对象
存储有关正则表达式模式查找的信息	RegExp 对象
包含一个正则表达式模式	正则表达式对象
提供对文本字符串的操作和格式处理，判定在字符串中是否存在某个子字符串及确定其位置	String 对象
提供对 VisualBasic 安全数组的访问	VBArray 对象

4．JavaScript 运算符

描　述	语言要素
将两个数相加或连接两个字符串	加法运算符（+）
将一个值赋给变量	赋值运算符（=）
对两个表达式执行按位与操作	按位与运算符（&）
将一个表达式的各位向左移	按位左移运算符（<<）
对一个表达式执行按位取非（求非）操作	按位取非运算符（～）
对两个表达式指定按位或操作	按位或运算符（|）
将一个表达式的各位向右移，保持符号不变	按位右移运算符（>>）
对两个表达式执行按位异或操作	按位异或运算符（^）
使两个表达式连续执行	逗号运算符（,）
返回 Boolean 值，表示比较结果	比较运算符
复合赋值运算符列表	复合赋值运算符
根据条件执行两个表达式之一	条件（三元）运算符（?:)
将变量减一	递减运算符（--）
删除对象的属性，或删除数组中的一个元素	delete 运算符
将两个数相除并返回一个数值结果	除法运算符（/）
比较两个表达式，看是否相等	相等运算符（==）
比较两个表达式，看一个是否大于另一个	大于运算符（>）
比较两个表达式，看一个是否小于另一个	小于运算符（<）

描　　述	语言要素
比较两个表达式，看一个是否小于等于另一个	小于等于运算符（<=）
对两个表达式执行逻辑与操作	逻辑与运算符（&&）
对表达式执行逻辑非操作	逻辑非运算符（!）
对两个表达式执行逻辑或操作	逻辑或运算符（||）
将两个数相除，并返回余数	取模运算符（%）
将两个数相乘	乘法运算符（*）
创建一个新对象	new 运算符
比较两个表达式，看是否具有不相等的值或数据类型不同	非严格相等运算符（!==）
包含 JavaScript 运算符的执行优先级信息的列表	运算符优先级
对两个表达式执行减法操作	减法运算符（-）
返回一个表示表达式的数据类型的字符串	typeof 运算符
表示一个数值表达式的相反数	一元取相反数运算符（-）
在表达式中对各位进行无符号右移	无符号右移运算符（>>>）
避免一个表达式返回值	void 运算符

5.　JavaScript 属性

描　　述	语言要素
返回在模式匹配中找到的最近的九条记录	$1…$9Properties
返回一个包含传递给当前执行函数的每个参数的数组	arguments 属性
返回调用当前函数的函数引用	caller 属性
指定创建对象的函数	constructor 属性
返回或设置关于指定错误的描述字符串	description 属性
返回 Euler 常数，即自然对数的底	E 属性
返回在字符串中找到的第一个成功匹配的字符位置	index 属性
返回 number.positiue_infinity 的初始值	Infinity 属性
返回进行查找的字符串	input 属性
返回在字符串中找到的最后一个成功匹配的字符位置	lastIndex 属性
返回比数组中所定义的最高元素大 1 的一个整数	length 属性（Array）
返回为函数所定义的参数个数	length 属性（Function）
返回 String 对象的长度	length 属性（String）
返回 2 的自然对数	LN2 属性
返回 10 的自然对数	LN10 属性
返回以 2 为底的 e（即 Euler 常数）的对数	LOG2E 属性
返回以 10 为底的 e（即 Euler 常数）的对数	LOG10E 属性
返回在 JavaScript 中能表示的最大值	Max_value 属性
返回在 JavaScript 中能表示的最接近零的值	Min_value 属性
返回特殊值 NaN，表示某个表达式不是一个数	NaN 属性（Global）
返回特殊值（NaN），表示某个表达式不是一个数	NaN 属性（Number）
返回比在 JavaScript 中能表示的最大的负数（-Number.MAX_VALUE）更负的值	Negatiue_infinity 属性
返回或设置与特定错误关联的数值	Number 属性
返回圆周与其直径的比值，约等于 3.141592653589793	PI 属性
返回比在 JavaScript 中能表示的最大的数（Number.MAX_VALUE）更大的值	Positive_infinity 属性
返回对象类的原型引用	Prototype 属性
返回正则表达式模式的文本的复制	source 属性

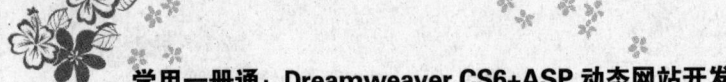

描　　述	语言要素
返回 0.5 的平方根，即 1 除以 2 的平方根	Sqrt1_2 属性
返回 2 的平方根	Sqrt2 属性

6．JavaScript 语句

描　　述	语言要素
终止当前循环，或者如果与一个 label 语句关联，则终止相关联的语句	break 语句
包含在 try 语句块中的代码发生错误时执行的语句	catch 语句
激活条件编译支持	@cc_on 语句
使单行注释被 JavaScript 语法分析器忽略	//（单行注释语句）
使多行注释被 JavaScript 语法分析器忽略	/*..*/（多行注释语句）
停止循环的当前迭代，并开始一次新的迭代	continue 语句
先执行一次语句块，然后重复执行该循环，直至条件表达式的值为 false	do...while 语句
只要指定的条件为 true，就一直执行语句块	for 语句
对应于对象或数组中的每个元素执行一个或多个语句	for...in 语句
声明一个新的函数	function 语句
根据表达式的值，有条件地执行一组语句	@if 语句
根据表达式的值，有条件地执行一组语句	if...else 语句
给语句提供一个标识符	Labeled 语句
从当前函数退出并从该函数返回一个值	return 语句
创建用于条件编译语句的变量	@set 语句
当指定的表达式的值与某个标签匹配时，即执行相应的一个或多个语句	switch 语句
对当前对象的引用	this 语句
产生一个可由 try...catch 语句处理的错误条件	throw 语句
实现 JavaScript 的错误处理	try 语句
声明一个变量	var 语句
执行语句直至给定的条件为 false	while 语句
确定一个语句的默认对象	with 语句

附录 C CSS 属性一览表

CSS - 文字属性

语　言	功　能
color : #999999	文字颜色
font-family : 宋体,sans-serif	文字字体
font-size : 9pt	文字大小
font-style:itelic	文字斜体
font-variant:small-caps	小字体
letter-spacing : 1pt	字间距离
line-height : 200%	设置行高
font-weight:bold	文字粗体
vertical-align:sub	下标字
vertical-align:super	上标字
text-decoration:line-through	加删除线
text-decoration:overline	加顶线
text-decoration:underline	加下画线
text-decoration:none	删除链接下画线
text-transform : capitalize	首字大写
text-transform : uppercase	英文大写
text-transform : lowercase	英文小写
text-align:right	文字右对齐
text-align:left	文字左对齐
text-align:center	文字居中对齐
text-align:justify	文字两端对齐

vertical-align 属性

vertical-align:top	垂直向上对齐
vertical-align:bottom	垂直向下对齐
vertical-align:middle	垂直居中对齐
vertical-align:text-top	文字垂直向上对齐
vertical-align:text-bottom	文字垂直向下对齐

CSS - 项目符号

语　言	功　能
list-style-type:none	不编号
list-style-type:decimal	阿拉伯数字
list-style-type:lower-roman	小写罗马数字
list-style-type:upper-roman	大写罗马数字
list-style-type:lower-alpha	小写英文字母

语　言	功　能
list-style-type:upper-alpha	大写英文字母
list-style-type:disc	实心圆形符号
list-style-type:circle	空心圆形符号
list-style-type:square	实心方形符号
list-style-image:url(/dot.gif)	图片式符号
list-style-position:outside	凸排
list-style-position:inside	缩进

CSS - 背景样式

语　言	功　能
background-color:#F5E2EC	背景颜色
background:transparent	透视背景
background-image : url(image/bg.gif)	背景图片
background-attachment : fixed	浮水印固定背景
background-repeat : repeat	重复排列-网页默认
background-repeat : no-repeat	不重复排列
background-repeat : repeat-x	在 x 轴重复排列
background-repeat : repeat-y	在 y 轴重复排列
background-position : 90% 90%	背景图片 x 与 y 轴的位置
background-position : top	向上对齐
background-position : buttom	向下对齐
background-position : left	向左对齐
background-position : right	向右对齐
background-position : center	居中对齐

CSS - 链接属性

语　言	功　能
a	所有超链接
a:link	超链接文字格式
a:visited	浏览过的链接文字格式
a:active	按下链接的格式
a:hover	鼠标转到链接
cursor:crosshair	十字体
cursor:s-resize	箭头朝下
cursor:help	加一问号
cursor:w-resize	箭头朝左
cursor:n-resize	箭头朝上
cursor:ne-resize	箭头朝右上
cursor:nw-resize	箭头朝左上
cursor:text	文字 I 型
cursor:se-resize	箭头斜右下
cursor:sw-resize	箭头斜左下
cursor:wait	漏斗

CSS - 边框属性

语　言	功　能
border-top : 1px solid #6699cc	上框线
border-bottom : 1px solid #6699cc	下框线
border-left : 1px solid #6699cc	左框线
border-right : 1px solid #6699cc	右框线
solid	实线框 2+6010
47dotted	虚线框
double	双线框
groove	立体内凸框
ridge	立体浮雕框
inset	凹框
outset	凸框

CSS - 表单

语　言	功　能
\<input type="text" name="T1" size="15">	文本域
\<input type="submit" value="submit" name="B1">	按钮
\<input type="checkbox" name="C1">	复选框
\<input type="radio" value="V1" checked name="R1">	单选按钮
\<textarea rows="1" name="1" cols="15">\</textarea>	多行文本域
\<select size="1" name="D1">\<option> 选 项 1\</option>\<option>选项 2\</option>\</select>	列表菜单

CSS - 边界样式

语　言	功　能
margin-top:10px	上边界
margin-right:10px	右边界值
margin-bottom:10px	下边界值
margin-left:10px	左边界值

CSS - 边框空白

语　言	功　能
padding-top:10px;	上边框留空白
padding-right:10px;	右边框留空白
padding-bottom:10px;	下边框留空白
padding-left:10px;	左边框留空白

附录 D VBScript 语法手册

1. VBScript 函数

对　　象	说　　明
Abs 函数	当相关类的一个实例结束时将发生
Array 函数	返回一个 Variant 值，其中包含一个数组
Asc 函数	返回与字符串中首字母相关的 ANSI 字符编码
Atn 函数	返回一个数的反正切值
CBool 函数	返回一个表达式，该表达式已被转换为 Boolean 子类型的 Variant
CByte 函数	返回一个表达式，该表达式已被转换为 Byte 子类型的 Variant
CCur 函数	返回一个表达式，该表达式已被转换为 Currency 子类型的 Variant
CDate 函数	返回一个表达式，该表达式已被转换为 Date 子类型的 Variant
CDbl 函数	返回一个表达式，该表达式已被转换为 Double 子类型的 Variant
Chr 函数	返回与所指定的 ANSI 字符编码相关的字符
CInt 函数	返回一个表达式，该表达式已被转换为 Integer 子类型的 Variant
CLng 函数	返回一个表达式，该表达式已被转换为 Long 子类型的 Variant
Cos 函数	返回一个角度的余弦值
CreateObject 函数	创建并返回对 Automation 对象的一个引用
CSng 函数	返回一个表达式，该表达式已被转换为 Single 子类型的 Variant
CStr 函数	返回一个表达式，该表达式已被转换为 String 子类型的 Variant
Date 函数	返回当前的系统日期
DateAdd 函数	返回已加上所指定时间后的日期值
DateDiff 函数	返回两个日期之间所隔的天数
DatePart 函数	返回一个给定日期的指定部分
DateSerial 函数	返回所指定的年月日的 Date 子类型的 Variant
DateValue 函数	返回一个 Date 子类型的 Variant
Day 函数	返回一个 1 到 31 之间的整数，包括 1 和 31，代表一个月中的日期值
Eval 函数	计算一个表达式的值并返回结果
Exp 函数	返回 e（自然对数的底）的乘方
Filter 函数	返回一个从零开始编号的数组，包含一个字符串数组中符合指定过滤标准的子集
Fix 函数	返回一个数的整数部分
FormatCurrency 函数	返回一个具有货币值格式的表达式，使用系统控制面板中所定义的货币符号
FormatDateTime 函数	返回一个具有日期或时间格式的表达式
FormatNumber 函数	返回一个具有数字格式的表达式
FormatPercent 函数	返回一个被格式化为尾随一个%字符的百分比（乘以 100）表达式
GetLocale 函数	返回当前的区域 ID 值
GetObject 函数	从文件中返回一个 Automation 对象的引用
GetRef 函数	返回一个过程的引用，该引用可以绑定到一个事件
Hex 函数	返回一个字符串，代表一个数的十六进制值

Hour 函数	返回一个 0 到 23 之间的整数，包括 0 和 23，代表一天中的小时值
InputBox 函数	在一个对话框中显示提示信息，等待用户输入文本或单击按钮，并返回文本框中的内容
InStr 函数	返回一个字符串在另一个字符串中首次出现的位置
InStrRev 函数	返回一个字符串在另一个字符串中出现的位置，从字符串尾开始计算
Int 函数	返回一个数的整数部分
IsArray 函数	返回一个布尔值，指明一个变量是否为数组
IsDate 函数	返回一个布尔值，指明表达式是否可转换为一个日期
IsEmpty 函数	返回一个布尔值，指明变量是否已进行初始化
IsNull 函数	返回一个布尔值，指明一个表达式是否包含非有效数据 （Null）
IsNumeric 函数	返回一个布尔值，指明一个表达式是否可计算出数值
IsObject 函数	返回一个布尔值，指明一个表达式是否引用一个有效的 Automation 对象
Join 函数	返回一个字符串，该字符串由一个数组中所包含的子字符串连接而成
LBound 函数	返回数组的指定维上最小可用的下标
LCase 函数	返回一个已转换为小写的字符串
Left 函数	返回字符串左端的指定数量的字符
Len 函数	返回一个字符串中的字符数或存储一个变量所需的字节数
LoadPicture 函数	返回一个图片对象，仅在 32 位平台上可用
Log 函数	返回一个数的自然对数值
LTrim 函数	返回一个已删除串首空格的复制字符串
Mid 函数	返回在一个字符串中指定数量的字符
Minute 函数	返回 0 到 59 之间的一个整数，包括 0 和 59，代表一个小时中的分钟值
Month 函数	返回 0 到 12 之间的一个整数，包括 0 和 12，代表一年中的月份值
MonthName 函数	返回一个字符串，指明所指定的月份
MsgBox 函数	在对话框中显示一条消息，等待用户单击某个按钮，并返回一个值，该值指明用户单击的是哪个按钮
Now 函数	返回与计算机的系统日期和时间相对应的当前日期和时间
Oct 函数	返回一个字符串，代表一个数的八进制值
Replace 函数	返回一个字符串，其中指定的子字符串已被另一个子字符串替换了指定的次数
RGB 函数	返回一个代表 RGB 颜色值的整数
Right 函数	返回字符串中从右端开始计的指定数量的字符
Rnd 函数	返回一个随机数
Round 函数	返回一个数，该数已被舍入为小数点后指定位数
RTrim 函数	返回一个复制的字符串，其中已删除结尾的空格
ScriptEngine 函数	返回一个代表正在使用的脚本语言的字符串
ScriptEngineBuildVersion 函数	返回正在使用的脚本引擎的版本号
ScriptEngineMajorVersion 函数	返回正在使用的脚本引擎的主版本号
ScriptEngineMinorVersion 函数	返回正在使用的脚本引擎的次要版本号
Second 函数	返回一个 0 到 59 之间的整数，包括 0 和 59，代表一分钟内的多少秒
Sgn 函数	返回一个整数，指明一个数的正负
Sin 函数	返回一个角度的正弦值
Space 函数	返回一个由指定数量的空格组成的字符串
Split 函数	返回一个从零开始编号的一维数组，其中包含指定数量的字符串
Sqr 函数	返回一个数的平方根
StrComp 函数	返回一个值，指明字符串比较的结果
String 函数	返回一个指定长度的重复字符串

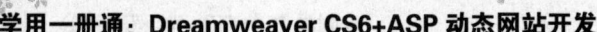

StrReverse 函数	返回一个字符串，其中指定字符串中的字符顺序颠倒过来
Tan 函数	返回一个角度的正切值
Time 函数	返回一个子类型为 Date 的 Variant，指明当前的系统时间
Timer 函数	返回 12:00 AM（午夜）后已经过的秒数
TimeSerial 函数	返回一个子类型为 Date 的 Variant，包含特定时分秒的时间
TimeValue 函数	返回一个子类型为 Date 的 Variant，包含时间
Trim 函数	返回一个复制的字符串，其中已删除串首和串尾的空格
TypeName 函数	返回一个字符串，其中提供了一个变量的 Variant 子类型信息
UBound 函数	返回一个数字的指定维上可用的最大下标
UCase 函数	返回一个已转换为大写的字符串
VarType 函数	返回一个值，指明一个变量的子类型
Weekday 函数	返回一个整数，代表一周中的第几天
WeekdayName 函数	返回一个字符串，指明所指定的是星期几
Year 函数	返回一个代表年份的整数

2. VBScript 对象

集　　合	说　　明
Class 对象	提供对已创建类的事件的访问途径
Dictionary 对象	用于保存数据主键，值对的对象
Err 对象	包含与运行时错误相关的信息
FileSystemObject 对象	提供对计算机文件系统的访问途径
Match 对象	提供对一个正则表达式匹配的只读属性的访问途径功能
Matches 集合	正则表达式 Match 对象的集合
RegExp 对象	提供简单的正则表达式支持
SubMatches 集合	提供对正则表达式子匹配字符串的只读值的访问

3. VBScript 属性

方　　法	说　　明
Description 属性	返回或设置与一个错误相关联的描述性字符串
FirstIndex 属性	返回搜索字符串中找到匹配项的位置
Global 属性	设置或返回一个布尔值
HelpContext 属性	设置或返回帮助文件中某个主题的上下文 ID
HelpFile 属性	设置或返回一个帮助文件的完整可靠的路径
IgnoreCase 属性	设置或返回一个布尔值，指明模式搜索是否区分大小写
Length 属性	返回搜索字符串中所找到的匹配的长度
Number 属性	返回或设置指明一个错误的一个数值
Pattern 属性	设置或返回要被搜索的正则表达式模式
Source 属性	返回或设置最初产生该错误的对象或应用程序的名称
Value 属性	返回在一个搜索字符串中找到的匹配项的值或文本

4. VBScript 语句

事　　件	说　　明
Call 语句	将控制权交给一个 Sub 或 Function 过程
Class 语句	声明一个类的名称
Const 语句	声明用于替换文字值的常数
Dim 语句	声明变量并分配存储空间
Do...Loop 语句	当某个条件为 True 时或在某个条件变为 True 之前重复执行一个语句块
Erase 语句	重新初始化固定大小的数组的元素和释放动态数组的存储空间

Execute 语句	执行一条或多条指定语句
ExecuteGlobal 语句	在一个脚本的全局命名空间中执行一条或多条语句
Exit 语句	退出 Do...Loop、For...Next、Function 或 Sub 代码块
For...Next 语句	重复地执行一组语句达指定次数
For Each...Next 语句	针对一个数组或集合中的每个元素重复执行一组语句
Function 语句	声明一个 Function 过程的名称、参数和代码
If...Then...Else 语句	根据一个表达式的值而有条件地执行一组语句
On Error 语句	激活错误处理
Option Explicit 语句	强制显式声明一个脚本中的所用变量
Private 语句	声明私有变量并分配存储空间
Property Get 语句	声明一个 Property 过程的名称、参数和代码，该过程取得（返回）一个属性的值
Property Let 语句	声明一个 Property 过程的名称、参数和代码，该过程指定一个属性的值
Property Set 语句	声明一个 Property 过程的名称、参数和代码，该过程设置对一个对象的引用
Public 语句	声明公共变量并分配存储空间
Randomize 语句	初始化随机数生成器
ReDim 语句	声明动态数组变量并在过程级别上分配或重新分配存储空间
Rem 语句	包括程序中的解释性说明
Select Case 语句	根据一个表达式的值，相应地执行一组或多组语句
Set 语句	将一个对象引用赋给一个变量或属性
Sub 语句	声明一个 Sub 过程的名称、参数和代码
While...Wend 语句	给定条件为 True 时执行一系列语句
With 语句	对单个对象执行一系列语句

5. VBScript 方法

属　　性	说　　明
Clear 方法	清除 Err 对象的所有属性设置
Execute 方法	对一个指定的字符串进行正则表达式搜索
Raise 方法	产生一个运行时错误
Replace 方法	替换正则表达式搜索中所找到的文本
Test 方法	对一个指定的字符串进行正则表达式搜索

6. VBScript 语法错误

错误编号	说　　明
1052	在类中不能有多个默认的属性/方法
1044	调用 Sub 时不能使用圆括号
1053	类初始化或终止不能带参数
1058	只能在 Property Get 中指定'Default'
1057	说明 'Default' 必须同时说明'Public'
1005	需要 '('
1006	需要 ')'
1011	需要 '='
1021	需要 'Case'
1047	需要 'Class'
1025	需要语句的结束
1014	需要 'End'
1023	需要表达式
1015	需要 'Function'

1010	需要标识符
1012	需要 'If'
1046	需要 'In'
1026	需要整数常数
1049	在属性声明中需要 Let , Set 或 Get
1045	需要文字常数
1019	需要 'Loop'
1020	需要 'Next'
1050	需要 'Property'
1022	需要 'Select'
1024	需要语句
1016	需要 'Sub'
1017	需要 'Then'
1013	需要 'To'
1018	需要 'Wend'
1027	需要 'While' 或 'Until'
1028	需要 'While'、'Until' 或语句未结束
1029	需要 'With'
1030	标识符太长
1014	无效字符
1039	无效 'exit' 语句
1040	无效 'for' 循环控制变量
1013	无效数字
1037	无效使用关键字 'Me'
1038	'loop' 没有 'do'
1048	必须在一个类的内部定义
1042	必须为行的第一个语句
1041	名称重定义
1051	参数数目必须与属性说明一致
1001	内存不足
1054	Property Let 或 Set 至少应该有一个参数
1002	语法错误
1055	不需要的 'Next'
1015	未终止字符串常数

附录E ADO 对象方法属性详解

1. ADO 对象

对　　象	说　　明
Command	Command 对象定义了将对数据源执行的指定命令
Connection	代表打开的、与数据源的连接
DataControl (RDS)	将数据查询 Recordset 绑定到一个或多个控件上（例如，文本框、网格控件或组合框），以便在 Web 页上显示 ADOR.Recordset 数据
DataFactory (RDS Server)	实现对客户端应用程序的指定数据源进行读/写数据访问的方法
DataSpace (RDS)	创建客户端代理以便自定义位于中间层的业务对象
Error	包含与单个操作（涉及提供者）有关的数据访问错误的详细信息
Field	代表使用普通数据类型的数据的列
Parameter	代表与基于参数化查询或存储过程的 Command 对象相关联的参数或自变量
Property	代表由提供者定义的 ADO 对象的动态特性
RecordSet	代表来自基本表或命令执行结果的记录的全集。任何时候，Recordset 对象所指的当前记录均为集合内的单个记录

2. ADO 集合

集　　合	说　　明
Errors	包含为响应涉及提供者的单个错误而创建的所有 Error 对象
Fields	包含 Recordset 对象的所有 Field 对象
Parameters	包含 Command 对象的所有 Parameter 对象
Properties	包含指定对象实例的所有 Property 对象

3. ADO 方法

方　　法	说　　明
AddNew	创建可更新的 Recordset 对象的新记录
Append	将对象追加到集合中。如果集合是 Fields，可以先创建新的 Field 对象，然后再将其追加到集合中
AppendChunk	将数据追加到大型文本、二进制数据 Field 或 Parameter 对象
BeginTrans、CommitTrans 和 RollbackTrans	按如下方式管理 Connection 对象中的事务进程： BeginTrans - 开始新事务。 CommitTrans - 保存任何更改并结束当前事务。它也可能启动新事务。 RollbackTrans - 取消当前事务中所作的任何更改并结束事务。它也可能启动新事务
Cancel	取消执行挂起的、异步 Execute 或 Open 方法调用
Cancel (RDS)	取消当前运行的异步执行或获取
CancelBatch	取消挂起的批更新
CancelUpdate	取消在调用 Update 方法前对当前记录或新记录所作的任何更改
CancelUpdate (RDS)	放弃与指定 Recordset 对象关联的所有挂起更改，从而恢复上一次调用 Refresh 方法之后的值
Clear	删除集合中的所有对象

方　法	说　明
Clone	创建与现有 Recordset 对象相同的复制 Recordset 对象。可选择指定该副本为只读
Close	关闭打开的对象及任何相关对象
CompareBookmarks	比较两个书签并返回它们相差值的说明
ConvertToString	将 Recordset 转换为代表记录集数据的 MIME 字符串
CreateObject (RDS)	创建目标业务对象的代理并返回指向它的指针
CreateParameter	使用指定属性创建新的 Parameter 对象
CreateRecordset (RDS)	创建未连接的空 Recordset
Delete(ADO Parameters Collection)	从 Parameters 集合中删除对象
Delete(ADO Fields Collection)	从 Fields 集合删除对象
Delete(ADO Recordset)	删除当前记录或记录组
Execute (ADO Command)	执行在 CommandText 属性中指定的查询、SQL 语句或存储过程
Execute (ADO Connection)	执行指定的查询、SQL 语句、存储过程或特定提供者的文本等内容
Find	搜索 Recordset 中满足指定标准的记录
GetChunk	返回大型文本或二进制数据 Field 对象的全部或部分内容
GetRows	将 Recordset 对象的多个记录恢复到数组中
GetString	将 Recordset 按字符串返回
Item	根据名称或序号返回集合的特定成员
Move	移动 Recordset 对象中当前记录的位置
MoveFirst、MoveLast、MoveNext 和 MovePrevious	移动到指定 Recordset 对象中的第一个、最后一个、下一个或前一个记录并使该记录成为当前记录
MoveFirst、MoveLast、MoveNext、MovePrevious (RDS)	移动到显示的 Recordset 中的第一个、最后一个、下一个或前一个记录
NextRecordset	清除当前 Recordset 对象并通过提前命令序列返回下一个记录集
Open(ADO onnection)	打开到数据源的连接
Open (ADO Recordset)	打开游标
OpenSchema	从提供者获取数据库模式信息
Query (RDS)	使用有效的 SQL 查询字符串返回 Recordset
Refresh	更新集合中的对象以便反映来自提供者的可用对象以及特定于提供者的对象
Refresh (RDS)	对在 Connect 属性中指定的 ODBC 数据源进行再查询并更新查询结果
Requery	通过重新执行对象所基于的查询，更新 Recordset 对象中的数据
Reset(RDS)	根据指定的排序和筛选属性对客户端 Recordset 执行排序或筛选操作
Resync	从基本数据库刷新当前 Recordset 对象中的数据
Save (ADO Recordset)	将 Recordset 保存（持久）在文件中
Seek	搜索 Recordset 的索引以便快速定位与指定值相匹配的行，并将当前行的位置更改为该行
SubmitChanges (RDS)	将本地缓存的可更新 Recordset 的挂起更改提交到在 Connect 属性中指定的 ODBC 数据源中
Supports	确定指定的 Recordset 对象是否支持特定类型的功能
Update	保存对 Recordset 对象的当前记录所做的所有更改
UpdateBatch	将所有挂起的批更新写入磁盘

4. ADO 事件

事　件	说　明
BeginTransComplete、CommitTransComplete 和 RollbackTransComplete(ConnectionEvent) 方法	以下 Event 处理方法将在 Connection 对象的关联操作执行完成后进行调用 BeginTransComplete 在 BeginTrans 操作后调用 CommitTransComplete 在 CommitTrans 操作后调用 RollbackTransComplete 在 RollbackTrans 操作后调用
ConnectComplete 和 Disconnect(Connection Event)方法	在连接开始后调用 ConnectComplete 方法 在连接结束后调用 Disconnect 方法
EndOfRecordset (RecordsetEvent)方法	当试图移动到超过 Recordset 末尾行时，调用 EndOfRecordset 方法
ExecuteComplete (Connection Event) 方法	命令执行完成之后，调用 ExecuteComplete 方法
FetchComplete (RecordsetEvent)方法	当在长异步操作中所有记录已经被恢复（获取）到 Recordset 之后，调用 FetchComplete 方法
FetchProgress (Recordset Event)方法	在长异步操作期间定期调用 FetchProgress 方法，以便报告当前有多少行已经被恢复（获取）到 Recordset 中
InfoMessage (Connection Event)方法	在 ConnectionEvent 操作期间一旦出现警告，则调用 InfoMessage 方法
onError (Event) 方法 (RDS)	在操作期间一旦发生错误，则调用 onError 方法
onReadyStateChange (Event)方法(RDS)	一旦 ReadyState 属性的值发生更改，则调用该方法
WillChangeField 和 FieldChangeComplete (RecordsetEvent)方法	在挂起操作更改 Recordset 中一个或多个 Field 对象的值之前，则调用 WillChangeField 方法。 在挂起操作更改一个或多个 Field 对象的值之后，则调用 FieldChange Complete 方法
WillChangeRecord 和 RecordChangeComplete (RecordsetEvent)方法	在 Recordset 中一个或多个记录(行)发生更改之前，将调用 WillChange Record 方法。 在一个或多个记录发生更改之后，将调用 RecordChangeComplete 方法
WillChangeRecordset 和 RecordsetChange Complete (RecordsetEvent)方法	在挂起操作更改 Recordset 之前调用 WillChangeRecordset 方法。 在 Recordset 已经更改之后，将调用 RecordsetChangeComplete 方法
WillConnect (ConnectionEvent) 方法	在连接开始之前调用 WillConnect 方法。在挂起连接中使用的参数作为输入参数提供，并可以在方法返回之前更改。该方法可以返回取消挂起连接的请求
WillExecute (ConnectionEvent)方法	WillExecute 方法在对该连接执行挂起命令之前调用，使用户能够检查和修改挂起执行的参数。该方法可以返回取消挂起连接的请求
WillMove 和 MoveComplete (RecordsetEvent)方法	在挂起操作更改 Recordset 中的当前位置之前，调用 WillMove 方法。 Recordset 中的当前位置发生更改之后，调用 MoveComplete 方法

5. ADO 属性

属　性	说　明
AbsolutePage	指定当前记录所在的页
AbsolutePosition	指定 Recordset 对象当前记录的序号位置
ActiveCommand	指示创建关联的 Recordset 对象的 Command 对象
ActiveConnection	指示指定的 Command 或 Recordset 对象当前所属的 Connection 对象
ActualSize	指示字段的值的实际长度
Attributes	指示对象的一项或多项特性
BOF 和 EOF	BOF 指示当前记录位置位于 Recordset 对象的第一个记录之前 EOF 指示当前记录位置位于 Recordset 对象的最后一个记录之后
Bookmark	返回唯一标识 Recordset 对象中当前记录的书签，或者将 Recordset 对象的当前记录设置为由有效书签所标识的记录

属　　性	说　　明
CacheSize	指示缓存在本地内存中的 Recordset 对象的记录数
CommandText	包含要根据提供者发送的命令文本
CommandTimeout	指示在终止尝试和产生错误之前执行命令期间需等待的时间
CommandType	指示 Command 对象的类型
Connect	设置或返回对其运行查询和更新操作的数据库名称
ConnectionString	包含用于建立连接数据源的信息
ConnectionTimeout	指示在终止尝试和产生错误前建立连接期间所等待的时间
Count	指示集合中对象的数目
CursorLocation	设置或返回游标服置务的位
CursorType	指示在 Recordset 对象中使用的游标类型
DataMember	指定要从 DataSource 属性所引用的对象中检索的数据成员的名称
DataSource	指定所包含的数据将被表示为 Recordset 对象的对象
DefaultDatabase	指示 Connection 对象的默认数据库
DefinedSize	指示 Field 对象所定义的大小
Description	描述 Error 对象
Direction	指示 Parameter 表示的是输入参数、输出参数还是既是输出又是输入参数，或该参数是否为存储过程返回的值
EditMode	指示当前记录的编辑状态
ExecuteOptions (RDS)	指示是否启用异步执行
FetchOptions	设置或返回异步获取的类型
Filter	指示 Recordset 的数据筛选条件
FilterColumn (RDS)	设置或返回计算筛选条件的列
FilterCriterion (RDS)	设置或返回在筛选值中使用的计算操作符
FilterValue (RDS)	设置或返回用于筛选记录的值
Handler (RDS)	设置或返回包含扩展 RDSServer.DataFactory 功能的服务器端自定义程序（处理程序）的名称的字符串，以及处理程序所用的任何参数，它们均由逗号(",")分隔
HelpContext 和 HelpFile	指示与 Error 对象关联的帮助文件和主题。 HelpContextID-返回帮助文件中主题的、按长整型值返回的上下文 ID。 HelpFile –返回字符串，用于计算帮助文件的完整分解路径
Index	指示对 Recordset 对象当前生效的索引的名称
InternetTimeout (RDS)	指示请求超时前将等待的毫秒数
IsolationLevel	指示 Connection 对象的隔离级别
LockType	指示编辑过程中对记录使用的锁定类型
MarshalOptions	指示要被调度返回服务器的记录
MaxRecords	指示通过查询返回 Recordset 的记录的最大数目
Mode	指示用于更改 Connection 中数据的可用权限
Name	指示对象的名称
NativeError	指示针对给定 Error 对象的特定提供者的错误代码
Number	指示用于唯一标识 Error 对象的数字
NumericScale	指示 Parameter 或 Field 对象中数字值的范围
Optimize	指示是否应该在该字段上创建索引
OriginalValue	指示发生任何更改前已在记录中存在的 Field 的值
PageCount	指示 Recordset 对象包含的数据页数
PageSize	指示 Recordset 中一页所包含的记录数

属　　　性	说　　明
Precision	指示在 Parameter 对象中数字值或数字 Field 对象的精度
Prepared	指示执行前是否保存命令的编译版本
Provider	指示 Connection 对象提供者的名称
RecordCount	指示 Recordset 对象中记录的当前数目
RecordsetandSourceRecordset(RDS)	指示从自定义业务对象中返回的 ADOR.Recordset 对象
ReadyState(RDS)	在 RDS.DataControl 对象获取数据到它的 Recordset 对象中时反映其进度
Server (RDS)	设置或返回 Internet Information Server (IIS)名称和通讯协议
Size	指示 Parameter 对象的最大大小（按字节或字符）
Sort	指定一个或多个 Recordset 以之排序的字段名，并指定按升序还是降序对字段进行排序
SortColulmn (RDS)	设置或返回记录以之排序的列
SortDirection (RDS)	设置或返回用于指示排序是升序还是降序的布尔型值
Source (ADO Error)	指示产生错误的原始对象或应用程序的名称
Source (ADO Recordset)	指示 Recordset 对象（Command 对象、SQL 语句、表的名称或存储过程）中数据的来源
SQL (RDS)	设置或返回用于检索 Recordset 的查询字符串
SQLState	指示给定 Error 对象的 SQL 状态
State	对所有可应用对象，说明其对象状态是打开或是关闭。 对执行异步方法的 Recordset 对象，说明当前的对象状态是连接、执行或是获取
Status	指示有关批更新或其他大量操作的当前记录的状态
StayInSync	在分级 Recordset 对象中，指示当父行位置更改时，对基本子记录（即"子集"）的引用是否更改
Type	指示 Parameter、Field 或 Property 对象的操作类型或数据类型
UnderlyingValue	指示数据库中 Field 对象的当前值
Value	指示赋给 Field、Parameter 或 Property 对象的值
Version	指示 ADO 版本号

博文视点精品图书展台

专业典藏

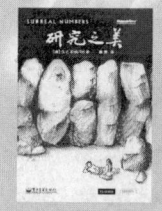     

移动开发

物联网　　云计算

数据库　　　　　Web开发

程序设计

办公精品　　　　网络营销